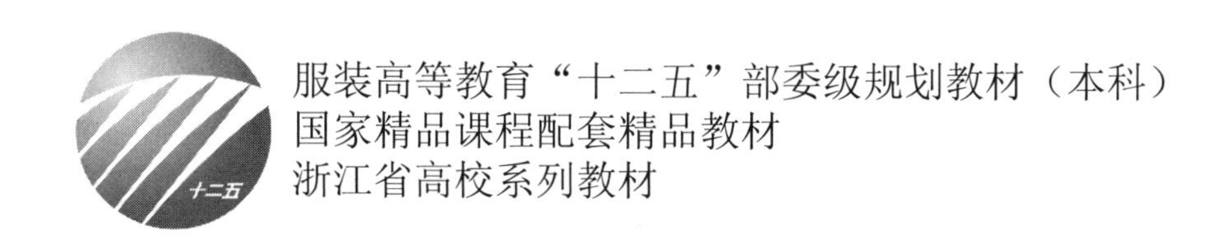

服装高等教育“十二五”部委级规划教材（本科）
国家精品课程配套精品教材
浙江省高校系列教材

成衣设计与立体造型

Design and Three-dimensional Modeling of Apparel

魏静　等　著

中国纺织出版社

内 容 提 要

本书是服装高等教育“十二五”部委级规划教材（本科），国家精品课程“服装立体裁剪”配套教材，浙江省高校系列教材。全书结构严谨、图文并茂，内容安排由部位到整体、由原理到应用，理论与实践并重、平面与立体交融，不仅对成衣造型进行深入细致的研究，还注重阐述立体试衣后的弊病修正，提升成衣设计与板型技术。对有代表性、经典、时尚的款式附有造型说明与方法解析。本书具体内容包括成衣立体造型概述，立体造型基础知识，衣身立体造型，衣袖立体造型，成衣立体造型解析，裙装、连衣裙、衬衫、上装、大衣立体造型等。随书配有教学软件，便于学习者掌握与应用。

本书具有较强的科学性、系统性、实战性和前瞻性，既可作为高等院校服装专业培养高等应用型、技能型人才的教学用书，也可作为服装企业技术人员的专业参考书和服装爱好者的有益读物。

图书在版编目（CIP）数据

成衣设计与立体造型／魏静等著.—北京：中国纺织出版社，2012.9（2021.3重印）

服装高等教育“十二五”部委级规划教材（本科） 国家精品课程配套精品教材 浙江省高校系列教材

ISBN 978-7-5064-8737-5

Ⅰ.①成… Ⅱ.①魏… Ⅲ.①服装设计—造型设计—高等学校—教材 Ⅳ.①TS941.2

中国版本图书馆CIP数据核字（2012）第124062号

策划编辑：张晓芳 责任编辑：魏 萌 责任校对：王花妮

责任设计：何 建 责任印制：何 艳

中国纺织出版社出版发行

地址：北京市朝阳区百子湾东里 A407 号楼 邮政编码：100124

销售电话：010—67004422 传真：010—87155801

http：//www.c-textilep.com

中国纺织出版社天猫旗舰店

官方微博 http://weibo.com/2119887771

北京玺诚印务有限公司印刷 各地新华书店经销

2012 年 9 月第 1 版 2021 年 3 月第 3 次印刷

开本：787 × 1092 1/16 印张：15.5

字数：296千字 定价：39.80元（附光盘1张）

出版者的话

The publisher’s Remark

《国家中长期教育改革和发展规划纲要》中提出“全面提高高等教育质量”，“提高人才培养质量”。教育部教高［2007］1号文件“关于实施高等学校本科教学质量与教学改革工程的意见”中，明确了“继续推进国家精品课程建设”，“积极推进网络教育资源开发和共享平台建设，建设面向全国高校的精品课程和立体化教材的数字化资源中心”，对高等教育教材的质量和立体化模式都提出了更高、更具体的要求。

“着力培养信念执著、品德优良、知识丰富、本领过硬的高素质专门人才和拔尖创新人才”，已成为当今本科教育的主题。教材建设作为教学的重要组成部分，如何适应新形势下我国教学改革要求，配合教育部“卓越工程师教育培养计划”的实施，满足应用型人才培养的需要，在人才培养中发挥作用，成为院校和出版人共同努力的目标。中国纺织服装教育学会协同中国纺织出版社，认真组织制订“十二五”部委级教材规划，组织专家对各院校上报的“十二五”规划教材选题进行认真评选，力求使教材出版与教学改革和课程建设发展相适应，充分体现教材的适用性、科学性、系统性和新颖性，使教材内容具有以下三个特点：

（1）围绕一个核心——育人目标。根据教育规律和课程设置特点，从提高学生分析问题、解决问题的能力入手，教材附有课程设置指导，并于章首介绍本章知识点、重点、难点及专业技能，增加相关学科的最新研究理论、研究热点或历史背景，章后附形式多样的思考题等，提高教材的可读性，增加学生学习兴趣和自学能力，提升学生科技素养和人文素养。

（2）突出一个环节——实践环节。教材出版突出应用性学科的特点，注重理论与生产实践的结合，有针对性地设置教材内容，增加实践、实验内容，并通过多媒体等形式，直观反映生产实践的最新成果。

（3）实现一个立体——开发立体化教材体系。充分利用现代教育技术手段，构建数字教育资源平台，开发教学课件、音像制品、素材库、试题库等多种立体化的配套教材，以直观的形式和丰富的表达充分展现教学内容。

教材出版是教育发展中的重要组成部分，为出版高质量的教材，出版社严格甄选作者，组织专家评审，并对出版全过程进行跟踪，及时了解教材编写进度、编写质量，力求做到作者权威、编辑专业、审读严格、精品出版。我们愿与院校一起，共同探讨、完善教材出版，不断推出精品教材，以适应我国高等教育的发展要求。

中国纺织出版社
教材出版中心

前言 Preface

立体裁剪法引入我国已三十年，经历了消化、吸收、普及、融合、推广的发展阶段，不但被纳入我国服装的知识体系和高等服装院校的教学体系，而且成为国内服装设计大赛与高级服装定制的必备技术。

随着立体裁剪法的普及与推广，陆续出版了相关教材与著作20余部。由于受日本相关教育的影响，现有教材在构成体系上主要有两种形式：一是以“部位入手—整体造型—艺术表现”为主线，由浅入深，由部位到整体；二是将原理与方法在款式案例中加以诠释。在侧重点上有的偏重成衣经典款式的讲述，有的偏重服装艺术表现手法，还有的成衣与创意装两者皆有论述。凡此种种，现有教材在知识体系上大多缺少立体试衣后的调整环节，虽然多数教材在款式立体造型后，进入立体试衣（假缝试穿）阶段都有需要反复修正的表述，但对如何修正、怎样修正则鲜有涉及，使学习者不知所云，缺乏深度、广度与知识的完整性。

本教材力求反映现代服装教学理念，注重知识能力素质协调发展。在知识体系上采取了科学、融合、拓展、创新的原则；全书贯穿“一条主线、两大核心、三个结合”，即以成衣廓型设计为主线（把H型、X型、T型、O型、V型等成衣廓型融合在裙装、连衣裙、衬衫、上装、大衣的案例教学中），以“成衣立体造型原理与方法、弊病修正与制板技术”为核心；注重“理论与实践结合、艺术与技术结合、平面与立体结合”。对成衣设计与造型规律、立体裁剪适用性、人体工程等多方面知识点加以阐述，并附有示范演示和制作说明，使理论阐述与示范操作相统一，传统款式与现代时尚相融合，具有较强的科学性、系统性、实战性和前瞻性。同时配套设计制作了教学软件，图文并茂、直观生动，便于学习者全面系统掌握其整体概念与造型技术。全面培养学生素质与综合设计能力，以适应现代服装业发展对人才的要求。

本教材依托“服装立体裁剪”国家级精品课程，得到了浙江省教育厅系列教材立项资助，同时汇集温州大学、华南农业大学、绍兴文理学院、吉林工程技术师范学院的服装专业多年从事本课程教学与研究的优秀教师，经过精心筹划与通力合作，于2012年年初完成了这部教材的编写工作，相信会给广大读者献上一部专业技术含量高、资源丰富、可读性强的精品教材。本教材第一章第一、第二节由劳越明编写，第一章第三、第四节和第二章由陈莹编写，第三章、第六章由陈明艳编写，第四章由马俊淑、陈莹编写，第五章由陈莹、马俊淑编写，第七章、第九章由贾东文编写，第八章、第十章由朱媛湘、魏静编写，插图绘画翁小秋，英文翻译、部分图片调整陈莹，多媒体课件制作魏静、石草明、陈莹。全书由魏静教授主编，并负责统稿，陈莹、贾东文、陈明艳任副主编。

由于参编作者较多，且时间仓促，对于书中的疏漏和欠妥之处，敬请服装界专家、院校师生和广大读者予以批评指正。

作者

2012年2月18日　于温州

教学内容及课时安排

章	课程性质 / 课时	节	课程内容
第一章	基础理论与研究 （6 课时）		• 成衣立体造型概述
		一	立体造型的起源与发展
		二	立体造型特点与应用范围
		三	人体与服装的立体性
		四	成衣设计与人体工程学
第二章			• 立体造型基础知识
		一	立体造型工具与材料
		二	人体模型标记与补正
		三	手臂模型制作与标记
		四	布纹整理与别针针法
第三章	基础训练与实践 （14 课时）		• 衣身立体造型
		一	衣身原型立体造型与样板制作
		二	胸省位移立体造型
		三	胸部分割立体造型
		四	胸部皱褶立体造型
第四章			• 衣袖立体造型
		一	袖原型立体造型与样板制作
		二	两片袖立体造型
		三	变化袖立体造型
		四	组合袖立体造型
第五章	理论研究 （4 课时）		• 成衣立体造型解析
		一	立体造型与成衣设计
		二	立体造型与面料设计
		三	立体造型与平面造型
		四	立体造型与样板制作
第六章	专题训练与实践 （36 课时）		• 裙装立体造型
		一	H 型裙立体造型
		二	A 型裙立体造型

章	课程性质／课时	节	课程内容
第六章	专题训练与实践 （36 课时）	三	O 型裙立体造型
		四	V 型裙立体造型
		五	裙装立体试衣与弊病修正
第七章			• 连衣裙立体造型
		一	H 型连衣裙立体造型
		二	X 型连衣裙立体造型
		三	A 型连衣裙立体造型
		四	O 型连衣裙立体造型
		五	连衣裙立体试衣与弊病修正
第八章			• 衬衫立体造型
		一	H 型普通衬衫立体造型
		二	X 型胸饰衬衫立体造型
		三	A 型褶饰衬衫立体造型
		四	衬衫立体试衣与弊病修正
第九章			• 上装立体造型
		一	H 型上装立体造型
		二	X 型上装立体造型
		三	T 型上装立体造型
		四	上装立体试衣与弊病修正
第十章			• 大衣立体造型
		一	H 型变化领大衣立体造型
		二	X 型披肩领大衣立体造型
		三	A 型连帽短大衣立体造型
		四	大衣立体试衣与弊病修正

注　各院校可根据自身的教学特点和教学计划对课程时数进行调整。

目录Contents

第一章　成衣立体造型概述

Brief Introduction on Three - dimensional Form of Apparel

要成为一名优秀的服装设计师，必须具备扎实的服装造型基础，而作为服装造型重要手段之一的立体裁剪，既有助于设计师充分理解人体与服装的关系，更有助于实现并丰富创作灵感。为此，本章主要介绍立体造型的起源与发展，其特点与应用范围，以及相关的人体工程学方面内容，旨在为后续的操作打下一定的理论基础。

第一节　立体造型的起源与发展

Origin and Development of Three-dimensional Form

一、立体造型的概念

人体是由凹凸起伏的曲面构成的，是面与面的集合体。作为人体直接穿用的服装，不但要满足人体运动等活动机能的需求，还应达到整体平衡，且具有良好的穿着效果。那么，通过什么方法达到其目的呢？立体造型方法是理想的选择之一。

立体造型法也称立体裁剪，是利用试用坯布或布料等直接覆盖在人或人体模型上，边造型边剪裁，直接获取款式布样，然后转换成纸样并制成服装样板的一种立体造型方法，有“软雕塑”之称。在法国被称为“抄近裁剪（cauge）”，在美国和英国被称为“覆盖裁剪（draping）”，在日本则被称为“立体裁断”。

采用立体造型，可以直观地实现服装设计效果图的造型要求，使设计具体化、形象化。因此，是一种靠视觉与感觉塑造形状，直观的完成服装造型且行之有效的裁剪方法，也是通过面料所呈现的风格特性和空间形态，激发与表现设计者创作灵感的技术。

二、立体造型的演变

西方社会从空间到时间、从社会结构到生存状态的不断变化，使服装也发生了从形式到内容的不断转换，服装立体造型方法便也随着服装文化的发展得到产生、发展和完善。

1.立体造型的萌芽

早在石器时代，人们以草叶和树枝捆扎在腰间或直接将动物毛皮披挂在身上作为服饰来穿用。到织物出现后，无论是古代西亚巴比伦人的卷衣，还是古埃及的多莱帕里、古希腊的希顿，或是古罗马的托加，都是以布料直接覆盖在人体上进行立体的造型，最终以缠裹、披挂的宽衣型为主，如图 1-1 所示。虽然此时人类的生产力水平有限，也缺乏几何图形的绘制与计算能力，但为了保暖与人体功能的需要，在动物毛皮上挖出类似袖窿与领口的窟窿，使其满足手臂与颈部活动的需要，无形中使用了立体的构成方式来进行服装造型，从而通过面料自然产生的褶皱，增加了平面布料的立体感，虽单纯、简洁，却不失装饰性及动态美。可以说，此时已经出现立体造型的雏形。

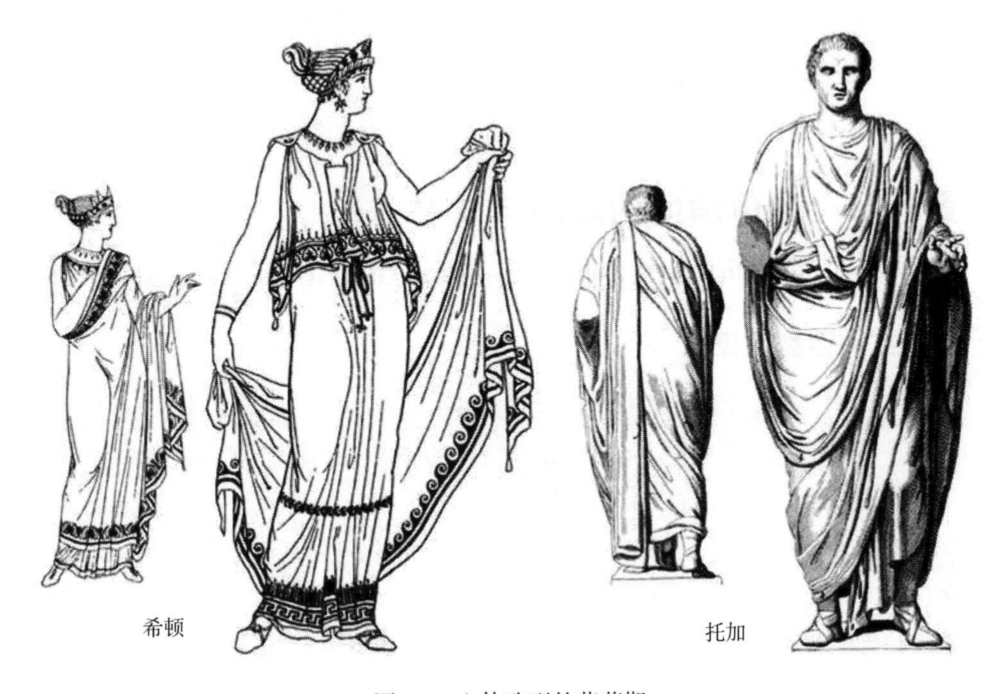

图1-1　立体造型的萌芽期

2.立体造型的产生与发展

在之后相当长的一段时期内，西方服装结构造型经历了从半立体到立体的发展转变。特别是中世纪服装，承袭了古罗马的宽衣型文化，经拜占庭文化的陶冶和罗马式文化、哥特式文化的锤炼，发展成为以日耳曼人为代表的窄衣型文化，并从此一改古典的平面和单纯，进入了三维立体的服装造型时代。

在 14 世纪中出现的格陵兰袍裙，采用三角形布的裁剪，产生了省道的效果，使服装更加适体，从原来平面的前后两片衣料叠合的二维构成方式发展到三维空间构成,形成窄衣文化的起点。其工艺技术标志了立体裁剪在西方服装上的成熟,也使东西方服装构成形式有了根本的区别。

直至经历了文艺复兴、巴洛克和洛可可三大艺术风潮的洗礼，复兴了人性和自然，人们通过服装来展现人体的形体美、曲线美，力图将服装与人体结合成完美的艺术体。在此期间，分割、褶裥、省道的结构造型手法日趋细腻、成熟，服装的合体性和空间立体造型得到了长足发展，如图 1–2 所示。服装的裁剪方法出现了革命性的变化，运用三维立体的裁剪法，上衣下裙分裁后在腰部缝合，并做明显的收腰，体现出人们已注意到把整件衣服分成若干裁片缝合，用裁片分割与量的增减体现出女性的纤细与优美。

1100~1200年法国女装　　1450~1500年法国宫廷女装　　1550~1600年威尼斯女装

图1–2　立体造型的发展期

3.服装立体造型不断完善

从 19 世纪至 20 世纪上半叶，随着工业革命带来的巨大影响和社会变革的冲击，服装设计更趋向理性化、时装化，高级时装不断发展，并达到鼎盛时期。在众多设计大师的推动下，从沃斯的公主线，到维奥内的斜裁技术，以及巴伦夏加直接在模特身上利用布料性能进行立体裁剪和造型，服装立体造型技术日臻完善。

当前，立体造型已成为众多服装设计师实现各种成衣造型的重要手段，服装设计创作也更具合理性和时代感。随着世界经济一体化的发展，国内的服装设计与技术人员也越来越意识到立体造型技术对服装创作的重要性。通过在国际交流中博采众家之长，日本、意大利、美国等国的立体造型技术均被拿来消化吸收，在服装教育与实际运用中大量使用，并逐步发展形成一定的理论体系。

在我国，立体造型已经走过近三十年的历程，经历了引进、融合、应用、推广的发展阶段，不但被纳入我国高等服装院校的教学体系，而且成为国内大赛与高级服装定制的必备技术。而今，对其构成体系与适用性的探究，不仅可以深入理解立体造型的内涵，把握其服饰功能与造型规律，还有利于拓展其应用领域，提高板型制作质量，为创造时代的崭新服饰服务。

三、成衣的立体造型

随着经济全球化的不断发展，人们的生活水平及着装要求也发生着巨大的变化。服装对于现代人来说已远远超出蔽体保暖的要求，更多地需体现出着装者的身份、地位、品位，尤其是女装更需凸显人体的优美曲线。因此，现代服装设计要求以人体为中心，塑造三维空间的服装造型形态。而立体造型直接以人体或人体模型为基础进行服装整体造型，是有助于设计师更快更好地了解人体、面料以及服装与人体空间关系的良好途径。因此，我国长期以来在成衣设计、生产上多采用单一的平面造型方法，显然已不能满足市场的需求，将立体造型方法引入成衣设计中，使平面造型与立体造型方法相互结合，互为补充，已成为成衣设计发展的必然选择。

当然，成衣的立体造型是为了更好地满足工业化生产，要求得到的是准确、可加工性强的成衣样板，因此在实际操作中，需要与生产实际密切结合，正确处理好立体造型过程中的各个环节。

（1）具有较高的审美能力及对流行趋势的高敏感度，熟悉服装廓型的变化原理，能熟练运用褶裥、分割、省道等造型手法以塑造理想的服装款式。

（2）对所用材料具有较好的选择能力，能正确选用人体模型及面料。当设计一些特殊体型或特别款式的成衣时，能对人体模型进行必要的补正，并做出其结构造型。

（3）应具有熟练的立体造型手法，能正确选择与控制面料的丝缕方向，正确处理与增减服装的放松量，并对样板具有较好的修正能力，以得到宽松适度、结构平衡的成衣样板。

第二节　立体造型特点与应用范围

Features and Application Range of Three-dimensional Form

一、服装立体造型的特点

服装立体造型方法在西方服装业，尤其是高级时装的生产中，一直被广泛使用着。在我国服装设计生产中也被认同并得以发展，具有平面造型法所没有的优越性。

1.服装立体造型的直观性

服装立体造型是直接在人体或人体模特上进行剪裁的一种造型方法，可以在造型过程中，直接看到服装的穿着形态、特征，其直观性是平面造型方法无可比拟的。而且使用立体造型，可以规避平面造型的经验局限，便于立体造型的塑造，提高操作的成功率。同时，能加深服装设计者对人体体型和服装构成关系的理解，逐步提高对服装造型效果的预见性。

2.服装立体造型的适应性

服装立体造型的适应性包括对款式的适应性和对操作者的适应性。首先，服装款式有简洁和复杂之分，尤其在复杂造型要求下的服装，如褶裥、层次的体现，立体造型相比平面造型更易于把握量的大小。其次，操作者也有熟练与初学之分，立体造型对于初学者而言，比平面造型入门快，可以在短期内掌握操作方法与技巧，进行创作设计，从而提升对服装设计的兴趣爱好程度。

3.服装立体造型的灵活性

服装立体造型可以边设计、边剪裁、边改进，随时观察效果，及时纠正问题，直至满意为止。虽然之前有款式目标，但有时也可以进行与布料材质风格恰恰相反的设计，创作某种情趣与效果。通过不断造型与观察，可以不断激发设计者的创作灵感，灵活地由一款而变多款，得到服装丰富的款式变化效果。

4.服装立体造型的实用性

服装立体造型的实用性可从操作者和款式变化两方面而言。对于操作者，尤其是已有一定专业知识的服装设计或技术人员，运用立体造型将如虎添翼，可以更方便、更快速地裁剪出新款式，更好地适应日新月异的款式变化。对于款式变化，很多人都认为立体造型适用于做复杂款式，其实越简单的款式越应用立体造型。通过立体造型可以更准确、更便捷、更好的做出服装效果。

二、立体造型的应用范围

服装立体造型方法具有的优越性，使其在服装行业被广泛应用，包括服装生产、产品展示和服装教学。

1.用于服装生产

服装生产一般包括两种形式，即大批量工业化生产和单件定制生产。在高级时装生产和量身定制中，因出于艺术化的创作设计或特殊体型的需要，立体造型方法以其优越性占据着主导地位。在大批量工业化生产中，现代服装生产要求的是三维立体造型，需要将立体造型法与平面造型法相互结合，同时优质样板的形成均使用立体造型方法或强调立体造型的技术成分。

2.用于产品展示

立体造型的表现力极强，视觉冲击力极大。因此，无论是店面的橱窗展示设计还是大型展会的会场布置，经常可见夸张的、个性化的造型，在灯光、道具、配饰的衬托下，淋漓尽致地展现着产品的个性与时尚。这些产品可以是传统的服装面料，也可以是众多的家纺面料，或是更新型的可塑材料等。通过在人体模特上做出服装立体造型效果，将产品呈现给消费者，把商业与艺术、文化与时尚相结合，既能极大地冲击消费者的眼球，又能吸引消费增加经济效益。

3.用于服装教学

在服装教学中，通过服装立体造型课程的教学，可以使学生掌握其基本原理和操作方法，进而解决成衣款式变化与创作。同时，更重要的是训练学生对服装立体造型的思维方式，培养学生立体构成能力、审美能力、操作能力，使学生养成在服装设计、服装裁制操作中，始终保持服装三维立体思维，并用立体造型方法进行款式修正与样板验证。

第三节　人体与服装的立体性

Three-dimensional Details of Human Body and Apparel

正确认识人体与服装的关系，必须对人体的立体性有正确的认识，从分析人体体型特征入手，明确人体对服装结构的基本要求，加深对服装立体性的理解，才能达到服装的立体感与时尚感的统一。

一、人体的立体性

人体是一个特定的立体,是由若干个面组成的一个集合体。以人体胸部为例，其横截面基本上是一个梯形，尤其是侧面的厚度远远超出人们的想象，是我们熟知的“箱形理论”的基本原则,如图 1-3 所示。在立体造型时,应将人体侧面（腋面）视为独立的面来考虑。这样裁剪的服装就可以避免产生侧面不足的缺点，并能使其余量分散到四个角上，从而使服装呈现与体型相符合的线条，穿着后舒适合体，富有立体感。

我国传统服装一般采用两面体结构，其想法视人体胸部的横截面为一个椭圆形，由此将人体归纳为圆形柱体，如图 1-4 所示。即将人体的侧面看做是前身与后身的延续，使服装形成正面过宽、侧面过窄的现象，且余量被平均分配到服装的各个部位，从而淡化了服装体的概念。

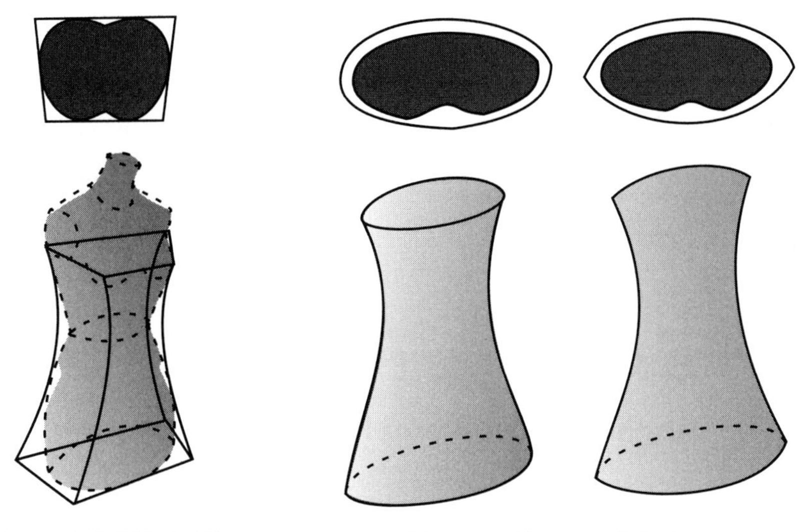

图1-3　人体的箱形结构　　　　图1-4　人体的两面体结构

二、服装造型的立体性

人体可以由若干基本线条呈现的立体，服装也应具备与人体特征相符合的部位线条。实验得知，服装越接近于箱形，本身的稳定性和对于人体的适应性就越好。仅以 X 型紧身连衣裙裙片结构设计为例，如图 1-5 所示，不但要用省缝

图1-5　连衣裙衣裙结构立体性设计

处理胸背部的体型特征，还应充分考虑到侧面的因素，因此将前、后刀背线尽可能设计在胸宽线、背宽线附近，使之处于人体体表转体的面与面的接合处，以呈现出服装款式的立体效果。由此看出，立体造型不但重视对人体侧面的要求，而且还重视人体面与面接合处所形成线条的准确表达，是体现款式立体效果的重要依据。

第四节　成衣设计与人体工程学
Apparel Design and Human Engineering

服装人体工程学是一门集人体科学、环境科学和材料科学的综合性学科，亦是研究人体特征及服装和人体相互关系的分支学科。其研究对象是“人—服装—环境”系统，适合从人体的各种要求出发，对服装设计与制造提出要求，以数量化情报形式来为创造者服务，使设计尽可能最大限度地适合人体需要，达到舒适、卫生的最佳状态。本节重点以“人—服装”为研究对象，探讨成衣设计与人体工程学的关系。

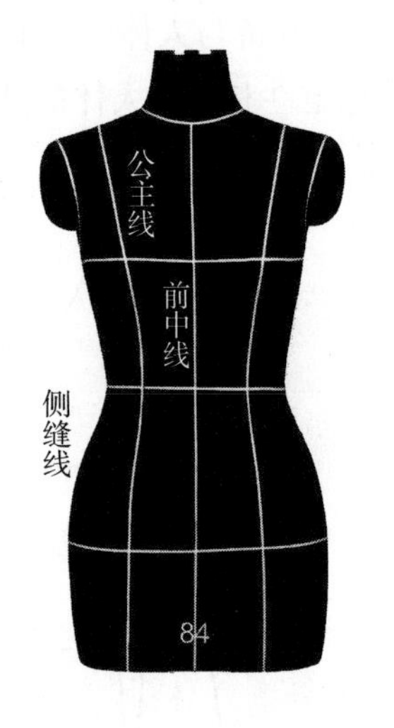

图1-6　人体模型上的结构线

一、人体与成衣构造

为使平面布料形成立体曲面，必须做出符合人体结构的结构线。因此有必要研究人体结构线，搞清楚人体结构线与服装结构线的关系。

1.人体结构线与服装结构线

所谓结构线就是构成人体体型的线，即通过人体表面上面与面连接处的线。这种结构线不是任意通过人体部位的，而是构成重要部位的结构线，如上装的前中线（显示前中心部位的体态）、后中线（显示背中心部位的曲线体态）、前侧线（体侧面与体前面的交接线）、后侧线（体侧面与体后面的交接线）、前公主线（从肩部方向取胸省和收腰省的体型线）、后公主线（通过肩胛骨及腰部背面的体型线）等，如图 1–6 所示。

为了说明结构线的作用，我们做一个实验。在两个半径相同的圆周上做两种分割，A 为 6 等分，B 为 12 等分，如图 1–7 所示，结果发现 B 比 A 更接近于圆形，也就是说，将这一多面体加以立体

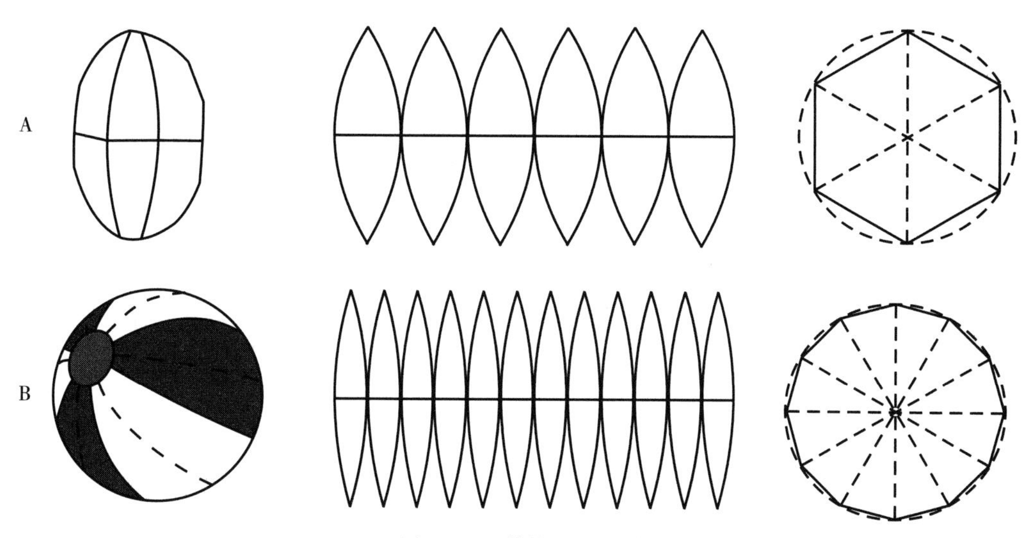

图1-7　立体构成的设计线

化的话，用 6 条连接线就能做成 A 形，用 12 条连接线才能做成 B 形，但 B 比 A 更接近于球形。若将其原理应用在成衣造型中，可以认为 A 具有宽松型服装的结构线，则 B 为合体型服装的结构线。由此看出，立体造型不能忽视结构线的重要作用，其数量、位置和形状具有决定风格和用途的作用，如图 1-8 所示。图 1-8（1）所示只有侧缝线，所以是构成上装最基本的形式，也是宽松服装的结构；图 1-8（2）所示增加了前、后刀背线，无论从数量上还是曲度上及位置上，都更接近于人体，因此，属于合体结构；图 1-8（3）所示是在合体结构的基础上又增加了侧缝线，更好地体现了收腰效果，属于紧身结构的范畴。总之，分割越细、位置越接近人体结构的主要结构线，就越能体现人体的曲线美，很好地理解这一点，是正确进行成衣设计的关键。

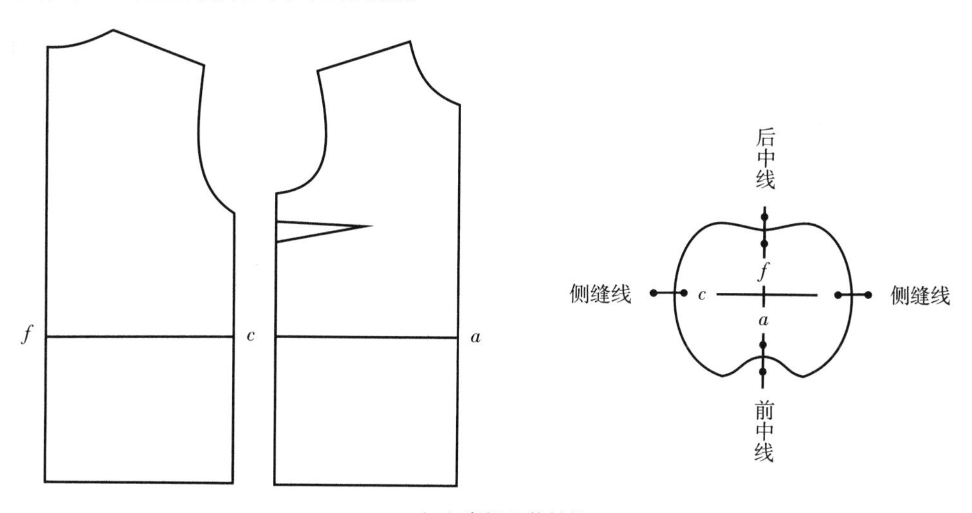

（1）宽松上装结构

图1-8

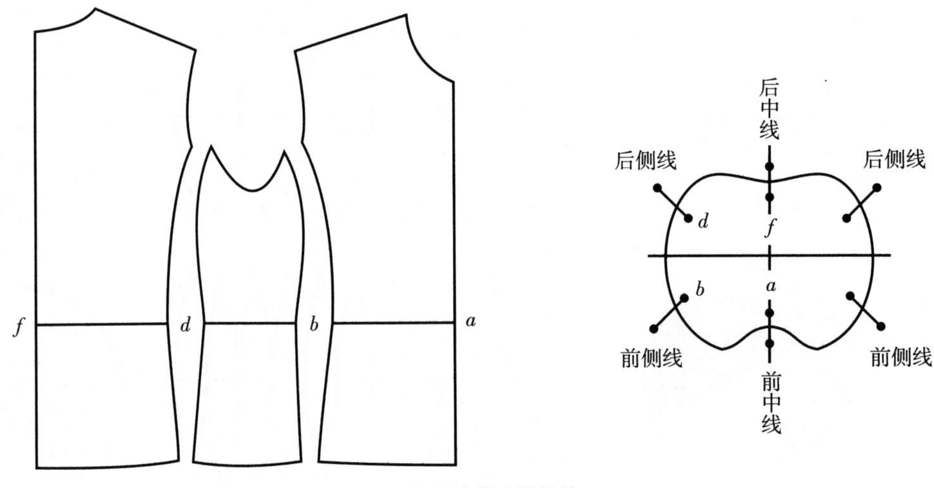

（2）合体上装结构

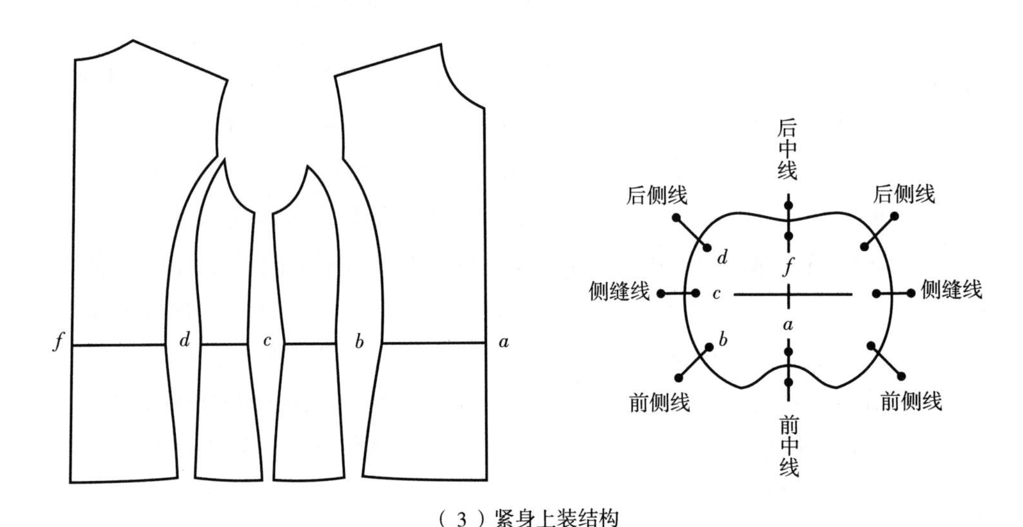

（ 3 ）紧身上装结构

图1–8　结构线与服装合体性的关系

2.人体结构线与服装省缝

为了表现人体曲线美，除了服装结构线外，省缝也起着重要作用。所谓省缝是指在利用平面布料包裹人体曲面时，根据曲面的曲率大小选择收省量、收省形状及收省长度。为了恰到好处地利用省缝美化人体，则要很好的研究省缝与体型的关系。

通过人体正面、侧面、背面的体型构造块面，我们可以直观地看到，在人体突起部位，都要有省缝来加以修饰。例如，胸部突起伴随着胸省、前腰省；肩胛骨突起伴随着肩背省、后腰省；手臂肘部突起伴随着袖肘省；腹部与臀部突起伴随着腹省与臀省等。不同服装也常采用省缝的表现性，变化省缝的位置和形态，女装胸省变化是最具有代表性的例子。

省缝可以根据服装款式与结构线结合使用，即有时可以不直接表现出来，而是蕴涵在服装结构线之中，如公主线、刀背线等。总之，作为表现人体曲面构成的重要因素，省缝是成衣造型设计中必不可少的手段。

二、人体、服装的动态变形

1.人体体表的动态变形

人的动作是复杂多样的。例如上肢、下肢及躯干的前曲后倾、侧向弯曲、旋转和全身运动等，都会引起人体体表发生变化。人的动作变化与皮肤的伸展密切相关，测定由于运动引起的皮肤伸展变化的方法如图 1–9 所示。即在静止状

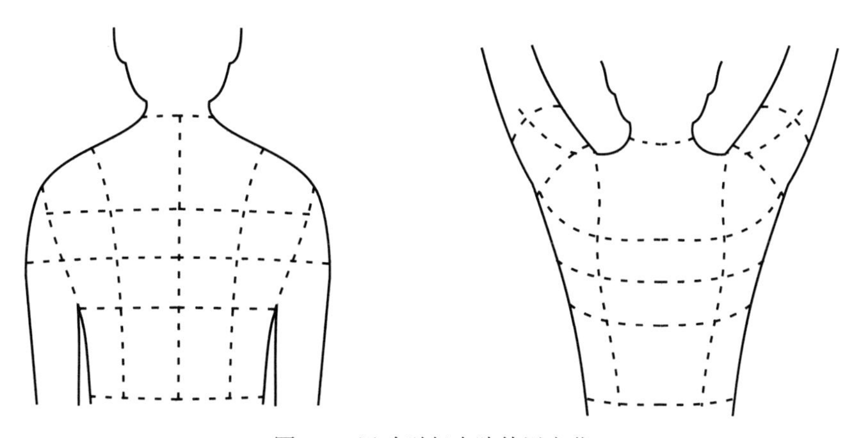

图1–9　运动引起皮肤伸展变化

态时，画在人体体表的水平线和垂直线，当上肢上举时这些纵、横直线产生移位，通过测量其变化可以测得皮肤的伸长率。据相关文献介绍，背部皮肤宽度方向的伸长率为 13%~16%；臀部弯曲时的伸长率为 20%~30%；坐时臀部的伸长率为 14 %~15%；下蹲膝部弯曲时膝部的横向伸长率为 12%~14%，纵向伸长率为 35%~40%；肘部弯曲时横向伸长率为 15%~20%，纵向伸长率为 35%~40%，如图 1–10 所示。没有皱褶的皮肤伸缩性很小（每 10cm 约 1~2mm），变化最大的体表面积集中在身体后部，膝围至踝围间体表面积变化最小，其次是腰围线至大腿围的体表面积。总之，上肢与躯干的体表面积变化率大于下肢的体表面积变化率，体表面积的变化与肩关节、膝关节、肘关节、股关节的转动有着密切的关系，这些关节周围皮肤的伸展则与关节弯曲的角度大小成正比。

人体的这种变化决定了成衣在造型时各部位应给予必要的松量。一般来说，服装松量越大，人体活动越自如，但松量超过一定限度，服装也会影响人体的正常活动。也就是说，恰如其分的松量尺寸，既能使服装主要部位有良好的造型，又能赋予服装优异的实用性、美观性和舒适性。

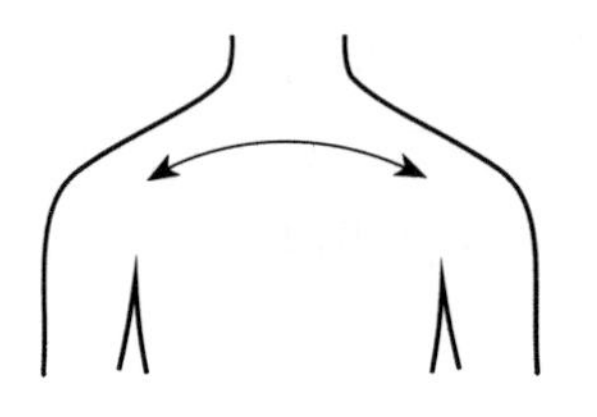

（1）背部伸长率为13%～16%

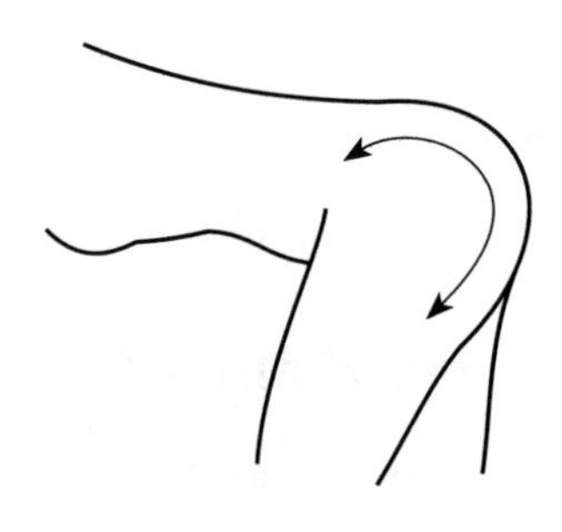

（2）弯腰臀部伸长率为20%～30%

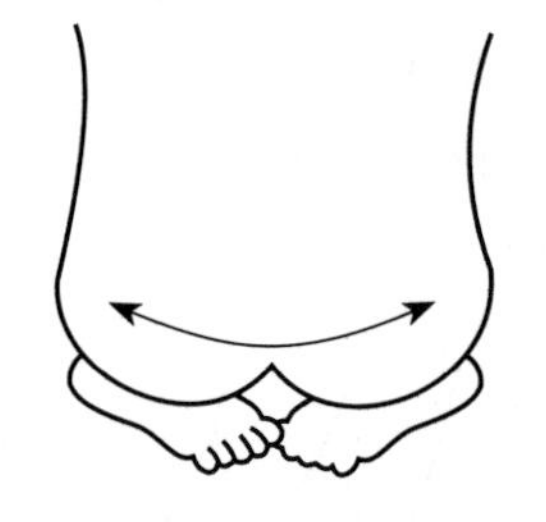

（3）坐着臀部伸长率为14%～15%

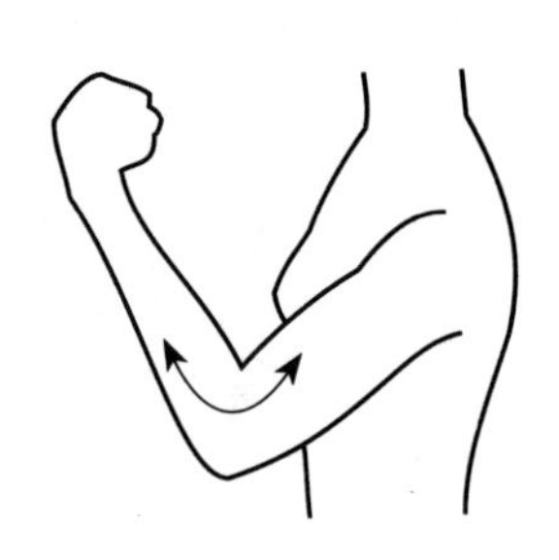

（4）肘部弯曲
横向伸长率为15%～20%
纵向伸长率为35%~40%

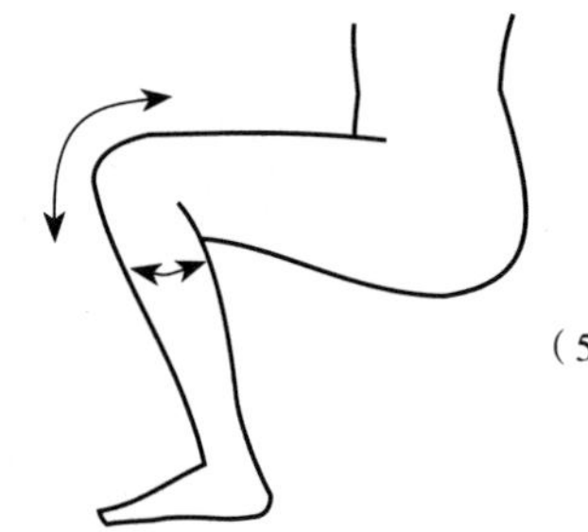

（5）下蹲膝部弯曲
横向伸长率为12%～14%
纵向伸长率为35%~40%

图1–10　皮肤表面的伸长率

2.服装动态变形的因素

（1）服装面料的物理性能（拉伸强度、密度、厚度、组织结构、摩擦系数等）。

（2）人体的姿势与动作（体表面积的变化，肌肉、骨骼的运动方向等）。

（3）服装面积与人体体表面积的比值。

（4）环境条件（温度、湿度、风速等）。

三、放松量与成衣设计

服装松量是服装轮廓与人体体表间的周长差，是维持人体生理活动与生活、工作需求的必要物理量。

1.松量的组成

人体与服装之间的空隙大小（松量），既影响人体的活动幅度，也影响着服装的廓型，合理分配服装各部位放松量是成衣造型的关键。服装放松量大小的影响因素如下：

（1）人体活动的基本松量：包括皮肤放热、排汗、呼吸、活动等生理、卫生现象所需求的生理松量。

（2）内套装厚度量：指内套服装使用的材料，对应于不同厚度、密度、重量、伸缩性，其松量取值亦不同。

（3）服装品种与风格需求的松量：如工作服、休闲服、礼服等因用途不同对应的松量也不同，并且由于各个时期的流行风格不同，同样的服装也会有不同的松量。

2.松量的设置

（1）设置在皮肤伸展性大的部位，适应活动的伸展方向需求，如背部、肘部、臀部、膝部等部位。

（2）要以身体机能与布料的性能为基础全面考虑放松量的位置、数量和方向。图 1–11 所示为女上装外轮廓与上体胸围横截面示意图，其中 *B* 代表人体体表胸围，*B*′代表服装外轮廓胸围。考虑人体运动时背部的运动量大于前胸运动量，后腋部的松量 *c* 要占 *B*′–*B*/2 的 32% 左右，前腋部松量 *a* 占 *B*′–*B*/2 的 28% 左右，袖窿宽松量 *b* 占 *B*′–*B*/2 的 40% 左右。在最需要松量的部位上设置合理的松量是成衣立体造型中必须考虑的问题。

图 1–12 所示为女下装外轮廓与下体臀围横截面示意图，其中 *H* 代表人体体表臀围，*H*′代表服装外轮廓臀围。不难看出，下装臀围松量差 *H*′–*H* 没有上装胸围松量差 *B*′–*B* 那么大，主要是因为臀围的运动幅度不同于上体手臂运动导致胸背部发生明显扩张的幅度，但后臀围的松量大于等于前臀围的松量。

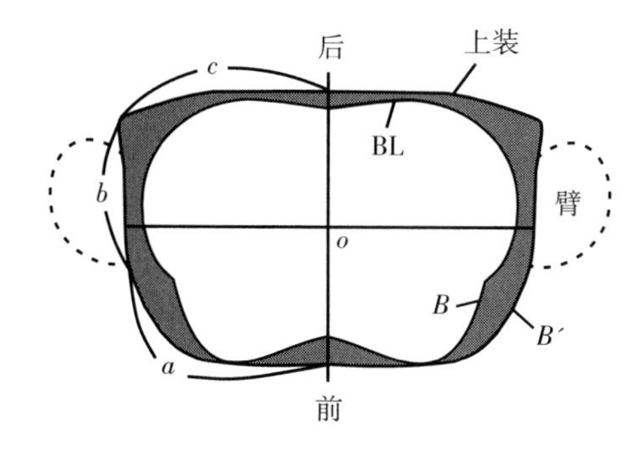

图1–11　女上装外轮廓与上体胸围横截面

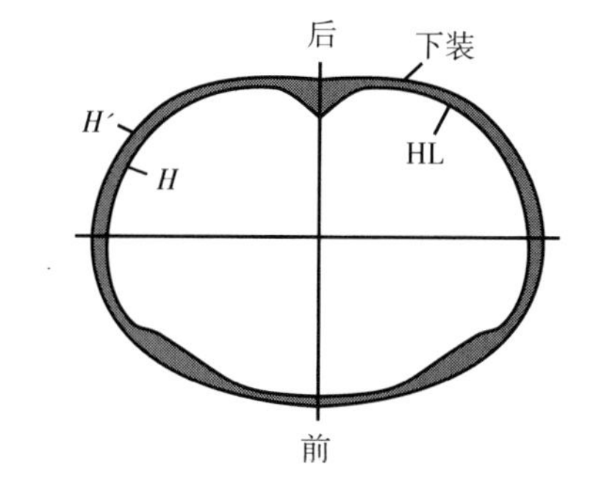

图1–12　女下装外轮廓与下体臀围横截面

第二章　立体造型基础知识

Basic Knowledge of Three - dimensional Form

“工欲善其事，必先利其器”。立体造型的操作性、技术性很强，比平面造型需要更专业、更良好的工具。本章介绍立体裁剪所必需的主要工具与材料，以及与立体造型相关的先期工作，如人体模型的标记与补正等，旨在为顺利进行立体造型设计做好必要的准备。

第一节　立体造型工具与材料

Tools and Materials for Three-dimensional Form

一、人体模型与选择

人体模型简称人台，是人体的替代物，是立体造型最主要的工具之一。人体模型的尺寸应能够反映标准人体或特定人体的尺寸要求，其造型合理准确，同时质地应软硬适当，便于反复插针。人体模型因使用目的和用途的不同，有各种各样的类型（图 2–1），其分类方法如下：

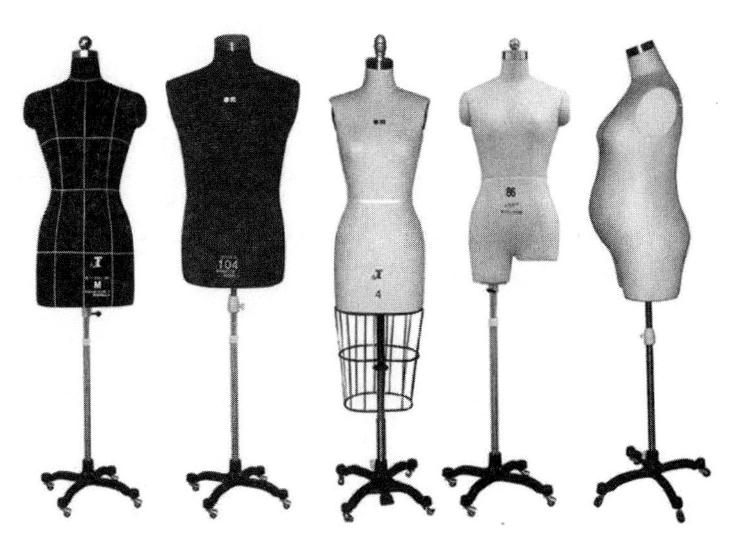

图2–1　各式人体模型

（1）以长度划分：半身人体模型（主要用于上装、连衣裙的裁剪制作）、2/3身人体模型（可用于短裤、裙裤的裁剪制作）、全身人体模型（可用于长裤、连衫裤的裁剪制作），目前，服装教学主要以半身人体模型为主。

（2）以松量划分：普通人体模型，用于普通服装的裁剪制作；紧身人体模型，用于内衣、泳衣等的裁剪制作；外套人体模型，用于套装、外套类服装的裁剪制作。

（3）以性别年龄划分：女装人体模型、男装人体模型、童装人体模型。

（4）以体型划分：标准体模型、特体模型（如孕妇模型）等。

（5）以用途划分：立体造型用、成品检验用、服装展示用三种类型。其中立体造型用的人体模型多为裸体人体模型，是按照人体比例和裸体形态仿造出的人体模型，适用于内衣、礼服等不同款式的服装造型和裁剪。成品检验用的多为工业人体模型，即在裸体人体模型的基础上，在胸、腰、臀及肩颈等部位加了放松尺寸，由固定的规格号型构成的工业生产用的人体模型，适合于外套生产和较宽松的服装造型设计。服装展示用的多为静态展示人体模型，静态展示人体模型可带五官、发型、动势及颜色，一般与展示的服装背景等相协调，适合于橱窗、展厅、商店等静态展示。

（6）以地区与国家划分：长期以来使用较多的有日本文化式人体模型、法式人体模型、美式人体模型等。2006 年，北京服装学院 TPO&PDS 工作室与南洋模特衣架有限公司成功联合研制开发出具有自主知识产权的“中国立裁人台”，说明国内的人体模型规格就此有了统一而科学的参照标准。

二、工具与材料

立体造型的工具与材料，主要有尺、剪刀、胶带、大头针、针插、熨斗、描线器、笔、绘图纸，棉絮、针、线、布料等。

（1）尺：立体造型中多数情况下，要依据目测经验来完成造型的构成。但在确定细部尺寸、样衣轮廓等环节，尺是不可缺少的工具。一般常用直尺、三角尺、弯尺、软尺等，如图 2–2（1）所示。

（2）剪刀：立体造型使用的剪刀应比一般缝纫用剪刀小一些，如 9 号、10 号剪刀，以锋利合手为宜，如图 2–2（2）所示。

（3）胶带：在立体造型前，需要先在人体模型上用胶带标记出设计线的位置；在立体造型中，随时需要用胶带标记部位造型等。胶带的颜色应与人体模型颜色和坯布颜色有别，以便透过裁剪用布看到标记线的位置。胶带要选择窄而薄的为宜（一般 0.3~0.5cm），以便自如地做出曲线造型，如图 2–2（2）所示。

（4）大头针和针插：立体造型应准备一些细长、尖锐、容易穿刺的大头针。虽然带珠头大头针细而尖，但因其头部较大，造型中对视觉造成影响，故不提倡使用。针插是插大头针的用具，形状一般为圆形或椭圆形，使用时应固定于手腕上以便随时取用。针插最好用毛发作为填充物，目的是减少摩擦力，便于插针与取针，如图 2–2（2）所示。

（5）熨斗：主要用于熨烫坯布和布料，坯布使用前难免会有些褶皱，需要用熨斗熨烫平展，且找准经纬纱向后再用。但熨烫时最好不使用蒸汽，因为喷水后布料会变得僵硬，不利于立体造型，如图 2–2（3）所示。

（6）描线器：也称为点线滚轮、擂盘，用于将立体造型的布样转换成纸样或样板时拷贝之用，如图 2–2（3）所示。

（7）笔和纸：在立体造型过程中需要用笔标记记号与轮廓，其记号作为制板的依据。用笔以铅笔、划粉、记号笔为主；一般选择牛皮纸制作服装样板，如图 2–2（3）所示。

（8）棉絮:用于制作手臂模型、补正人体模型、立体造型等。一般选择棉花、腈纶棉及柔软而有弹性的材料为宜。

（9）针和线：需要准备白线和彩线。白线可用于样衣的假缝、缩缝等，彩线可用于标记布纹。针和线都应该对应布料质地，如图 2–2（3）所示。

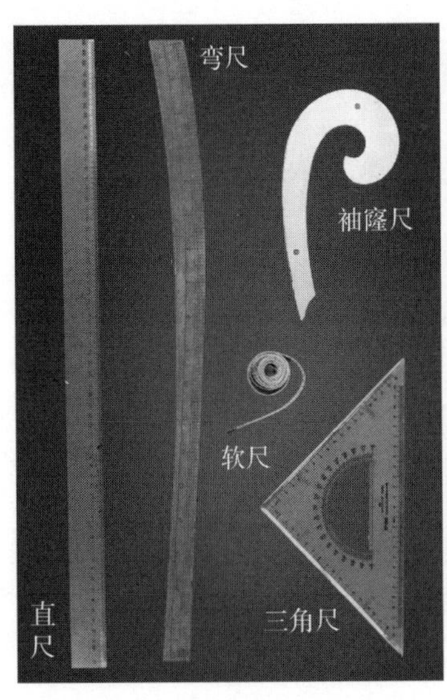

（1）尺

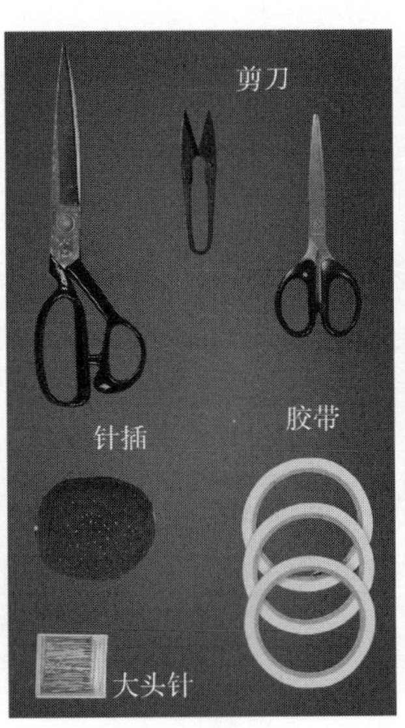

（2）剪刀等

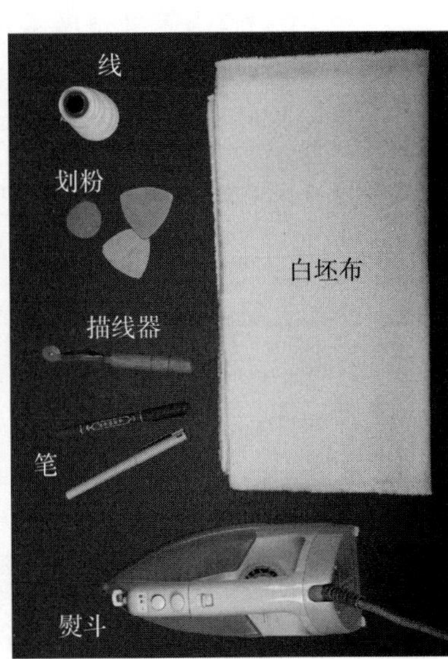

（3）笔、描线器、线等

图2–2　立体裁剪工具与材料

（10）布料：立体造型一般选用与实际面料特性接近的布料进行模拟造型，如薄棉布适宜衬衫、连衣裙、礼服等款式的立体造型，厚坯布适宜大衣、套装的立体造型。平纹原色棉坯布具有布纹丝缕清晰可见的优点，方便造型操作。因特别需要也可使用一些衬布类材料，但要避免使用过于滑软、容易拉伸变形或过重的材料。

第二节　人体模型标记与补正

Mark and Modification of Three-dimensional Form

一、人体模型基准线

1.基准线的作用与要求

所谓基准线是为表达人体模型上重要部位或必要的结构线而设置的标记线。基准线在立体造型中是必不可少的，它们相当于立体的尺，是款式构成的重要依据。在立体造型过程中，大多是依靠人的视觉去观察确定各部位的数量关系和造型形状，基准线在此发挥着不可忽视的作用。基准线必须采用与人体模型颜色反差明显且颜色穿透力较强的胶带，如红色、白色、黑色等，使之能透过坯布易于识别。

2.基准线标记方法

基准线的设置部位分纵向、横向、斜向、曲向。纵向基准线有前、后中线，前、后公主线，侧缝线；横向基准线有胸围线、腰围线、臀围线；斜向基准线有肩线；曲线基准线有领围线、袖窿弧线。

（1）前中线：标记前中线时要通过人体中线的延长线与地面垂直。可在颈窝点用绳系一重锤帮助确定其位置，如图 2–3（1）所示。

（2）后中线：标记方法同前中线，故从略，如图 2–3（2）所示。为使其左右对称，要分别测量前、后中线的左、右两侧的围度是否相等。

（3）胸围线：胸围线是从人体模型的侧面找到胸部最高点（BP 点），然后在同一高度找到同一水平线的水平点，沿水平点连线并固定，如图 2–3（3）所示。

（4）腰围线：腰围线是在腰部最细处的水平线，可用标记胸围线的方法检验

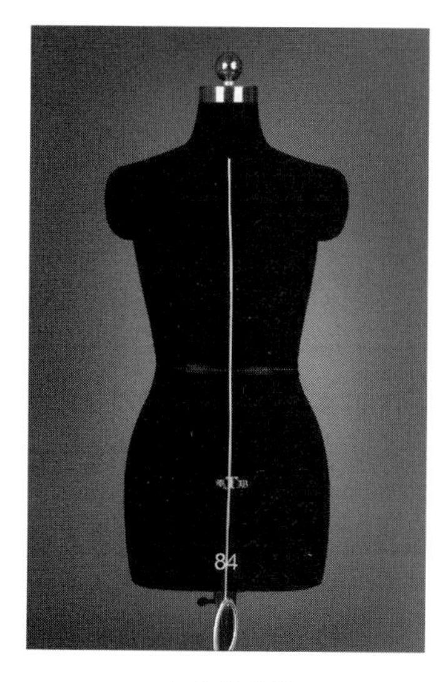

（1）前中线

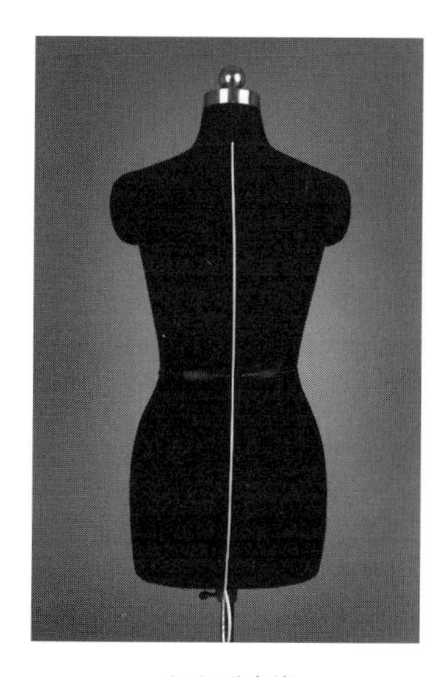
（2）后中线

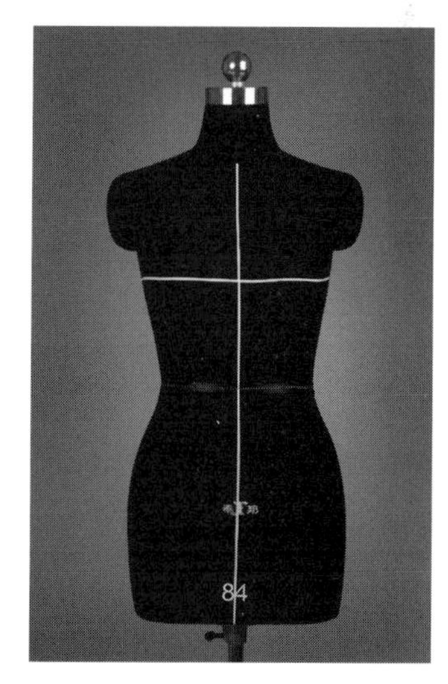

（3）胸围线

图2–3

基准线是否水平，如图 2–3（4）所示。

（5）臀围线：臀围线是在臀部最丰满处的水平线（一般位于腰围线下 18~20cm），可用标记胸围线的方法检验基准线是否水平，如图 2–3（5）所示。

（6）领围线：领围线为环绕人体模型颈根处的基准线。要先确定出颈窝中点、后颈中点和肩颈点，连接各点将该线制作成圆顺曲线，如图 2–3（6）所示。

（7）肩线与侧缝线：先在人体模型的侧面确定肩颈点的位置，一般为颈部厚度的中心略向后一点，再确定肩端点，即肩部厚度的中心点，两点连直线，用胶带固定。从肩端点顺势垂下，通过臂根截面中点向下将人体模型的侧面分为均衡的两部分，用胶带固定，如图 2–3（7）所示。

（8）前公主线：自前小肩宽的中点，经过 BP 点、1/2 前腰围中点偏前中线

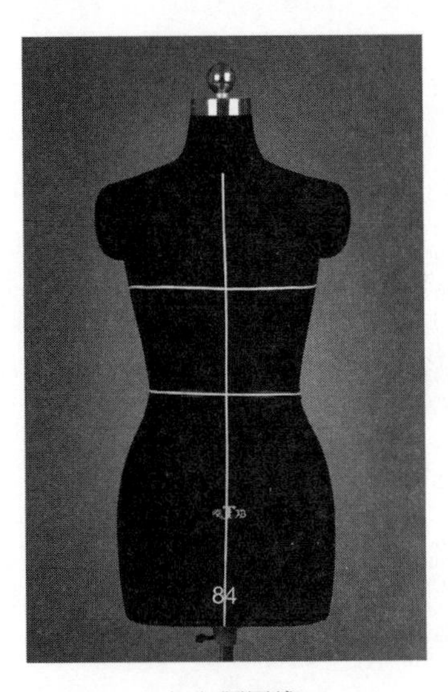

（4）腰围线

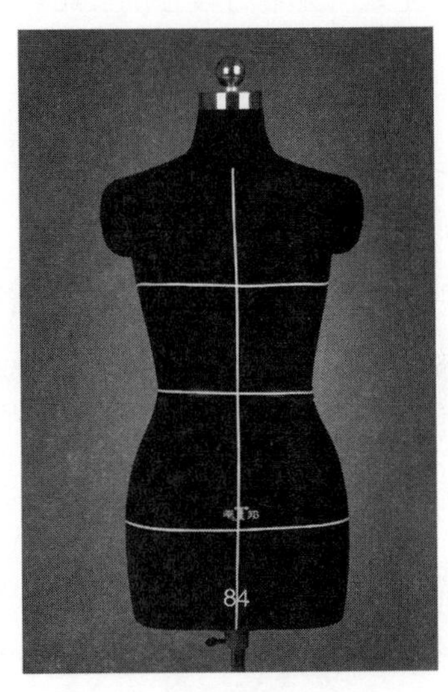

（5）臀围线

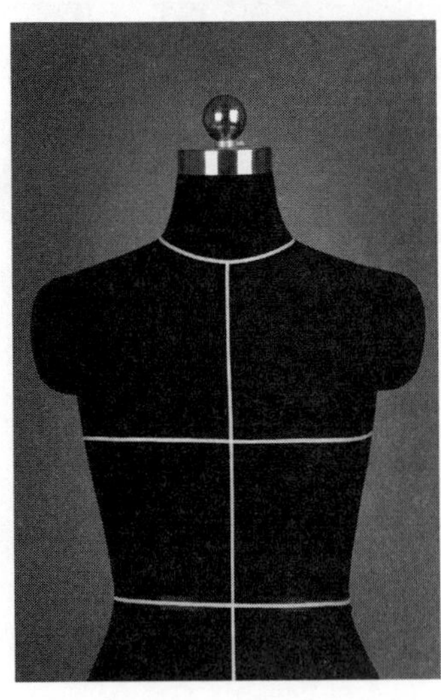

（6）领围线

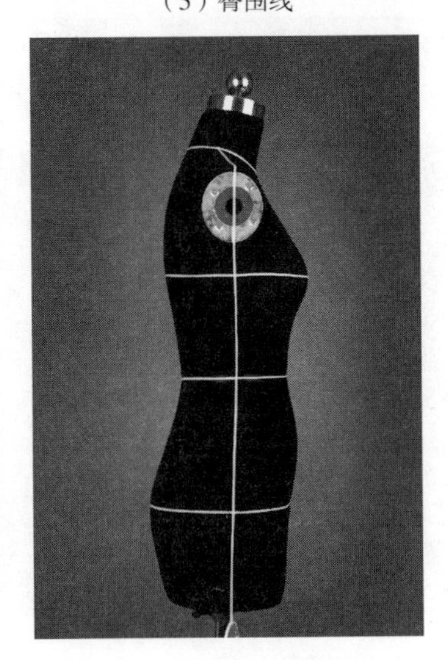

（7）肩线与侧缝线

图2–3

2cm 左右点、1/2 前臀围中点偏前中线 4cm 左右点，用胶带标记出优美的曲线，并要保持其自然、均衡的线条，如图 2–3（8）所示。

（9）后公主线：自后小肩宽的中点，经过肩胛骨，向下自然标记的一条基准线。腰围线以下注意把臀部的均衡感衬托出来，如图 2–3（9）所示。

（10）袖窿弧线：先确定前、后腋点和肩端点、袖窿底点，然后用胶带连接以上各点。注意，前、后弧线曲度略有差异，要细心体会人体手臂横截面的形状，如图 2–3（10）所示。

（11）整体效果：基准线全部标记完毕后，再从正面、侧面、背面观察标记的整体效果，调整不合适的部位，达到完美效果，如图 2–3（11）~（13）所示。

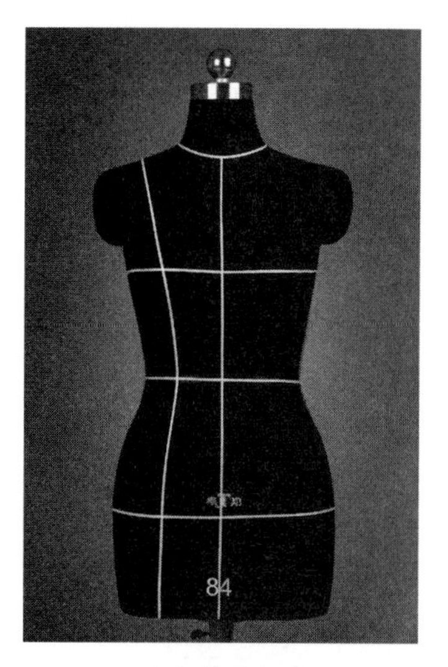

（8）前公主线

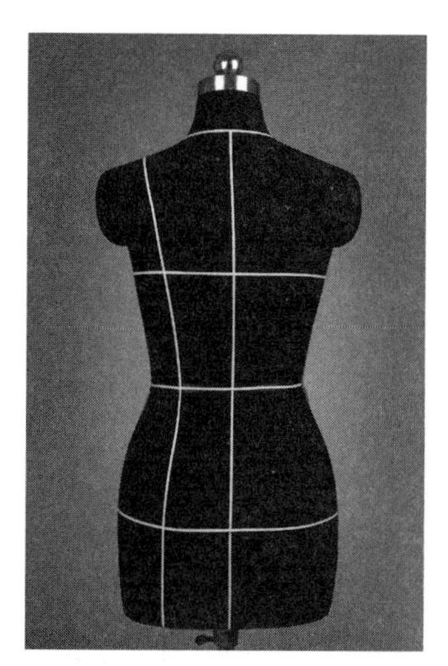

（9）后公主线

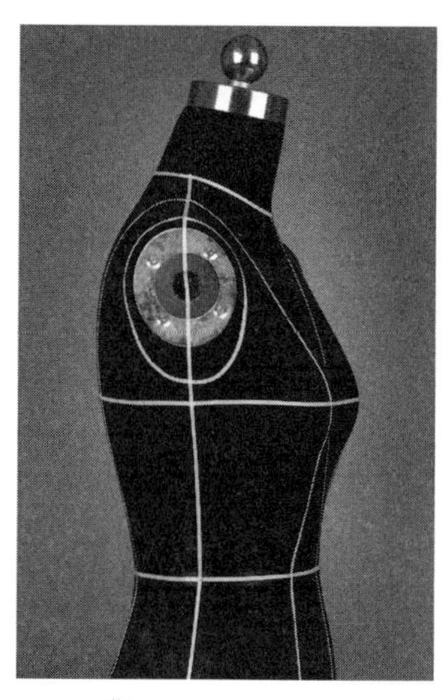

（10）袖窿弧线

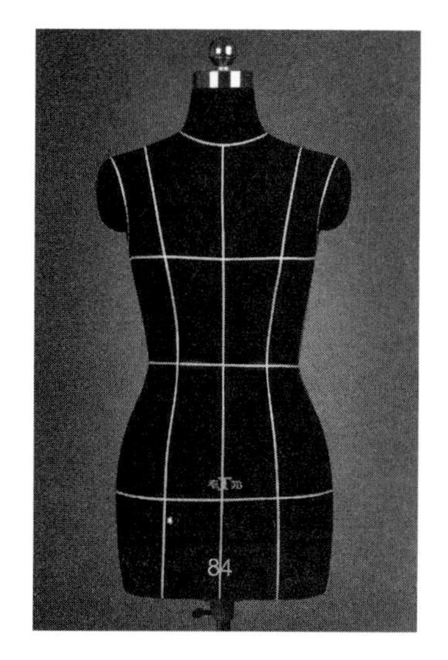

（11）正面效果

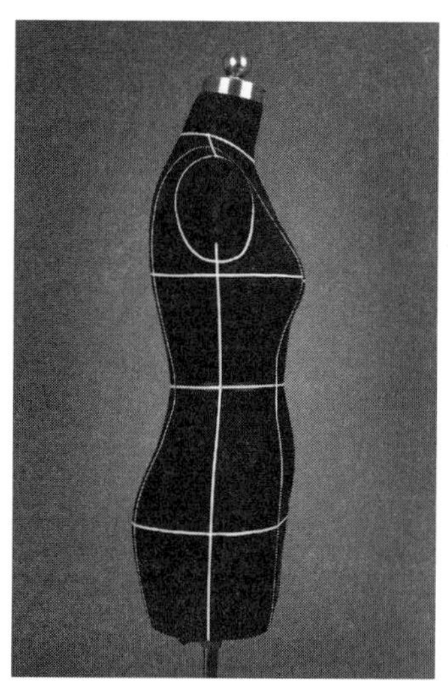

（12）侧面效果

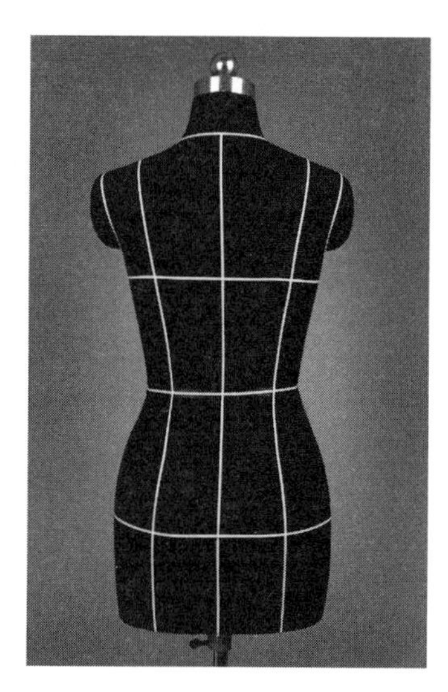

（13）背面效果

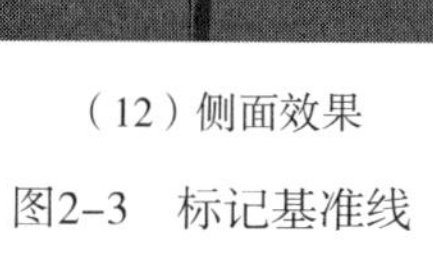

图2–3　标记基准线

二、人体模型的补正

人体模型是一种理想化的形态，虽然适合人体体型，但缺乏不同人体所具有的惟妙惟肖的差异。所以在实际运用时，需要根据人体体型的特殊性或独特造型设计的要求，进行各种修正。具体修正方法只能是追加，不能削减，追加的材料可选用蓬松棉、棉花及制成品等。

1.胸部补正

胸部补正可以选用文胸制成品，也可以自制。在自制胸垫时，需略呈竖向的椭圆形，贴附在胸部时，要注意符合人体，左右对称，边缘不能有明显折痕，要逐渐变薄，过渡自然。可用针线纳缝几针将其固定，再用大头针固定在人体模型上，如图2-4（1）所示。

2.腰部补正

由于采用的是裸体模型，制作宽松服装或外套时，为了减少胸腰臀的差数，需要将腰围加大，可使用长布带缠绕一定的厚度（最好斜纱），然后加以固定，如图2-4（2）所示。

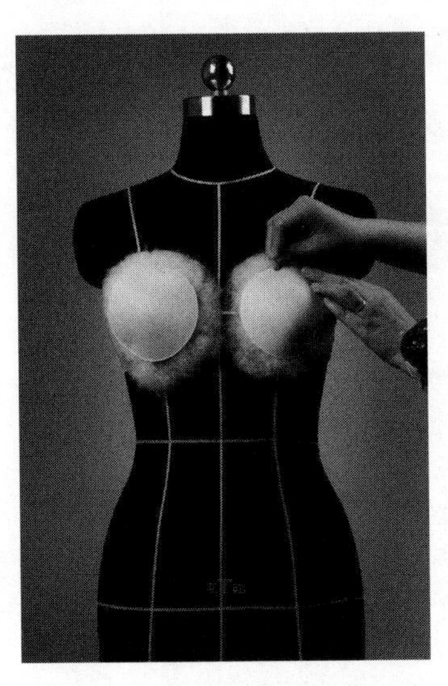

（1）胸部补正

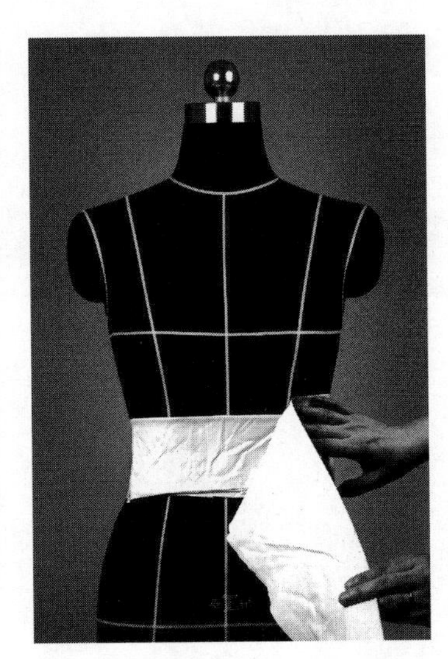

（2）腰部补正

图2-4

3.肩部补正

强调肩部高耸时或调整溜肩时，必须在肩部装垫肩作为补正，可在人体模型上直接装垫肩制成品，一般要长出肩端点1cm左右，如图2-4（3）所示。

4.臀部补正

为了满足体型调整或服装造型设计的需要，臀围补正主要是提臀，一方面修正臀部曲线，另一方面显示臀部的丰满，突出女性胸腰臀曲线的特点，如图 2-4（4）所示。

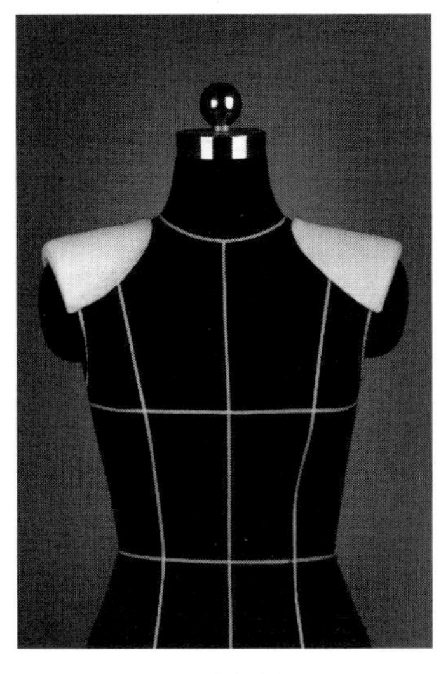

（3）肩部补正

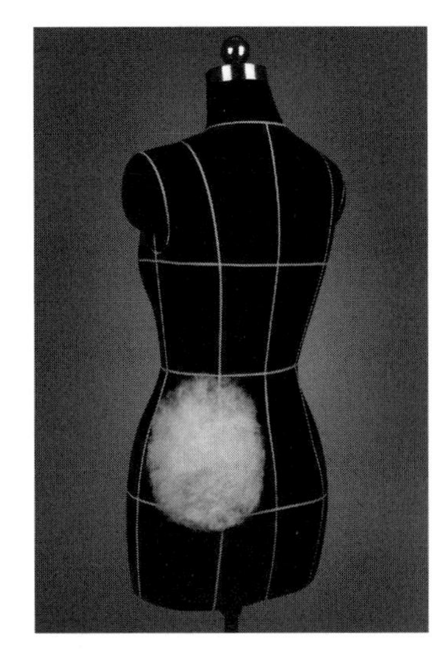

（4）臀部补正

图2-4　人体模型的补正

第三节　手臂模型制作与标记

Manufacture and Marks of Arm Model

手臂模型与人体模型一样是立体造型不可缺少的一项用具，是手臂的替代品，用于袖子的制作与造型。因购买的人体模型一般不带手臂，因此需要自行制作。自制材料主要是中厚纯棉布料、棉花或腈纶棉等，自制手臂要轻软、有弹性、易弯曲、便于装卸。

一、手臂模型结构图

手臂模型的结构图是专家、前辈对手臂外形的科学研究与概括总结，其结构图是对手臂结构的优化，呈肘上与人体平行、肘下向前倾斜状，尤其是小袖纵向基础线的变化使手臂成型后呈立体倾斜状。手臂尺寸应因人而异，但为了增强其适用范围，一般采用标准尺寸：臂根围为 26.5cm，袖长为 58 cm，较标准袖长略长一些。除了手臂图形外，还需有臂根布与袖口布，臂根布能够使手臂顺利装到模型上，从其图形中可以清楚地捕捉到人体臂根部截面的造型，其前腋下曲线曲率较大，后腋下曲线曲率较缓，以满足人体手臂向前活动的需要；袖口布是类似手腕横截面的椭圆状，其制图方法如图 2-5 所示。

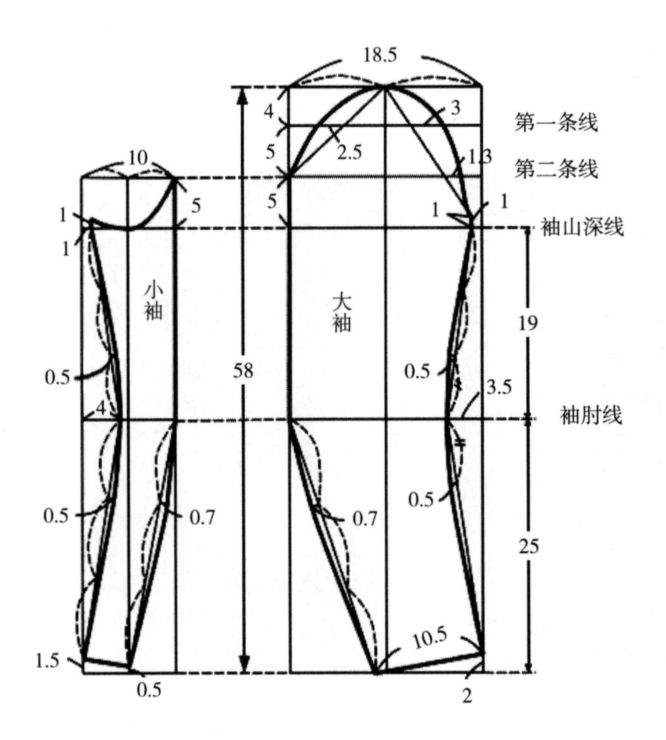

图2-5　手臂模型制图

二、手臂模型裁剪

根据手臂模型的结构图，将大小袖片、臂根布、袖口布如图 2-6 所示放缝并裁剪。袖山因制作后要与人体模型的手臂横截面相吻合，所以缝份需预留多一点（2~2.5cm）。

手臂模型一般使用中厚白坯布或与模型相同颜色的布料制作，并用醒目的色线缝出或用笔标出纸样上的纵横基准线。

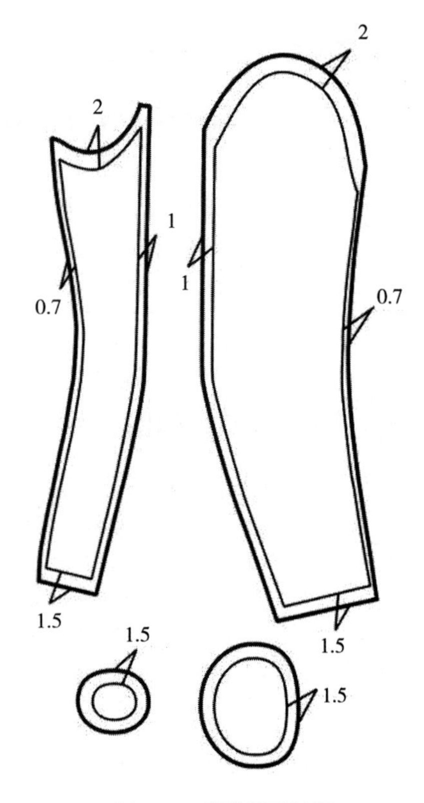

图2-6　手臂模型放缝

三、手臂模型缝制

1.缝合袖缝

先缝合前袖缝，且在袖肘处稍拉伸缝合；再缝合后袖缝，后袖缝是从两端向中间缝合，缝合时大小袖的袖山深线与袖口线对齐，但在袖肘线两侧 8cm 处做缩缝处理，以符合肘部突起的特点。缝合后，大小袖片的袖肘线一般要错开 0.5cm（即大袖高 0.5cm），最后分烫缝份，如图 2–7（1）所示。

2. 制作挡布

距臂根挡布与袖口挡布的边缘 0.3cm 缩缝，将里面衬垫（净样硬纸板）充填后抽紧缝线，使挡布绷紧在硬纸板上，正面原有的十字线不得歪斜。为了稳固，还要在反面用线反复多拦几道线，如图 2–7（2）所示。

3.填充手臂

填充棉可以直接装入已做好的手臂内，也可用布（45° 斜纱）把填充棉包好再装入手臂内，既迅速又均匀，且不易破坏手臂造型。填充手臂时需边调整形状，边注意基准线的平衡，且无皱褶，如图 2–7（3）所示。

4.装袖口挡布

整理好袖口处的填充棉，用线拱缝、抽缩袖口，并均匀分配整理好缝缩量。再将做好的袖口挡布手针缲缝固定到袖口上，如图 2–7（4）所示。

5.装臂根挡布

整理好臂根部的填充棉，使其与手臂截面的倾斜度相吻合，然后用线拱缝、抽缩袖山，并均匀分配整理好缝缩量。装挡布时，先对位好手臂上的袖山顶点与袖山底点纵向基准线，还要将臂根挡布的横向基准线对准手臂上的第二条线，再

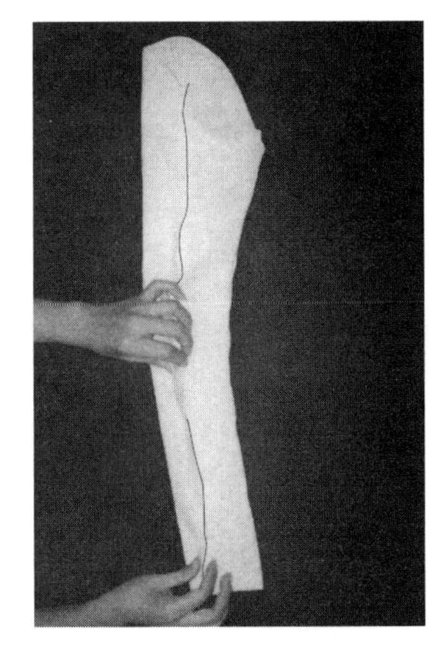

（1）缝合袖缝

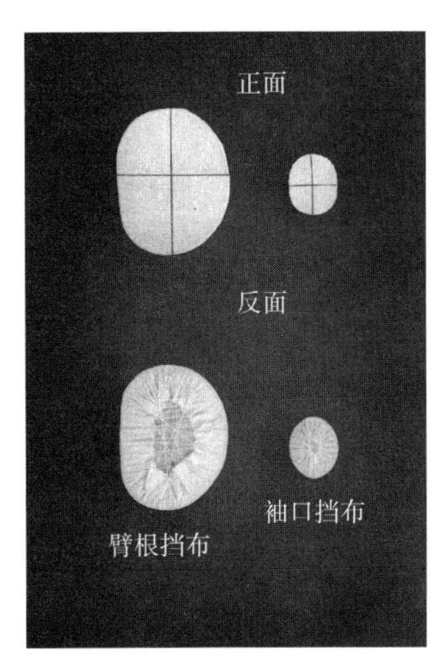

（2）制作挡布

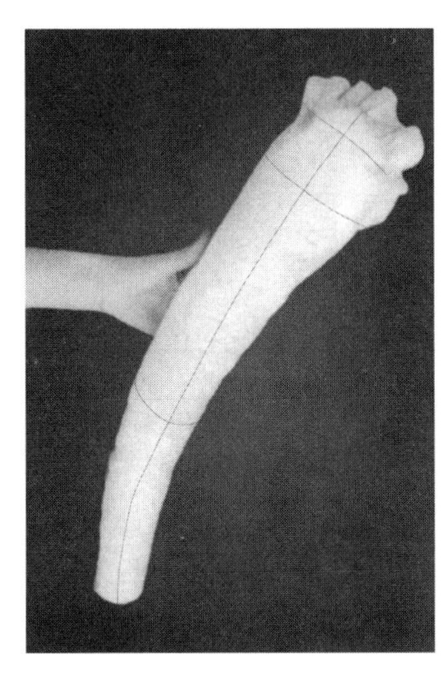

（3）填充手臂

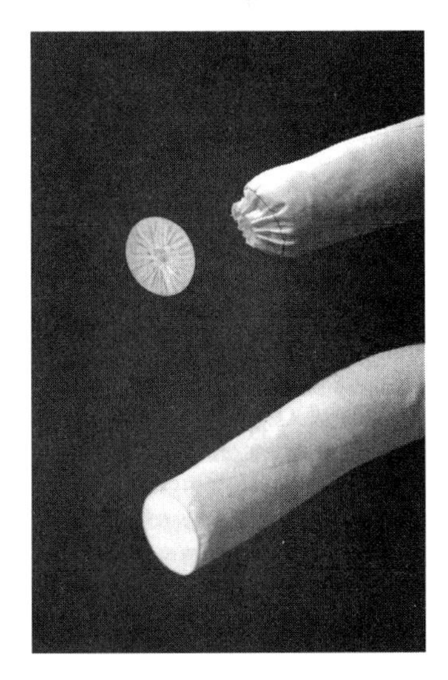

（4）装袖口挡布

图2–7

用手针缲缝使之固定，如图 2–7（5）所示。

6. 装袖山条

第二条线的两端点为装布条的起止点，按其长度的两倍加上 1cm 缝份裁剪一布条（这一布条最好利用独边稳固不脱散的特点），以长度对折，缝合毛边，再翻转到正面，净宽需达到 2.5 cm。然后将布条手针缲缝固定在袖山净印上，如图 2–7（6）所示。

7. 安装手臂

将做好的手臂用大头针固定到人体模型上，要求袖位准确，自然帖服于人体模型，如图 2–7（7）所示。

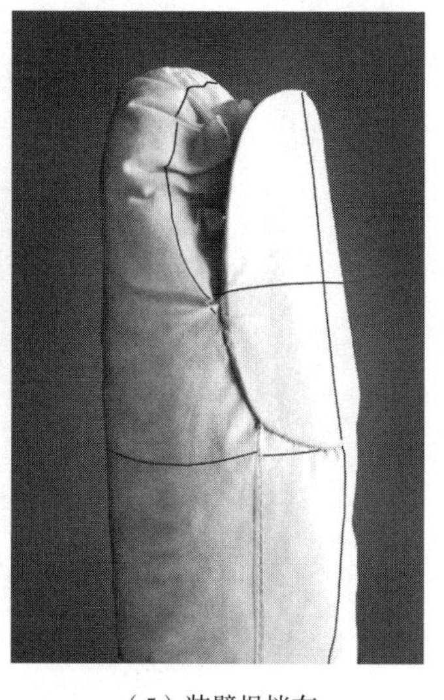
（5）装臂根挡布

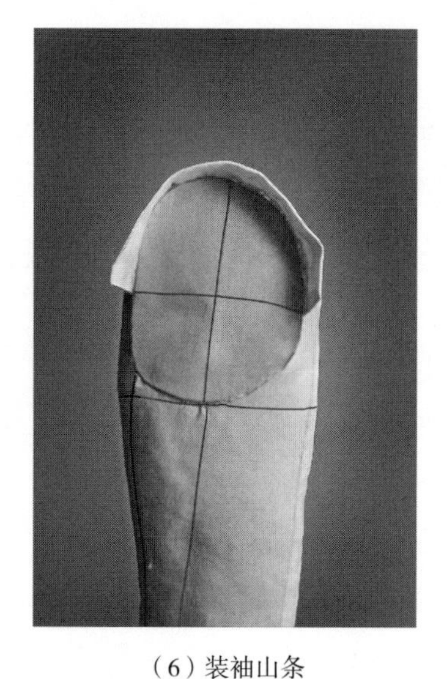
（6）装袖山条

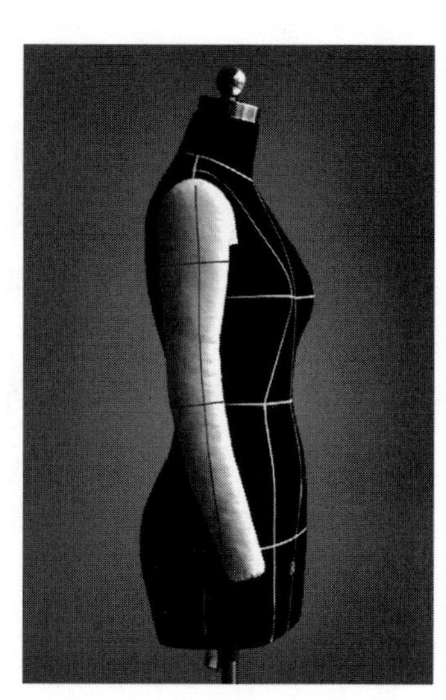
（7）安装手臂

图2–7　手臂模型制作

第四节　布纹整理与别针针法

Arrangement of Cloth Marks and Stitch

一、布纹整理

1.布纹整理的必要性

立体造型的第一步就是整理布料的纹路。一般布料在织造、染整等过程中，常常会出现布边过紧、轻度纬斜、布料拉延等现象，导致布料丝缕歪斜、错位。以这样的布料做出的服装会出现形态畸变，这是立体造型的大忌。因此布料在使用前应检查经线与纬线是否垂直，并需烫平布料，消除褶皱。

2.整理布纹的方法

（1）划出印记：用右手拿一根大头针，把针尖插入织线与织线之间，左手拽住布端，右手向后微力移动大头针，使布料上形成一条顺直的纵向印记，再用相同的方法划出一条顺直的横向印记，如图 2–8（1）所示。

（2）矫正布纹：机织面料在织造、整理等过程中，由于经、纬向受力不均匀会导致发生纵横丝缕不垂直的现象。因此，可将布料较短的一边向斜向拉伸使之加长，若此方法仍达不到要求时，可使用熨斗进行推拉、定型，直至纵横丝缕逐渐趋于垂直为止，如图 2–8（2）所示。

（3）检查整理：用直角三角板的两条边或参照桌子（案板）的直角边检验布料的纵横丝缕，当纵横纱向相互垂直便说明布纹整理好了，如图 2–8（3）所示。

（1）划出印记

（2）矫正布纹

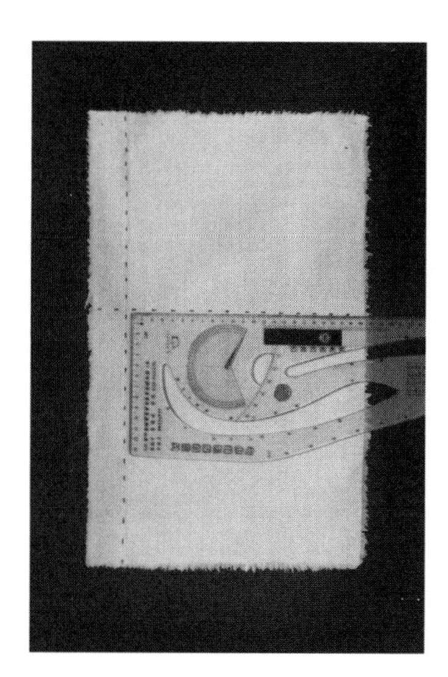

（3）检查整理

图2–8　整理布纹

立体造型中布边也需要处理，这是因为布边过紧、过硬的缘故。通常是将布边撕掉（0.5cm），以保证坯布经纬纱向正常的服装裁剪。

二、别针针法

1.大头针别法

（1）固定别法：用一根或两根大头针在人体模型上直接插入，主要用于固定布料在人体模型上。可以单针固定，为了稳定还可以双针呈八字形固定，如图 2–9（1）所示。

（2）对别针法：将两块布料沿边对齐，对合在一起，用大头针沿欲缝合位置固定。大头针首尾方向要一致，别合的位置就是缝合线的位置，一般在立体取样及造型时常用此针法，如图 2–9（2）所示。

（3）重叠别法：将两块布料平搭在一起，在重叠部位用大头针固定，也能确定重叠处的缝合线。该针法多用于布料的拼接，或需要平服的部位，如图 2–9（3）所示。

（4）折叠别法：将一块布料折边叠进后搭在另一块布料上，折叠线处在表面显而易见的位置，因此，用该针法确定缝合线的位置便于成品试穿、标记等，常用于别合侧缝、袖缝、肩缝等部位。大头针可垂直于折叠线别或平行于折叠线别，也可斜向别，如图 2–9（4）所示。

（5）藏针别法：从布料的折线处插入大头针，挑起下层布料，再回到上层布料的缝份内。正面只留针的头部，针尾藏于布内，其效果精美、干净，该针法多用于装袖子，如图 2–9（5）所示。

（1）固定别法

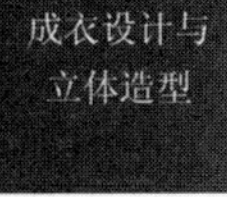

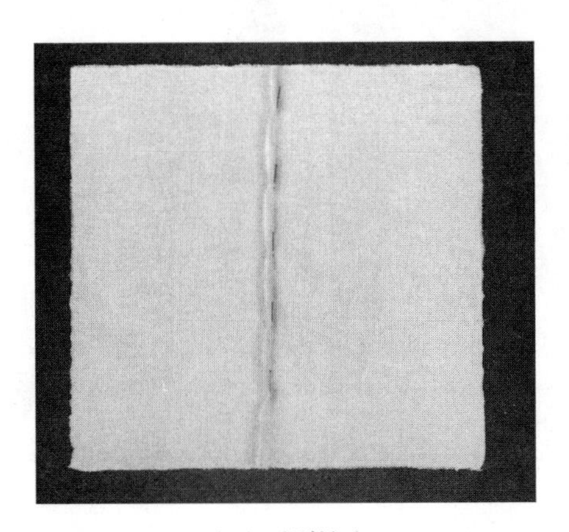
（2）对别针法

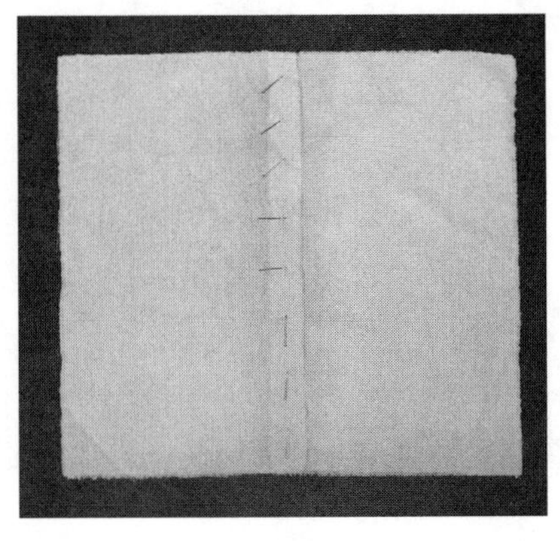
（3）重叠别法

（4）折叠别法

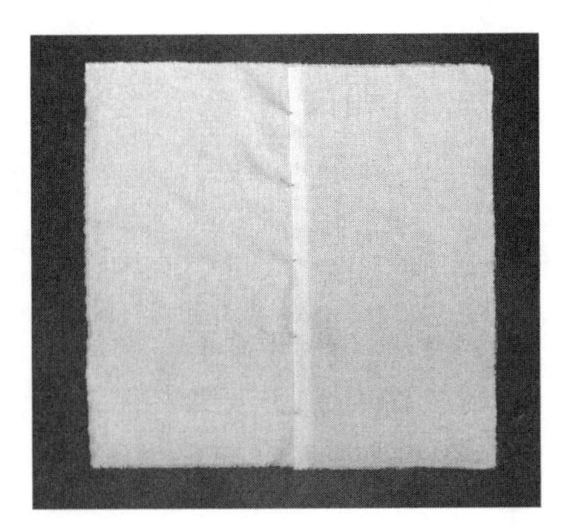
（5）藏针别法

图2–9　大头针别法

2.**正确使用大头针**

立体造型对大头针有一定的规范要求，如何正确使用是立体造型必须掌握的技术之一。了解大头针的使用方法，对服装造型的稳固性与造型效果都能起到良好的作用。其原则是：

（1）大头针针尖不宜插出太长，这样易于划破手指。

（2）大头针挑布量不宜太多，防止别合后不平服。

（3）大头针一进一出尽量使用尾部，别合后较为稳定。

（4）大头针在直线部分间距可以略大些，曲线部分的间距则要小些。

（5）大头针在前后肩缝、底摆边、袖口边处别合时，一般采用垂直于缝合线（或折叠线）的别法，其他部位则平行于缝合线别，如图 2–10 所示。

图2–10　平行于缝合线的别法

第三章　衣身立体造型

Three-dimensional Form of Bodice

衣身是包裹人体躯干的主要裁片，如何准确把握女体胸部造型？胸省、分割线、皱褶，则是达到此目的的重要手段，三者巧妙的设计组合及造型手法的综合应用，也是本章的重点与难点。因此，在充分理解人体与服装结构关系的基础上，掌握衣身立体造型及立体与平面样板的转换关系。

第一节　衣身原型立体造型与样板制作

Three-dimensional Form and Pattern Making of Prototype

一、款式分析

本款是腰节线以上基本衣身，也称衣身原型。前身设置腰省，后身设置肩背省和腰省，是略加放松尺寸的合体式基本型，如图 3–1 所示。

图3–1　衣身原型款式图

二、学习要点

学习衣身的基本结构，掌握衣身原型的立体造型方法，掌握如何用胸省完美的表达胸部造型、用肩背省表达背部造型，学习袖窿、领口等曲线部位的处理方法，从而更好地认识人体与服装结构的关系。

三、造型方法

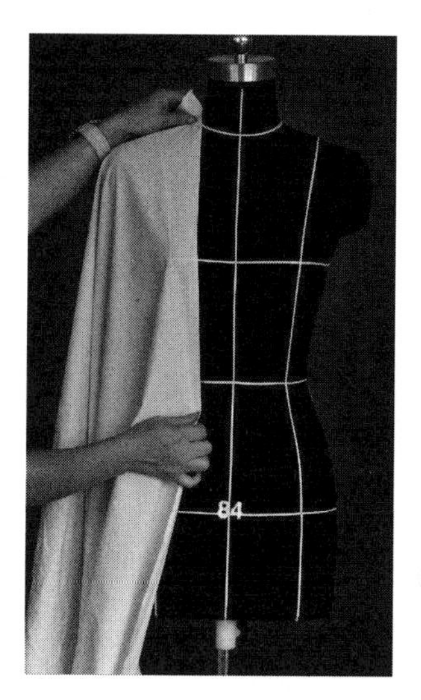

（1）长度估料

1.布料准备

（1）估料：前、后身布料长 = 腰节长 +8= 48cm，宽 =B/4+10= 32cm，如图 3–2（1）、（2）所示。

（2）熨烫与标记：熨烫整理布纹，使布料经纬纱向垂平方正，按图标记好前、后身布料的基准线，如图 3–2（3）所示。

2.前身立体造型

（1）披前身布：将布料的前中线与人体模型上的前中线对合，胸围线、腰围线同时水平对准

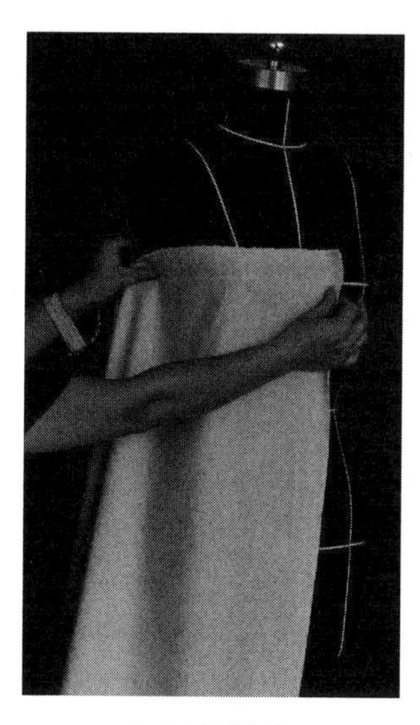
（2）宽度估料

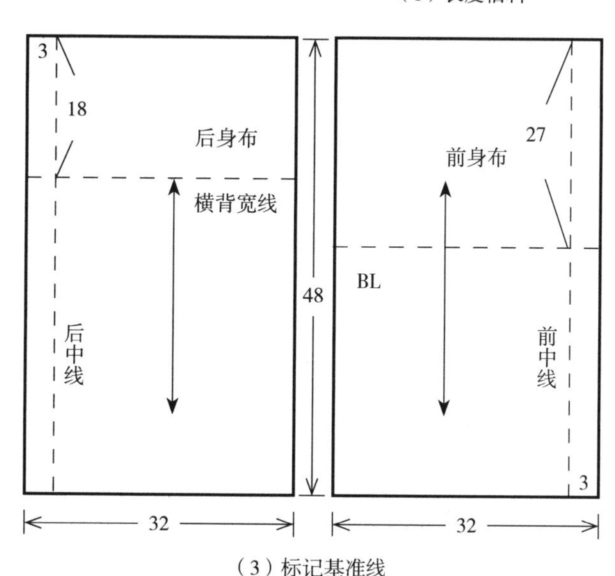

（3）标记基准线

图3–2　布料准备

或对合，用大头针固定颈窝点、前腰点，如图 3–3（1）所示。

（2）领口处理：抚平颈部布料，按人体模型的领口基准线标记领口线，且预留 1.5cm 缝份，剪掉余料。领口不平处打剪口（剪口不大于缝份），使之贴合人

体模型颈部，并在肩颈点处固定，如图 3–3（2）所示。

（3）加放松量：在胸宽处靠近腋下捏起 0.5~1cm 松量，并保持布料的顺直，用大头针别住，如图 3–3（3）所示。

（4）理顺肩、袖窿：抚平肩部布料，使其自然贴合人体模型，固定。为使袖窿及腋下的布料符合人体部位形状，参照肩端点、胸宽点、腋下 2.5cm 点粗裁袖窿，如图 3–3（4）所示。

（5）确定侧缝：抚平腋下布料，确定侧缝线，预留 1.5cm 的缝份，剪掉余料，如图 3–3（5）所示。

（6）做前腰省：腰部预留一定松量，剩余的布量用对别针法别出腰省，并使省缝直立（便于观察布料的贴体程度），省尖指向 BP 点，如图 3–3（6）所示。

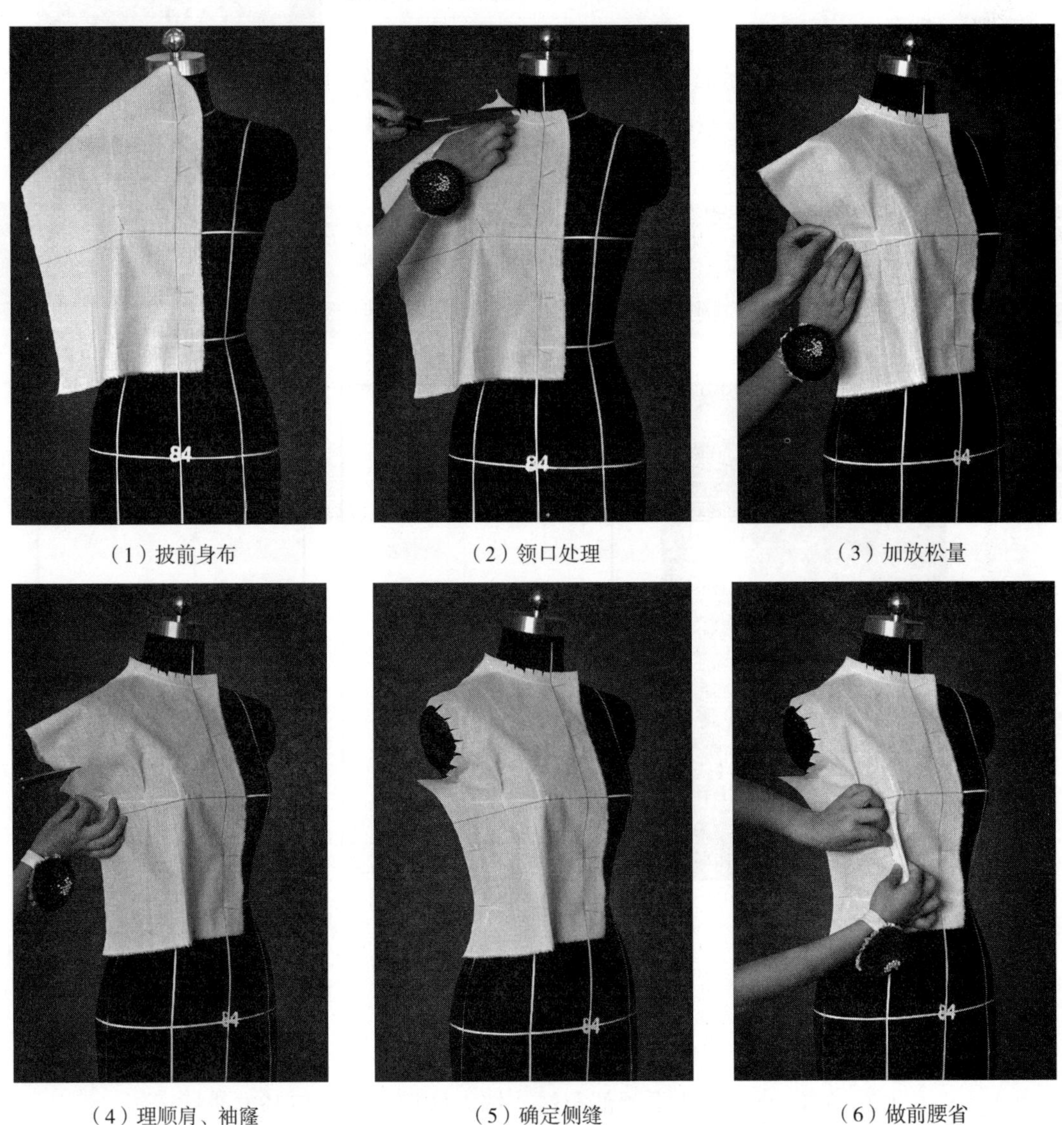

（1）披前身布　（2）领口处理　（3）加放松量

（4）理顺肩、袖窿　（5）确定侧缝　（6）做前腰省

图3–3　前身立体造型

3.后身立体造型

（1）披后身布：将布料的后中线、背宽线与人体模型上的基准线分别对合，固定后颈点、后腰点和肩胛凸点，如图 3-4（1）所示。

（2）领口处理：抚平领口处的布料，标记领口线，预留缝份，剪掉余料，如图 3-4（2）所示。

（3）加放松量：在背宽处别起 0.5~1cm 松量，保持背宽线水平，在靠近袖窿的地方固定，如图 3-4（3）所示。

（4）做肩背省：将肩部多余部分做肩背省，一般正常体的省量为 1.5cm 左右，省尖指向肩胛骨最高处，如图 3-4（4）所示。

（5）处理后袖窿、侧缝：抚平肩背、袖窿处的布料，粗裁后袖窿。将前后小

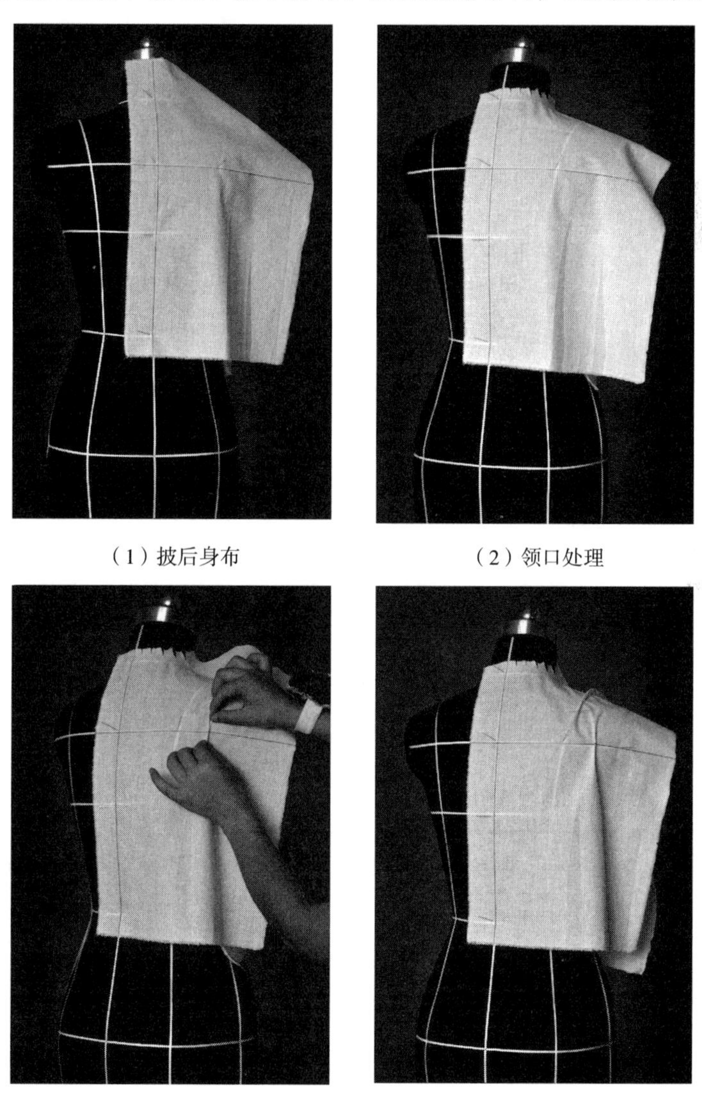

（1）披后身布　（2）领口处理

（3）加放松量　（4）做肩背省

图3-4

肩线、前后侧缝用对别针法别合，剪掉各处的余料，如图 3–4（5）所示。

（6）做后腰省：腰部留一定松量，再将剩余量做腰省量，注意腰省的位置与省尖指向，如图 3–4（6）所示。

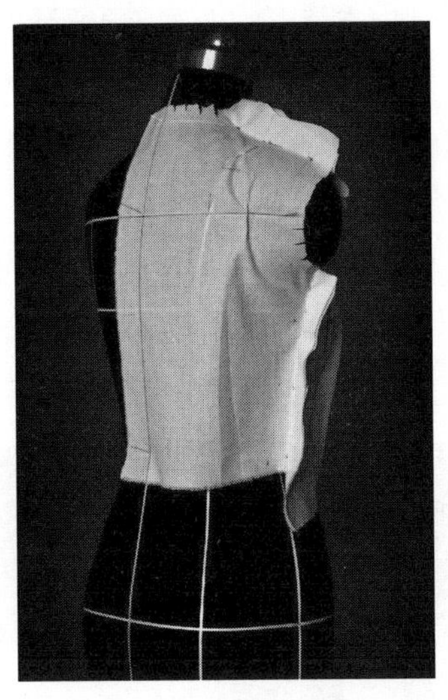

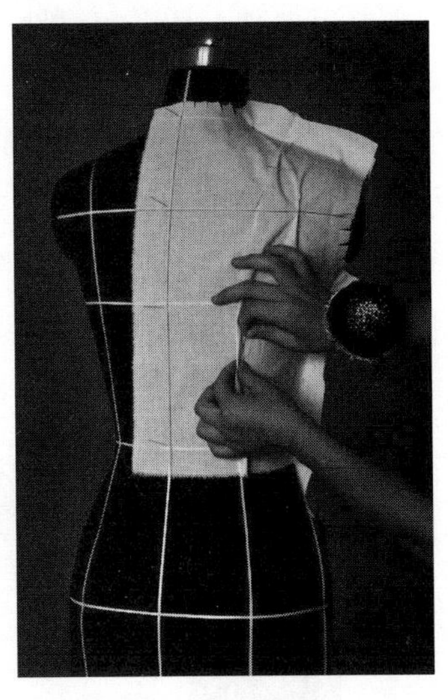

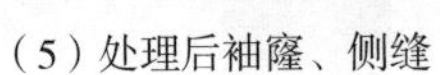

（5）处理后袖窿、侧缝　　（6）做后腰省

图3–4　后身立体造型

4.标记轮廓线

（1）标记前身：用带子标记前领口线、小肩线、侧缝线、腰围线，标记胸省位及袖窿深点，如图 3–5（1）所示。

（2）标记后身：用带子标记后领口线、小肩线、侧缝线、腰围线，标记后腰省与肩背省位，如图 3–5（2）所示。

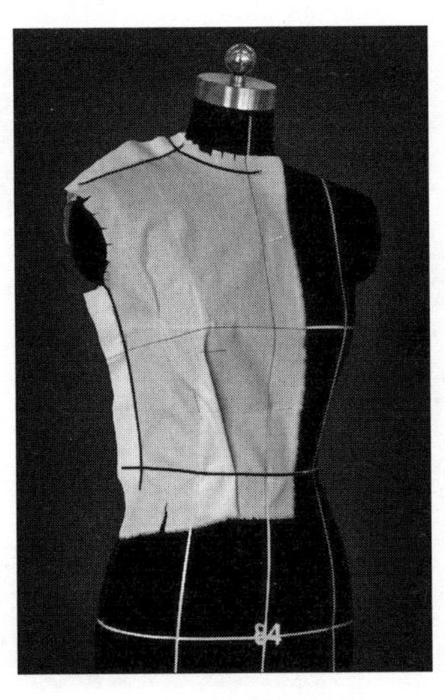

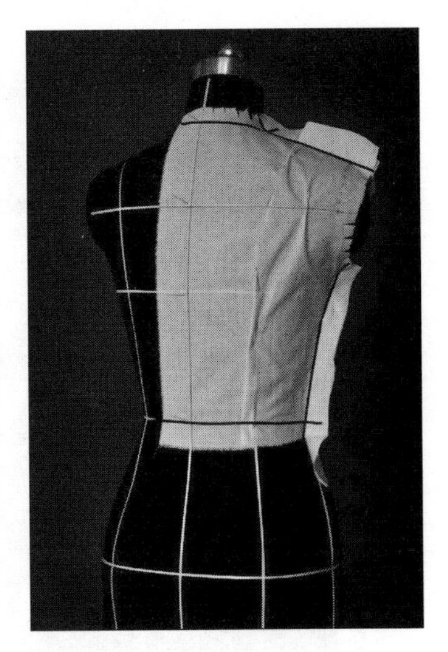

（1）标记前身　　（2）标记后身

图3–5　标记轮廓线

5.整理结构图

（1）画结构线：卸下衣身，展成平面。根据标记点，用专业尺描画出各结构线，如图 3–6（1）所示。

（2）领口吻合：对合前、后小肩线，检查前、后领口弧线是否圆顺，如图 3–6（2）所示。

（3）袖窿吻合：领口与肩部吻合的同时，还要检查袖窿曲线是否圆顺流畅，可用曲线尺调整肩端点，如图 3–6（3）所示。

（4）侧缝吻合：将前、后侧缝对合，且使其等长，并保持袖窿与腰线圆顺、腰线与底边的曲线顺直，如图 3–6（4）所示。

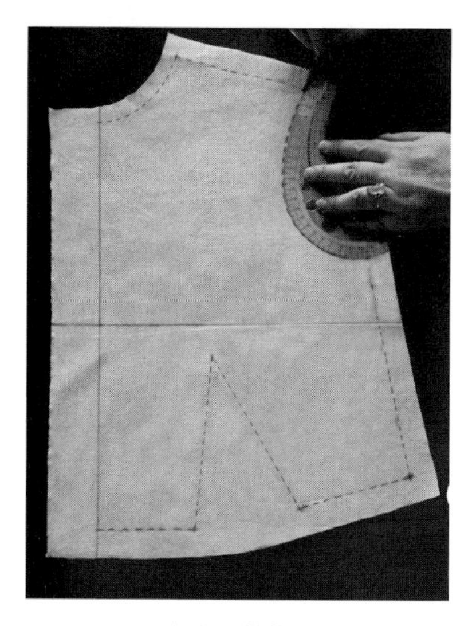

（1）画结构线

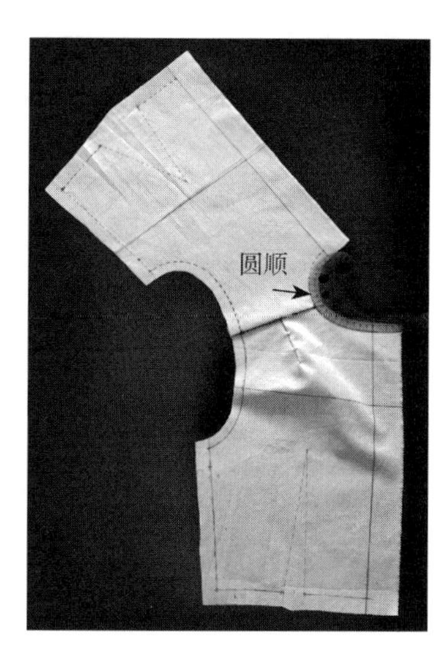

（2）领口吻合

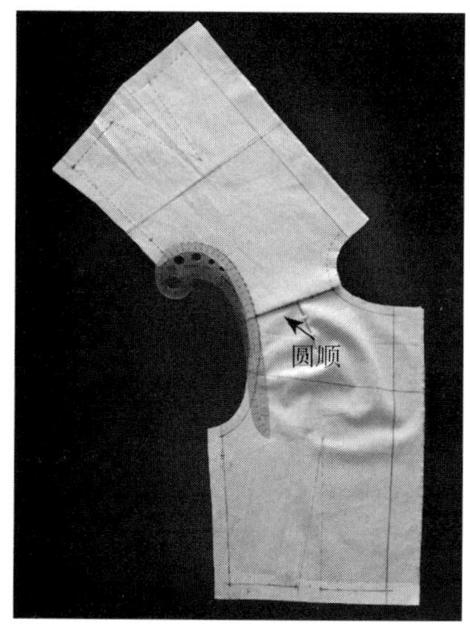

（3）袖窿吻合

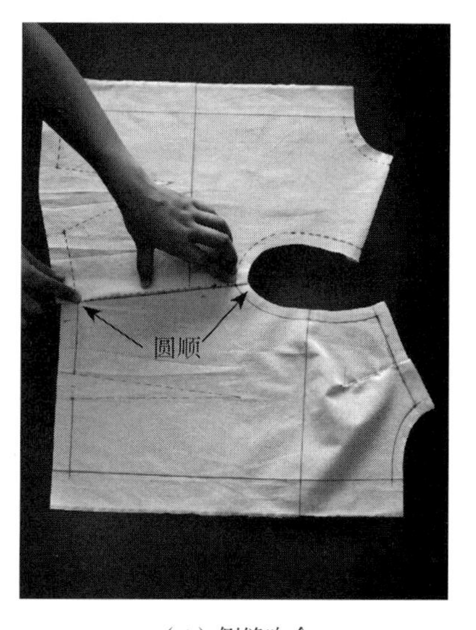

（4）侧缝吻合

图3–6　整理结构图

6.假缝试穿

（1）扣烫缝份：用熨斗轻轻熨平衣片，并扣烫前、后省缝和衣片的一侧缝份，如图 3–7（1）所示。

（2）假缝：将前后腰省、肩背省别起来，用折叠别法别合侧缝，底摆折边采用垂直于缝合线别法，如图 3–7（2）所示。

（3）整体效果：原型衣假缝后穿于人体模型上，观察衣片前、后各部位效果，调整不平服、不合适的部位，达到松紧适当、整体平衡，如图 3–7（3）、（4）所示。

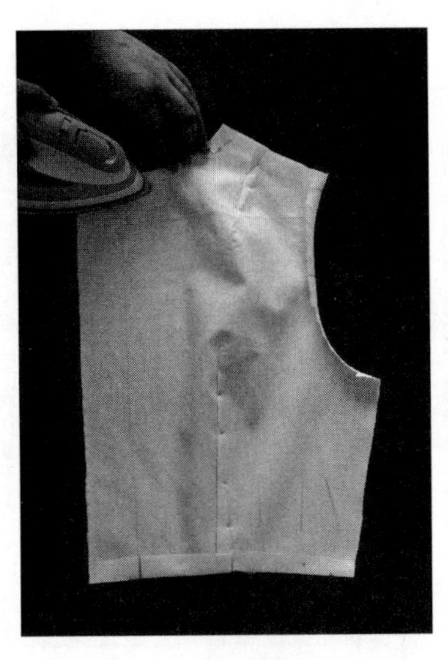

（1）扣烫缝份

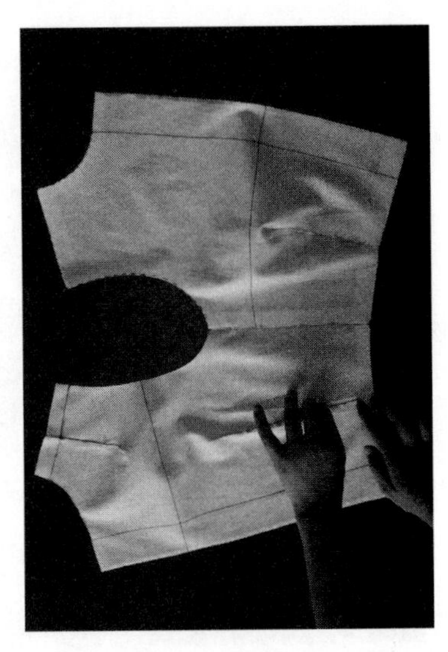

（2）假缝

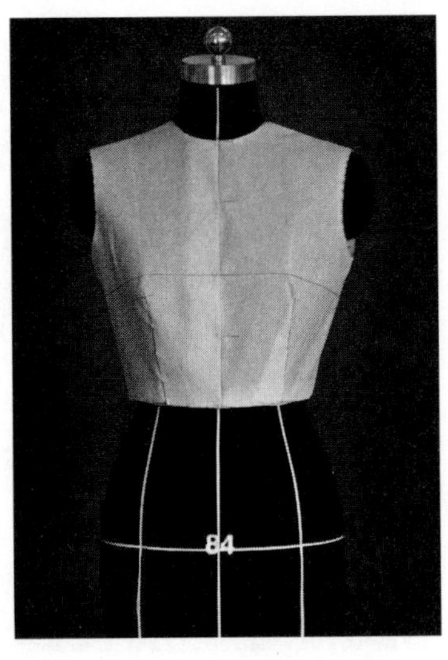

（3）正面效果

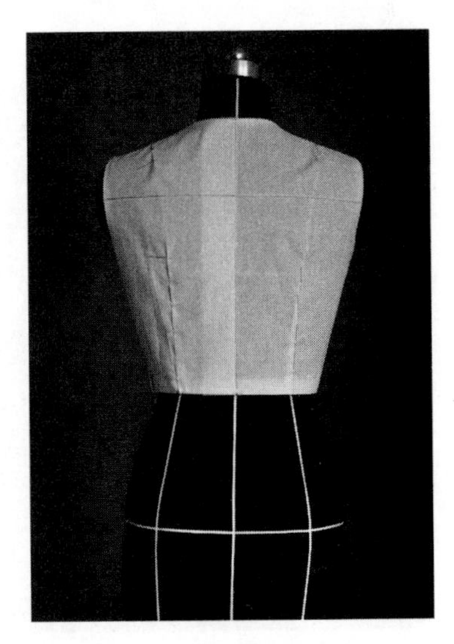

（4）背面效果

图3–7　假缝试穿

7.样板制作（图3–8）

（1）拓印样板：将试样后原型衣再次展成平面并熨平，按修正点线修正结构线。再用描线器或其他方法拓印布样于纸样上，如图 3–8（1）所示。

（2）样板结构：按衣片轮廓加放缝份，为保证样板的生产质量，样板廓型要清晰、准确，并在样板上标注对刀点、纱向、对合记号及文字标注等，如图 3–8（2）所示。

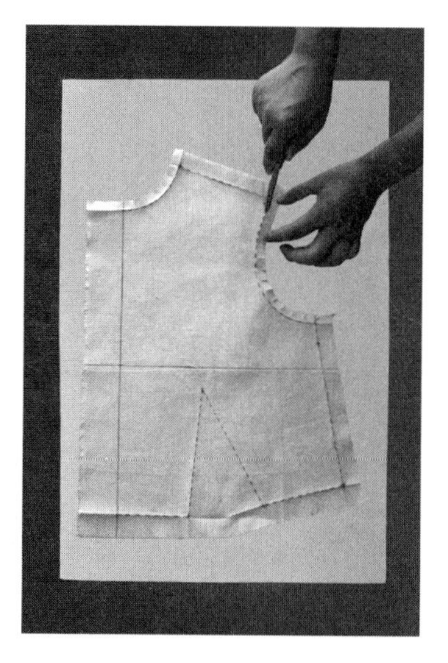

（1）拓印样板

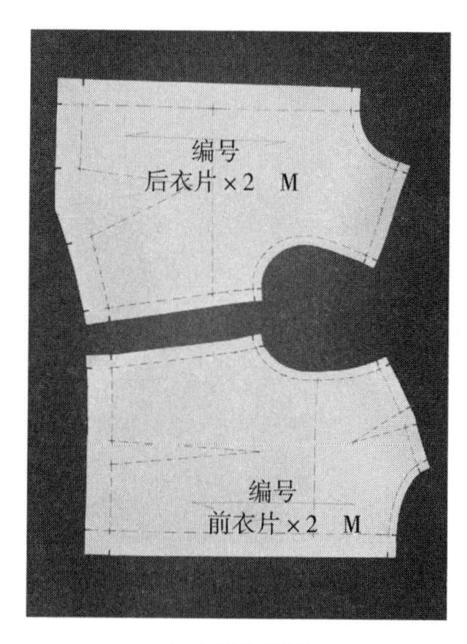

（2）样板结构

图3–8 样板制作

第二节 胸省位移立体造型

Three-dimensional Form of Bust Dart Displacement

胸省位移是指根据款式设计可以将胸省移动到衣身的任一位置（省尖指向 BP 点），还可以将胸省量分解为同一部位的两个分省，或不同部位的两个分省。

例一 腋下省与腰省立体造型

一、款式分析

本款衣身是用腋下省与腰省表现胸部结构，属于胸省分解的不同部位的两个分省实例，如图 3–9 所示。适用于衬衫和腰部断开的成衣造型设计。

二、学习要点

掌握胸省分解为不同部位的两个分省的立体造型方法；腋下省和腰省的形成及完美的表现胸部造型。

三、造型方法

1.布料准备

前身布：长 =48cm、宽 =32cm，熨烫整理布纹垂平方正，按图标记好胸围线（BL）与前中线，如图 3–10 所示。

图3–9 腋下省与腰省款式图

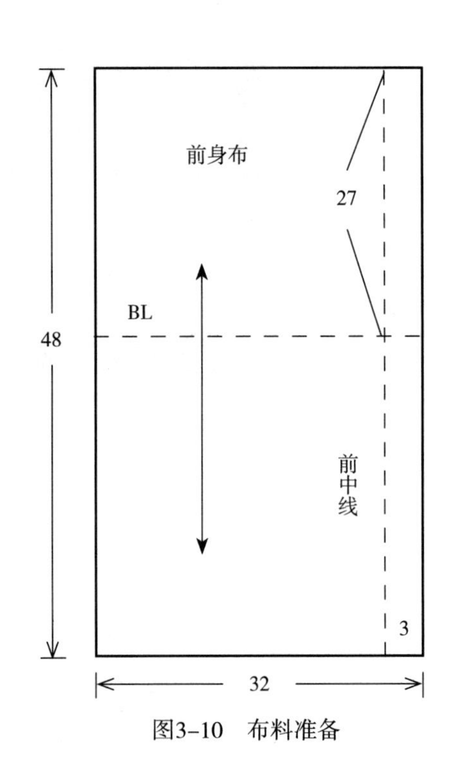

图3–10 布料准备

2.前身立体造型

（1）加放松量：披前身布与领口处理同前述，从略。胸围线靠近胸宽附近别 0.5~1cm 松量，如图 3–11（1）所示。

（2）处理袖窿：理顺袖窿处布料，参考腋下 2.5cm 点、肩端点、胸宽点确定袖窿弧线，留 1.5cm 缝份后剪掉余料，如图 3–11（2）所示。

（3）做腋下省：将袖窿下面多余的布料在腋下别出腋下省，并使胸围线保持水平，省尖指向 BP 点。抚平腋下的布料，根据人体模型的侧缝线，确定衣片侧缝线，用大头针固定，如图 3–11（3）所示。

（4）做腰省：腰部适当留有松量，将余料做腰省，确定好腰省的位置，省尖指向 BP 点，如图 3–11（4）所示。

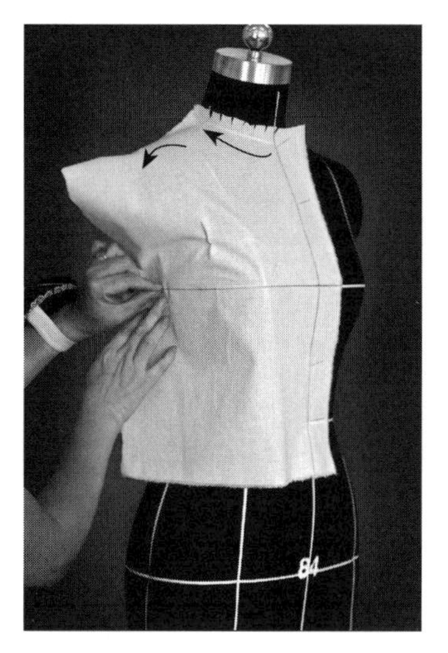

（1）加放松量

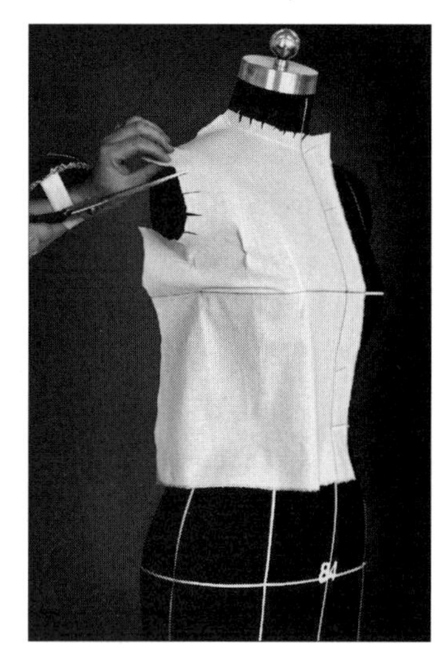

（2）处理袖窿

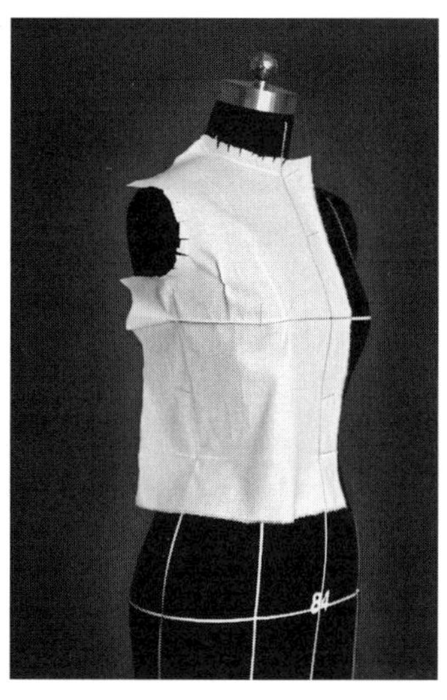

（3）做腋下省

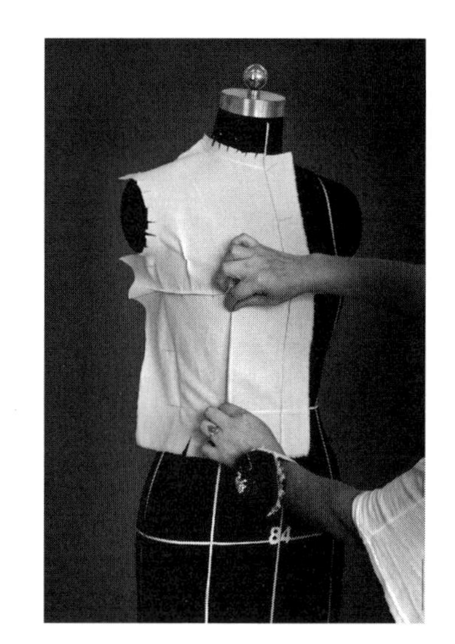

（4）做腰省

图3–11 前身立体造型

3.标记轮廓线

（1）标记领口：用带子或铅笔（划粉）标记出领口弧线、小肩线及各省大和省尖，如图 3–12（1）所示。

（2）标记腰线：用带子或铅笔（划粉）标记出袖窿弧线、侧缝线、腰围线，如图 3–12（2）所示。

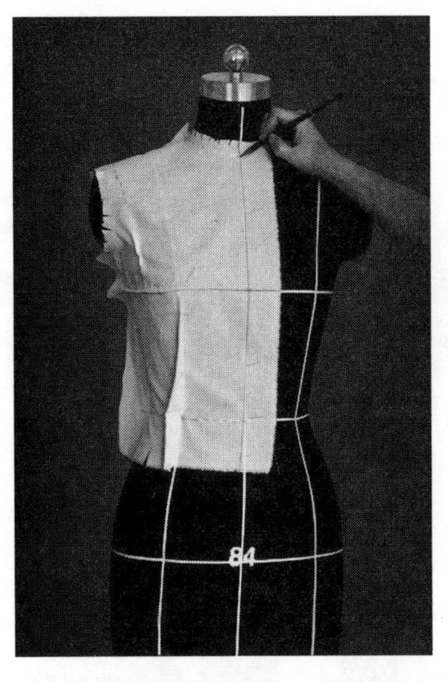

（1）标记领口

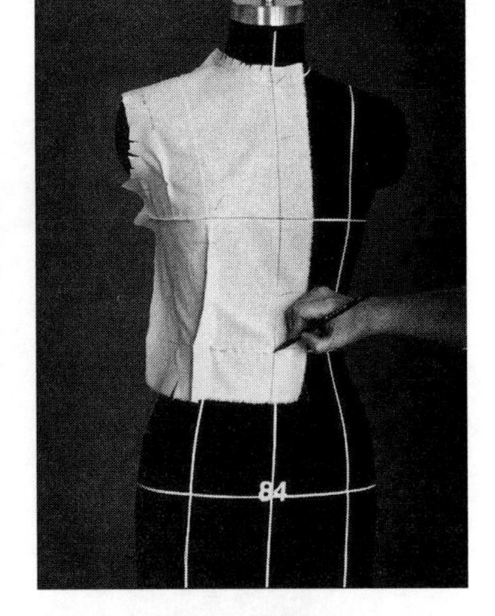

（2）标记腰线

图3–12　标记轮廓线

4.整体效果与展开

（1）整体效果：扣烫省缝、缝份、折边份，用折叠别法假缝，然后穿于人体模型上，观察各部位效果，修改不适合之处，达到松紧适当、整体平衡，如图 3–13（1）所示。

（2）样板结构：将样衣展成平面，标记腋下省、腰省位置，圆顺袖窿、领口、底摆等曲线，修剪各缝份，做出本款的样板结构，如图 3–13（2）所示。

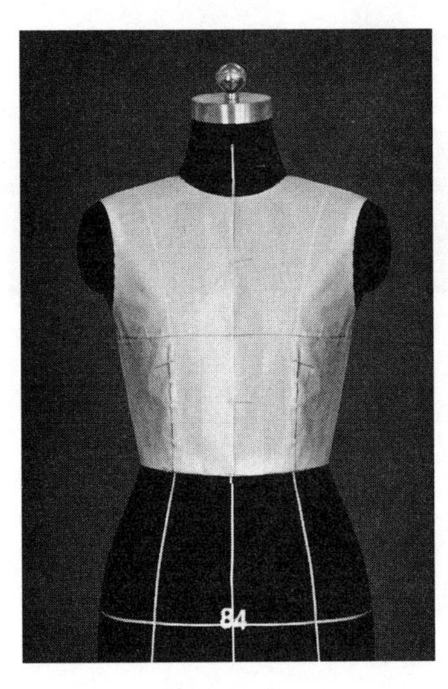

（1）正面效果

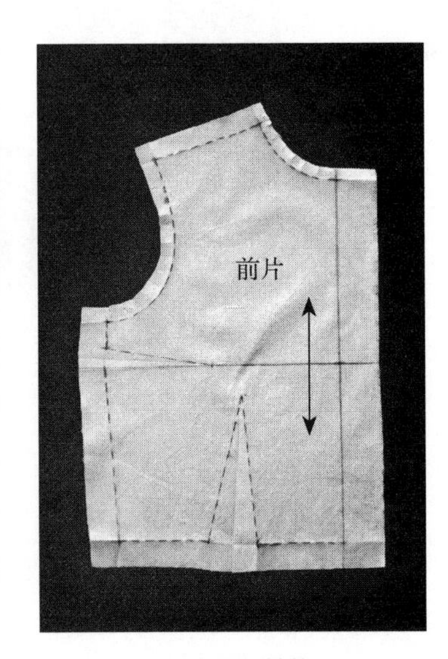

（2）样板结构

图3–13　整体效果与展开

例二　两平行省立体造型

一、款式分析

本款衣身是在领口处左右各设两个省来表现胸部，两省间相互平行且左、右两省交叉，属于同一部位的两个分省的实例，如图 3–14 所示。适合于衬衫、连衣裙等款式的立体造型设计。

图3–14　两平行省款式图

二、学习要点

掌握前衣身胸省分解为同一部位两个省的立体造型方法；比较分析同一部位和不同部位设计省缝的区别，发挥利用各自的优势，完美的表现胸部造型。

三、造型方法

1.布料准备

前身布：长 =50cm、宽 =52cm。熨烫整理布纹垂平方正，按图标记前中线与胸围线（BL），如图 3–15 所示。

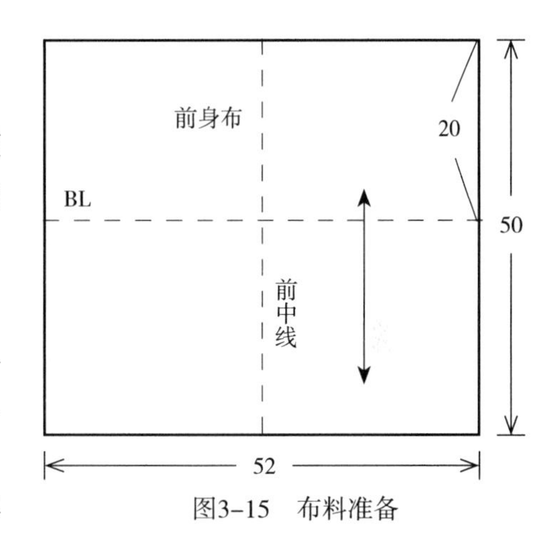

图3–15　布料准备

2.标记、披布与抚推

（1）标记设计线：按款式要求在人体模型上标记领口线及左、右双省位，如图 3–16（1）所示。

（2）披布：将布料的前中线与人体模型的前中线对合，胸围线水平对准，用大头针固定，如图 3–16（2）所示。

（3）抚推布料：由腰部、经侧缝向肩领部抚推布料，用大头针固定侧缝，粗裁袖窿，把握好布料与人体模型间的空隙，腰、袖窿等不平处打剪口，如图 3–16（3）所示。

（4）打剪口：将前中心抚平，使多余量暂时集中在肩部，然后沿前中线剪开至左、右双省交叉处，如图 3–16（4）所示。

3.做裥与标记

（1）做右双省：按设计线将保存在肩部的余量分成两个分省量，移动到领口

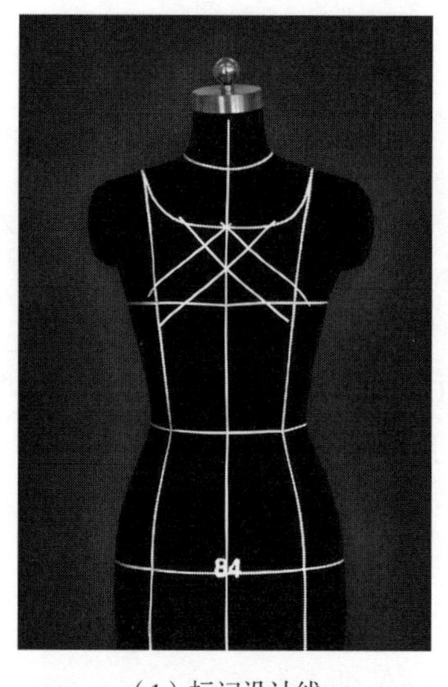

（1）标记设计线

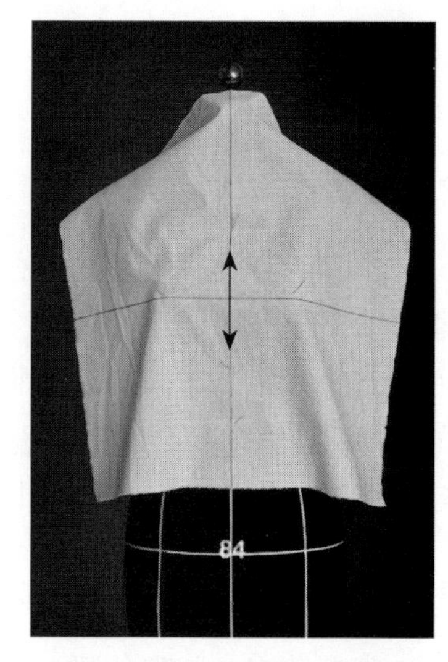

（2）披布

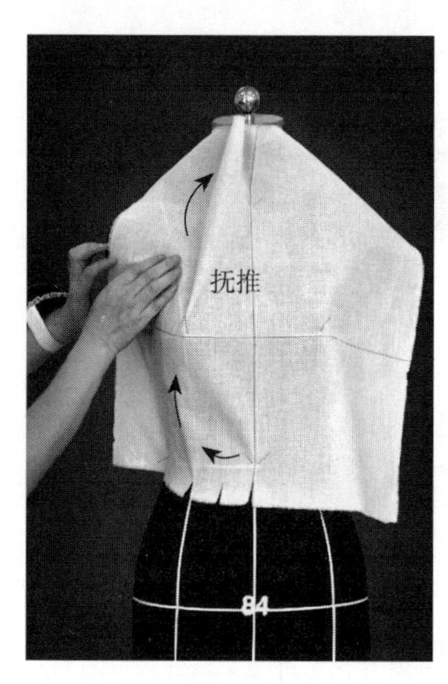

（3）抚推布料

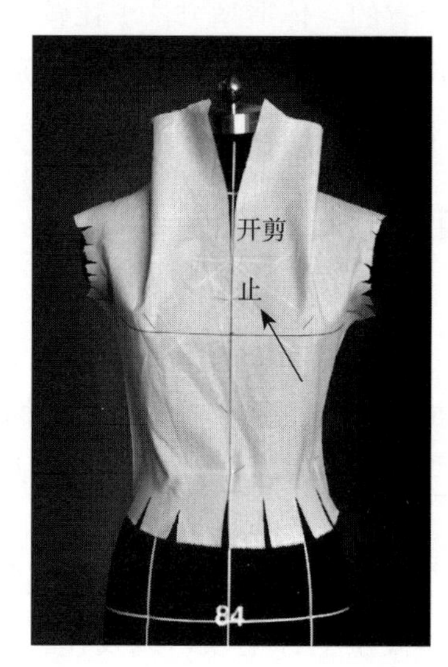

（4）打剪口

图3–16　标记、披布与抚推

线处，分别用大头针固定在对应的双省线上（即上省向下倒，下省向上倒），双省近似平行。右胸部达到平整，如图 3–17（1）所示。

（2）做左双省：为制作左双省方便起见，先将右双省布料翻开，用同样的方法制作左双省，并达到平整，制作方法从略，如图 3–17（2）所示。

（3）标记领口线：将右侧上面的省沿缝份剪开，剪到与左双省相交位置，使右双省压住左双省，然后标记领口线，如图 3–17（3）所示。

（4）确定轮廓：按领口线留 1.5cm 缝份，剪掉余料。然后把腰线、侧缝、肩线、省缝等轮廓线标记好，如图 3–17（4）所示。

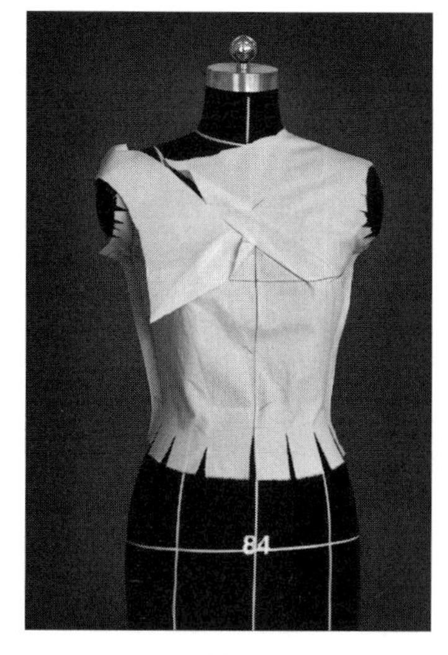

（1）做右双省

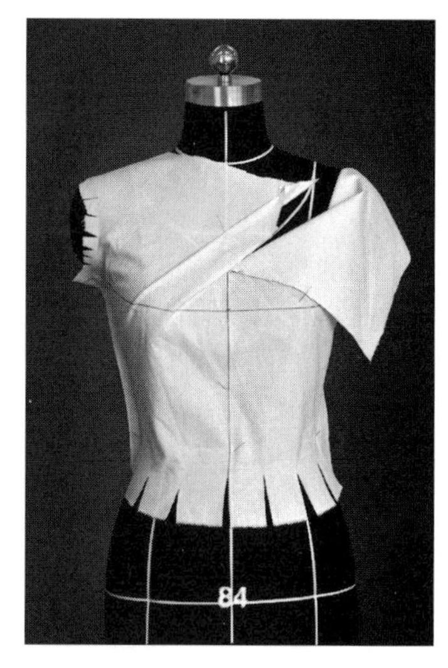

（2）做左双省

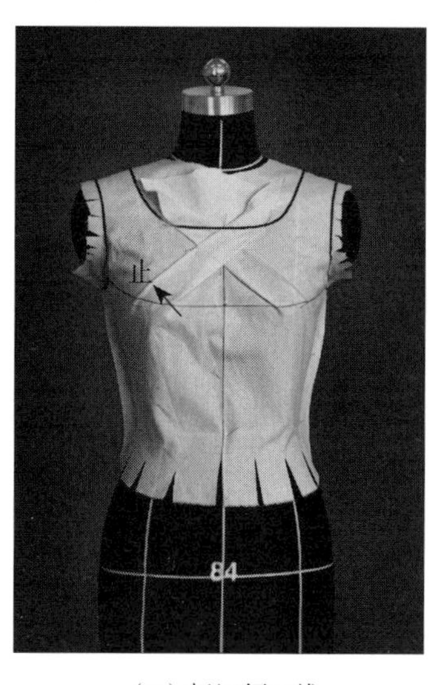

（3）标记领口线

（4）确定轮廓

图3–17　做裥与标记

4.整体效果与展开

（1）整体效果：扣烫省缝、领口、袖窿的缝份，同时扣烫腰部折边份，然后穿于人体模型上。观察整体效果，修改不平服、不适合处，达到松紧适当、整体平衡，如图 3–18（1）所示。

（2）样板结构：将样衣展成平面，标记左、右双省位，圆顺袖窿、领口、底摆等曲线，修剪各缝份，做出本款的样板结构，如图 3–18（2）所示。

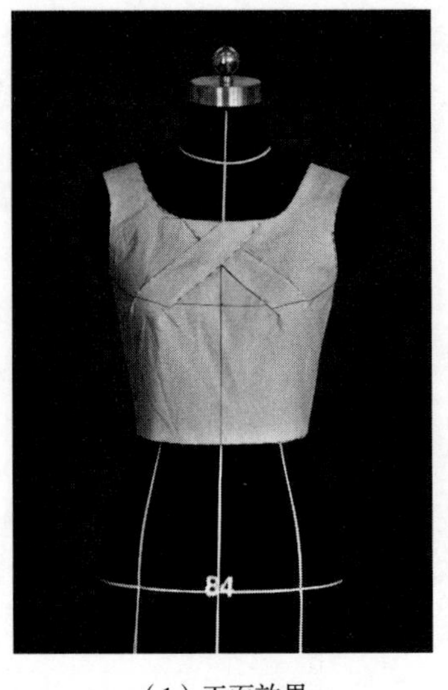

（1）正面效果　　　　　　（2）样板结构

图3–18　整体效果与展开

第三节　胸部分割立体造型

Three-dimensional Form of Chest Segmentation

分割是将基本裁片按款式结构的要求剪裁成多个裁片。分割线既有装饰性，又具功能性，其功能性是指可以代替省道的作用，是将某部位的多余量或省量转移到分割线中（被剪掉），是女装造型中常用的方法之一。分割线的立体造型方法有两种：一是连片立体造型法，二是分片立体造型法。

例一　公主线立体造型

一、款式分析

本款为公主线造型实例。公主线起于肩部，经胸凸、腰节、延至底摆的分割线，既能充分调整人体胸、腰、臀三围的比例关系，又能表现出纤细的体型，是集功能性与装饰性于一身的完美曲线之一，如图 3–19 所示。

图3–19　公主线款式图

二、学习要点

掌握连片衣身确定分割线造型方法;学习如何使肩省和腰省转化至分割线中,并处理好结构的平衡关系。

三、造型方法

1.布料准备

前身布:长 =64cm、宽 =34cm。熨烫整理布纹垂平方正,按图标记前中线与胸围线(BL),如图 3-20 所示。

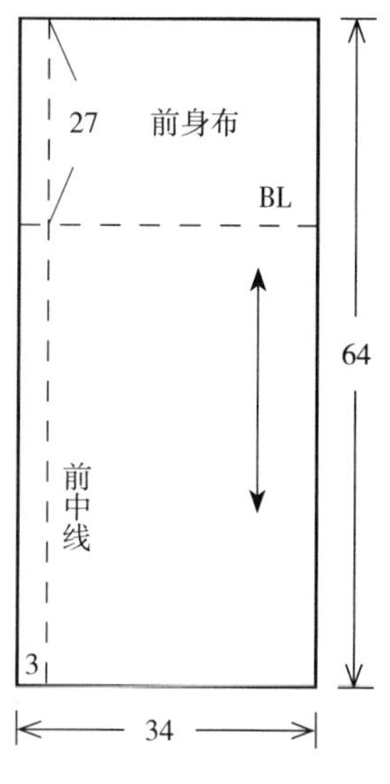

图3-20 布料准备

2.衣身立体造型

(1)标记公主线:按款式图在人体模型上标记公主线,为了增加服装的立体感,可偏移 BP 点 2~3cm,如图 3-21(1)所示。

(2)披布:将布料的前中线与人体模型的前中线对合,胸围线、臀围线同时水平对准或对合,用大头针固定前颈点、前腰点和 BP 点,如图 3-21(2)所示。

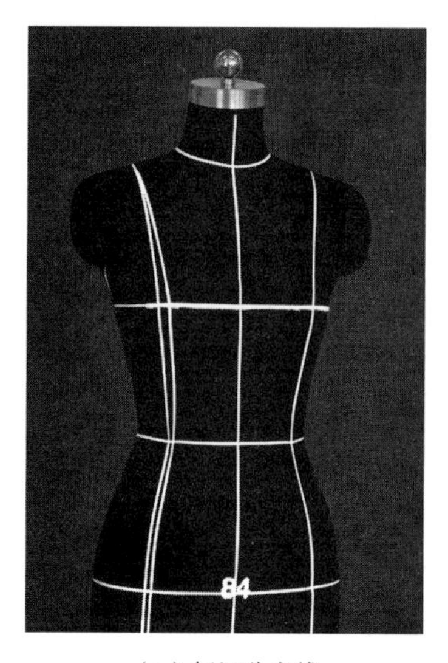

(1)标记公主线

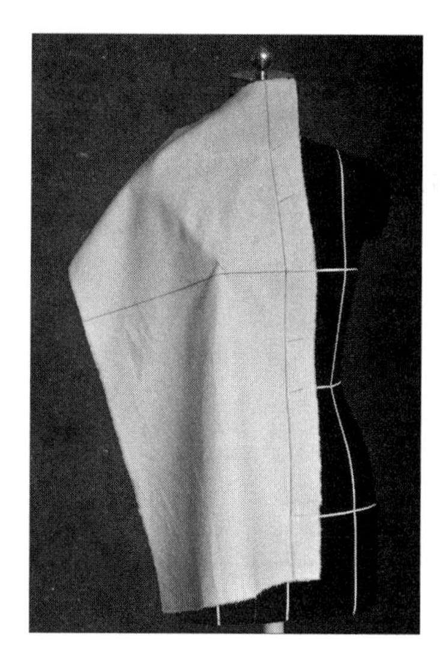

(2)披布

图3-21

(3)加放松量:在胸围线与公主线交界处,竖直别合 2cm 松量,即两个缝份量。在侧面布料的胸围线处别起 1cm 左右的松量,注意保持布料胸围线水平,如图 3-21(3)所示。

（4）做肩省与袖窿：将肩部多余的布料别起作为肩省量。理顺袖窿处布料，参照肩端点、胸宽点及袖窿深点（腋下 2.5cm），粗裁袖窿，预留 1.5cm 缝份后剪掉余料，如图 3–21（4）所示。

（5）做腰省：先在腰部加 1~2cm 松量、腹部加 0.5~1cm 松量，然后沿前公主线收腰部余量，顺势别合至底摆。固定肩端点、侧缝，不平处打剪口，如图 3–21（5）所示。

（6）标记轮廓线：标记领口线、肩线、袖窿线、侧缝线、公主线、底摆线等轮廓线。能够清楚地看到，折叠量上下是不同的，肩、腰处的折叠量相对大些，它既包括缝份量，还包括肩省与腰省的量，如图 3–21（6）所示。

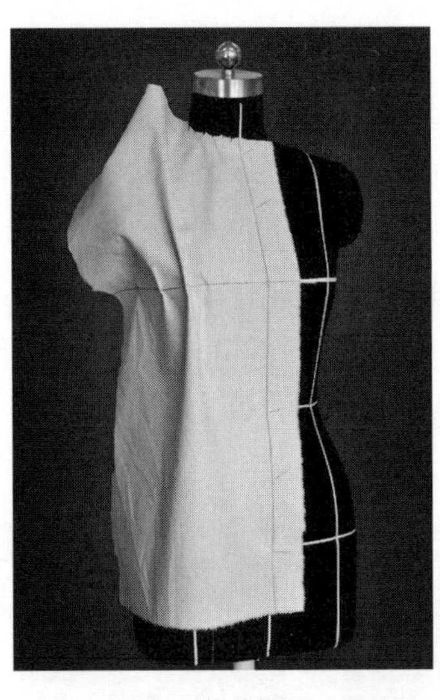

（3）加放松量

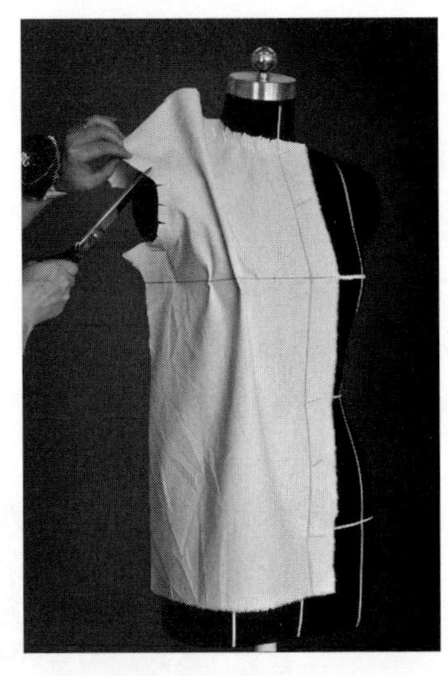

（4）做肩省与袖窿

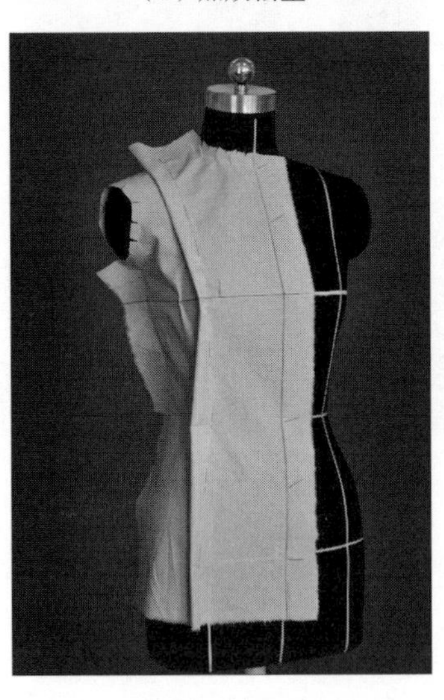

（5）做腰省

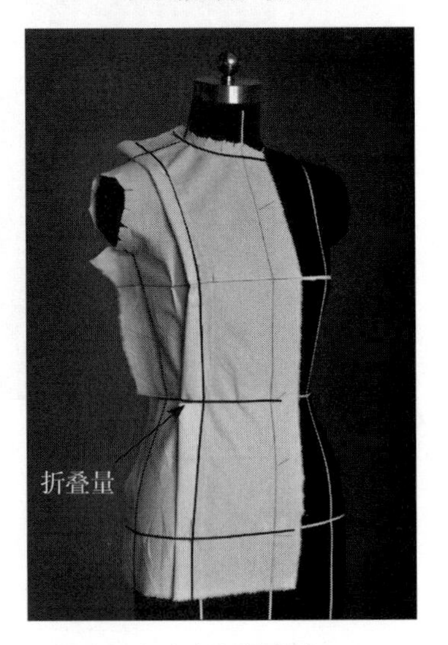

（6）标记轮廓线

图3–21　衣身立体造型

3.整体效果与展开

（1）整体效果：沿公主线剪开折叠的部分，并修剪缝份量一致（就是说还要将肩省量、腰省量等通过分割线剪掉）。连接各相应点，扣烫公主线、袖窿、领口的缝份及折边份，用折叠别法假缝。然后穿于人体模型上，观察整体效果，修改不平服、不适合处，达到松紧适当、整体平衡，如图 3–22（1）所示。

（2）样板结构：将样衣展成平面，标记公主线对刀记号，圆顺公主线、袖窿、领口、底摆等曲线，修剪各缝份，做出本款的样板结构，如图 3–22（2）所示。

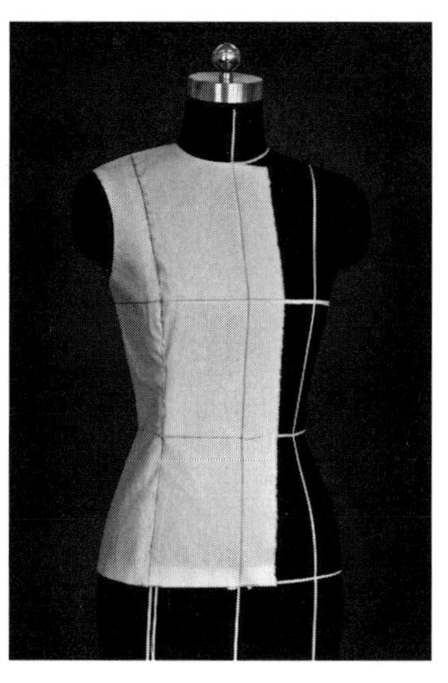

（1）整体效果　　（2）样板结构

图3–22　整体效果与展开

例二　刀背缝立体造型

一、款式分析

本款为刀背缝造型实例。与上一款式不同的是分割线起于袖窿（胸宽点附近，经胸凸、腰节、延至底摆）。它既能充分体现女性的优美曲线，又能使肩部造型更加完整，是集功能性与装饰性于一身的完美曲线之一，如图 3–23 所示。

图3–23　刀背缝款式图

二、学习要点

掌握分片衣身确定分割线造型方法，学会利用经纬纱线确定各衣片结构的造型技术（将袖窿省和腰省转移至分割线中），将凸起的胸、腰、臀部表现得更加细腻与恰到好处。

三、造型方法

1.布料准备

前中布：长 =64cm、宽 =25cm；前侧布：长 =54cm、宽 =18cm。熨烫整理布纹垂平方正，按图标记好各块布料的基准线，如图 3–24 所示。

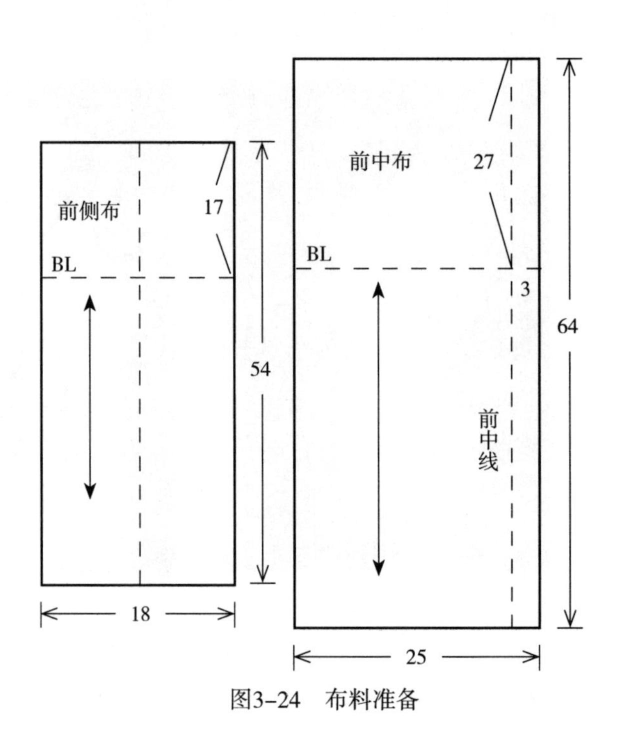

图3–24　布料准备

2.前中片立体造型

（1）标记刀背线：从前腋点起，经胸部、至腰节，并延至底摆，标记人体模型上的刀背线。为了增加服装的立体感，可偏移 BP 点 3cm 左右，如图 3–25（1）所示。

（2）披前中布：将布料的前中线与人体模型上的前中线对合，胸围线、臀围线同时水平对准或对合，用大头针固定。领口处理同前述，如图 3–25（2）所示。

（3）加放松量：抚平前中部各处布料，用大头针固定肩端点以及刀背缝与胸围线、腰围线、臀围线的交点，腰部不平打剪口，胸围、腰围、臀围各加 0.5cm 松量（可以预留到缝份中），预留 1.5cm 缝份，剪掉余料，如图 3–25（3）所示。

（4）标记轮廓线：用带子标记领口线、肩线、刀背线、底摆等轮廓线，如图 3–25（4）所示。

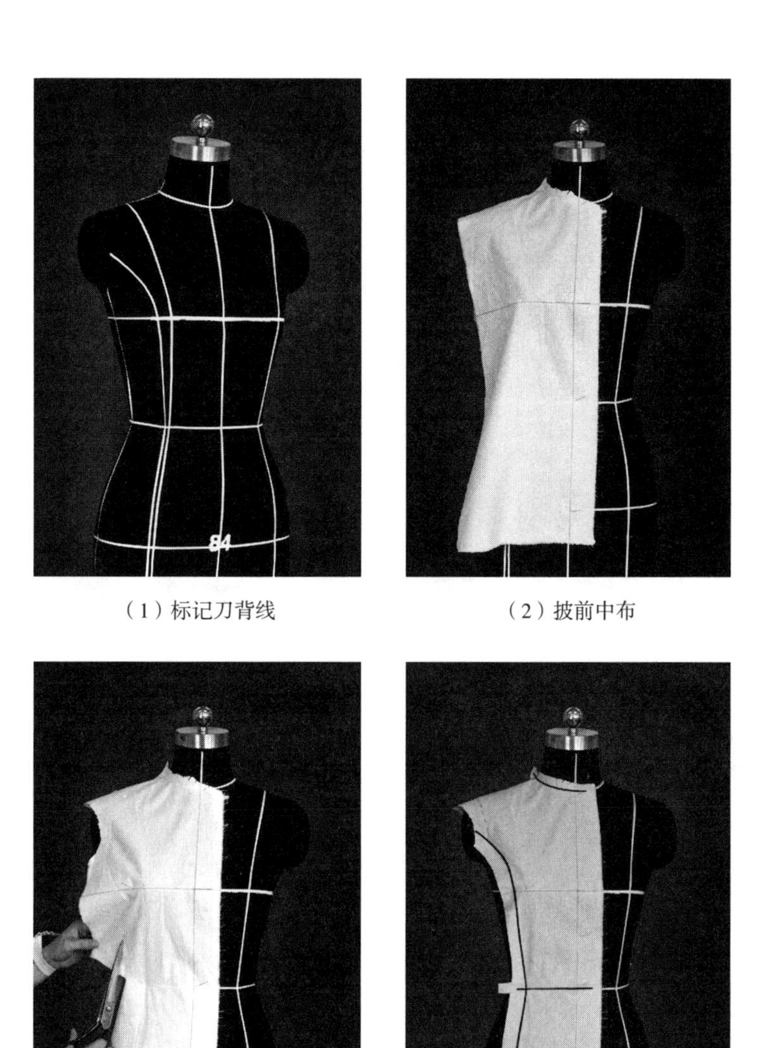

（1）标记刀背线　　（2）披前中布

（3）加放松量　　（4）标记轮廓线

图3–25　前中片立体造型

3.前侧片立体造型

（1）披前侧布：先在前侧布的胸围线、腰围线、臀围线中间竖直别合 0.5cm 左右松量，然后披在人体模型上，胸围线对齐或平行，用大头针固定，并向上、向下顺势抚平布料，用大头针固定各点，如图 3–26（1）所示。

（2）粗裁袖窿：参考袖窿深点、胸宽点、肩端点，粗裁袖窿，如图 3–26（2）所示。

（3）标记轮廓线：抚平侧缝与刀背线间的布料，用大头针固定。标记刀背线、袖窿线、侧缝线、底摆线等轮廓线，如图 3–26（3）所示。

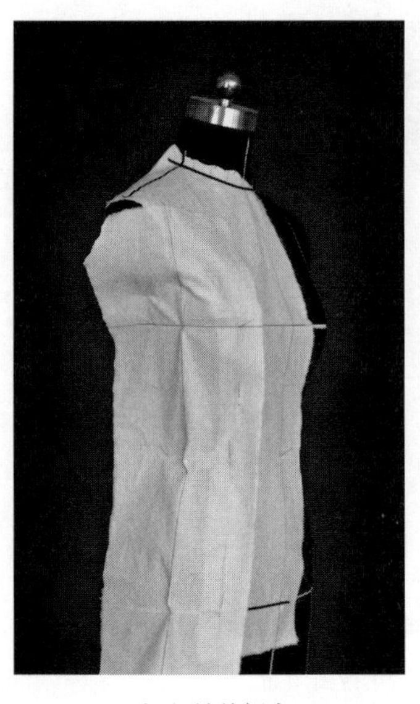

（1）披前侧布

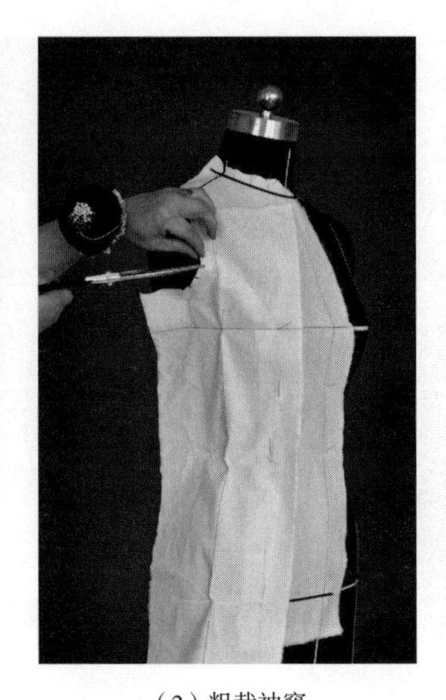

（2）粗裁袖窿

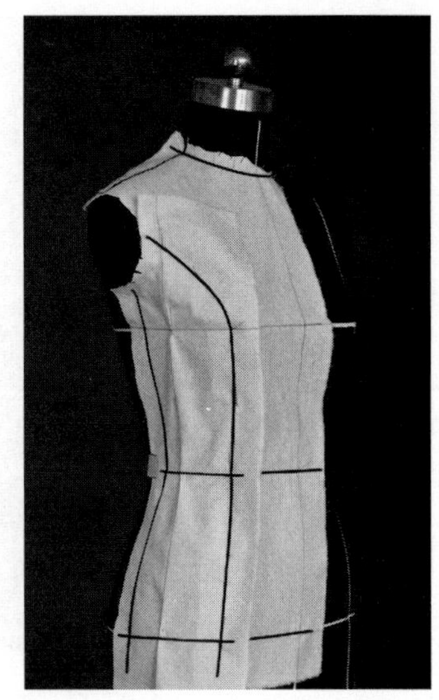

（3）标记轮廓线

图3-26　前侧片立体造型

4.整体效果与展开

（1）整体效果：用熨斗将布料轻轻熨平，扣烫缝份与折边份，并用折叠别法按制成线组合，观察整体效果，对不平服、不合适之处可再次修改，直至满意为止，如图 3-27（1）所示。

（2）样板结构：将衣身展开成平面，圆顺袖窿、领口、刀背线等各曲线，标出对位记号，修剪其缝份，做出本款的样板结构，如图 3-27（2）所示。

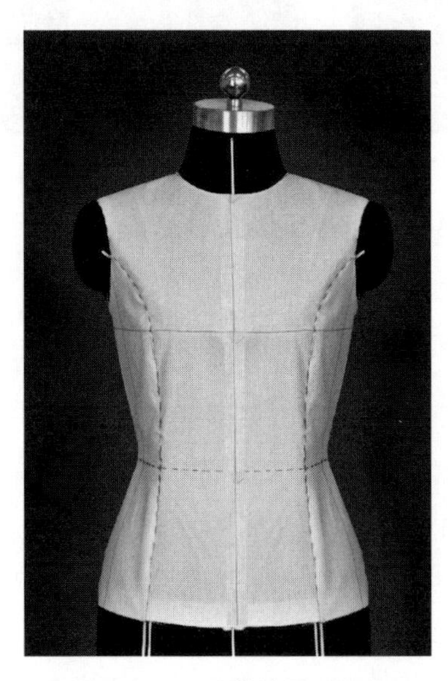

（1）整体效果

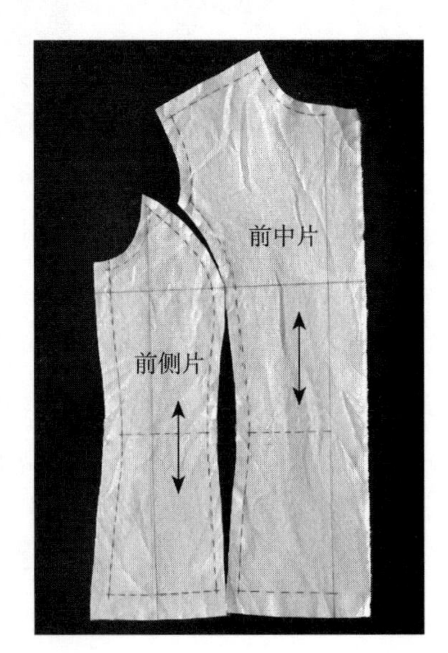

（2）样板结构

图3-27　整理效果与展开

第四节　胸部皱褶立体造型

Three-dimensional Form of Chest Crease

胸部皱褶表现形式一般有两种：一是皱褶与省缝组合，二是皱褶与分割线组合。两种胸部皱褶的共同点是改变省缝单一的表现形式,使胸部造型富于变化。其不同点是皱褶与省缝组合受到布料的限制（一块布料完成），操作起来难度大些；而皱褶与分割线组合则没有任何限制（两块以上布料完成），操作方便，表现充分。

例一　前胸皱褶立体造型

一、款式分析

本款在前中心设计皱褶，是将前中心省量转化为皱褶的量，不仅满足了胸部凸起的体型需要，还丰富了胸部的表现力,是省缝与皱褶组合的实例,如图 3–28 所示。

图3–28　前胸皱褶款式图

二、学习要点

掌握抚推布料的要点，掌握皱褶的立体造型方法，掌握一块布料制作皱褶后的缝合技巧。

三、造型方法

1.布料准备

前身布：长 =50cm、宽 =52cm。熨烫整理布纹垂直方正，按图标记前中线与胸围线，如图 3–29 所示。

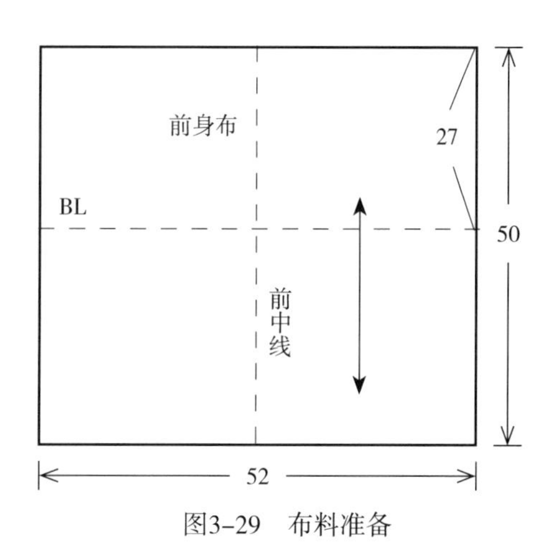

图3–29　布料准备

2.制作皱褶

（1）披布：将布料的前中线与人体模型的前中线对合，胸围线水平对准或对合，用大头针固定，如图 3–30（1）所示。

（2）抚推布料：布料由腰部经侧缝、袖窿向肩领部抚推，然后用大头针固定侧缝、袖窿、肩部，腰、袖窿等不平处打剪口，如图 3–30（2）所示。

（3）剪开前中线：先沿前中线剪开至胸围线下 2cm 左右处，即胸部做皱褶的地方，如图 3–30（3）所示。

（4）做右身褶：将余料抚推至前中心处，把余料分别别出 3~4 个皱褶，皱褶数量、位置、大小根据设计或实际效果而定，如图 3–30（4）所示。

（5）做左身褶：对应做左侧皱褶，然后剪掉前中心处的余料，如图 3–30（5）所示。

（6）标记轮廓线：标记领口线、前中线、小肩线、袖窿线、侧缝与腰线，预留缝份，剪掉余料，如图 3–30（6）所示。

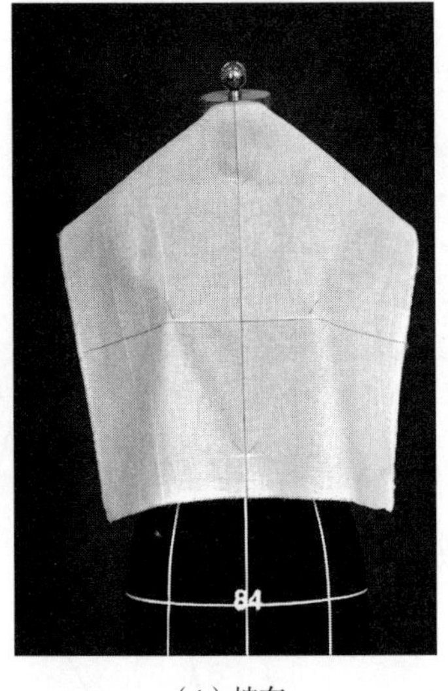

（1）披布

（2）抚推布料

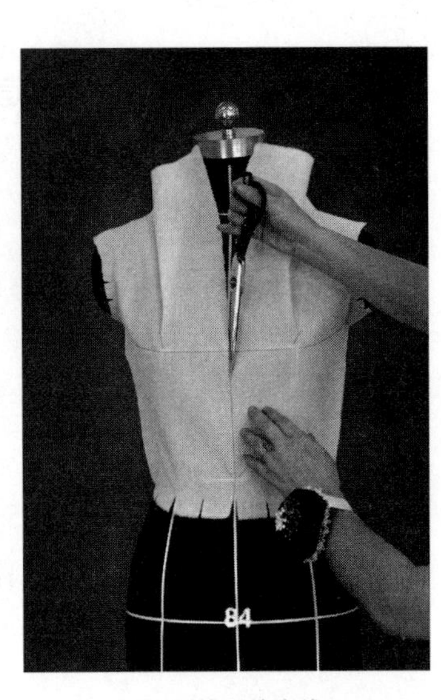

（3）剪开前中线

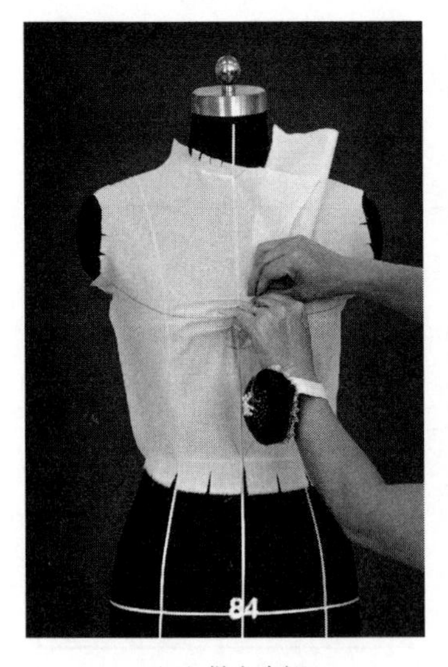

（4）做右身褶

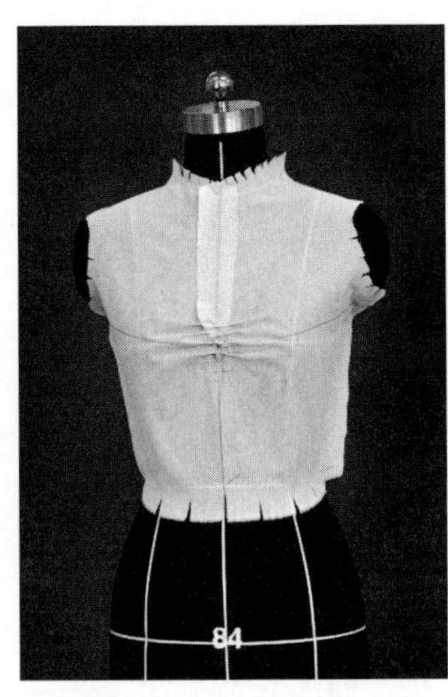

（5）做左身褶

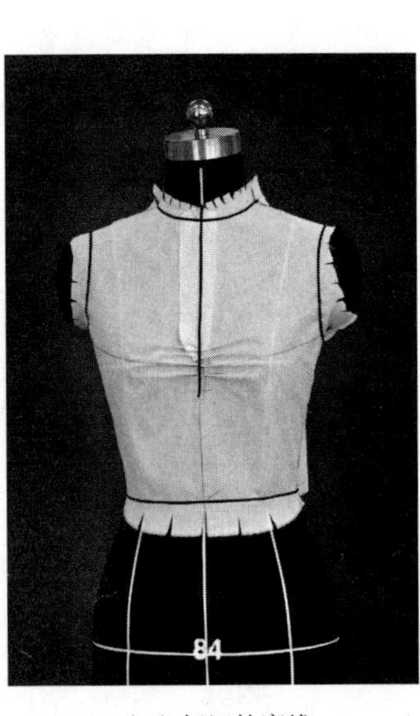

（6）标记轮廓线

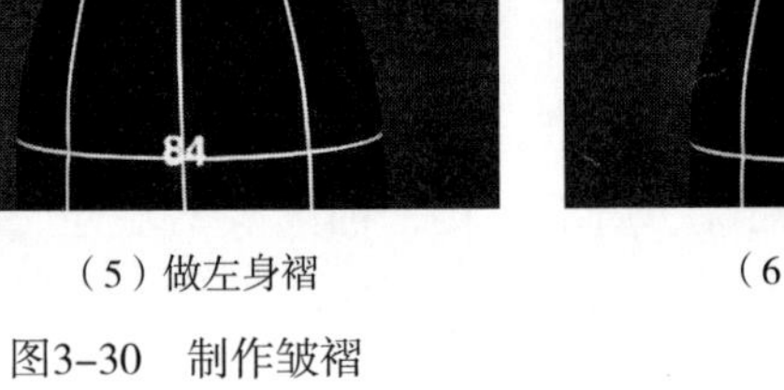

图3–30　制作皱褶

3.整体效果与展开

（1）整体效果：扣烫领口、袖窿、前中线的缝份与底摆折边份，并用折叠别法按制成线组合，注意组合到皱褶底端时，缝份逐渐减少，并顺延到前中线上。操作时要仔细体会，观察整体效果，对不合适的地方可再次修改，直至满意为止，如图 3–31（1）所示。

（2）样板结构：将衣身展开成平面，标出褶位，圆顺袖窿、领口、腰线等各曲线，修剪缝份，做出本款的样板结构，如图 3–31（2）所示。

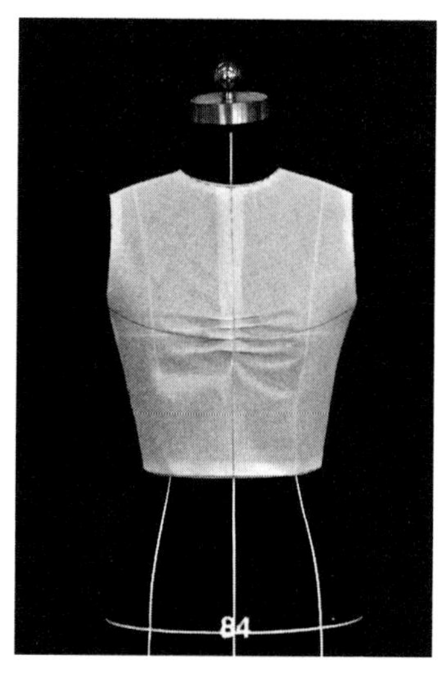

（1）正面效果

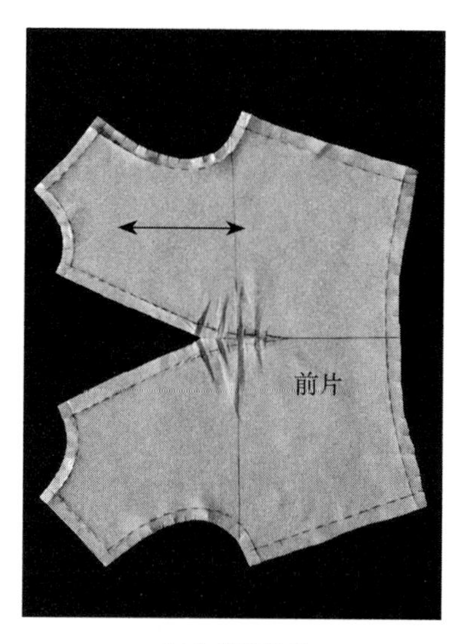

（2）样板结构

图3–31 整体效果与展开

例二 胸下皱褶立体造型

一、款式分析

本款为皱褶与分割线设计的范例。胸下部皱褶装饰，与腰部育克组合，通过收紧腰部强化胸部造型，是适合礼服、连衣裙的立体造型设计，如图 3–32 所示。

图3–32 胸下皱褶款式图

二、学习要点

围绕胸部进行分割设计；掌握皱褶制作方法；能够结合分割线与皱褶设计，提高完美表现胸部造型的能力。

三、造型方法

1.布料准备

胸布：长 =50cm、宽 =30cm；育克布：长 = 15cm、宽 =24cm。熨烫整理布纹垂直方正，按图标记好各块布料的基准线，如图 3–33 所示。

胸布
27
BL
50
前中线
3
30
育克布
前中线
15
3
24

图3–33　布料准备

2.胸部立体造型

（1）标记设计线：按款式图标记 V 型领口线、胸下分割线及袖窿弧线，如图 3–34（1）所示。

（2）披胸布：将布料沿胸布的前中线折叠披到人体模型上，与 V 型领口线对合并固定。布料纱向与前述款式有所不同，这是因为皱褶手法使用斜纱形成的效果更佳，如图 3–34（2）所示。

（3）处理袖窿：胸围加放 0.5~1cm 松量，理顺袖窿处布料，剪掉余料，不平处打剪口，确定其轮廓，如图 3–34（3）所示。

（4）做皱褶：将余料集中于胸下，逐一别出若干个皱褶，皱褶数量、位置、大小根据实际效果或设计而定，如图 3–34（4）所示。

（5）标记与修剪：标记袖窿线、胸下分割线，预留 1.5cm 缝份，剪掉袖窿、侧缝与胸下部的余料，如图 3–34（5）所示。

（1）标记设计线

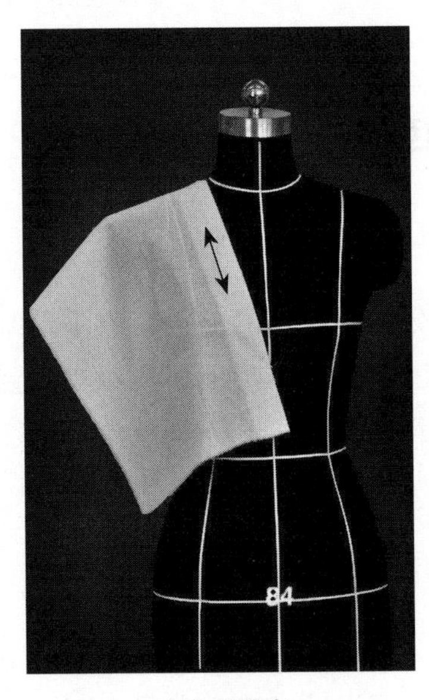

（2）披胸布

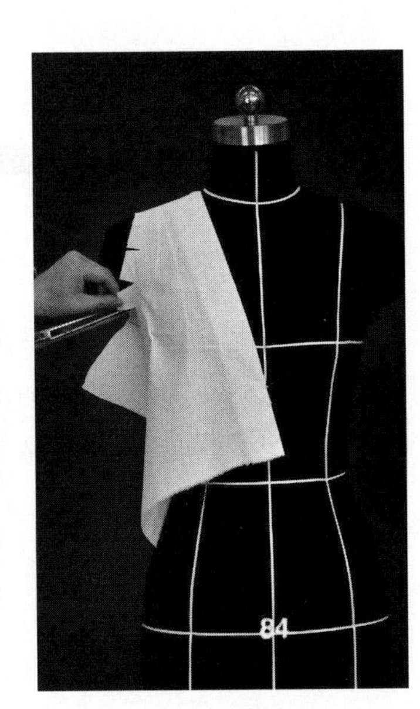

（3）处理袖窿

图3–34

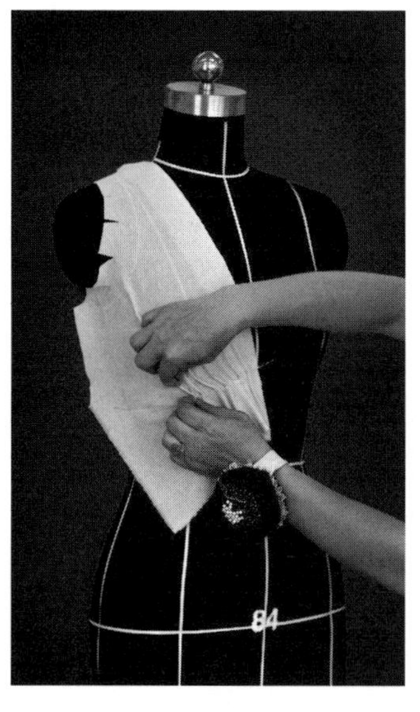

（4）做皱褶

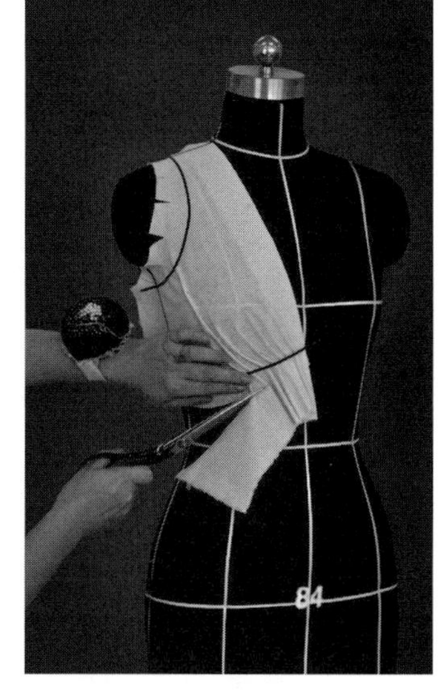

（5）标记与修剪

图3-34　胸部立体造型

3.育克立体造型

（1）披育克布：把育克布披到人体模型上，前中线对合固定，腰部与接合部位不平处打剪口，并进行粗裁，如图 3-35（1）所示。

（2）标记轮廓线：标记育克轮廓线，注意接合部位的吻合，如图 3-35（2）所示。

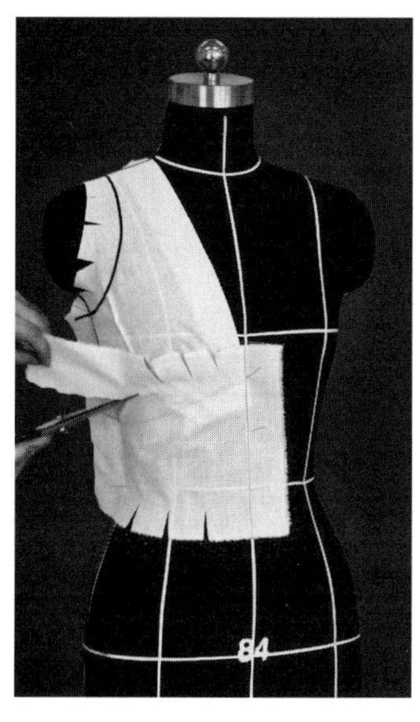

（1）披育克布

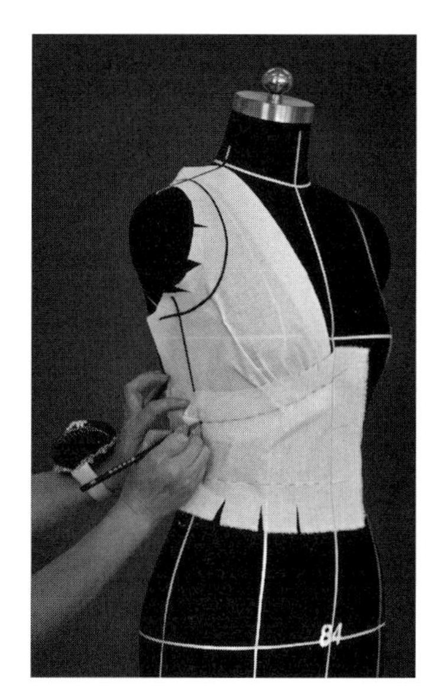

（2）标记轮廓线

图3-35　育克立体造型

4.整体效果与展开

（1）整体效果：扣烫领口、袖窿、小肩的缝份与底摆折边份。先用大头针别出皱褶，再用折叠别法按轮廓线组合，观察整体效果，对不合适之处可再次修改，直至满意为止，如图 3-36（1）所示。

（2）样板结构：将衣身展开成平面，标出褶位，圆顺袖窿、领口、分割线等曲线，修剪其缝份，做出本款的样板结构，如图 3-36（2）所示。

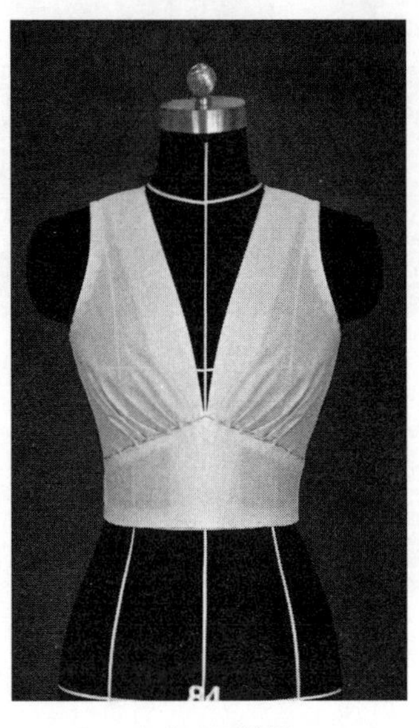
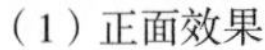

（1）正面效果

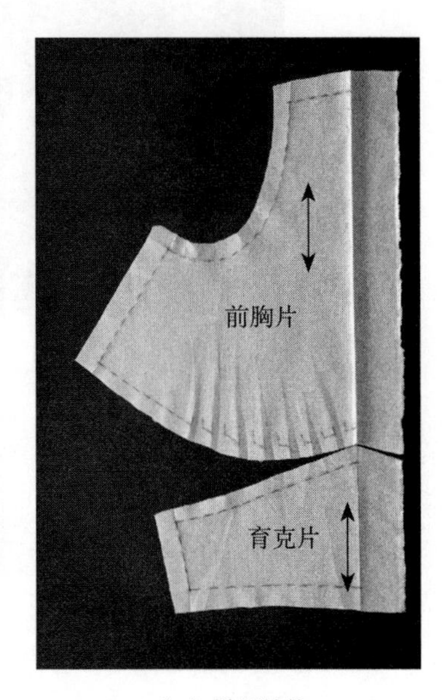

（2）样板结构

图3-36　整体效果与展开

第四章　衣袖立体造型

Three - dimensional Form of Sleeve

衣袖结构多种多样，分类方式也不尽相同。按衣与袖的组合方式可分为圆装袖、连袖、插肩袖等。而装袖又有一片袖、两片袖、三片袖之分，是使用范围最广泛的袖型之一。学习衣袖立体造型的目的,是从根本上了解衣袖的构成与由来，掌握其原理与构成方法，对怎样获得立体而美观的袖型有一个本质认识，同时完成基本袖型与变化袖型的立体造型与样板展开。培养学生对各种变化袖型的立体造型设计、分析与塑造能力，为成衣设计与造型奠定基础。

第一节　袖原型立体造型与样板制作

Three-dimensional Form and Pattern Making of Prototype Sleeve

一、款式分析

本款为袖原型（基本袖型）,袖筒有一定的放松量，袖山圆顺较丰满。为满足肘部突起的需要，设定了袖肘省，整体袖筒呈管状，适合与较宽松的衣身搭配组合，如图 4–1 所示。

图4–1　袖原型款式图

二、学习要点

理解袖原型的基本结构；学习袖原型的立体造型方法；掌握袖山形状的获取原理，袖筒松量加放、肘省处理方法及袖原型样板制作。

三、制作步骤

1.布料准备

袖布：长 = 袖长 +6~8cm，宽 = 臂根围 +8~10cm。熨烫整理布纹垂平方正，按图标记好袖中线、袖山深线，如图 4–2 所示。因左右衣袖对称，所以只需制作一只衣袖（一般为右手臂）即可。

2. **制作袖筒**

（1）披袖布：手臂内侧朝下，将布料放在手臂上，布料的袖中线与人体模型袖中线对合，袖山深线水平对准，分别固定袖山深、袖肘、袖口处，如图 4–3（1）所示。

（2）加放松量：在前袖的臂根、袖肘、袖口处分别放出 1cm 的松量，后袖臂根、袖口处分别放出 1.5cm，袖肘处放出 2cm 的松量。后袖的松量一般要比前袖的松量大，符合手臂向前活动的功能需要，如图 4–3（2）所示。

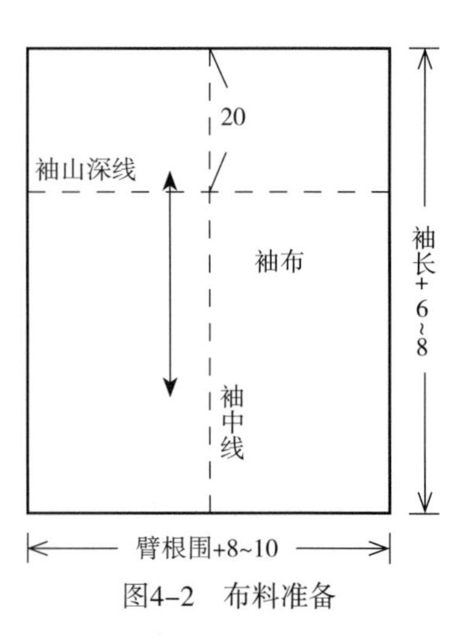

图4–2　布料准备

（3）确定前袖缝：把前袖布包裹到手臂内侧，按手臂内侧的基准线预留缝份，剪掉余料，如图 4–3（3）所示。

（4）确定后袖缝：把后袖布也包裹到手臂内侧。注意，要从袖山深和袖口两端同时向袖肘方向别起，袖山深线要前后对合，袖口要理顺整平。这时会看到袖肘部有明显多余的布量，这是由于小臂向前倾斜所致，如图 4–3（4）所示。

（5）做袖肘省：根据手臂上袖肘线的位置确定袖肘省位，把后袖缝袖肘处的余量制作成袖肘省，省尖指向人体肘点位置，如图 4–3（5）所示。

（6）确定袖口：根据袖长尺寸确定袖口位置，再用带子缠绕袖口一周，调整带子与地面平行，并标记袖口线，如图 4–3（6）所示。

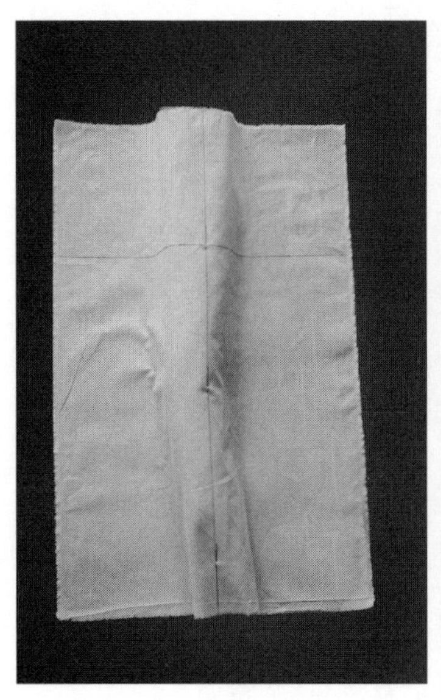
（1）披袖布

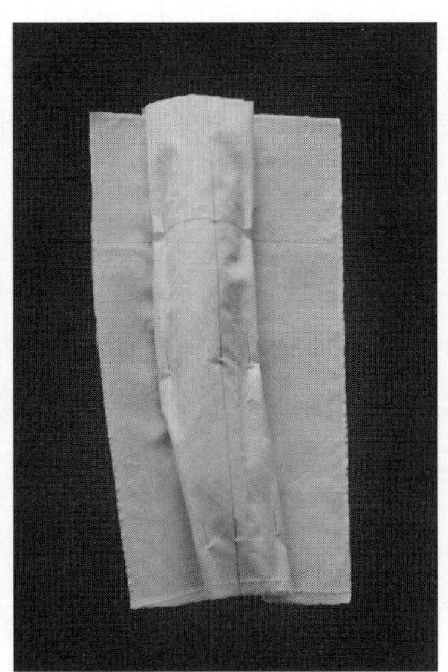
（2）加放松量

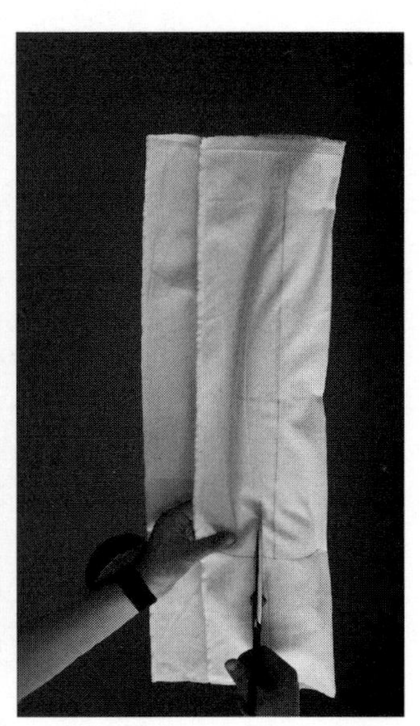
（3）确定前袖缝

图4–3

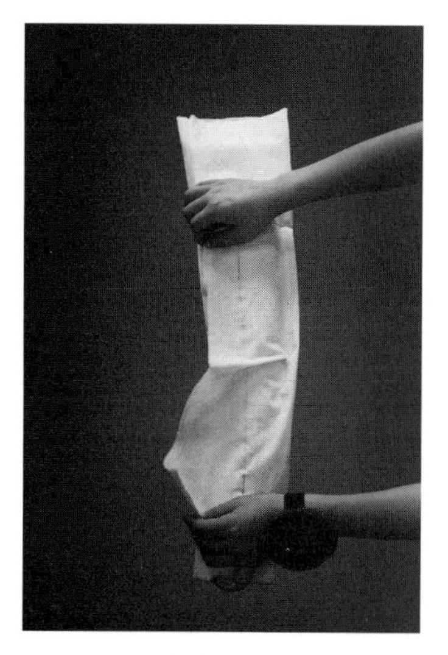

（4）确定后袖缝

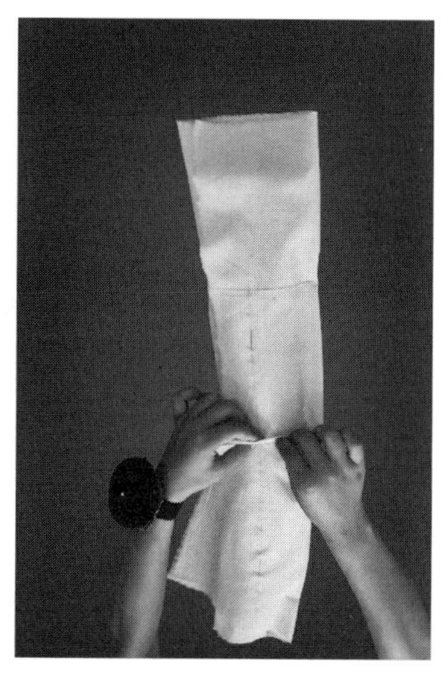

（5）做袖肘省

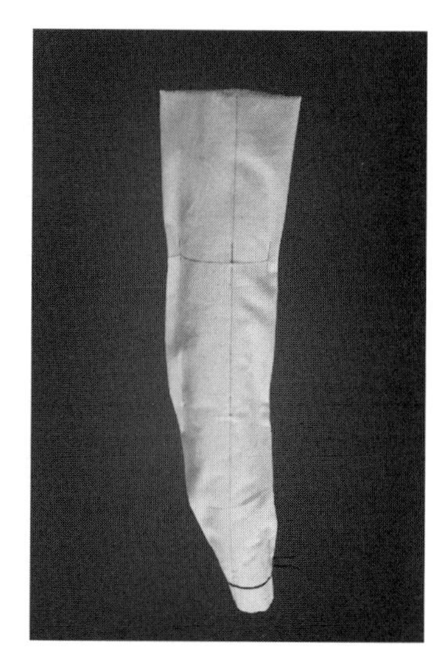

（6）确定袖口

图4-3　袖原型袖筒制作

3.制作袖山

（1）别袖山吃势：袖山是衣袖立体造型的重点，它是以手臂与躯干接合处的形态为依据。从袖山顶点向前、后两侧袖山沿经向别起，将袖山处多余的布量逐一别进去，同时要保持袖山处的经纱顺直，如图 4-4（1）所示。

（2）标记袖山轮廓线：沿手臂模型臂根截面的形状标记出袖山与袖底的轮廓线，这里操作起来不是很方便，故要细心才行，如图 4-4（2）、（3）所示。

（3）剪掉袖山余料：按标记线预留缝份后（可多留点）分别剪掉袖山与袖底余料，如图 4-4（4）、（5）所示。

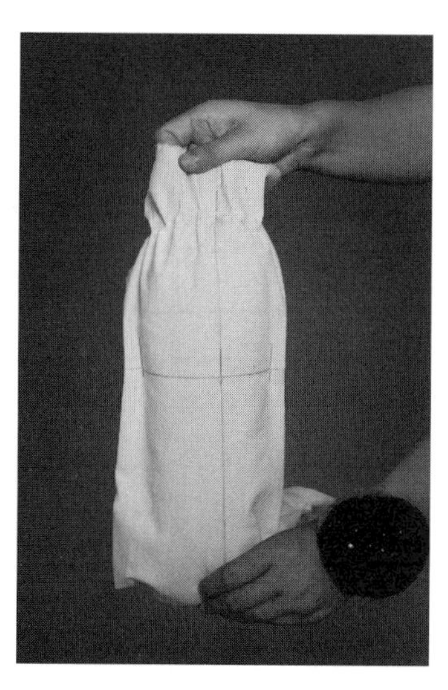

（1）别袖山吃势

（2）标记袖山轮廓线

图4-4

（3）标记袖底轮廓线

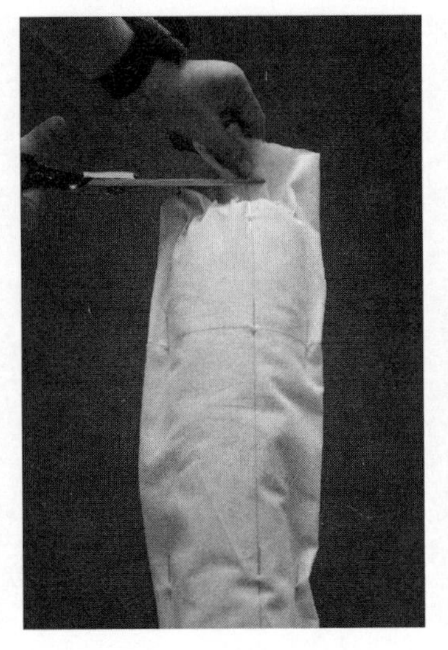

（4）剪掉袖山余料

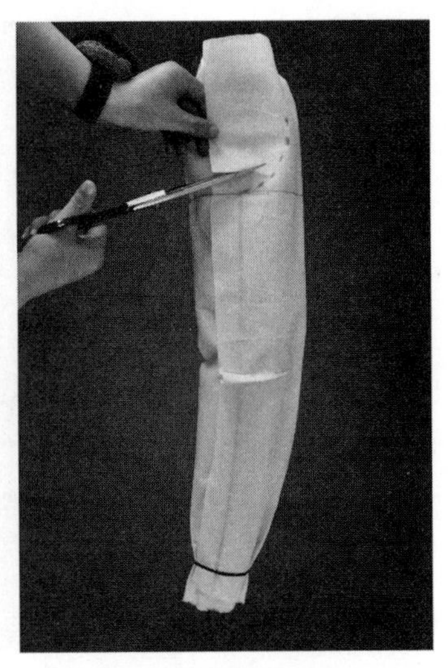

（5）剪掉袖底余料

图4-4　袖原型袖山制作

4.袖原型制板

（1）整理结构图：袖原型取下大头针后展成平面，借助袖窿尺画顺袖山曲线和袖口曲线，画准袖缝和肘省，然后将缝份修剪整齐，如图4-5（1）所示。

（2）对合袖缝：用熨斗扣烫后袖缝、袖口折边份，按制成线用折叠别法别好，如图4-5（2）所示。

（3）装袖底：衣身袖窿底处与袖山底线对准，用大头针针固定，在袖窿底前、后各2.5cm处将袖子与袖窿对准，用大头针固定，如图4-5（3）所示。

（4）装袖山：衣袖套上手臂后，将袖山顶点与肩点对准，用藏针别法逐一与

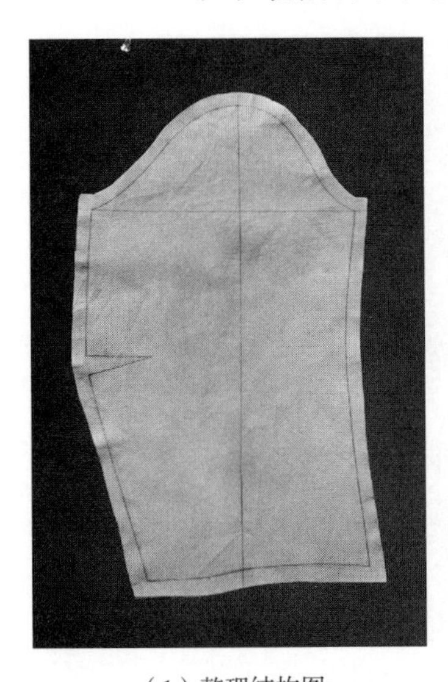

（1）整理结构图

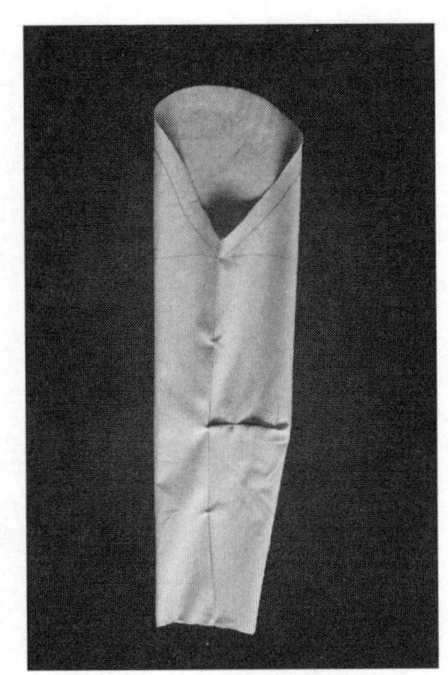

（2）对合袖缝

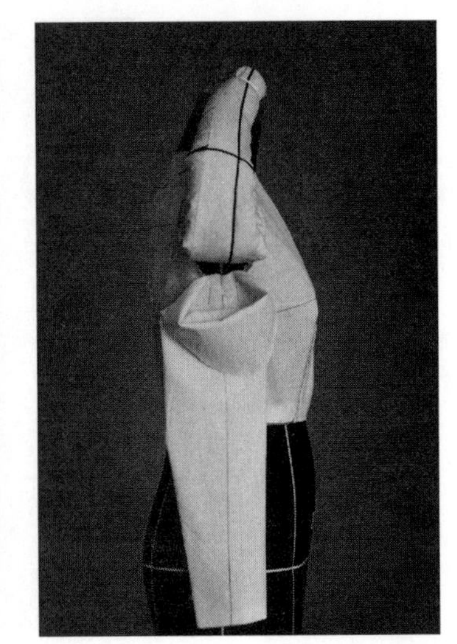

（3）装袖底

图4-5

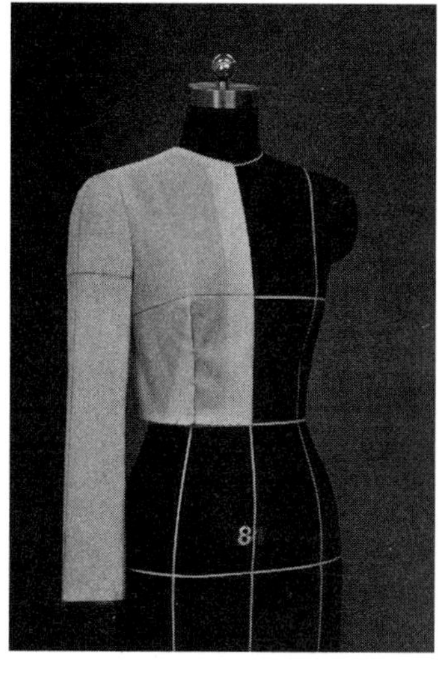

（4）装袖山

（5）调整衣袖

图4–5　袖原型制板

袖窿固定在一起。如图 4–5（4）所示。

（5）调整衣袖:装好后检查衣袖的位置，使之不偏前也不偏后，如图 4–5（5）所示。

5.样板制作

（1）拓印样板：试穿后的原型袖再次修正、熨平，并修正轮廓线。然后用描线器拓印布样于纸样上，也可用其他方法拓印，如图 4–6（1）所示。

（2）样板标注：按一片袖原型轮廓加放缝份。为了保证样板质量，样板轮廓要清晰、准确，并在板型上清楚地标注好对刀眼、纱向、对合标记及文字标注等，如图 4–6（2）所示。

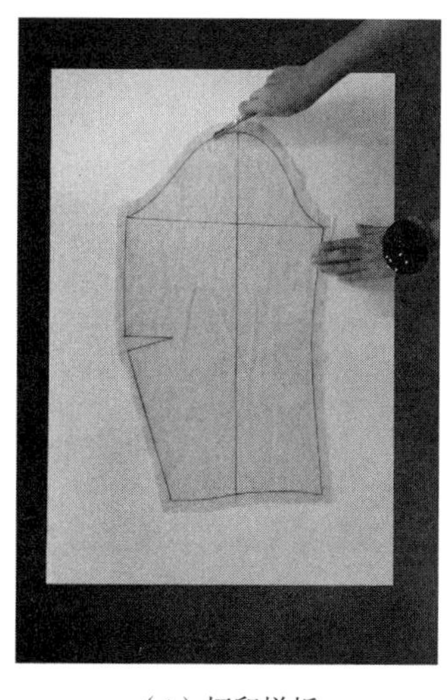

（1）拓印样板

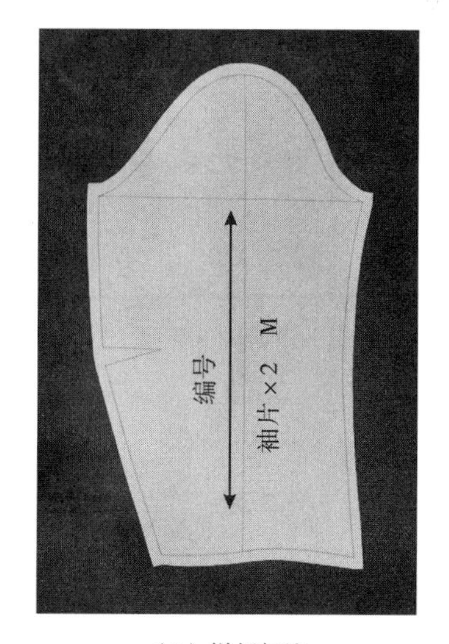

（2）样板标注

图4–6　袖原型样板制作

第二节　两片袖立体造型

Three-dimensional Form of Two-piece Sleeve

一、款式分析

本款衣袖为两片袖结构，与原型袖的区别在于它通过两条分割线（前、后袖缝线）将袖筒多余的部分去掉，使衣袖结构符合人体手臂的形状。该袖型与人体的合适度较高，袖型顺沿手臂形状，是既符合人体机能性要求、又具有美观适体的理想的袖型，如图 4–7 所示。

图4–7　两片袖款式图

二、学习要点

理解两片袖的基本结构；学习两片袖的立体造型方法；处理好结构线与功能性、美观性之间的关系，完美地表现两片袖的立体造型。

三、制作步骤

1.布料准备

大袖布：长 = 袖长 +6~8cm，宽 = 臂根围 /2+10~12 cm；小袖布：长 = 大袖袖长 –12cm（左右），宽 = 臂根围 /2。按图标记好各块袖布的基准线，如图 4–8 所示。

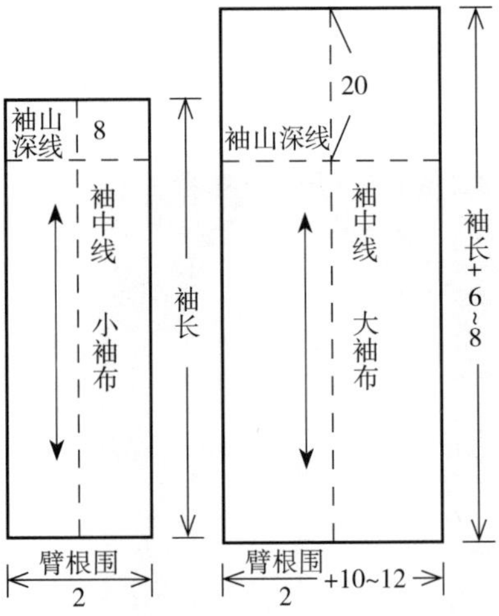

图4–8　布料准备

2.制作袖筒

（1）披大袖布：将大袖布披在手臂的外侧，对合同名线条，并在袖山深线、袖肘线、袖口处分别用大头针固定。然后在手臂两侧预留适当的松量，可参考一片袖预留松量。注意，后袖的松量略大于前袖的松量，如图 4–9（1）所示。

（2）确定大袖袖缝：将大袖布围到手臂内侧，然后设计大袖的前、后袖缝线，一般要超过前、后袖肥的中线（即从手臂的外面基本看不到这一分割线），留出缝份，剪掉余料，如图 4–9（2）所示。

（3）披小袖布：在小袖布的中线上预留少许松量，再对合袖山深线与小袖中线并用大头针固定，如图 4–9（3）所示。

（4）确定小袖袖缝：将小袖布两侧与大袖布对合，注意大、小袖片的整体平衡，标记轮廓线，预留缝份，剪掉余料，如图 4–9（4）所示。

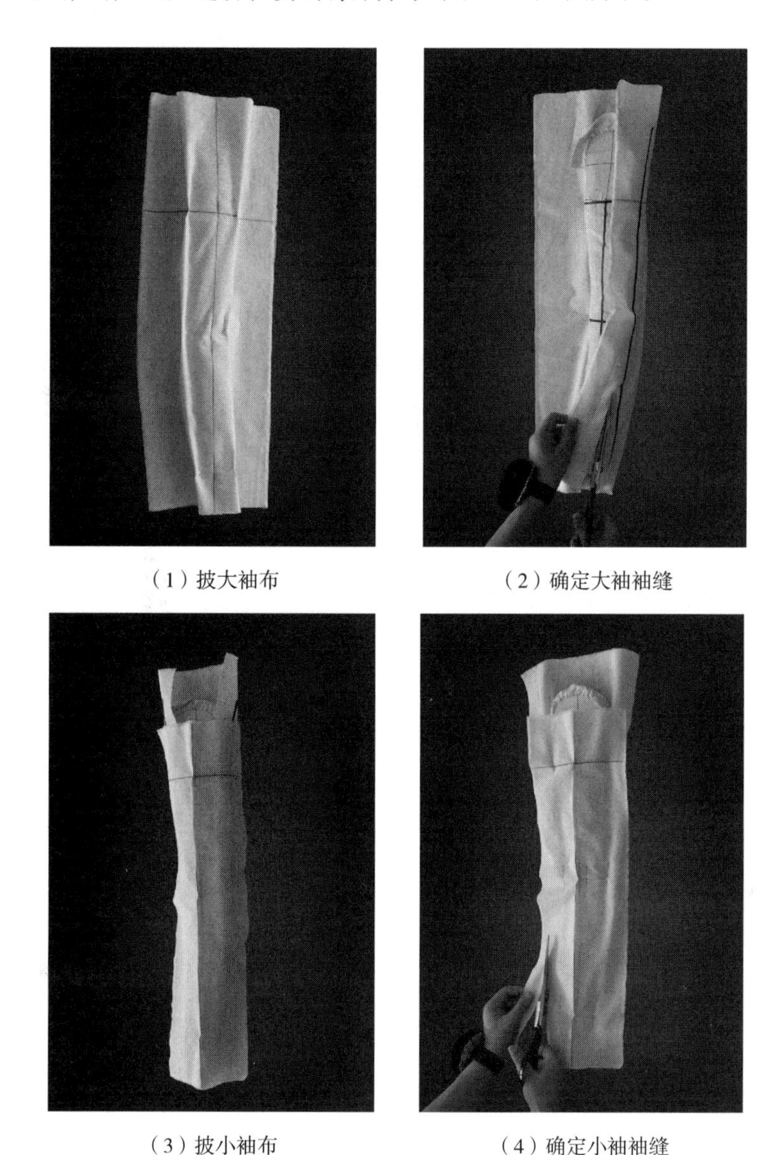

（1）披大袖布　　（2）确定大袖袖缝

（3）披小袖布　　（4）确定小袖袖缝

图4–9　两片袖袖筒制作

3.制作袖山

（1）确定袖底线：沿臂根截面的形状标记出袖山底部轮廓，预留缝份后，剪掉余料，如图 4–10（1）所示。注意，袖底线要与衣身原型袖窿底线（胸围线）的位置相吻合。

（2）确定袖山线：将袖山顶部多余的量逐一在袖山顶点两侧共 6~8cm 的距离别起，同时保证袖山处布料的经纱顺直，然后按臂根截面的形状标记袖山曲线，如图 4–10（2）所示。

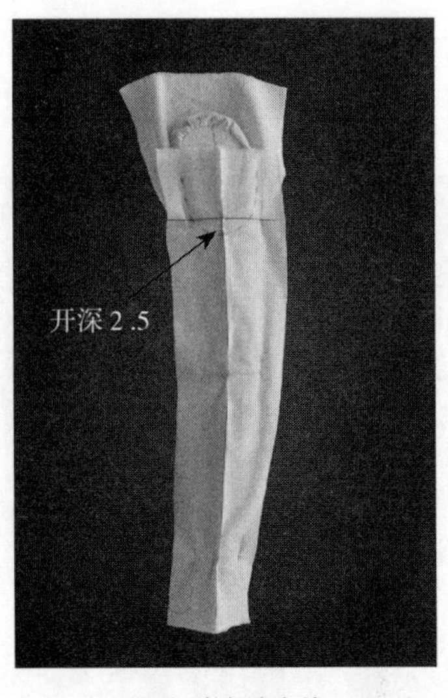

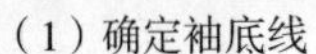

（1）确定袖底线　　（2）确定袖山线

图4-10　两片袖袖山制作

4.整体效果与展开

（1）整体效果：用熨斗将布料轻轻熨平，扣烫大袖缝缝份与袖口折边份，并用折叠别法按制成线组合，再用藏针别法装衣袖。要求袖山圆顺饱满，袖位前后适当。如不合适可再次修改，直至满意为止，如图 4-11（1）所示。

（2）样板结构：将大、小袖片展成平面，可借助袖窿尺画顺袖山曲线，圆顺前、后袖缝等结构线。确定结构轮廓后，将缝份修剪整齐，确定本款袖型的样板结构，如图 4-11（2）所示。

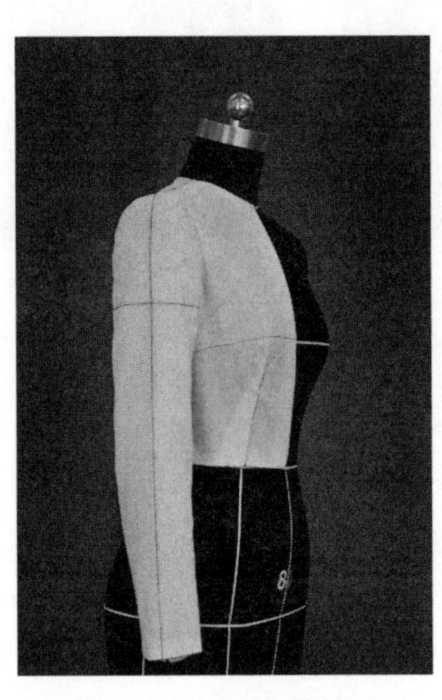

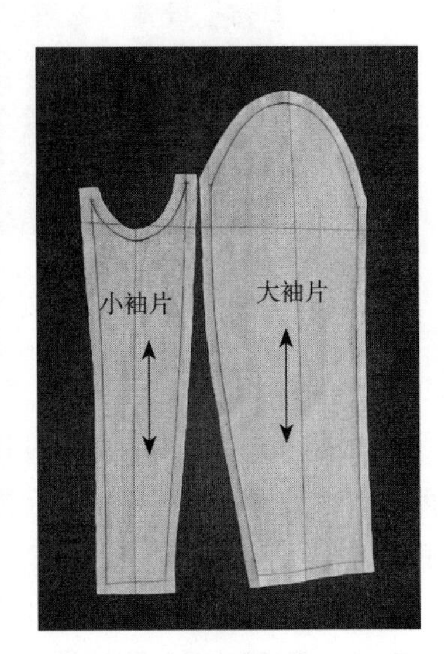

（1）整体效果　　（2）样板结构

图4-11　整体效果与展开

第三节　变化袖立体造型

Three-dimensional Form of Altered Sleeve

例一　郁金香袖立体造型

一、款式分析

本款衣袖呈上宽下窄型，前、后袖山抽褶，袖口略收，整体袖型呈郁金香花造型，含苞欲放，活泼可爱，如图 4–12 所示。

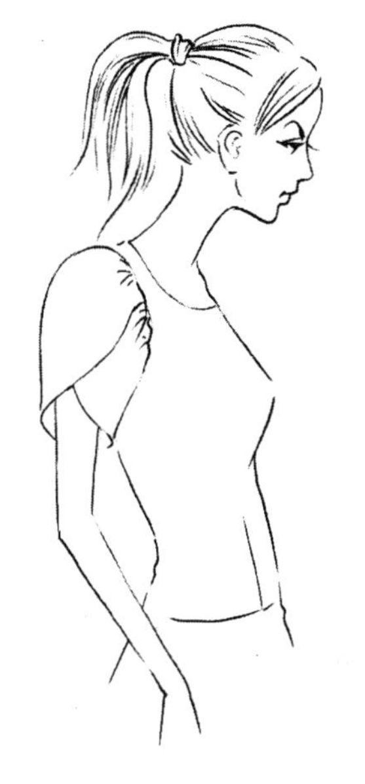

图4–12　郁金香袖款式图

二、学习要点

学习郁金香袖的制作方法；掌握利用作用力与反作用力的方法获取上宽下窄袖型的造型原理，把握变化袖型的造型方法。

三、制作步骤

1.布料准备

准备两块相等的袖布，长 =40cm、宽 =45cm。按图标记好袖山深线与袖中线，如图 4–13 所示。

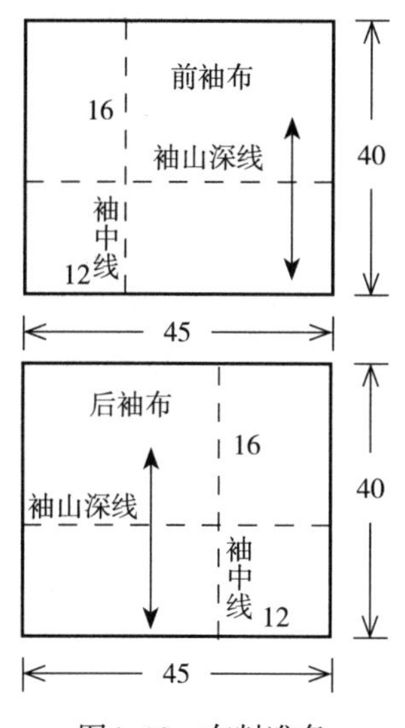

图4–13　布料准备

2.制作衣袖

（1）披前袖布：将前袖布披在手臂的外侧，对准袖山深线与袖中线用大头针固定，然后在手臂的前侧留出适当的松量，因为袖型呈上宽下窄型，所以别松量的纱向不要求与经纱平行，可以利用袖口收紧、袖山加大的作用力与反作用力斜别松量，如图 4–14（1）所示。

（2）确定内袖缝：把前袖布围到手臂内侧，袖山处要留有足够的褶量，然后根据手臂内侧的袖中线确定内袖缝线，如图 4–14（2）所示。

（3）袖山做褶：按照设计确定袖山褶位及数量，一般以袖山顶点两侧各做 3 个褶裥为宜，然后观察其形状，调整褶裥的位置。袖山造型完成后预留缝份，剪掉余料，如图 4–14（3）所示。

（4）设计袖口线：按设计从袖山处开始确定花瓣的曲线，前、后花瓣线一般是对称的，并与袖口线直接相连。在袖布上做好标记后，留出缝份，剪掉余料，如图 4–14（4）所示。

（5）标记袖山线：按臂根部横截面的形状标记袖山曲线。注意，褶裥位置及大小也要逐一标记好，如图 4–14（5）所示。

（6）标记袖底线：沿臂根截面的形状标记出袖山底部轮廓，按标记线预留 1.5cm 缝份，剪掉余料，如图 4–14（6）所示。

（7）后袖制作：用前袖的操作方法制作后袖，从略。

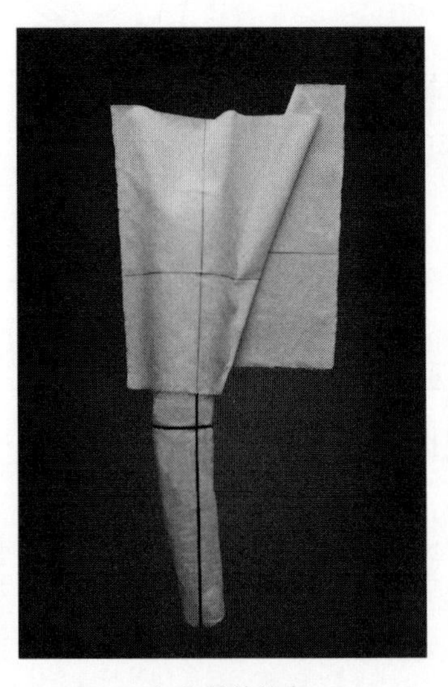

（1）披前袖布

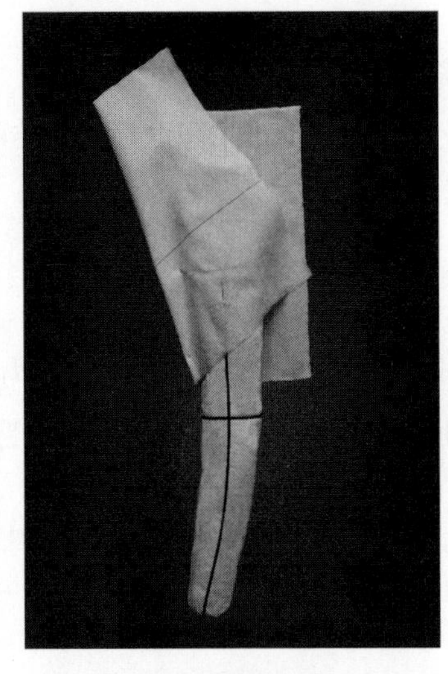

（2）确定内袖缝

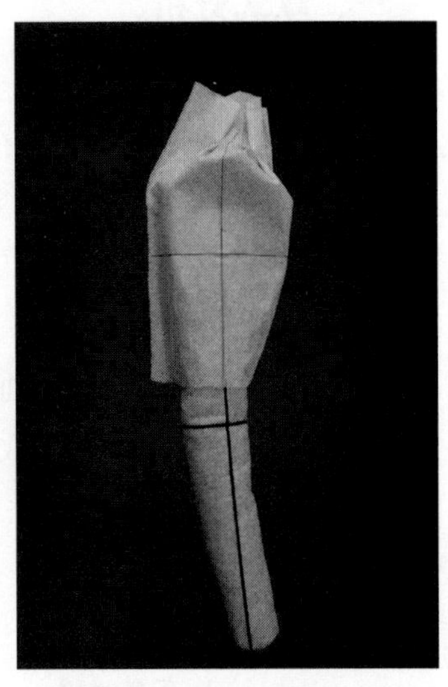

（3）袖山做褶

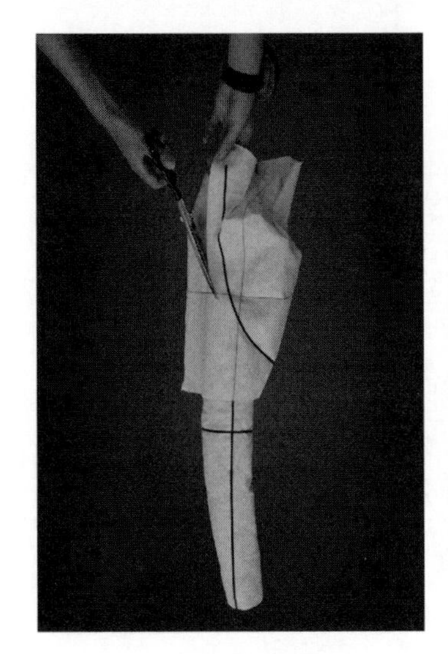

（4）设计袖口线

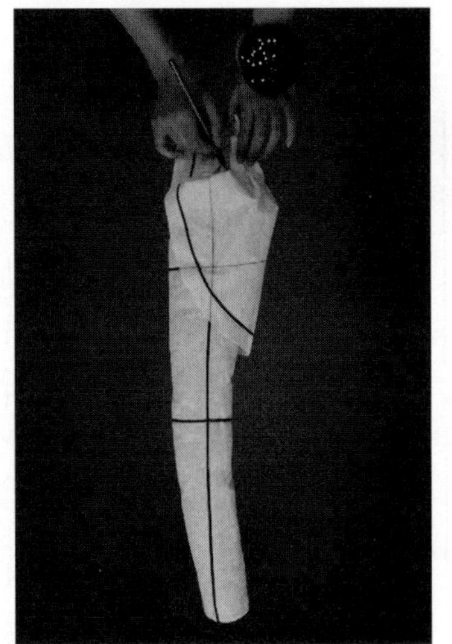

（5）标记袖山线

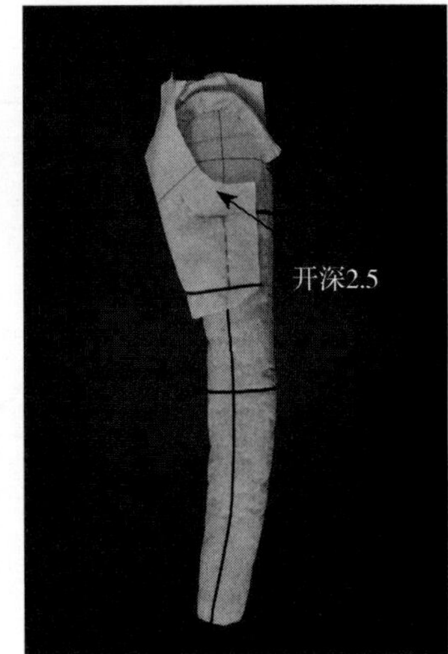

（6）标记袖底线

图4–14　郁金香袖制作

3.整体效果与展开

（1）整体效果：用熨斗将布料轻轻熨平，扣烫一边缝份与折边份，用折叠别法按制成线组合，再用藏针别法装衣袖。然后从正面、侧面、背面观察衣袖效果，要求袖山圆顺饱满，袖口松紧适中，袖位前后位置适当，如不合适可再次修改，直至满意为止，如图 4-15（1）所示。

（2）样板结构：前、后袖片展成平面，可借助袖窿尺画顺袖山曲线，圆顺其他各结构线，确定结构轮廓后，将缝份修剪整齐，做出本款袖型的样板结构，如图 4-15（2）所示。

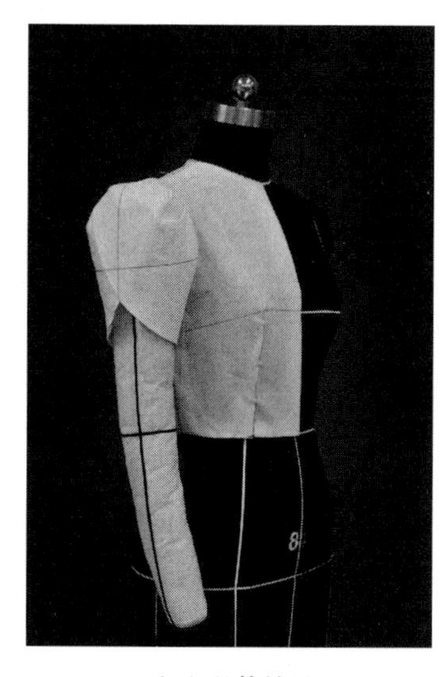

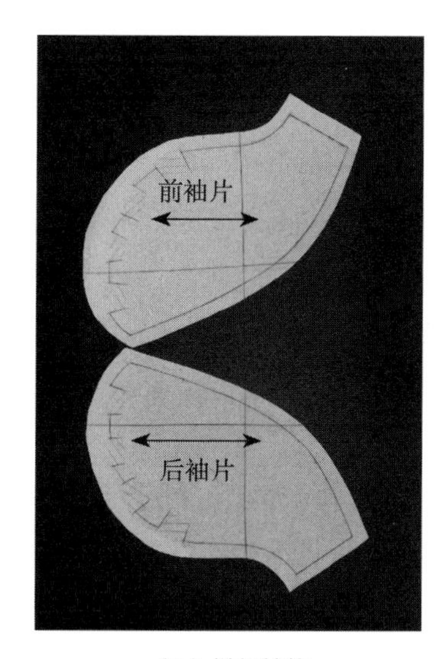

（1）整体效果　　（2）样板结构

图4-15　整体效果与展开

例二　灯笼袖立体造型

一、款式分析

本款衣袖袖山突起，袖筒面积宽大，抽自然褶，通过袖口布（袖头）收紧袖口，外观造型呈灯笼状。本款袖型具有夸张效果与趣味性造型，深受女性朋友们的喜爱，如图 4-16 所示。

图4-16　灯笼袖款式图

二、学习要点

掌握灯笼袖的制作方法；结合原型袖采用平面制图方法也可以做出其造型，不妨尝试一下。要处理好褶纹大小与疏密程度，关键还要把握好袖山的褶纹及造型。

三、制作步骤

1.布料准备

袖布：长 =40cm，宽 =65cm；袖头：长 =6cm，宽 =30cm。按图标记好袖中线与袖山深线，如图 4–17 所示。

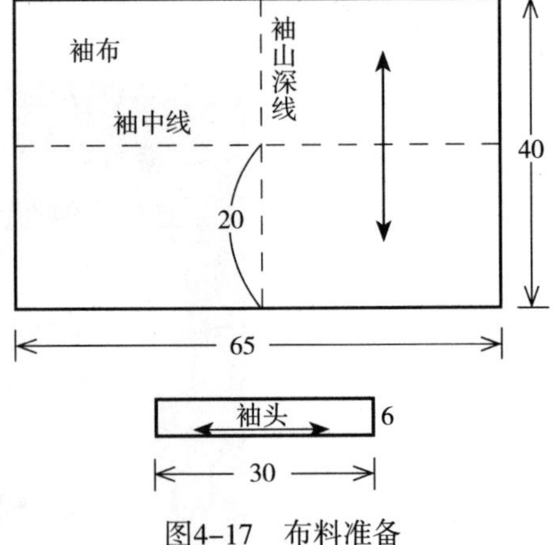

图4–17　布料准备

2.制作衣袖

（1）披袖布：对合同名标记线，袖中线处用大头针固定，如图 4–18（1）所示。

（2）做皱褶：由袖山顶点分别向前、后袖窿制作皱褶，其大小、位置、数量可自行设定，预留缝份后剪掉余料，如图 4–18（2）所示。

（3）做标记：把做好的皱褶部分固定，按袖山弧线标记轮廓线，预留缝份，剪掉余料，如图 4–18（3）所示。

（4）剪余料：为方便起见，可先把手臂模型卸下，按臂根部横断面确定袖山曲线，考虑好袖肥大小，对合袖缝，整理形状，剪掉余料，如图 4–18（4）所示。

（5）制作袖口皱褶：从袖中线开始分别向前、后袖口别皱褶，要求皱褶大小均匀，数量可以自定，如图 4–18（5）所示。

（6）确定袖口线：用带子在袖口处造型，并标记，预留缝份，剪掉余料，如图 4–18（6）所示。

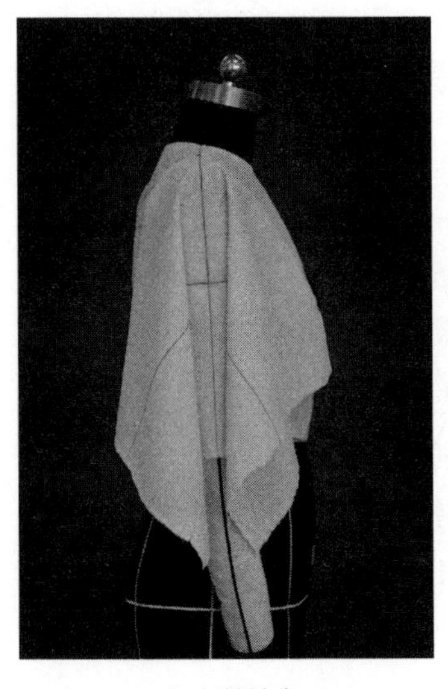
（1）披袖布

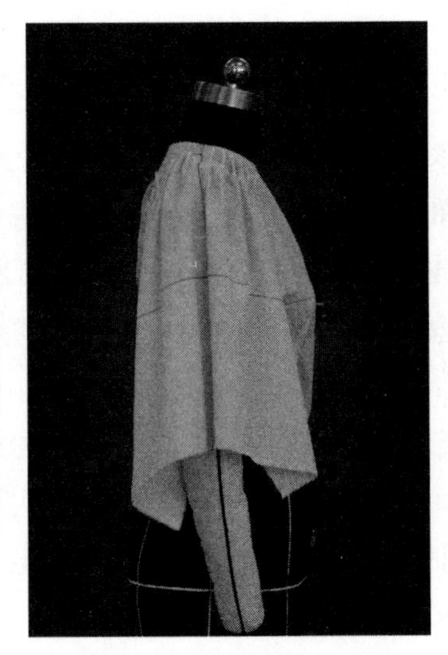
（2）做皱褶

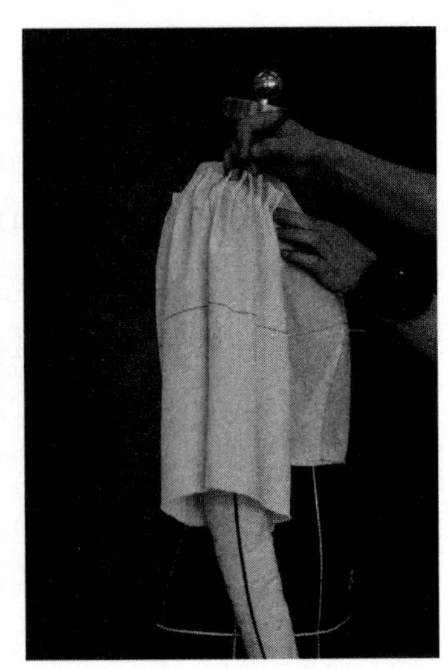
（3）做标记

图4–18

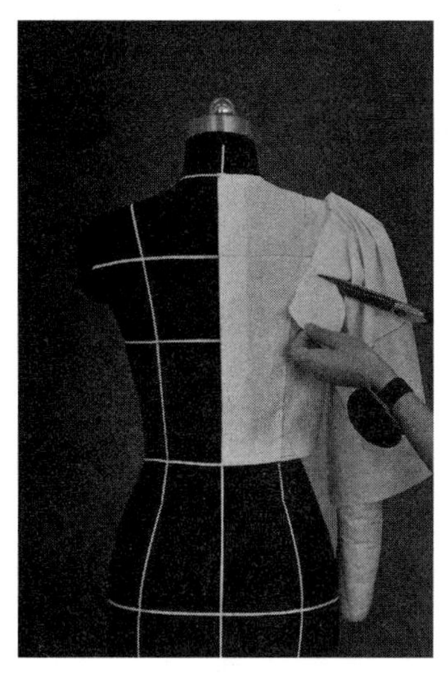

（4）剪余料

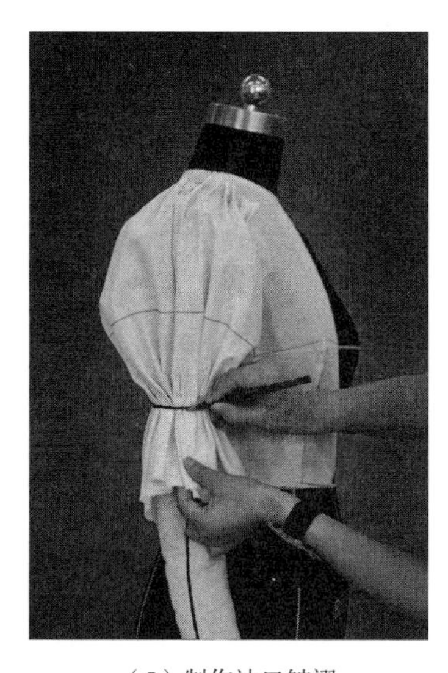

（5）制作袖口皱褶

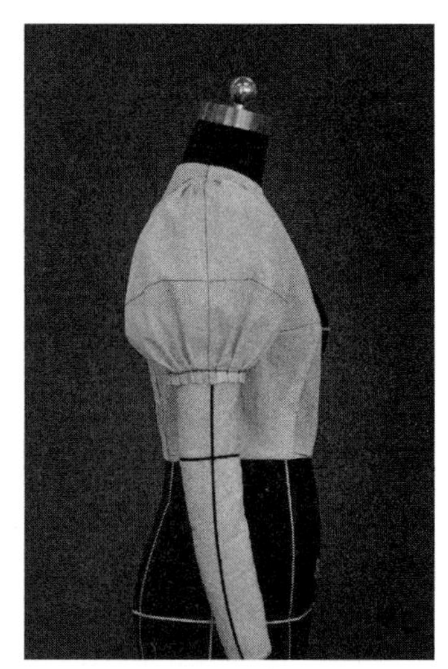

（6）确定袖口线

图4-18　灯笼袖制作

3.整体效果与展开

（1）整体效果：先用折叠别法装袖头。分别从正面、侧面、背面观察衣袖造型效果，要求袖山圆顺饱满，前后位置适当，如不合适可再次修改，直至满意为止，如图 4-19（1）、（2）所示。

（2）样板结构：将袖片展成平面，可借助袖窿尺画顺袖山曲线，圆顺各结构线，标记袖山与袖口的皱褶位，修剪各缝份，做出本款袖型的样板结构，如图 4-19（3）所示。

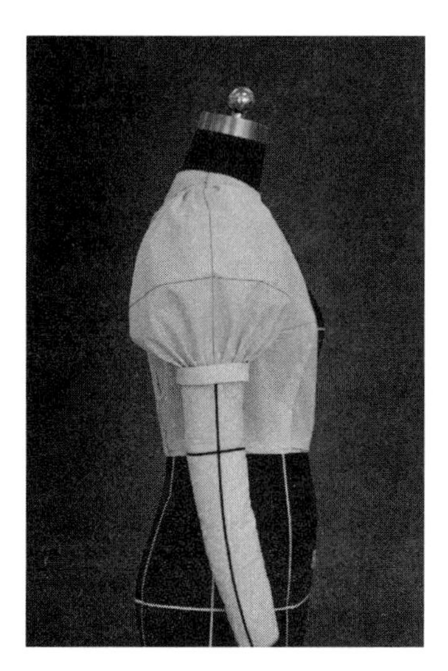

（1）侧面效果

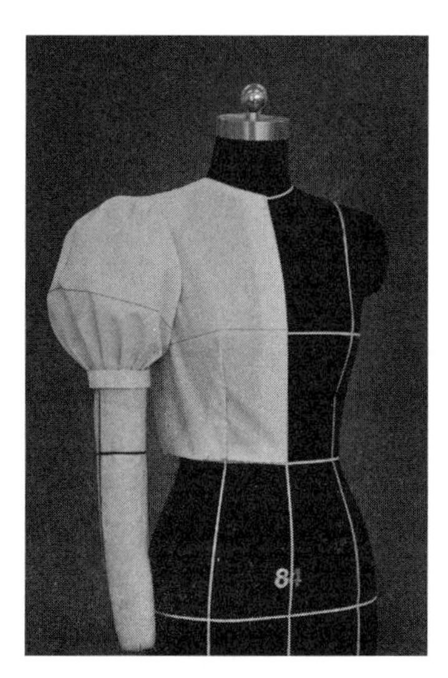

（2）正面效果

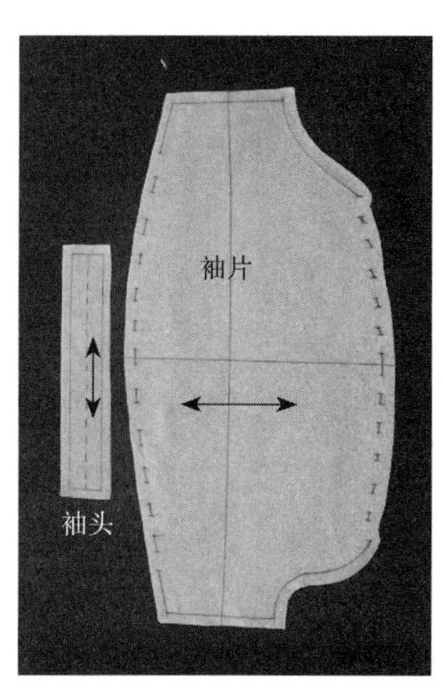

（3）样板结构

图4-19　整体效果与展开

第四节　组合袖立体造型

Three-dimensional Form of Combined Sleeve

例一　多层喇叭袖立体造型

一、款式分析

本款衣袖呈上窄下宽型。手臂上半部分紧贴手臂，下半部分则用四层喇叭袖的造型做装饰，外在造型似宝塔形态，优雅大气、时尚而有韵律，如图 4–20 所示。

图4–20　多层喇叭袖款式图

二、学习要点

掌握多层喇叭袖组合的制作方法；能够巧妙利用一片袖，采取添加及块面组合的方法，完美地表现喇叭袖的立体造型。

三、制作步骤

1.布料准备

袖布：长 =48cm，宽 =45cm；第一层布：长 =15cm，宽 =45cm；第二层布：长 =20cm，宽 =50cm；第三层布：长 =20cm，宽 =55cm；第四层布：长 =25cm，宽 =55cm。按图标记好各块布料的基准线，如图 4–21 所示。

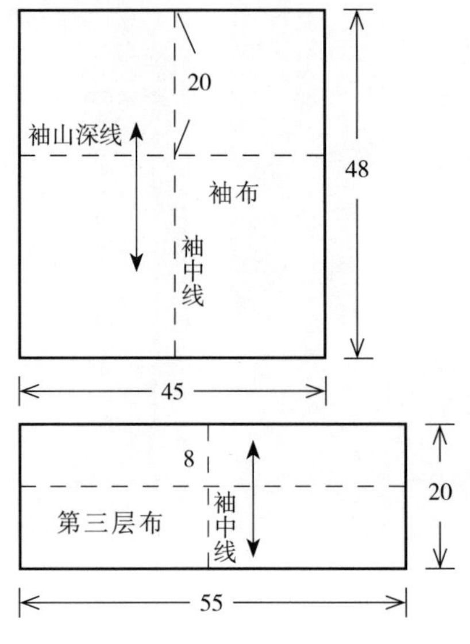

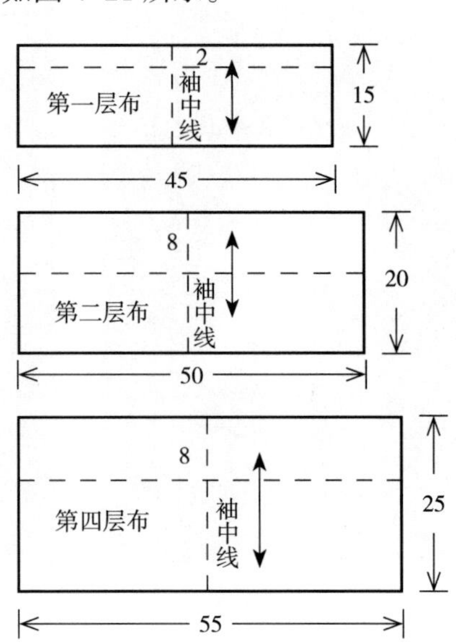

图4–21　布料准备

2.衣袖制作

（1）衣袖绘制：可根据学过的袖原型立体造型方法，也可以直接绘制一片袖结构图，如图 4–22（1）所示。

（2）做衣袖：先制作并组装好衣袖部分，从略。在此基础上制作多层喇叭袖部分，如图 4–22（2）所示。

（3）标记层数：根据款式设计分别标记出四层喇叭袖的位置，要考量好每层喇叭袖布的大小与位置，注意每层之间至少需加出 2cm 的重叠量，如图 4–22（3）所示。

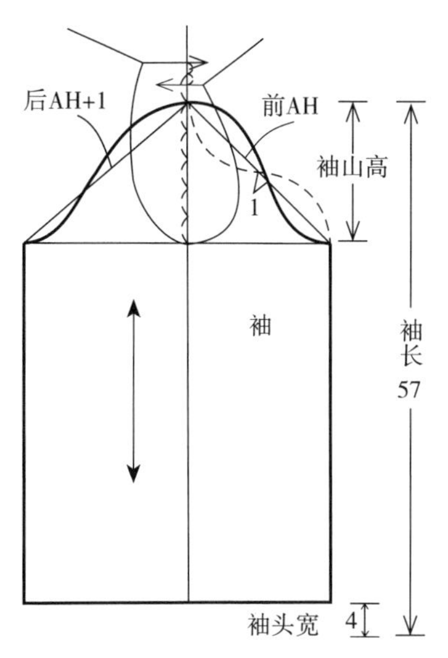

（1）衣袖绘制

（4）披第四层布：由最底层依次向上造型，袖口褶量依次向上逐渐减少，形成上小下大的宝塔状。披第四层布，在袖中线处用大头针固定。注意，如要加大褶量，可多预留一些布量，如图 4–22（4）所示。

（5）制作皱褶：由袖中线开始分别向前、后袖口别皱褶，数量可自定，要求大小均匀，并按照内侧袖中线确定袖缝，剪掉余量，如图 4–22（5）所示。

（6）确定袖口线：用带子标记袖口，预留缝份，剪掉余料，如图 4–22（6）所示。

（7）披第三层布：与第四层布的制作方法相同，做出第三层布的造型，如图 4–22（7）所示。

（8）披一、二层布：第二层布制作方法同上。而第一层布的纱向要顺直，结构呈长方形，与下面二至四层

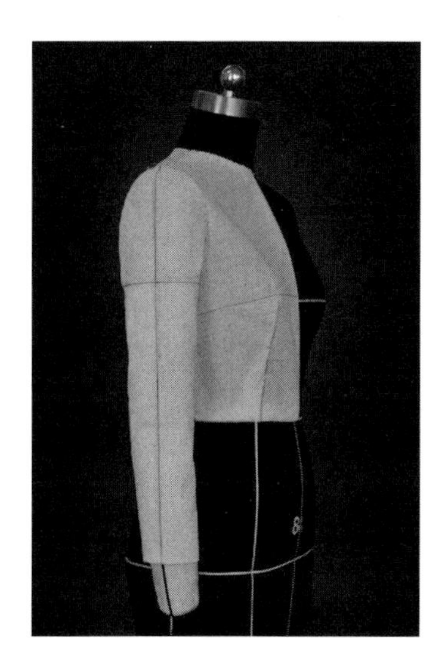
（2）做衣袖

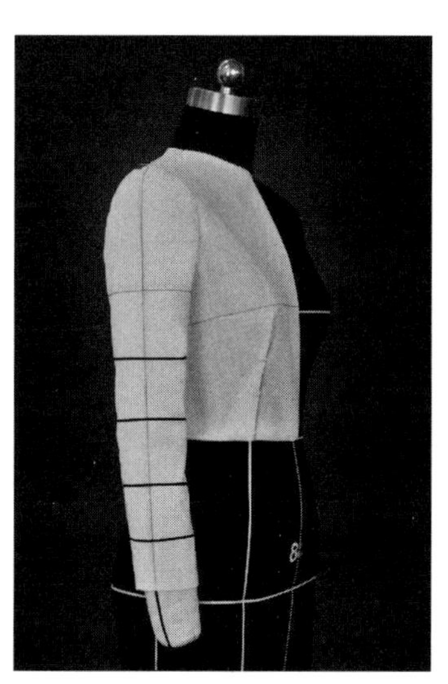
（3）标记层数

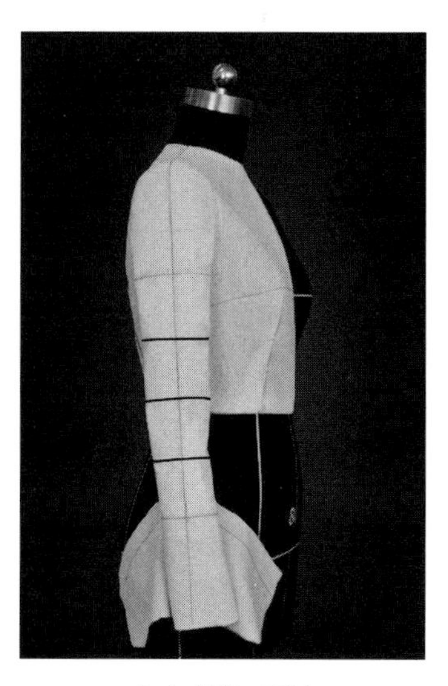
（4）披第四层布

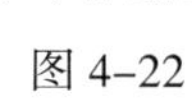
图 4–22

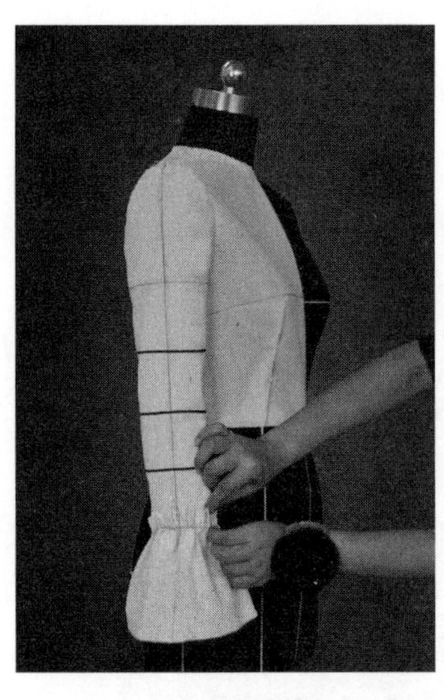

（5）制作皱褶

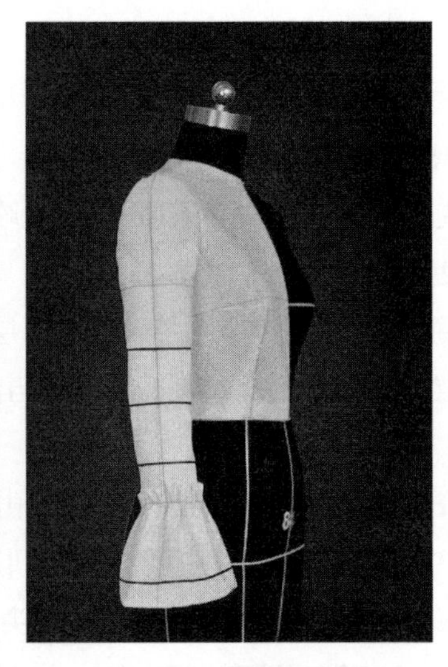

（6）确定袖口线

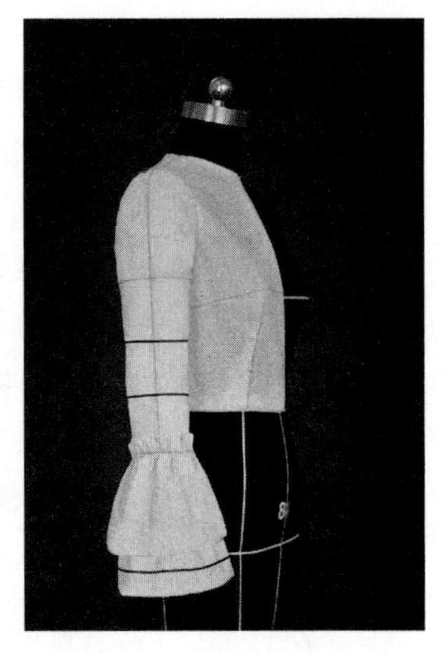

（7）披第三层布

图4-22　组合袖袖筒制作

的梯形结构略有不同，从略。

3.整体效果与展开

（1）整体效果：用熨斗将布料轻轻熨平，扣烫各层袖布的缝份与折边份，用折叠别法按制成线组合，并依次将各层袖布别合于已经标好的标记线处，若不合适可再次修改，观察整体效果，直至满意为止，如图 4–23（1）所示。

（2）样板结构：分别将原型袖袖片及喇叭袖口袖片展成平面，可借助袖窿尺画顺袖山曲线，圆顺其他各结构线，确定结构轮廓后，将缝份修剪整齐，确定本款袖型的样板结构，如图 4–23（2）所示。

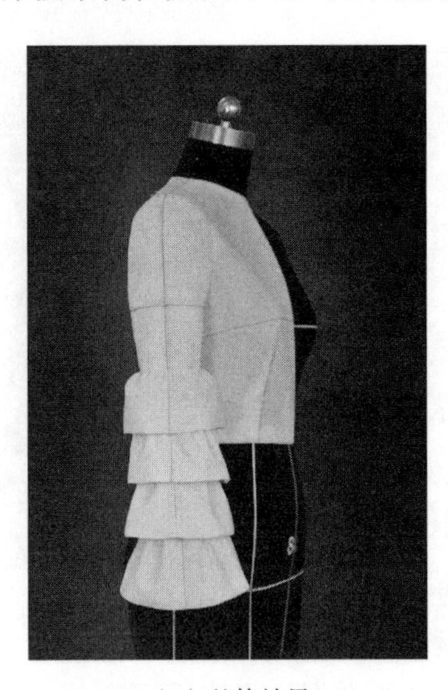

（1）整体效果

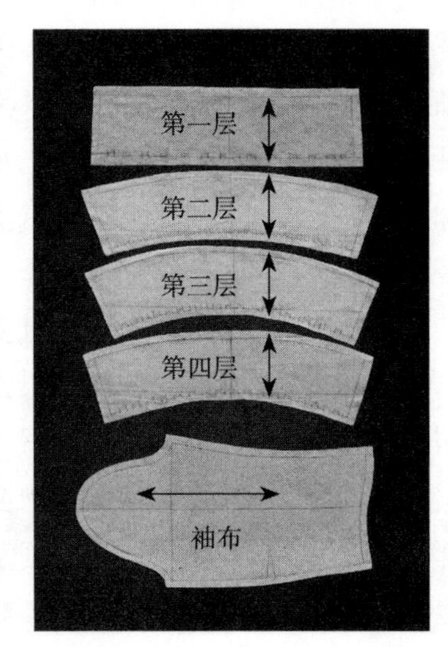

（2）样板结构

图4–23　整体效果与展开

例二　分割与皱褶组合袖

一、款式分析

本款袖型属两片袖互借设计。袖山施皱褶，并与小袖相连，故采用小袖反借大袖的手法。衣袖别致时尚，具有现代感、立体感，如图 4–24 所示。

二、学习要点

学习衣袖互借的原理与方法，掌握利用分割线制作皱褶的设计思路与技巧，提高衣袖造型及其整体平衡的能力。

图4–24　分割与皱褶组合袖款式图

三、制作步骤

1.布料准备

大袖布：长 =56cm，宽 =18cm；小袖布：长 =65cm，宽 =30cm（本款衣袖因大小袖互借的关系导致出现了大袖小、小袖大的情况，但仍然按照惯例术语）。按图标记各基准线，如图 4–25 所示。

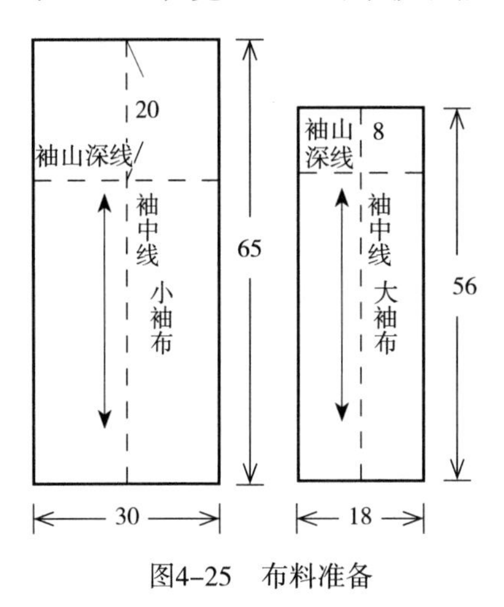

图4–25　布料准备

2.制作小袖

（1）肩部处理：为减少袖山加褶后使肩部显宽，需要将肩端点向领口方向移 1.5cm，使肩宽变窄，且重新确定袖窿弧线，如图 4–26（1）所示。

（2）粗裁小袖：为便于小袖的制作，先粗裁小袖布，即挖出袖底弧线。因小袖布承担着袖山皱褶的量，故要准备略大些的布量，如图 4–26（2）所示。

（3）披小袖布：披小袖布时须对合同名标记线，袖中线处用大头针固定。分别在袖山深线、袖肘线、袖口处留出松量，用大头针固定，如图 4–26（3）所示。

（4）标记小袖线：按款式设计在小袖布上标记前、后分割线，要斟酌好具体位置，且保持衣袖的平衡，剪掉余料，如图 4–26（4）所示。

（5）做皱褶与标记：从袖山顶点开始分别向前、后袖做皱褶，皱褶数量、大小可自行设计。然后标记袖山褶位及袖山形状，如图 4–26（5）所示。

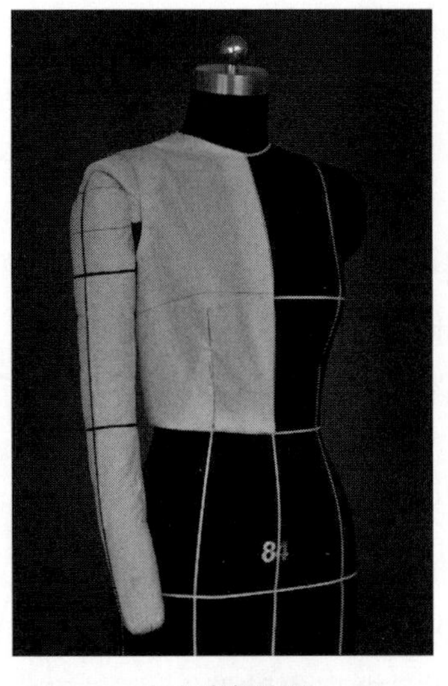

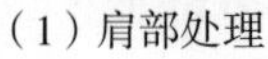

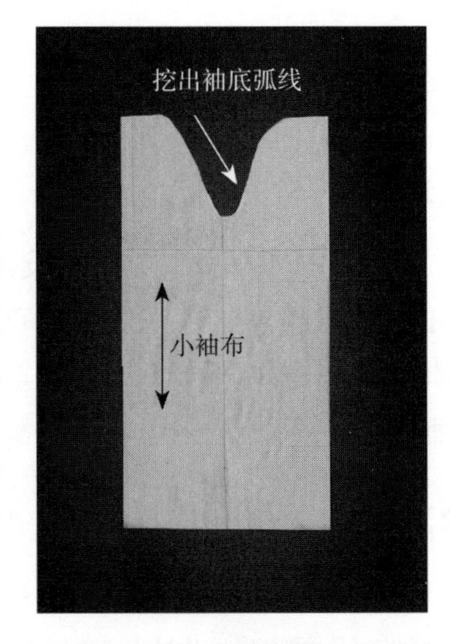

（1）肩部处理　　（2）粗裁小袖

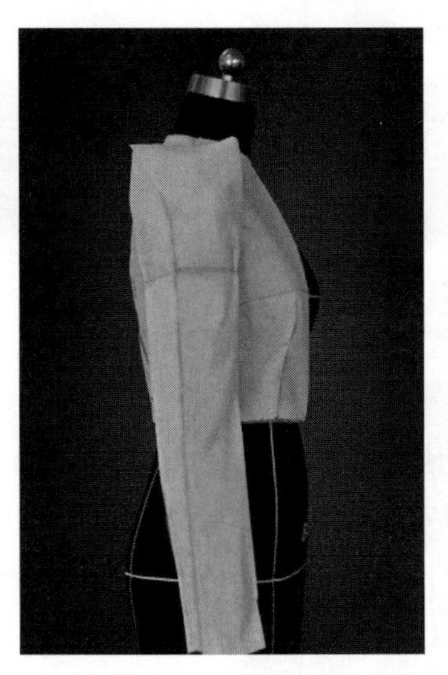

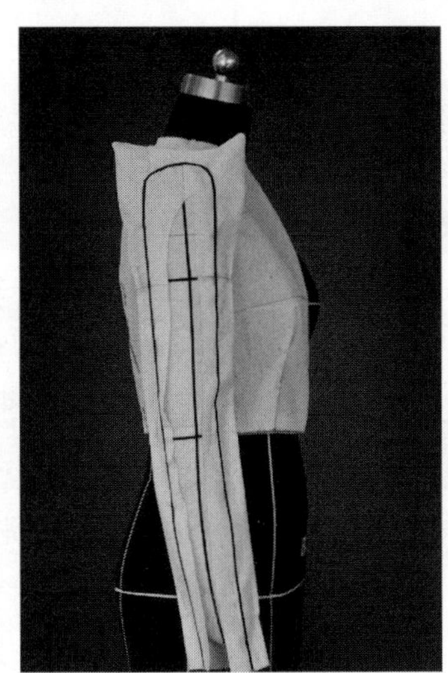

（3）披小袖布　　（4）标记小袖线　　（5）做皱褶与标记

图4-26　制作小袖

3.制作大袖

（1）披大袖布：对合同名标记线，袖中线处用大头针固定，按照小袖布上标记好分割线（即袖缝线）的位置，将大袖布与小袖布别合，如图 4-27（1）所示。

（2）剪掉余料：大袖布与小袖布别合后，预留缝份，剪掉余料，如图 4-27（2）所示。

（3）确定袖口：用带子在袖口处标记，预留缝份，剪掉余料，如图 4-27（3）所示。

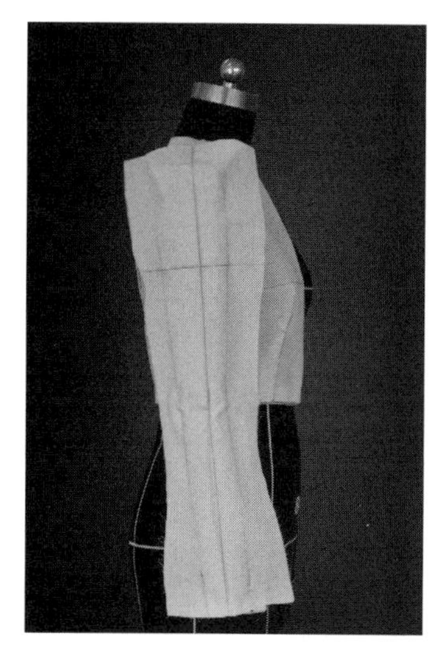

（1）披大袖布

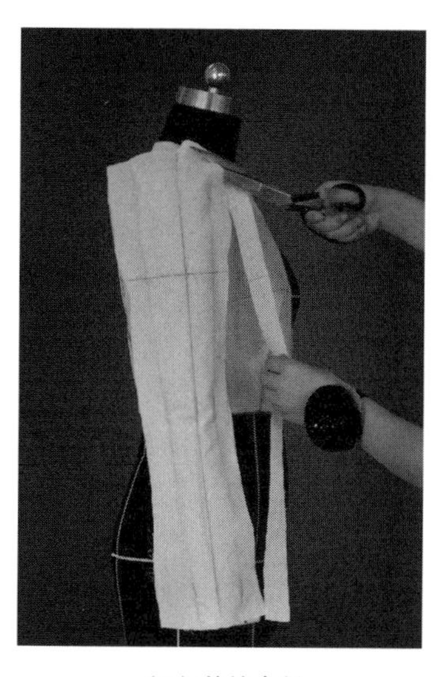

（2）剪掉余料

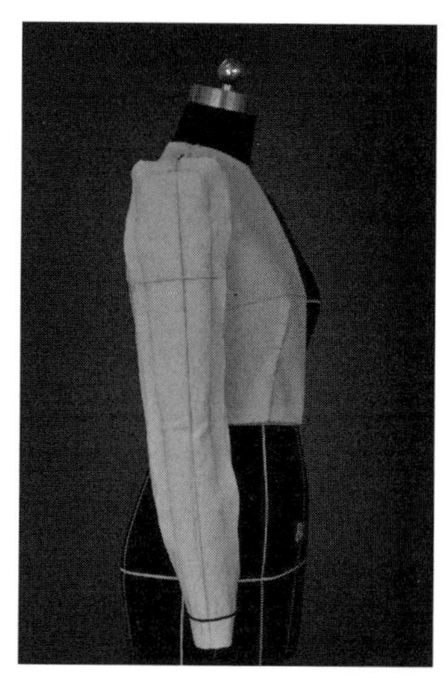

（3）确定袖口

图4–27　制作大袖

4.整体效果与展开

（1）整体效果：用熨斗将布料轻轻熨平，扣烫袖缝及袖口折边缝份，别好皱褶，并用折叠别法按制成线组合，用藏针别法装衣袖。要求袖山圆顺饱满，衣袖前后位置适当，若不合适可再次修改，观察正面、侧面整体效果，直至满意为止，如图 4–28（1）、（2）所示。

（2）样板结构：将大、小袖片展成平面，可借助袖窿尺画顺袖山曲线，圆顺其他各结构线，确定结构轮廓后，将缝份修剪整齐，确定本款样板结构，如图 4–28（3）所示。

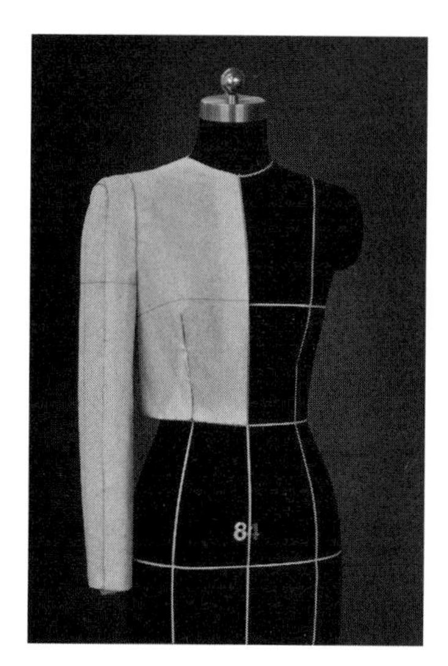

（1）正面效果

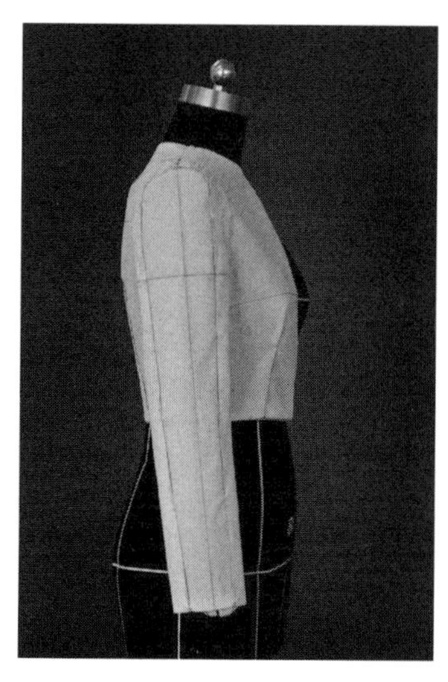

（2）侧面效果

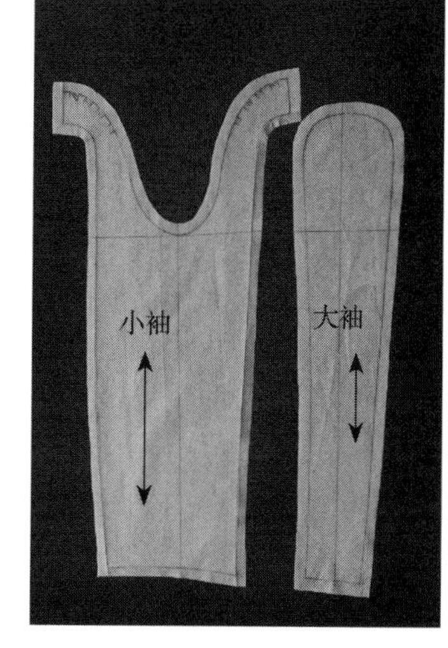

（3）样板结构

图4–28　整体效果与展开

第五章　成衣立体造型解析

Analysis on Three-dimensional Form of Apparel

成衣设计是一个系统工程。设计者除了具备立体造型的相关知识外，还要掌握成衣设计的基本原理、形式美的基本规律和法则；了解服装面料的特性、掌握各种材料的组合运用，使各种造型要素在量与质上达到统一和谐的整体美。

造型方法上，比较平面与立体两种方式的适应性与内在规律，二者有机结合，相互兼容，才是达到理想板型的有效途径。因此，设计中应充分发挥两种造型方式的优势，制作高质量的服装板型，更好地为创造崭新的服饰服务。

第一节　立体造型与成衣设计

Relationships between Three-dimensional Form and Apparel Design

一、成衣概念及设计

1.成衣概念

成衣（Garments），是相对于量体裁衣式的定做和自制的服装而出现的一个概念，即指服装企业按照一定规格、号型标准批量生产的，满足消费者即买即穿的系列化成品服装。成衣按市场定位与消费取向的差别，可以将其分为高级成衣、品牌成衣和普通成衣三种。

（1）高级成衣：指面对追求高品位着装需求的高端消费群体而设计生产的成衣，是小批量工业化生产加工的高级时装。高级成衣具有批量较小、款式时尚独特、生产精工细作、面料高档、服装华贵的特点。其设计具有独特的个性和品位，因此，国际上的高级成衣大都是一些设计师品牌。

（2）品牌成衣：指服装品牌公司针对大多数中等收入以上阶层的消费群体进行定位生产的成衣。此类成衣具有鲜明的风格定位，是时尚流行市场的主流，由于风格多样、规格齐全、做工精致、价格适度而受到大多数消费群体的欢迎。

（3）普通成衣：指人们日常生活中经常穿用的服装，如大批量工业化生产的普通衬衫、裤子、内衣等，其特点是款式相对稳定，设计要求低，批量要求大。普通成衣款式大众化、成本低、物美价廉，能满足大部分消费群体的需求，市场占有率很高。

2.成衣设计

成衣设计就是以一定的消费群体为对象，根据大多数人的号型比例，制定一套有规律的尺码，根据产品定位要求与时代特征，以服装材料做载体，运用一定的美学规律，利用相关的素材与手段，完成能够进行工业化生产的设计方案，并进行大规模生产。成衣设计注重审美性与实用性、创造性与市场性的结合，在创新与市场之间寻找一个平衡点。

二、成衣的分类

成衣的种类很多，由于服装的基本形态、原材料、制作方法、用途、着装方式等方面的不同，表现出的风格与特色也不同。

1.以性别、年龄分类

（1）男装：指所有男子穿着的服装的总称。男装有着深厚的历史积淀，对世界服装的发展以及男性着装观念的形成起着积极的作用。纵观服装历史，男装相对于女装而言总体变化不是很大，以庄重大方、板型考究、功能性强为主要特点。随着现代设计思维的成熟和着装要求的提高，男装越来越呈现出多样化和个性化，服装风格品类日趋细致，已形成了众多设计类别和完整的设计体系。

①职业男装：指办公工作时穿着的服装，多为经典款式，色彩高雅含蓄，服装材质与做工考究，款式合体，穿着舒适，造型创意适度，以稳定求变化，注重表现人的自然形态。职业男装的品类有西装、马甲、衬衫、西裤、大衣等，如图5-1所示。

图5-1 职业男装

②休闲男装：指男士在公务、工作之外，置身于闲暇地点进行休闲活动的时间与空间时所穿的服装，体现轻松、愉快、自然、舒适的休闲生活方式与着装目的。设计上体现流行性与多样化，题材、面料、色彩、结构设计均呈现时代气息。典型款式有T恤、牛仔裤、夹克、套衫、格子绒布衬衫、针织毛衫等，如图5-2所示。

③时尚男装：指具有强烈时尚气息、最前

沿流行元素的服装，体现着对时尚潮流的理解与诠释。追求一种标新立异，以自信、潇洒、优雅时尚的面貌呈现，在款型设计、面料使用、颜色搭配、工艺处理方面都变化较大和夸张，如图 5–3 所示。

④运动男装：指按照各种运动机能的要求加以设计的服装。此类服装款式非常丰富，包括狩猎服、骑马服、登山服、滑雪服、棒球服、足球服、橄榄球服等，还包括进行健身锻炼的运动套装、参加旅游或户外运动的服装。其款式自然宽松，便于活动，在整体上给人以轻松、愉快、活泼向上的感觉，如图 5–4 所示。

图5–2　休闲男装

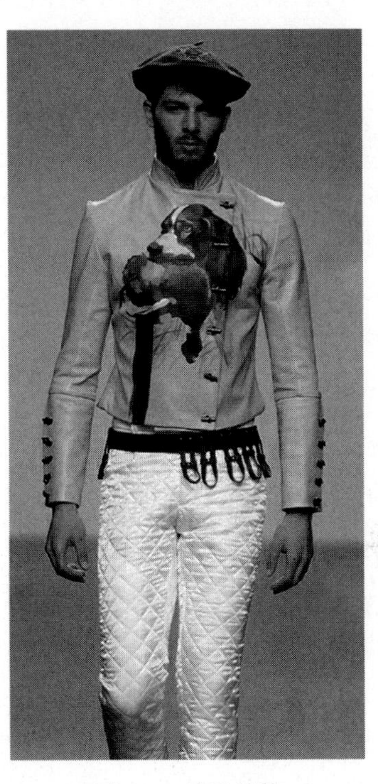
图5–3　时尚男装

图5–4　运动男装

（2）女装：指所有女子穿着的服装总称。女性是时尚的最大参与群体，女装品牌与款式的多元化推动了时装的发展。女装设计求新求变，更注重个性与自我表述，注重款式与风格的设计。服装风格是指一个时代、一个民族、一个流派或一个人的服装在形式和内容方面所显示出来的价值取向、内在品格和艺术特色，是服装整体外观与精神内涵相结合的总体表现。下面主要从造型角度对女装风格做简要的划分。

①经典风格：指运用传统的或者在某个时期、某个时代具有代表性的服装要素进行设计而形成的服装风格。其款式端庄大方，严谨高雅，文静含蓄，多选用传统的精纺面料，工艺考究，讲究穿着品质，是以高度和谐为主要特征的一种服

饰风格。正统的西式套装是经典风格的典型代表。代表性品牌如意大利的瓦伦蒂诺（Valentino）、英国的巴宝莉（Burberry）等，如图 5-5 所示。

②前卫风格：指具有追求新潮、个性化和现代设计元素特征的服装风格。其运用具有超前流行的设计元素，强调对比因素、局部夸张，追求一种标新立异、反叛和创新的形象，凸显女性张扬自我的个性，是对经典美学标准做突破性探索而寻求新方向的设计。像朋克式风格、抽象派风格、欧普艺术风格、波普艺术风格、超现实主义风格、混搭风格等。造型夸张、大胆，经常出现不对称结构与装饰，多使用奇特、新颖、时髦的面料，如图 5-6 所示。代表性设计师如亚历山大·麦克奎恩（Alexander McQueen）等。

图5-5　经典风格女装

图5-6　前卫风格女装

③运动风格：指借鉴运动装设计元素，体现健康、轻松、舒适、活力，穿着范围较广的具有都市气息的运动感的服装风格。较多运用块面与条状分割及拉链、LOGO 系列图案等装饰，选用亮色调、鲜艳色调为主，多用棉、针织或棉与针织的组合搭配等以突出机能性的材料。代表性品牌如 Adidas、Kappa 等，如图 5-7 所示。

④休闲风格：指以追求穿着与视觉上的轻松、随意、舒适为主，年龄层跨度较大，适应多个阶层日常穿着，讲究机能性、实用性、装饰性和舒适性的便服风格。服装充分体现穿着者积极乐观、追求时尚休闲的生活方式。代表款式如 T 恤、夹克、毛衫、牛仔系列等，如图 5-8 所示。代表性品牌如爱斯普利（ESPRIT）、HUGO

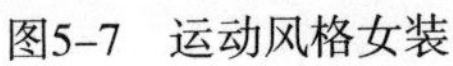
图5-7　运动风格女装

图5-8　休闲风格女装

BOSS 等。

⑤优雅风格：指具有较强的女性特征，兼具时尚感与成熟精致，体现一种高品质生活方式的服装风格。其款式具有雅致、优美、端庄的特点，讲究细部设计，强调精致感觉，装饰比较女性化。外形线顺应女性身体的自然曲线，表现出女性优雅稳重的气质风范。用料高档讲究，色彩多采用柔和、视觉感舒适的中性色调，如图 5-9 所示。代表性品牌如法国的夏奈尔（Chanel）、意大利的乔治·阿玛尼（Giorgio Armani）等。

⑥民族风格：指吸收了民族服装理念的精华，改良民族服装和含民族元素的服装风格。一是以民族服装的款式、民族图案为蓝本，将其借鉴运用到现代服装中；二是以民俗民风作为设计灵感。其风格是对世界各民族服装的款式、色彩、图案、材质、装饰等做适当的调整，借用新材料以及流行色等，以加强服装时代感和装饰感的设计手法，如东方风格、非洲风格、热带风格、北欧波西米亚风格、西部牛仔风格、印第安风格等，如图 5-10 所示。很多成衣品牌或设计师都推出过以民族元素为主题的系列作品，如约翰·加利亚诺（John Galliano）、高田贤三、范思哲（Versace）等。

⑦中性风格：指男女皆可穿着的一种服装风格。如普通的 T 恤、一般运动服、夹克等都属于比较中性化的服装，款式、色彩、面料完全相同时男女皆可穿

图5-9　优雅风格女装

图5-10　民族风格女装

用。女装的中性风格中部分借鉴了男装设计元素，是种有一定时尚感、较有品位而稳重的服装风格。造型以直身式为主，面料选择范围很广，色彩明度较低，较少使用鲜艳色彩，如图 5-11 所示。代表性大师或品牌如蒙塔那（Montana）、普拉达（Prada）等。

⑧田园风格：指追求一种不要任何虚饰的、原始的、纯朴自然的美，崇尚回归自然和人性而反对虚假的华丽、繁琐的装饰和雕琢美的服装风格。其从大自然中汲取设计灵感，取材于田园乡村、大漠荒丘及原始森林，表现出大自然永恒的魅力。这类服装廓型随意，线条宽松，天然的材质，以明快清新具有乡土气息为主要特征，如图 5-12 所示。代表性设计师或品牌如维维安·韦斯特伍德（Vivienne Westwood）和 D&G 等。

⑨浪漫风格：指甜美、柔和、富于幻想的纯情浪漫女性形象，或少女的天真可爱，或大胆性

图5-11　中性风格女装

感的女人味服装风格。造型多为柔美、纤细、飘逸流动的线条，色彩以雅致温馨的浅色彩或中明度色调为主，如图 5-13 所示。代表性大师或品牌如意大利的高档品牌贝博洛斯（Byblos）、英国快速时尚品牌 Topshop。

图5-12　田园风格女装

图5-13　浪漫风格女装

（3）童装：一般是指从婴儿期、幼儿期、学龄前期、学龄期到少年期穿着的服装。这一阶段是人发育、成长的最关键阶段，也是服装变化最大的时期。目前，在追求舒适、美观、方便、经济的基础上，对童装进行个性化、时尚化、品牌化、系列化的设计已成为发展的必然趋势。

2.以穿着方式分类

（1）外套类：穿在最外层的服装。有披风、斗篷、风衣、羽绒服、棉服、西服、呢大衣、皮草、雨衣等。

（2）内衣类：穿在最里层的服装。有内裤、文胸、塑身内衣、吊带背心、保暖衣、保暖裤等。

（3）下装类：遮盖下半身的服装，包括裙与裤。裙有一步裙、A 型裙、鱼尾裙等变化较多。裤按长短分有长裤、短裤、中裤；按廓型分有锥形裤、直筒裤、喇叭裤、马裤、裙裤等。

（4）连身装：上下两部分相连的服装。如连衣裙等因上装与下装相连，还有背带裤、连体裤等，服装整体形态感强。

（5）套装类：上衣与下装配套穿着的衣着形式，一般由同色同料或造型格调一致的衣、裤、裙等相配而成。如两件套、三件套、四件套等。

三、成衣的廓型

廓型是指服装外部造型的剪影效果，是服装被抽象化了的整体外形，是服装造型的根本。人体着装以后，从不同角度观察穿衣者，有不同的视觉效果，一般将正面观察穿着者得到的服装外轮廓形态称为服装的廓型。在人体的不同部位，由于服装内空间量比例设置的不同，会产生截然不同的廓型变化。常用的廓型分类方法有字母形、几何形、物象形。

1.字母形

以英语大写字母作为名称，形象生动。在千姿百态的服装字母廓型中，最基本的有五种，即 A 型、H 型、O 型、T 型、X 型。在西方服装发展史中，经常用来描述服装变化的字母形也是这几种；在现代服装设计中，这几种也是最常用的，如图 5-14 所示。

图5-14 字母形廓型

（1）A 型廓型：A 型廓型是由上至下如梯形式逐渐展开的外形。给人可爱、活泼、流动感强、富于活力的感觉，被广泛用于大衣、连衣裙等的设计中。上衣和大衣以不收腰、宽下摆，或收腰、宽下摆为基本特征。上衣一般肩部较窄或裸肩，衣摆宽松肥大，裙子和裤子均以紧腰阔摆为特征。

（2）H 型廓型：H 型也称矩形、箱形、筒形廓型，较强调肩部造型，其造型特点是平肩、自上而下不收紧腰部，筒形下摆，给人修长、简约、宽松、舒适之感，具有中性化色彩。上衣和大衣以不收腰、窄下摆为基本特征。衣身呈直筒状，裙子和裤子也以上下等宽的直筒状为特征。H 型多为运动装、休闲装、居家服以及男装的外轮廓造型。

（3）O 型廓型：O 型廓型呈上下口收紧的椭圆形，其造型特点是肩部、腰部以及下摆处没有明显的棱角，特别是腰部线条松弛，不收腰，整个外形比较饱满，呈现出圆润的“O”型观感。O 型廓型具有休闲、舒适、随意的风格特征，可以掩饰身体的缺陷，多用于创意装的设计，充满幽默而时髦的气息。

（4）T 型廓型：T 型廓型类似倒梯形或倒三角形，其特点是夸张肩部，收缩下摆，形成上宽下窄的造型效果。整体外形具有大方、洒脱、夸张，有力度，带有阳刚气的风格特征。T 型造型多用于军旅风格服装、大部分男装以及夸张、前卫风格的服装设计中。20 世纪 80 年代意大利设计师乔治·阿玛尼（Giorgio Armani）曾创造出宽肩具有男性风貌的 T 型女装，成为当时职业女性穿着的首选。

（5）X 型廓型：X 型廓型是最能体现女性优雅气质的造型，具有柔和、浪漫、优美的女性化风格。其造型特点是根据人的体型塑造出稍宽的肩部、收紧的腰部、自然放开的下摆。上衣和大衣以宽肩、阔摆、收腰为基本特征，裙子和裤子也以上下肥大、中间瘦紧为特征。20 世纪 50 年代由迪奥（Dior）推出并流行。

还有其他的字母形廓型，如 V 型、Y 型、S 型等，每一种外形都有各自的造型特点和性格倾向。通常我们指的廓型是整体廓型，可概括为一种造型，但也可以是上下装组合廓型，由多个造型元素组合表现。

2.几何形

当把服装轮廓完全看成是直线和曲线的组合时，任何服装的廓型线都是单个几何体或多个几何体的排列组合，如椭圆形、圆形、长方形、三角形、梯形、球形等，这种分类整体感强，造型分明。强调几何形的服装设计多用于建筑风格、前卫风格、未来主义风格等概念性较强的服装设计中。

3.物象形

自然界美丽的事物不计其数，人们喜欢通过形象的装扮表达自己内心的感受，寄托情感，宣泄一种理想和快乐。如各种仿生设计，钟形、气球形、沙漏形、喇叭形、纺锤形、帐篷形、郁金香形、花瓶形等，这种分类容易记忆，易于辨识。各种动物形和花卉等植物形也经常用到特定的表演性服装中，这些也就是所说的仿生学。

四、成衣设计中的形式美法则

形式美法则，是人们在审美活动中对现实中许多美的形式的概括反映。这些形式美的法则已形成一些规律性的审美特征，但不是一成不变的，而是经历一个从简单到复杂、从低级到高级的发展过程。研究形式美的法则，主要是为了提高美的创造能力，培养对形式变化的敏感度，并从内容出发选择最适当的形式，以加强美和艺术的表现力。

成衣造型设计的形式美法则，主要体现在服装款型构成、色彩配置以及材料的合理选择上，要处理好服装造型美的基本要素之间的相互关系，就要遵循一定的形式美法则并掌握其形式构成规律。

1.对称与均衡

对称与均衡，指在特定空间范围内，形式诸要素之间保持视觉上的平衡关系。服装造型艺术中的平衡，指服装整体外观处于平衡、稳定状态的形象，能给人以舒适、安定的美感。平衡主要表现为两种形式，即对称和均衡。

（1）对称：指物体同形或同量的组合，是造型艺术的最基本的形式，具有绝对平衡。由于人体是左右对称的结构，因此对称的构成形式是服装造型中最常用、最基本的一种形式法则，也是服装造型设计中最简单的平衡形式，具有朴素、工整、秩序、稳定、严肃的视觉特征。对称平衡有单轴对称、多轴对称和反转对称三种。在这些对称式中，单轴对称较呆板、乏味；多轴对称则富有动感与变化；反转对称较新颖别致，具有很强的运动感。

对称式平衡由于各个部分完全相等，因此形态特点倾向于统一，多用于一些比较庄重、严谨、端庄、安定的风格的服装造型。如正统的中山装或左右对称的套装、连衣裙等，一般适宜在会议、办公室等正式场合穿着。由于对称式缺少变化，过于严肃规整，所以带有朴素性和生硬性，会给人过于呆板单调之感。为避免过分刻板拘谨，则可在面料的质地肌理、色彩或装饰上加以适当调节，如选择富有肌理效果的面料，运用不同材质的装饰手法，选择较为轻快明亮的色彩等，均可获得较为理想的效果，有静中含动趋势，富有张力，如图 5-15 所示。

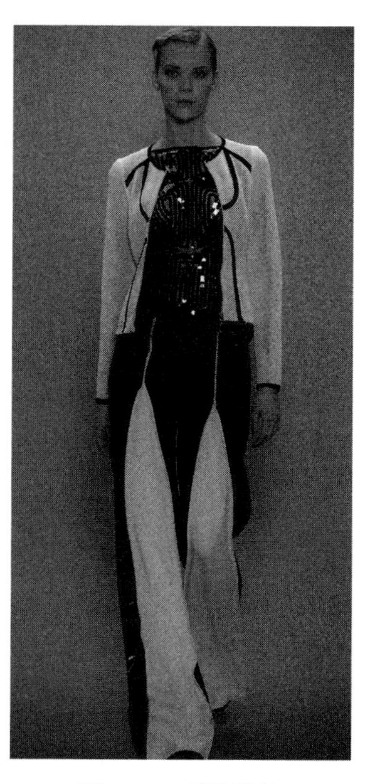

图5-15　对称设计

（2）均衡：均衡是一种非对称平衡，与对称平衡相比它在空间、数量、形状、位置等要素上都没有等量的关系，而是以变换位置、调整空间、改变面积等方式取得心理上、视觉上平衡、稳定的一种构成形式。均衡与人体的对称构造是反其道而行之的，与人体形成互补的视觉效果，但在整体构成与布局上应追求视觉上的平衡，以免在视觉上造成重量偏差悬殊之感，形成不安定、不平衡的效果。

现代人的着装由从众心理转变为求异心理，更加追求个性化，并期望通过服装来体现独特气质及良好的着装品位。现代时装设计追求个性化与时装化及趣味性的特征越来越明显，因此，更侧重于非对称这一活泼而富有变化的设计手法。在服装设计上，均衡是指左右或上下的形状、色彩虽然不同，但从外观上看，似乎有等量的感觉，以不失重心为原则表达出完美的艺术效果。它给人以富有活力、风格多变的效果，体现独特的个性及时尚的现代美感。服装设计师在设计中有意识地追求各种微妙的平衡效果，以使作品具有动中求静的整体美的效果，不少优秀的服装作品都运用了这一设计法则，如图 5-16 所示。

图5-16　均衡设计

图5-17　面积比例设计

2.比例与分割

完美的比例、适当的尺度差是结构美的造型基础。成功的服装设计作品，是利用各种比例分割关系使服装达到和谐的整体美感，使得服装形态优美，穿着舒适合体大方。服装的比例要吻合穿着者的体型，但穿着者不一定都具有标准的体型，为了弥补这些不理想的体型，就必须考虑服装与各部位的比例关系，通过服装的合理分割使着装者体型更加理想化。

（1）比例：任何物体，或整体与局部，或局部与局部之间，都存在着某种数量关系，这种数量关系叫做比例，又称比率，当这种关系处于平衡状态时，就产生美的效果。早在古希腊比例就被确立为美的源泉，亚里士多德亦有"美即比例的和谐"的论述。西方人认为黄金比例分割（1:1.618）是最具有美感的比例。

比例是服装设计的重要因素之一，表现为用来确定服装面的分割比例，局部与局部、局部与整体之间的比例关系。服装造型设计的比例关系，首先体现在服装造型与人体的比例上，如衣长与身高的比例，衣长与肩宽的比例，腰线分割上下身长度的比例，服装的各种围度与人体胖瘦的比例等；其次体现在服饰配件与服装的比例关系，如纽扣、腰带、胸花、贴袋装饰等的面积大小与整体服装大小的对比关系，还体现在服装色彩的配置比例上，各色彩块的面积、位置、排列、组合、对比与调和的比例，服饰配件色彩与服装色彩的比例等，如图 5-17所示。

（2）分割：分割是将一个整体分成几个小面积的个体，即小面积在大面积内的布局关系。分割的对象是同一整体，形式包括垂线分割、横线分割、垂线与水平线交叉分割、斜线分割、斜线交叉分割，分割种类不同、效果不同，所产生的心理反应就会不同。分割的对象是一个整体，局部的分割布局要以符合整体为前提，是从整体到局部的设计途径。

在服装设计中，分割常用于确定内侧分割线的位置及长短，设计者首先在服装的外轮廓范围内对服装造型的整体结构做布局安排，将整体的服装分为上装与下装、左片与右片等，然后对内部具有功能性或装饰性的元素，如省道、褶裥、各种分割线等，进行空间的布局。分割后增加的各种形状的线条，无论作为功能性还是装饰性都可使款式变得既实用又美观活泼大方，这些都是运用不同线条在服装表面上进行各种分割处理的方法，图 5-18 所示为运用拉链进行款式的分割。

图5-18　分割设计

3.**对比与调和**

对比与调和是变化统一最直接的体现，对比是各组成部分的区别，调和是这些有变化的各部分经过有机的组织，使其从整体上得到多样统一的效果。对比与调和反映了矛盾的两种状态，对比是在整体设计元素间趋向于不同，调和是在整体设计元素间趋向于相同。运用好统一与变化这一微妙的辩证关系，将其在服装设计中恰到好处地体现是十分重要的。

（1）对比：指形状、色彩、材质相异的各种因素组合在一起，给人差异性与多样性，是造型各要素之间的特质被强调出来的一种视觉现象。对比在视觉上形成张力，使造型主次分明，重点突出，形象生动。但是过分的对比，会产生刺眼、杂乱等感受，必须通过形式的某种一致性来达到画面的稳定平衡。对比受到统一的制约，建立在统一基础上的对比是现代艺术的重要审美特征。

在成衣设计中，对比可突出服装的特点，可表现服装款式与人体之间的关系、面料与人体的关系、服装整体造型与服装内部结构的关系，恰当的对比可突出服装的整体美。在成衣设计中，对比的形式有三种：款式的对比、材质的对比和色彩的对比。款式上的对比有大小、长短、方圆、方向、多少、曲直、虚实等的对比来加强视觉效果；材质上的对比有软硬、轻重、薄厚等带来丰富的肌理效果；色彩的对比有明度、色相、纯度、冷暖等的对比。通过各种对比关系使成衣在观者心理上产生动静、快慢、开放或内敛等方面的深刻印象，图 5-19 所示为款式长短的对比设计。

（2）调和：指将形与形之间差异面的对比降到最低限度，使两种以上的要素相互具有共性，形成视觉上的统一效果，给人一种整齐感、协调感。调和在视觉上会造成一种秩序感，从而带来一定的和谐与悦目，但过于一致也会令人产生乏味和单调之感。因此，在设计中应配合对比的规则灵活地应用使服装产生美感，达到愉悦动人的目的。

调和使构成服装的各要素，如造型、材质、色彩等及它们之间的对比因素相互接近或有节奏地逐步过渡，给人以协调、舒适、柔和之感。调和有两种形式，一种是相关因素外在形式的雷同，如造型呼应、色彩呼应、材质呼应等；另一种是设计元素内在情感、风格的一致。色彩中可采用过渡色中和的方法，如黑白对比，在两者之间添加灰色或其他过渡色，可使服装呈现更和谐、更含蓄的整体美。调和是从变化中求统一，很巧妙地构成要素间的和谐，能满足人们心理潜在的对秩序的追求，图 5-20 所示为面料与色彩的调和设计。

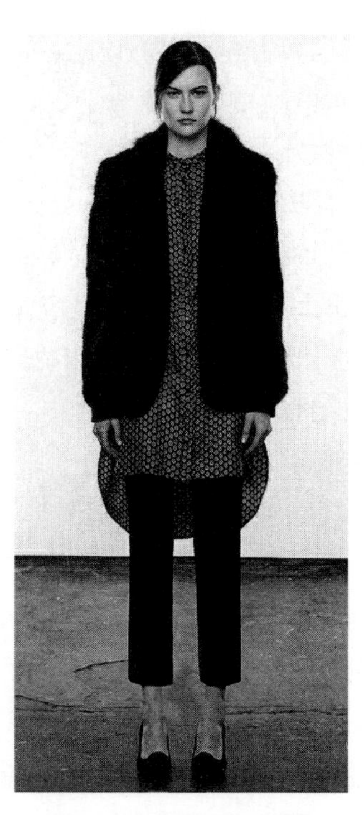

图5-19　长短对比设计

4.节奏与韵律

节奏和韵律本是音乐术语，指音乐的音色、节拍的长短、节奏的快慢按一定的规律出现，产生不同的韵味与律动。在构成中为同一形象在一定格律中的重复出现产生的运动感。节奏必须是有规律的重复、连续，节奏容易单调，经过有律动的变化就产生了韵律。在构成中韵律常常伴随节奏同时出现，通过有规则的重复变化，增加作品的美感和诱惑力。

（1）节奏：指某一形或色在空间中有规律地反复出现，引导人的视线有序的运动而产生的动感。通常表现为对比双方的交替形式，如明暗、强弱、粗细、软硬、冷暖、方圆、大小、疏密等对比因素，其搭配与反复出现的频率与对比关系就构成了画面的节奏感。节奏包括反复、交替、渐变等，最单纯的节奏是反复。

图5-20　面料与色彩调和设计

在成衣设计中，节奏关系主要表现在对造型要素点、线、面、体的形与色有一定的间隔、方向，并张弛有度地按规律排列，使视觉在连续反复的运动过程中感受一种宛如音乐般美妙的节奏。在成衣设计中能体现节奏效果的形态很多，如点的大小、强弱、聚散、分布面积变化，线的粗细、曲折缓急变化，面的疏密、大小、布局变化，以及色彩元素的规律性变化等。图 5-21 所示为裙摆应用反复节奏的设计。

（2）韵律：指造型要素有规则的排列，人的视线在随造型要素移动的过程中所感觉到的要素的动感和变化就产生了韵律感。韵律是有变化的节奏，采用点、线、面及色彩通过节奏原理产生渐变变化，将这些条件进行强与弱的反复变化便能产生韵律的美感。

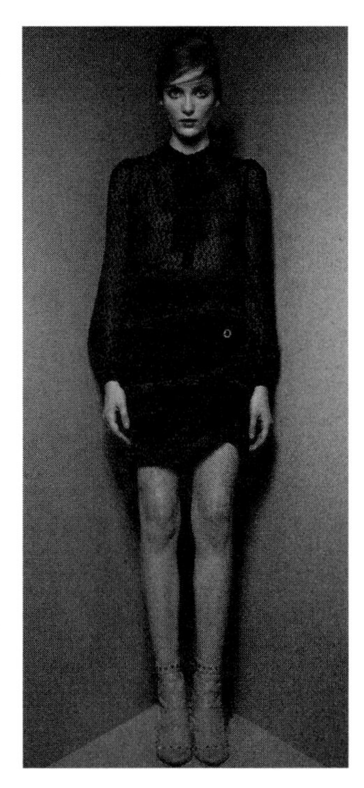

图5-21 反复节奏设计

在成衣设计中运用的韵律概念，主要是指服装的各种线形、图案纹样、色彩、立体层次等有规律、有组织的节奏变化。韵律在服装中的应用按形式特点分类，主要有重复韵律、交错韵律、渐变韵律、旋转韵律、流线韵律、层次韵律、放射韵律、过渡韵律等。服装中纽扣排列、波型折边、烫褶、刺绣花边等造型技巧的重复，都会表现出重复韵律，重复的单元元素越多，韵律感越强。流线韵律主要表现在服装造型、材料所构成的悬垂性上，能够很好地塑造女性优美的曲线。在设计过程中要结合服装风格，巧妙应用韵律形式以取得独特的美感。图 5-22 所示为衣摆放射韵律的设计。

5.强调与视错

图形在客观因素干扰下或者人的心理因素支配下会使观察者产生与客观事实不相符的错误感觉。运用得恰如其分，可以扬长避短，掩饰设计中的缺点，突出设计中的优点，同时还可以有意识地掩盖人体某些部位的缺陷。

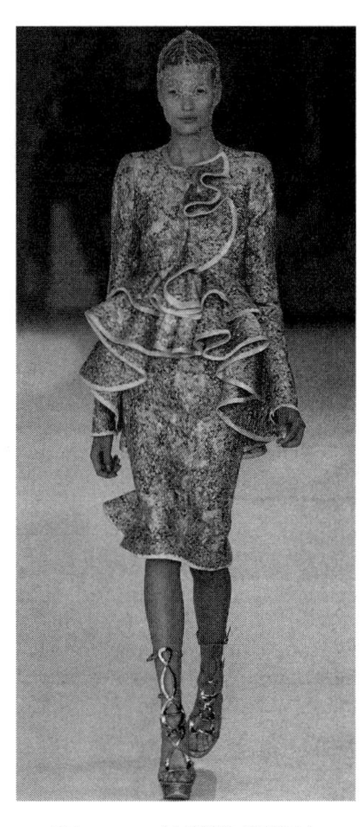

图5-22 放射韵律设计

（1）强调：指设计师有意识的使用某种设计手法来加强某部位的视觉效果和风格效果。强调能够突出重点，使设计更具吸引力和艺术感染力。被强调的部分经常是设计的视觉中心，一般强调的单位设计元素不能超过一个，才能形成焦点，其他的设计必须是从属或是起衬托的作用。图 5-23 所示为强调肩部的设计。

强调是服装的视觉重点，是为了加强表现服装的主题或重点地突出服装中某一设计元素，以引起视觉上的关注，起到强化的作用。在成衣设计中，强调的形式有强调主题，强调工艺手段，强调色彩的量感，强调面料材质，强调服饰搭配等，强调其中任何一个方面，都会使服装呈现出比较明显的风格特征。如在款式设计、面料、色彩等较为平淡的情况下，项链、帽子、腰带、包等配件可在服装中起到关键的设计作用，有意识地强调它们的造型、色彩或材料要素，成为服装的视觉关注点，可起到突出主题的作用。

（2）视错：由于光的折射及物体的反射关系或由于人的视角不同、距离方向不同以及人的视觉器官感受能力的差异等原因会造成视觉上的错误判断，这种现象称为视错。常见的视错包括尺度视错、形状视错、反转视错、色彩视错等。

视错对造型设计有极大的作用。在服装设计中正是利用视错的规律，来调整服装的造型和弥补人的体型缺陷，从而达到完美的设计目的。在服装设计造型艺术中，通过线条的横竖、粗细、长短、曲直，以及面的大小对比、色彩的明暗处理、不同面料的拼接等工艺处理产生视错，纠正人体缺陷、改变原有视觉感受，达到修饰美化人体的效果。不仅可以弥补或调整形体缺陷，突出人体优点，还可以让我们的设计充满情趣，富有创意。例如使用悬垂感和飘逸感较强的面料，增加服装中的竖条结构线或图案，将装饰性的元素加在上半身，都可使人体看起来更加修长。视错在服装设计中具有十分重要的作用，利用视错规律进行综合设计，能够充分发挥造型的优势。图 5–24 所示为细长视错的设计。

图5–23　强调肩部设计

图5–24　细长视错设计

第二节　立体造型与面料设计

Relationships between Three-dimensional Form and Fabric Design

面料是服装设计的物质载体，服装设计作品最终得以实现并要取得良好的效果，必须充分发挥面料的性能和特色，使面料特性与服装造型、风格协调统一，相得益彰，才能完成一件完整的作品。不同材料的视感、触感、质感、量感、肌理等性能都为设计师带来灵感，是做好成衣设计的基本前提。面料与服装造型之间协调美感是服装设计中至关重要的环节，面料不仅是服装造型的物质基础，同时也是造型的艺术表现形式，成功的设计无疑是面料特性的完美体现，是设计与面料的完美结合。

一、面料分类与应用

服装面料是体现服装主题风格的材料，从狭义的角度讲，服装是用天然和化纤纺织品为原料制作的。而从广义的角度划分，服装材料不仅仅是由纺织品构成的，它还包括了多种的原料，如皮革、塑料、橡胶、木材、金属、纸制品等多元性的综合材料。由于不同的纤维原料、纱线结构、加工工艺等导致面料在观感和触感上形成丰富多彩的变化，大致可以分为以下几种类型。

1. 光泽型面料

织物的光泽感是指观者对面料表面的反射光所产生的一种感官效应。光泽型面料表面光滑并有反射光线的作用，具有强烈的视觉刺激效果，赋予面料闪动的外观与华丽的质感。织物闪光有金银丝光、荧光、缎纹光、漆皮光等，构成面料的纤维、纱线结构、后整理等因素都会对光泽度有直接的影响。

光泽型面料具有光泽闪耀、高贵华丽的视觉效果，如丝绸、锦缎、塔夫绸、闪光缎、金银丝面料、漆皮面料等都有一种特殊的光泽和细腻的质地，光泽的韵律动感会产生华美耀眼的视觉效果，散发着高贵气质，用它们做成的服装服帖、垂感强，适合体现具有优美曲线的服装造型，如优雅型和浪漫型的套装、礼服。另外，具有高科技含量的光感皮革面料、涤纶闪光织物，其反光点极强，有很强的视觉冲击力和时尚表现力，适合表现具有前卫、未来的设计风格。在服装总体造型上应以适体、简洁、修长为宜。设计上常采用褶裥来增强面料闪光部分和阴影部分间的对比度，流畅之中展现自然随意的光影效果，以散发材料的光彩魅力，如图 5-25 所示。

2.无光泽型面料

无光泽型面料一般表面不平整，光线反射紊乱，并且选择本身不带光泽的纱

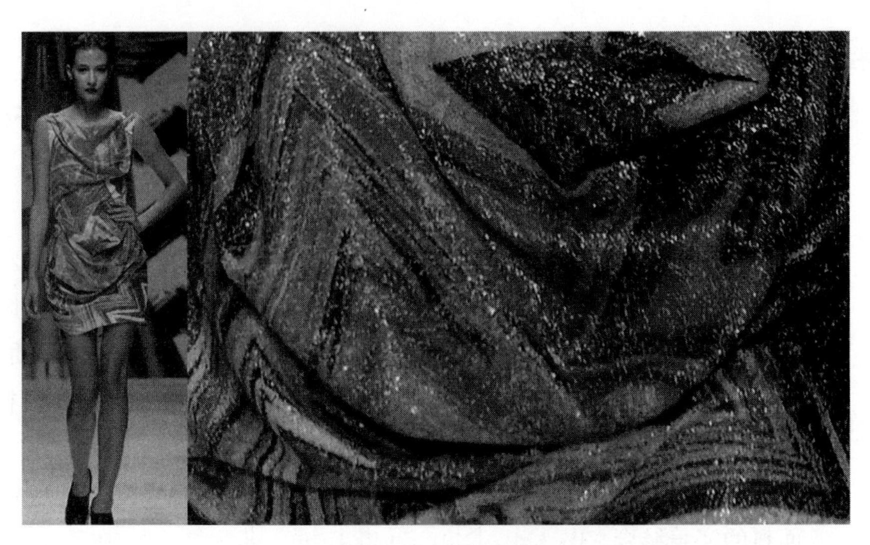

图5-25　光泽型面料

线，因此就形成表面无光泽的效果，在视觉上给人以温暖感和质朴感。如纯棉织物、较粗的麻织物和毛织物，都具有吸光的特点，因此具有不反射光的质感。超细纤维、高支纱等有助于提高织物的细腻程度，而条干不均匀的粗棉纱线、麻纱线、疙瘩型花式纱线等都会使织物产生不同程度的粗犷感与无光泽感。

无光泽型面料具有低调、自然的视觉感受，在成衣界中广泛应用。无光泽且质地轻薄、细腻、柔软的面料，如各种棉织品，能充分表现朦胧、朴素、返璞归真的设计风格；无光泽且质地蓬松、粗糙的麻质面料，可表现出朦胧、深邃、原始的设计风格；无光泽且质地厚实、粗糙、有立体和浮雕感的毛呢、粗花呢面料，更能充分表现厚重、经典优雅的设计风格，如图 5-26 所示。

图5-26　无光泽型面料

3.硬挺型面料

面料的硬挺度指其抵抗外力弯曲方向形状变化的能力，面料的抗弯刚度取决于面料的纤维与纱线的抗弯性能及结构，并随面料密度、厚度的增加而显著增加。

这类面料质地挺括，造型线条清晰而有空间感和体量感，能形成丰满的服装轮廓，穿着时不紧贴身体，给人精致、庄重、稳定的印象。它包括具有一定厚度的毛料、麻料、各种中厚型的化纤织物和皮革等，丝绸中的锦缎和塔夫绸也有一定的硬挺度。硬挺型面料适用于营造简洁丰盈、外轮廓鲜明合体的服装造型，以突出服装板型的稳定性和扩张性，如西装、西裤、连衣裙、夹克等。欧洲传统式的晚礼服就常以塔夫绸、生丝绢和云纹绸等硬挺型面料制作，从而获得丰盈的形象塑造和美感，如图 5-27 所示。

图5-27　硬挺型面料

4.柔软型面料

柔软型面料具有柔软感、质地轻薄、悬垂感好，造型线条光滑具有流畅感和自然感，纤维越细、纱线越细、摩擦系数越小、组织密度越小，其织物抗弯曲刚度越小，手感越柔软。针织物由于线圈结构的特点，其柔软性优于机织物。

柔软型面料适用于适体造型和软造型，服装轮廓自然舒展，能柔顺地显现穿着者的身体曲线。它包括轻软的丝绸、棉织物、针织物以及软薄的麻纱面料等。这类面料适合于流畅、轻快、活泼线条的服装造型，常采用皱褶与围裹的手法，表现一种流畅与随意的自然美感。其中，针织服装设计时可以省略一些分割线和省道，常采用直线简练造型体现人体优美曲线，使衣、裙、裤自然贴体下垂，形成蓬松柔软的造型线。丝绸、麻纱等面料则多采用松散型和有褶裥效果的造型，表现面料线条的流动感，如图 5-28 所示。

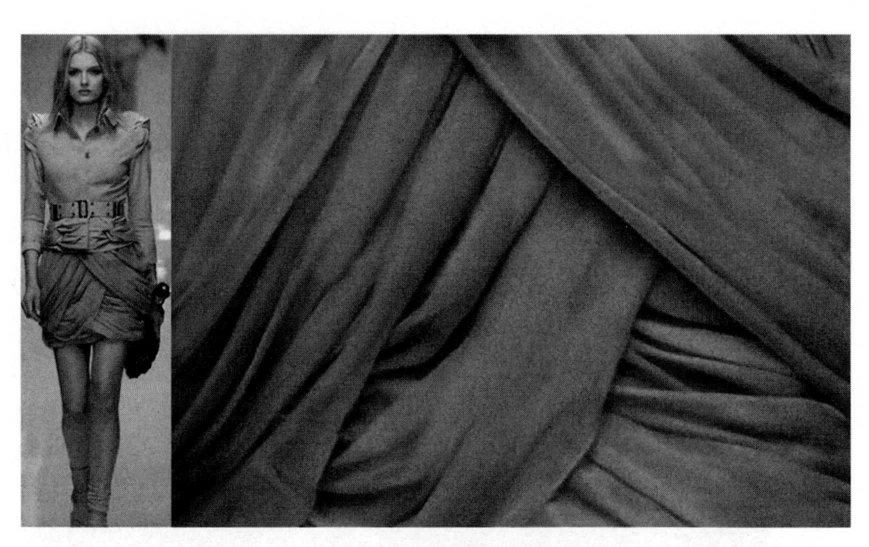

图5-28　柔软型面料

5. 厚重型面料

面料的厚实感是服装选料中最为直接和重要的感官因素之一，它对服装的季节定位起决定性作用。厚度是影响服装保暖性的重要指标，对服装的强度也有积极的作用。织物的厚、薄、松、实度主要与其纱线粗细、结构设计及后整理工艺有关。厚重型面料主要包括粗花呢、大衣呢等厚型呢绒以及绗缝织物。

面料的蓬松或紧致不仅影响服装的保暖性而且对皮肤产生完全不同的触感，面料的厚实程度还对服装造型及服装缝制工艺有较大影响。这类面料质地厚实挺括，有一定的体积感和毛茸感，能产生浑厚稳定的造型效果。厚重型面料一般有形体扩张感，不宜采用过多褶裥和堆积，服装造型不宜过于合体贴身和细致精确，以 A 型和 H 型造型最为恰当，如图 5-29 所示。

图5-29　厚重型面料

6.薄透型面料

薄透型面料质地轻薄而通透，可不同程度地展露体型，具有绮丽优雅、朦胧神秘的效果，可以创造出梦幻般的意境。薄而透明的织物包括棉、丝和化纤织物，如乔其纱、镂空花布、蝉翼纱、软纱、棉质巴厘纱、化纤蕾丝等。

具有薄透感的面料适于表现优美、浪漫主题效果的服饰造型，可以创造出梦幻般的意境，以隐约的“透”和适当的“露”，达到朦胧内敛的效果。如运用层叠手法，同色透感材料的层叠，可以创造出不同程度的色彩层次，营造或浓或淡、若有若无的柔和美感；多色透感材料的层叠，可产生多角度、多方位的色彩变化，具有很强的视觉欣赏性。通过布料的重叠，形成悬垂状态的褶裥或碎褶，从而产生曲折变化的美感。薄而透明的面料，可表现出穿着者的实际体态，在设计时，须考虑在服装内加衬衫、衬裙或衬里布等，以体现优雅神秘的穿着效果，如图 5-30 所示。

图5-30　薄透型面料

7.弹力型面料

织物弹性主要指材料的伸缩性，具有弹性的材料不光包括针织材料，还包括弹力棉、氨纶弹力面料等。材料的弹性越好，柔韧性就越大，舒适感也越强，能够最大限度地展现人体曲线。

弹性材料的伸展性与不确定性使其具有很强的时尚表现力及随意的造型外观，制作工艺也较为复杂。弹力型面料一般是由锦纶、莱卡、莫代尔等混纺织成的织物，其特点是有弹力、不易变形，穿着触感舒适，便于人体运动，比较适合制作时装、运动装等。利用弹力型面料制作运动装，既可表现充满活力的动态感，又可体现实用功能，满足运动时人体工程学的要求；利用其制作时装，可以表现出女性身姿的优美曲线，体现时代风貌，如图 5-31 所示。

图5-31　弹力型面料

二、面料的再创造

服装面料的再创造，是指设计师按照自己的审美或设计需要，通过对面料的纤维、结构、表面肌理以及后整理工艺进行再加工和再创造，以把现代艺术的抽象、空间、夸张、变形等艺术概念，融入服装材料之中，从而使材料产生新的构成形式、表面肌理及审美情趣。这种非常规的设计手法打破了传统的思维定式，创造出了新的面料风格，丰富了服装设计的语言，使材料本身具有的潜在视觉美感得以最大限度地发挥。

1.面料的肌理塑造

服装材料的肌理艺术是服装材料审美构成的重要内容之一。材料的肌理是通过触摸感觉给予的不同心理感受，如粗糙与光滑、硬与软等。肌理塑造指将面料原有的平面的基本形态特征进行改变，在外观上给人以崭新的形象。

肌理塑造使面料从平面到立体，从二维到三维，使原本平淡无奇的面料在附着艺术的构成表现后呈现出浓郁的艺术魅力。主要表现手法：将面料通过抓、挤、压、拧、堆等方法成型后再定型完成，使原来平坦服帖的面料经过整理后形成规则或不规则的肌理变化，往往形成意想不到的良好效果，如图5-32所示。日本服装设计大师三宅一生的“一生褶”是这一设计的典型范例。

2.面料的结构变异

服装材料艺术的结构变异再造，对服装设计创新具有重要的引导作用。结构变异指设计师根据设计效果的需要，拆解改变已有面料的完整性，形成新的面料结构形态。使单一的面料呈现出厚与薄、疏与密、凹与凸交织在一起的独特魅力。

对面料结构进行改变，主要可通过剪、撕、磨、镂空、烧花、烂花、抽丝等

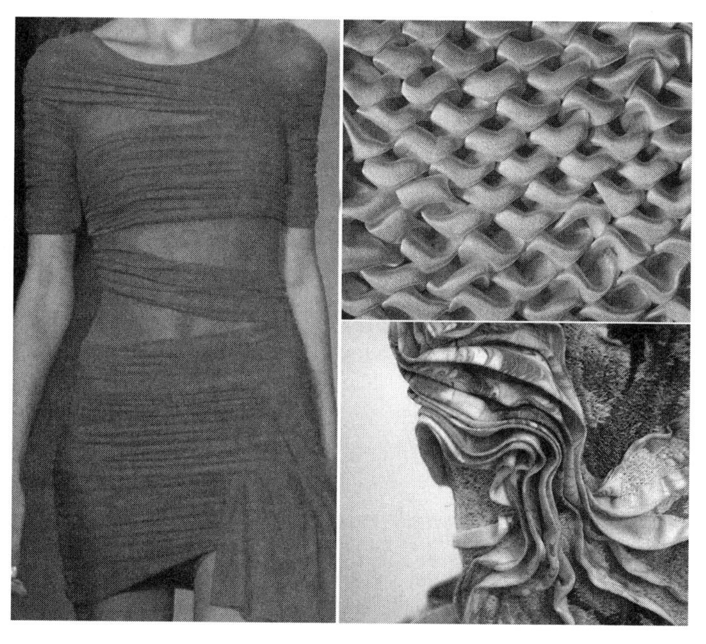

图5-32　面料肌理塑造再造

加工手法，改变原有结构特征，形成错落有致、亦实亦虚的效果，使服装呈现出疏松的空间感以及或规则整齐或凌乱交错的节奏韵律感。变异从表面上看是在减少，但从设计创意角度看，却是在增加，是在增加服装款式的内涵，增添服装的视觉感染力，在拓宽服装形象视觉空间的同时，为服装注入全新的情感内涵，如图 5-33 所示。譬如牛仔裤水洗磨旧、破损效果就是改变了原面料的外观特征。

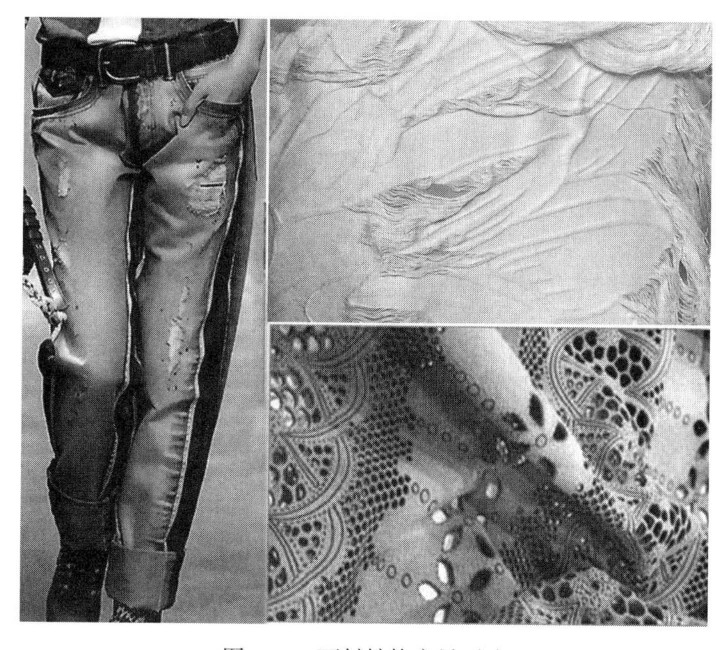

图5-33　面料结构变异再造

3.面料的组合重构

服装面料的组合，指设计师对材料进行有目的的取舍和选择，将多种不同的面料整合在一起，使原面料的视觉效果得以改变。主要是通过拼接的手法将各种面料进行重新设计，以创造一种全新的着装状态或是营造一种特殊的情境效果。

服装材料艺术的组合和重构在服装设计中对艺术表现形态和审美张力具有重要作用，是一种很常用的面料再造表现思路与形式。主要表现手法:将不同材料、不同质感、不同花色的面料组合拼缝在一起，或将单调的面料整合重构，譬如把毛皮与金属、皮革与薄纱、丝绸与蕾丝、硬挺与薄透、针织与机织等各种面料组合在一起，产生新的面料形态，如图 5-34 所示。在视觉上给人以混合和离奇的感觉，用设计表达多种思维，突破传统的审美范畴，产生让人意想不到的美感。

图5-34　面料组合重构再造

4.面料的装饰演变

服装材料的装饰演变，指设计师按照服装设计效果的需要，在单一面料的表面添加相同或不同材料，改变原面料的外观形象，使服装面料的外观视觉感受更加强烈，色彩和材质更加丰富，服装更具有表现力和感染力。其表现手法很多，常见的有缝、贴、绘、绣、粘、挂、吊等各种附加方式。

对服装面料进行装饰演变是丰富服装设计表现形式的重要手段，通常情况下通过在面料上缝钉珠片、刺绣、花边、金属线、丝带等手法，增加面料装饰效果。譬如：在普通牛仔布上应用拼缝、缉线、珠绣、反面正用、深层特殊磨洗等多种装饰处理，给西部味道浓郁的牛仔服赋予全新的面貌，如图 5-35 所示。

图5-35 面料装饰演变再造

总之，面料的再造为服装的发展带来新的生命力，科技的发展更让服装材料和表现手法进入一个全新的领域，研究并掌握服装材料的种类、性能质感，发挥面料本身的视觉美感潜力将成为服装设计的重要趋势。通过材料的再设计，大大增强了面料的丰富感，为服装增加了新的艺术魅力和个性，使服装设计向多元化风格转变。

第三节 立体造型与平面造型

Relationships between Three-dimensional Form and Two-dimensional Form

立体造型与平面造型是服装结构设计的两大形式，两者有机结合，才是达到理想板型的有效途径。因此，要全面了解两种造型法的特点，有效利用各自的优势，更好地为创造崭新的服饰服务。

一、立体造型与平面造型适用性比较

1.服装空间的控制性

对服装空间量的把握与控制是立体造型最有优势的特点之一。由于是属三维空间操作，从始至终处于直接观察状态，所以能够准确把握服装的空间量。如服

装内空间量的把握，立体造型不受面料、款式等因素的限制，可以由视觉观察体型，直接处理体型与服装的构成关系，制作具有不同空间量感的服装款式。再如服装外空间的塑造，立体裁剪从三维空间入手，展示服装造型的不同特征与人体所形成的美感关系。一方面用艺术表现手法显露、夸张人的形体、烘托人体曲线，或超出人体结构的限制，进行无结构的结构设计，或蓄意向外部空间延展，在有限的空间里创造出无限的形态及意想不到的效果。另一方面利用织物的悬垂、挺括、张力等特性创造凹凸变换的立体感，利用多层次的造型加强整体的空间感，均能在立体设计思维过程中得到充分的展现。

平面造型是二维空间操作，因此结构图与穿着效果两者是间接的。靠加部位放松量的大小来控制服装的合体度，长期以来只能是依据经验确定放松量大小，一旦面料厚度、面料物理特性等条件发生变化，将很难控制服装空间与效果。

2.服装结构的平衡性

服装结构的平衡性是指服装符合人体曲面，其外观处于丝缕平衡、受力平衡、松量平衡的稳定状态。

（1）丝缕平衡：指衣片纵横丝缕互相垂直，是服装最终效果好与坏的必要条件，也是构成服装样板型的关键。依靠丝缕的平衡控制结构的平衡是立体造型的灵魂，利用面料纵横丝缕对合人体模型上的纵横基准线，相当于布料中的两把“平面尺”与人体模型上的两把“立体尺”相对合时产生的余缺处理构成服装的基本结构，这种理念与方法指导下生产出的服装在穿用中才能保持挺括与不变形。

（2）受力平衡：指服装部位与整体受力均匀、平服自然、均衡舒适。在成衣生产中，易在领口、肩部、袖子、裆等部位出现牵吊、绷紧、起皱、松弛等现象，或是人体部位发生异变后反作用在服装上造成各种各样的弊病现象。其原因均属于受到不同方向力的作用，破坏了服装的内平衡所至。解决这些问题的最好办法是进行立体试衣，立体观察并分析弊病的症结所在。通过省略余量与放出不足等手法，解决着装时的变形，改变受力不均的问题，使其满足体型的实际需要，达到服装的结构平衡。

（3）松量平衡：指胸、腰、臀部位松量适当，袖肥、袖口、裤口、摆围等细部匀称适体。一般常规款式的松量平衡易于解决，但当款式、造型、面料变化较大时，则松量平衡问题就会突显出来，甚至成为影响服装成功与否的关键。该问题与服装内外空间有较大关联性，解决问题的方法则不言而喻。

平面造型虽然在制图时能够很好地把握丝缕平衡，对于标准体型容易达到松量与受力平衡，但对于特殊体型就不能完全确定了，因为部位的病变很容易使丝缕出现误差，破坏其平衡，影响服装的外观效果。

3.服装面料的整合性

服装材料的整合性是将现代艺术设计概念融入服装材料的挖掘与整合中，改变面料的原始特性，最大限度地发挥材料的材质美以传达服装鲜明的个性和独特的风格。

（1）服装材料变形设计：主要指褶饰、缝饰、编饰等方式。通过立体堆积、抽缩等褶饰与缝饰设计，使布料表面形成各种凹凸起伏、柔软细腻、生动活泼的褶皱效果，制作的服装更具有凹凸感、体积感、光泽感、生动感、韵律感和美感；编饰设计因采用编结的形式不同，在服装表面形成疏密、宽窄、凹凸、连续、规则与不规则等纹理变化。

（2）服装材料添加设计：主要指缀饰、填充等方式。缀饰是在现有面料的表面，通过缝、绣、贴、嵌、粘、热压、悬挂等方法，改变面料原有的外观状态。由于缀饰物的种类、大小、形状、质感、光感等均有不同，使服装变得丰富多彩。填充是表现夸张的体感服装常用的手段之一，指在面料和里料之间添加棉絮、丝绵、羽绒、衬料、泡沫塑料等充填物，以使服装表面形成凹凸感。运用添加设计极大地加强了服装造型的表现力与感染力。

（3）服装材料削减设计：主要指镂空、做旧、残缺等方式。镂空是一个“破坏”的过程，目的就是通过破坏，使面料或是制作好的服装变得透、露，增加服装的层次和内容；做旧可以通过减色或磨损处理，使其变得柔和自然；残缺是利用残破面料设计服装，或故意剪破、去掉服装的某些部位，使服装具有生活的体验和灵性。运用削减设计体现的是一种简洁朴素、雅致大方的含蓄美。

（4）服装材料组合设计：主要指相同（或不同）材料、同色（或异色）材料的组合搭配。相同材料的组合，力求形态、纹理、构成状态等的变化和形成对比；不同材料组合，力求质地、薄厚、粗细、色彩、风格等方面的搭配与统一；同色异料组合力求构成统一而变化的视觉效果；异色异料组合应该注意缩小相互间的差异，在无序中寻找秩序，在差别中寻找联系。总之，均离不开立体解构与造型把握，平面造型对于面料重组与整合及再造有着较大的局限性。

4.服装造型的均质性

服装造型的均质性指同一人不同时间或不同人同时操作同一款式所能够达到的形态与质量的均衡程度。对于不同的人进行同一款服装的立体造型，由于每个人审美观念的不同、对服装的理解与把握的不同、操作手法也不尽相同，导致造型结果的不同。即便是同一个人不同时间制作同一款式，也会因抚推面料施力不同、松量大小的误差及人体双曲面部位立体上难以操作等因素，所取得的布样亦会产生一定差异，在形态与质量均存在不稳定性，这是立体造型的弱点之一。而平面造型一旦服装规格与裁剪方式确定，对同一个人或不同人裁剪同一款服装，除个别结构线条会有些差异外，这种尺寸上的不同一般很少产生，即稳定性好，准确性强。

5.服装板型的质优性

服装板型的质优性指用于服装工业生产的样板型质量与优化。人体是一个特定的立体，服装依赖于人体，进而也必然是一种立体的表现。立体裁剪能够准确把握人体体型特征，全面研究人体结构与服装比例关系，并在考虑服装的功能性、舒适性和面料质地等因素的基础上塑造形状，根据人体模型或人体上直接获取样衣，不仅更好地表达立体“型”的概念，而且对人体细部进行合理“描述”，如省缝线（均为曲线表现）、结构线（设在人体面与面交界的位置）、装饰（形状、大小、比例等），既符合视觉与功能的要求，又与服装整体相协调等，这种方式制作的样板型经过放码，用于服装工业化生产，才能满足当代人们的着装要求，创造出高附加值的服装产品。当今优质样板制作过程均使用立体裁剪方法或强调立体裁剪的技术成分。

二、立体造型与平面造型方法的比较

1.立体造型法

立体造型法是从选择合适的人体模型（或调整补正人体模型）入手，依据人体模型及款式，以布料的经纬纱为参照（立体的尺），通过布料与人体模型两者结构线相对合而产生的余缺处理，与造型技巧的结合构成服装。立体造型主要是靠感悟 + 审美 + 造型技术完成制作过程。

2.平面造型法

平面造型法是从成衣规格设计入手，采用人体主要部位尺寸的比例计算或调整其他部位的尺寸，绘制服装纸样，并依靠展放法、展折法、转移法等多种纸样变换手法构成服装。平面造型主要是靠公式 + 纸样变换 + 经验补充完成制作过程。

两者从开始入手就明显不同，制作过程也不尽相同，但最后达到的目的是相同的，都要获取成衣样板型。它们是从不同的角度实现服装样板型这一目的，并各有所长。

三、立体造型与平面造型的有机结合

平面与立体是服装结构设计体系中两大构成形式，立体造型以其自身的造型规律使两种方法相互融合、互为兼容。

1.理念融合

理念融合体现为所达目标的一致性。无论平面造型还是立体造型，归根到底是为美化人体服务的。其均是以人体为研究对象，按人体体形特征设计服装结构，同时运用形式美法则，将服装设计图（款式图）转化为服装款式的样板型。

2.过程融合

过程融合体现为造型过程的结合性。两种造型技术各有所长，各具应用空间，因此，优势互补、有机结合与有效利用是现代服装发展的必然。依据我国结构设计特点，结合多年的实践经验，提供一种优化裁剪过程的流程图供参考，如图5–36所示。

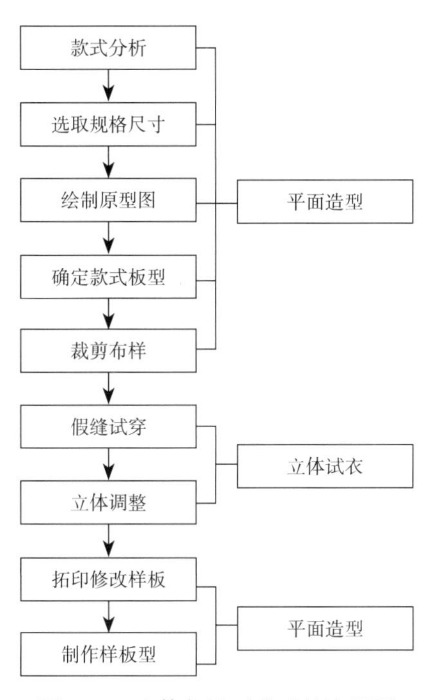

图5–36　立体与平面造型的流程图

3.技术融合

技术融合体现在造型方法的同一性。为了满足人体体型与款式的需要，平面结构设计常常通过对纸样进行剪开放出、剪开折叠等变换技法，解决款式的省道变化与皱褶设计等问题。立体造型仍然应用这一思想，如立体处理胸省变化，哪个部位做省，布料就推向或集中在哪个部位上，实际上与平面胸省转移原理殊途同归。剪开坯布放出不足，或折叠多余的布量也是立体造型常用的余缺调整手法，只是两者的表现形式不同罢了（一个是布样，一个是纸样）。

第四节　立体造型与样板制作

Relationships between Three-dimensional Form and Pattern Making

样板制作是工业生产的核心技术，其质量直接关系并影响服装品牌、成衣品质与企业效益。立体造型获取布样后，将布样转化为工业样板，这个制作过程平面造型扮演着“主角”。

目前，随着计算机辅助 CAD 系统的开发与应用，样板制作（一般指图形的输入、绘制、编辑、专业处理、文件处理及图形输出等）的各环节均在该系统中完成，直接获取服装裁片的样板型，本节仅就样板制作的主要技术与环节加以说明，其他从略。

一、样板检查

1.相关部位结构线长度的吻合

相关部位结构线长度的吻合是处理服装局部或部位结构关系的主要内容，是对缝合位置的尺寸确认。例如：前后衣缝、前后肩缝、前后袖缝、前后袖窿、袖山、底摆曲线顺畅、分割线等，其吻合方法如图 5-37 所示。

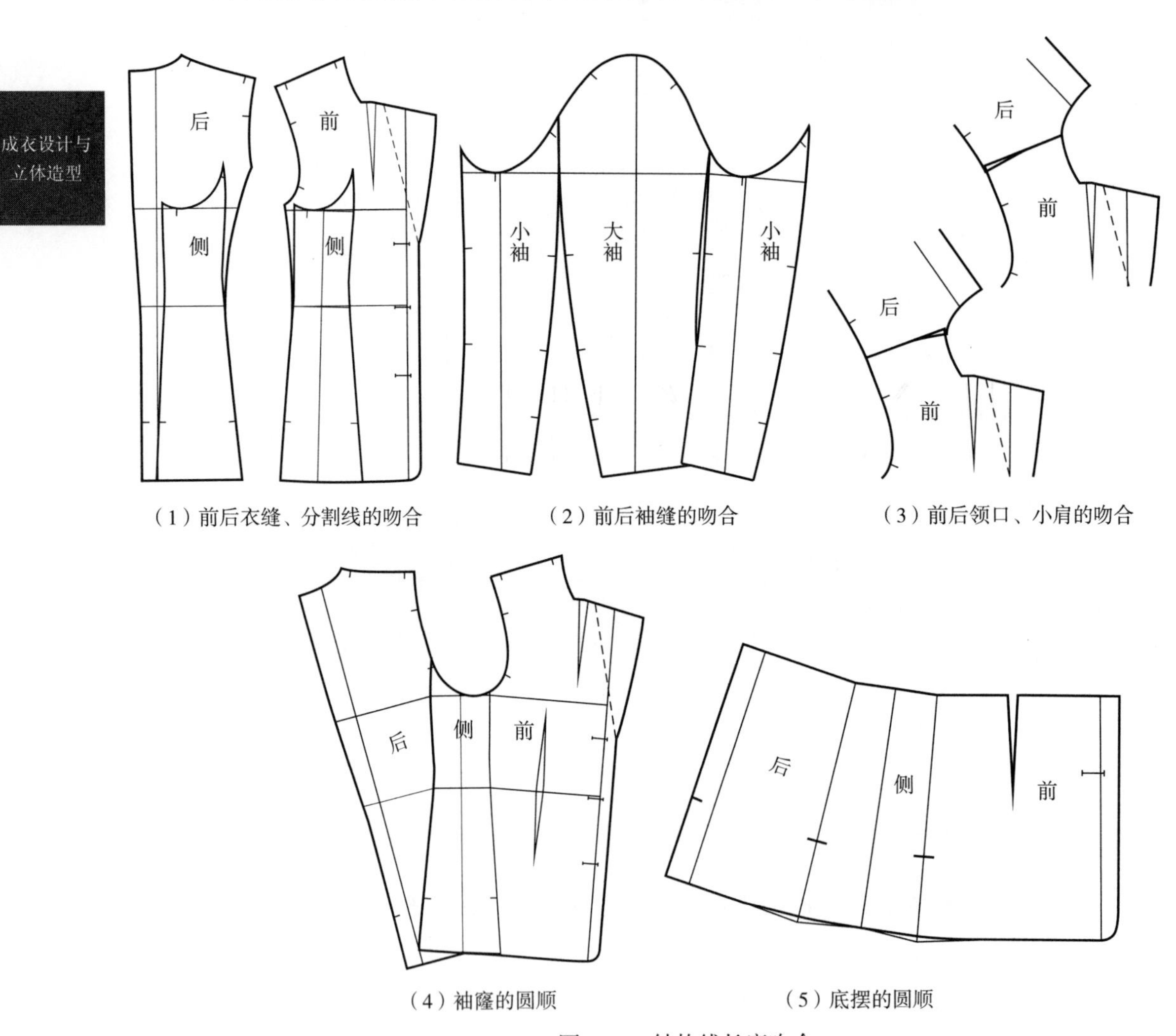

图5-37　结构线长度吻合

2.相关部位结构线形态的吻合

相关部位结构线形态的吻合不仅满足结构线长度的吻合，同时还要满足形状的基本吻合，是处理部件组合整体造型质量的关键，也是对缝合位置的形状确认。例如：领口与衣领、袖窿与袖山、插肩袖袖底线、连肩袖袖底线等相关部位，其吻合方法如图 5-38 所示。

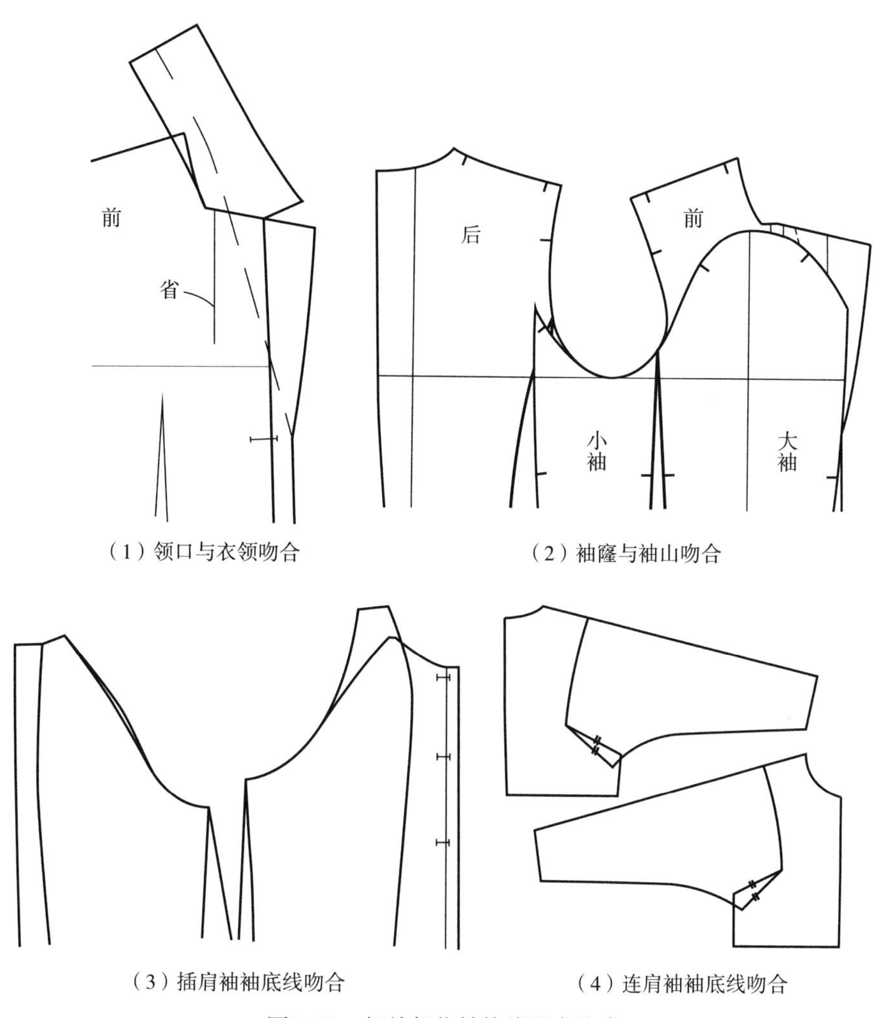

（1）领口与衣领吻合

（2）袖窿与袖山吻合

（3）插肩袖袖底线吻合

（4）连肩袖袖底线吻合

图5-38　相关部位结构线形态吻合

二、样板加放与标记

1.样板的加放

样板加放是指加放缝份与加放缩水率等。

（1）样板放缝：包括多种因素，如部位、缝型、材料、形状等，应全面考虑。下表为常见样板加放缝量参考。

常见样板加放缝量参考表

放缝名称		放缝量与说明
部位	底摆折边	普通布料上衣折边3cm，衬衫折边2.5cm，毛呢类上衣折边4cm，大衣类折边5cm
	袖口折边	加放量与底摆折边相同
	裤口折边	一般加放4cm，翻脚边加放10cm
	裙摆折边	加放3~4cm
缝型	分 缝	加放1cm
	倒 缝	明线倒缝后内层缝份窄于明线宽，外层缝份大于明线宽
	包 缝	包缝（分"暗缉明包"或"明包暗缉"）后片加放0.7~0.8cm，前片加放1.5~1.8cm
裁片形状		一般裁片曲线加放要比直线加放的缝份窄一些，加放0.7~0.8cm，缝份过大会产生牵吊或不平服现象
不同面料		质地疏松、易脱纱，缝份应比一般面料多加一些

（2）加放缩率：面料在缝纫、熨烫过程中会产生收缩现象，制作样板时要充分考虑这些因素，整理板型时要追加缩率。缩率的加放可以用计算方法计算出来，即加放缩率后的样板长（围）度 = 净样板的长（围）度 + 净样板的长（围）度 × 缩水率。

（3）缩率加放实例：仅以女西装为例（图 5-39），说明缩率的计算方法与样板加放方法。设：经向缩水率为 2%，纬向缩水率为 1.5%；女西装的规格衣长为 70cm，规格胸围为 100cm，则，

板型衣长 =70cm+70cm × 2% = 71.44cm

板型胸围 =100cm+100cm × 1.5% = 101.5cm

具体加放实例，如图 5-40 所示。

图5-39　女西装款式图

根据国家标准，成衣规格允许长度误差 ± 1cm，围度误差 ± 1cm，所以板型要符合其标准，做出的成品才能保证尺寸准确合理。制板时对采用的面料或使用新面料时，应进行面料的测试，及时掌握面料特点，以便在样板上进行调节处理，而使成衣达到所需的规格和理想状态。

2.样板的标记

样板由净样板放成毛样板后，为确保原样板的准确性，在放码、裁剪、缝制等工艺过程中保持不走样、不变形需要在毛样板上做出各种标记，以便能准确定位。

（1）定位标记：样板上的定位标记主要有剪口和钻眼两种。剪口用于裁片的

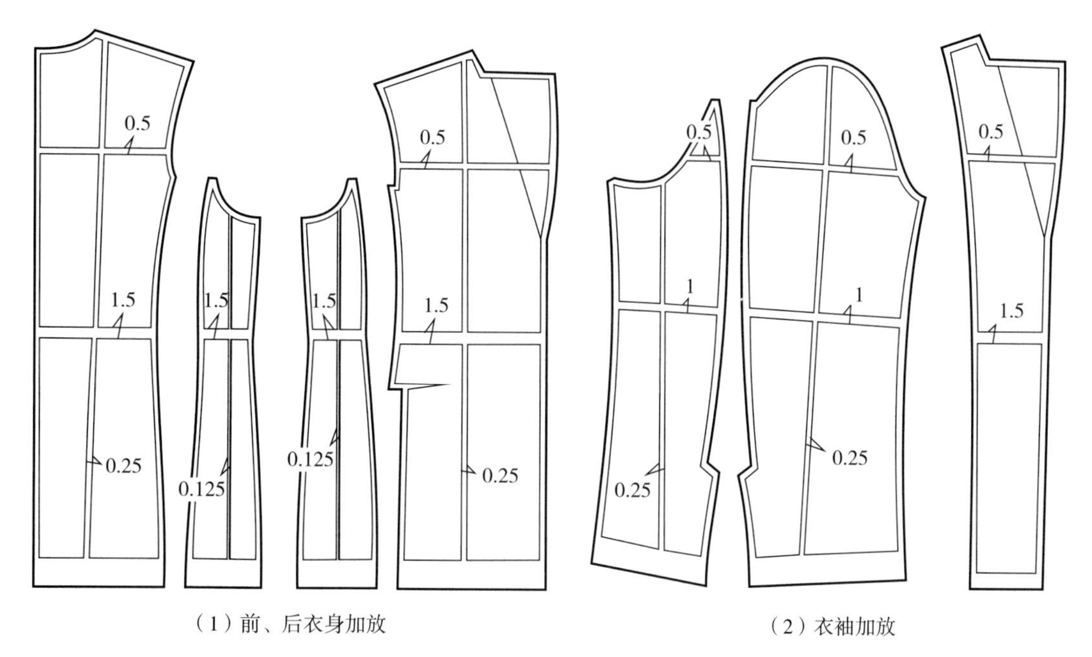

图5-40　女西装样板缩率调整

边缘，深、宽为0.5cm左右；钻眼用于裁片的内部，孔径一般为0.5cm左右。钻眼位要偏进缝合线，使之缝合后孔眼不外露。

①用剪口标明的部位：缝份和折边的宽窄，省位、裥位、开口开衩位，零部件的装配位置，对刀印与对条格等。

②用钻眼标明的部位：省宽与省长，口袋位置等。

所有定位标记对裁剪和缝制都起一定的指导作用，因此必须按照规定的尺寸和位置打准。

（2）文字标注：为了区分样板的型号、种类及便于管理，应有必要的文字标注。

①样板名称与编号：是同一款式的板型不同号型样板的编号。

②样板号型规格：标明号型，以免混淆。

③样板部件名称：标明各部位的具体名称。

④样板数量：注明相关的片数。

⑤样板种类：标明面料样板、里料样板、衬料样板、净片样板、扣烫样板等。为了区分样板的种类，可采用不同颜色来标注，一般黑色标出面料板型，红色标出里料，蓝色标出衬料（辅料）。

⑥样板所属：左、右裁片不对称的产品，要标明左、右片的正反面。

⑦样板纱向：应醒目地标出经纱方向，其长度应与裁片的边缘相交，同时也起到了指示线的作用。

3.样板实例

样板一般可分为裁剪样板和工艺样板。裁剪样板均为毛样板，仍以图5-39

所示女西装款式为例，说明裁剪样板的制作方法，如图 5-41 所示。

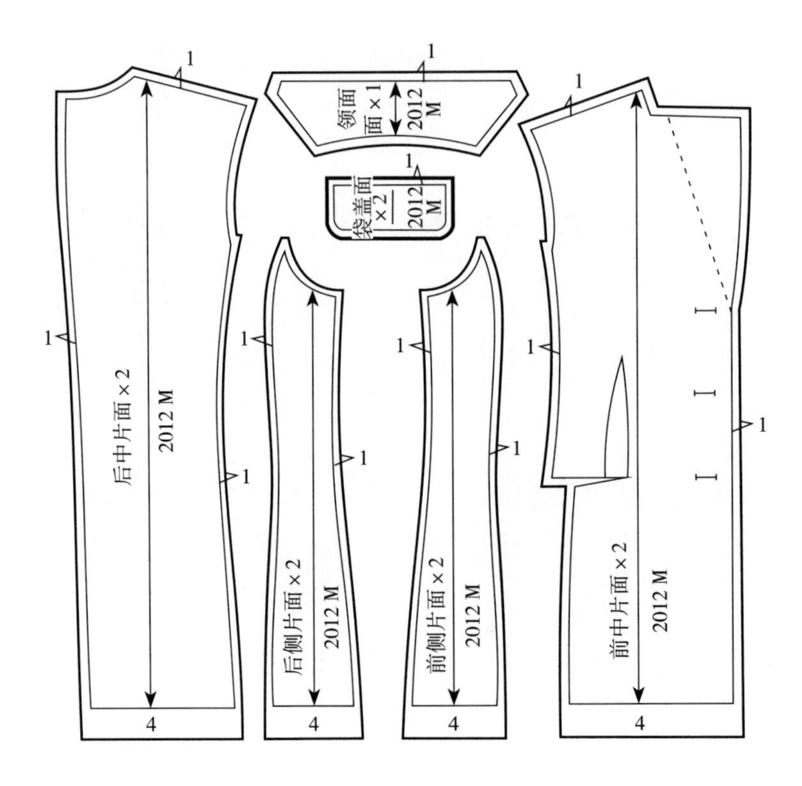

（1）前、后衣身加放与标注

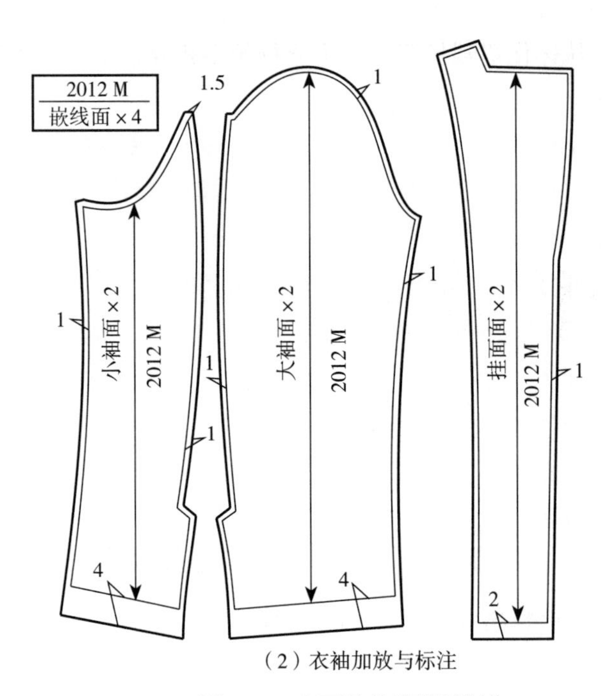

（2）衣袖加放与标注

图5-41　女西装裁剪样板制作

第六章　裙装立体造型

Three - dimensional Form of Skirt

裙子是覆盖女性下半身的服装之一，在女性服装史中是最早的服装品种，我国早期曾称谓“腰衣”。裙装廓型多样，且长度、结构变化丰富，是最能体现女性魅力的服装之一。通过本章的学习，了解各种裙装的基本结构，学习裙款廓型变化及立体造型手法。

第一节　H型裙立体造型

Three-dimensional Form of H-shaped Straight Skirt

一、款式分析

本款是覆盖人体腰、腹、臀及腿等部位的腰节线以下基本裙，也称裙原型。其廓型呈 H 型直筒状，前、后裙身左、右各设两个腰省，使腰至臀部达到合体，裙长变化（从迷你裙到长裙）成为流行的主要要素。其款式简洁大方，适合与合体衣身搭配及各种场合穿着选用，如图 6–1 所示。

二、学习要点

掌握原型裙的基本结构，前、后腰省的形成与立体造型方法；处理好腰腹与腰臀之间的关系。

三、造型方法

1.布料准备

前、后裙布：长 =55cm，宽 =32cm。熨烫整理布纹，使布料的经纬纱向垂平方正，按图标记好前、后裙片的基准线，如图 6–2 所示。

2.披前、后裙布

（1）披前裙布：将布料的前中线与人体模型的前中线对合，臀围线同时水平对准，用大头针固定，如图 6–3（1）所示。

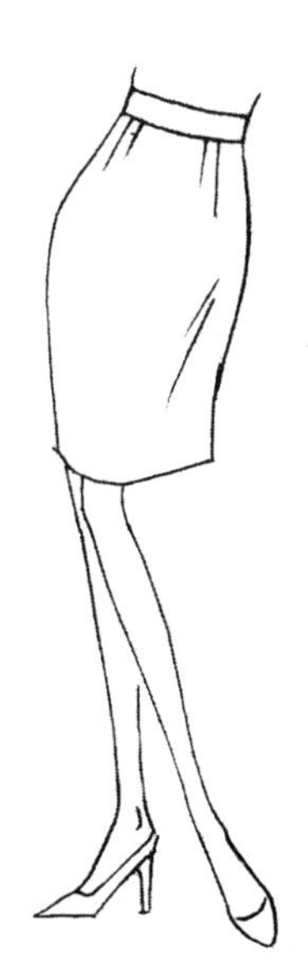

图6–1　原型裙款式图

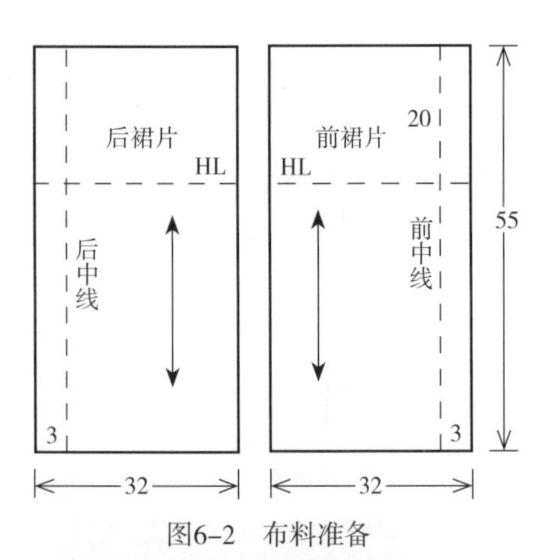

图6-2 布料准备

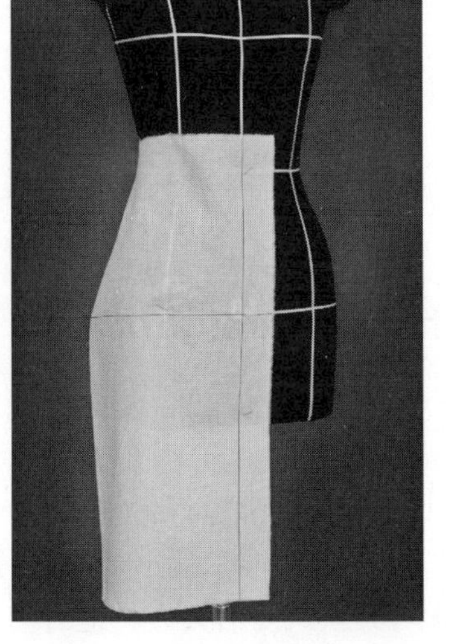
（1）披前裙布

（2）加放松量：在前侧臀中部垂直捏起1cm的松量，在侧缝处固定，如图6-3（2）所示。

（3）披后裙布：将布料的后中线与人体模型的后中线对合，臀围线同时水平对准，用大头针固定。在后侧臀中部垂直捏起1cm的松量，在侧缝处固定，如图6-3（3）所示。

（4）对合侧缝：将前、后裙布抚推到侧面，前、后臀围线对齐固定。参考人体模型的侧缝线对合前、后裙布的臀围、裙摆。腰部的布料要尽量参照经纱方向，使其顺直平服，固定，然后再对合前、后裙片的腰部，如图6-3（4）所示。

3.做省

（1）做前腹省：将腰部余量整理为两个省缝（腹省与腰省），腹省一般设在腰围大的三分之一处，腹省长度依照腰腹部形状而定，长度一般长于腰省，如图6-4（1）所示。

（2）做前腰省：腰省一般设在腰围大的三分之二处，腰省长度依照腰腹部形状而定，长度一般短于腹省，如图6-4（2）所示。

（3）做后臀省与腰省，方法同前腹省与腰省，其长短依照腰臀部形状而定，从略。

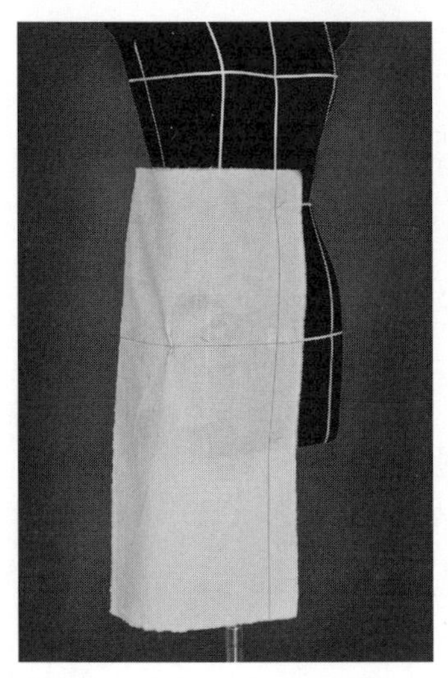
（2）加放松量

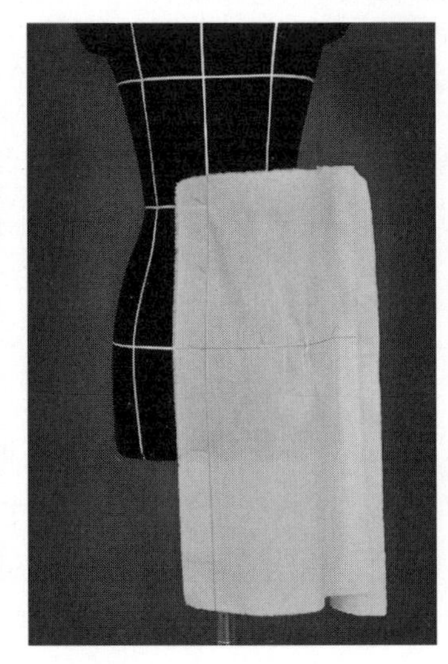
（3）披后裙布

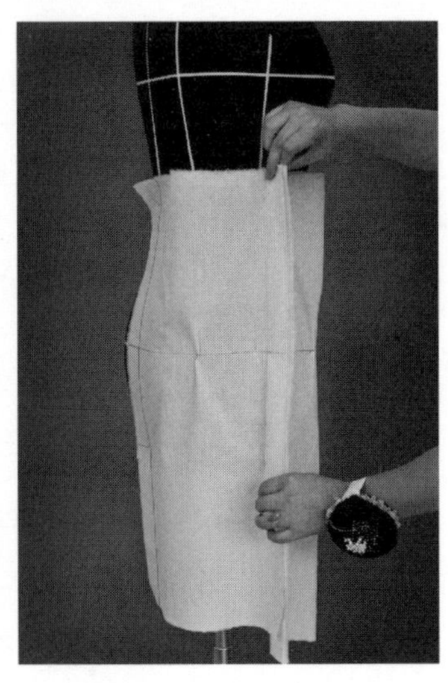
（4）对合侧缝

图6-3 披前、后裙布

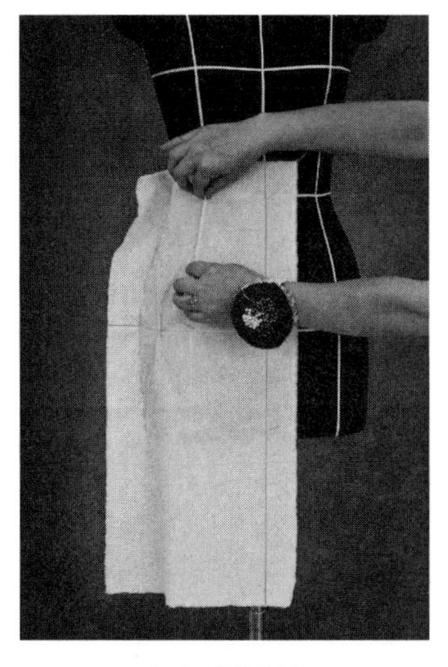

（1）做前腹省

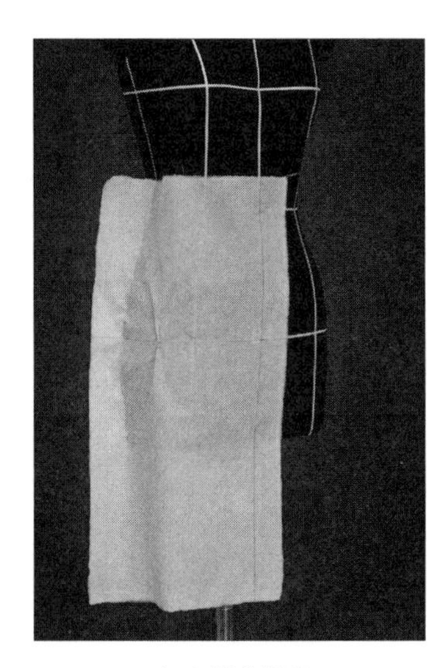

（2）做前腰省

图6-4　做省

4.整体效果与展开

（1）整体效果：扣烫省缝、缝份及折边份，用折叠别法假缝、装腰头，穿于人体模型上。观察其各部位的效果，修改不平服、不适合之处，以达到松紧适当、整体平衡，如图 6-5（1）~（3）所示。

（2）样板结构：将样衣展成平面，标记各线，圆顺侧缝、腰线等曲线，修剪各缝份，做出本款式的样板结构，如图 6-5（4）所示。

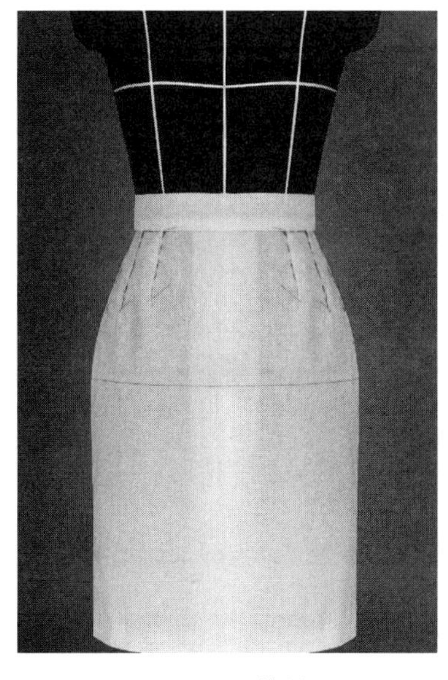

（1）正面效果

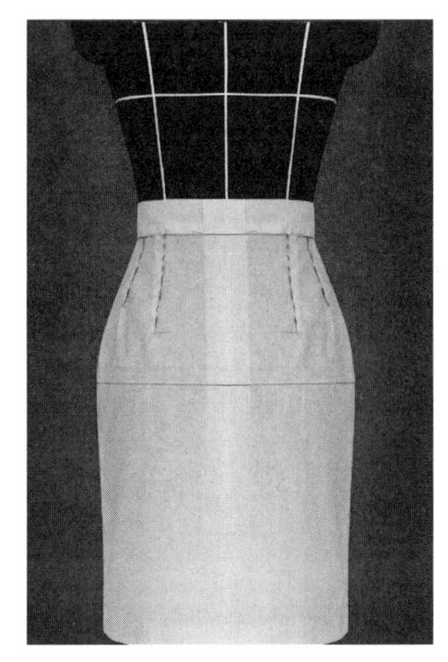

（2）背面效果

图6-5

后裙片

前裙片

（3）侧面效果　　（4）样板结构

图6–5　整体效果与展开

第二节　A型裙立体造型

Three-dimensional Form of A-shaped Circular Skirt

A 型裙呈上小下大的放射状廓型，是裙子中变化最丰富的造型。常见的有 A 字裙、斜裙、波浪裙及变化的育克褶裥裙、纵向分割喇叭裙等。下面分别列举多款 A 型裙立体造型。

例一　A型抽褶裙立体造型

一、款式分析

本款裙子属 A 廓型。款式特点：侧腰腹、侧腰臀设横向分割线，分割线下抽碎褶，在裙身两侧呈自然的波浪褶裙摆，如图 6–6 所示。

图6–6　A型抽褶裙款式图

二、学习要点

学习分割与抽褶结合的设计思路，掌握腰省转移分割线的方法；掌握 A 型廓型裙子的立体造型技术。

三、造型方法

1.布料准备

裙布：长 =60cm，宽 =70cm，长方形布两块。熨烫整理布纹，经纬纱向垂平方正，按图标记好前中线与臀围线，如图 6–7 所示。

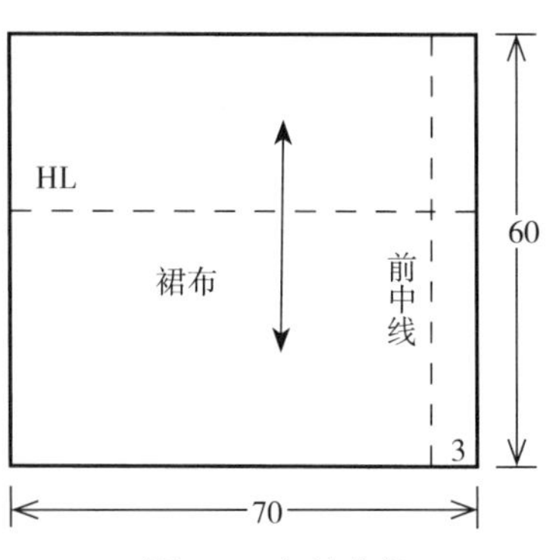

图6–7　布料准备

2.前裙身立体造型

（1）披布：因是 A 型廓型，所以披布时需在腰围线上多预留些布料。再将布料的前中线与人体模型前中线对合，臀围线水平对准，用大头针固定。腰腹部抚平，腰部不平处打剪口，如图 6–8（1）所示。

（2）标记与剪开：在侧面髋骨附近标记横向分割线，使之形成腰部育克，预留缝份剪开至省尖内 1.5~2cm 处，如图 6–8（2）所示。

（3）做碎褶：裙布纬纱与臀围线对齐，依次做侧身小碎褶，注意碎褶量要均匀，如图 6–8（3）所示。

（4）剪余量：碎褶部位、横省位线上留 1cm 缝份，剪掉多余量，如图 6–8（4）所示。

3.后裙身立体造型

（1）标记与剪开：披后裙布，抚平腰臀处的

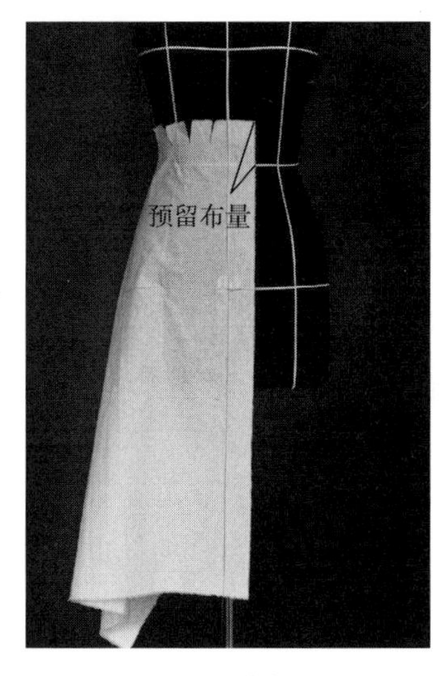

（1）披布

（2）标记与剪开

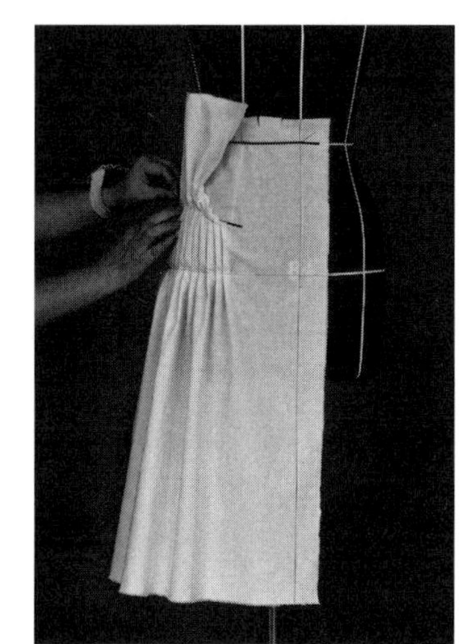

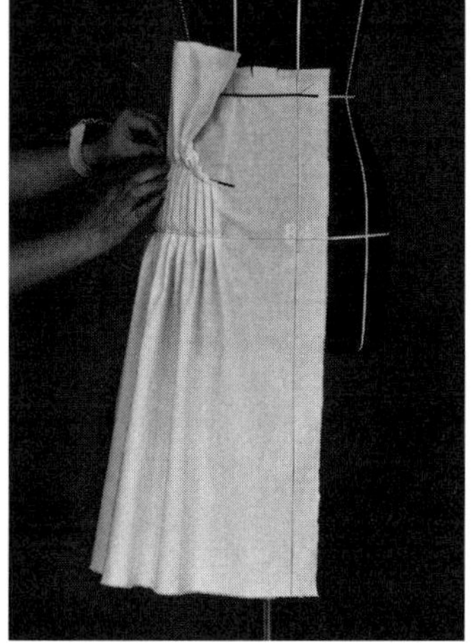

（3）做碎褶

（4）剪余量

图6–8　前裙身立体造型

布料。在侧面髋骨附近标记横向分割线，并沿线剪开，如图 6–9（1）所示。

（2）做碎褶：把剪开的布料做小碎褶，按分割线剪掉余料，如图 6–9（2）所示。

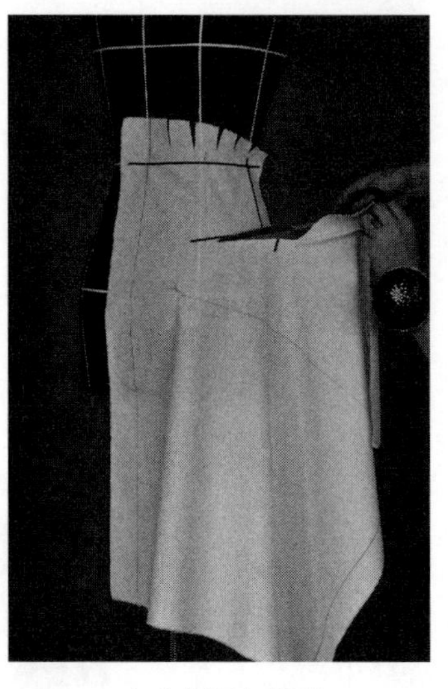

（1）标记与剪开　　（2）做碎褶

图6–9　后裙身立体造型

4.整体效果与展开

（1）假缝试穿：扣烫缝份、折边份，抽好碎褶并别合，用折叠别法假缝，然后穿于人体模型上，观察各部位效果，修改不适应、不平服处，以达到松紧适当、整体平衡，如图 6–10（1）~（3）所示。

（2）样板结构：将试样后的裙身再次展成平面并熨平，按修正点线画结构线，如图 6–10（4）所示。

（1）正面效果

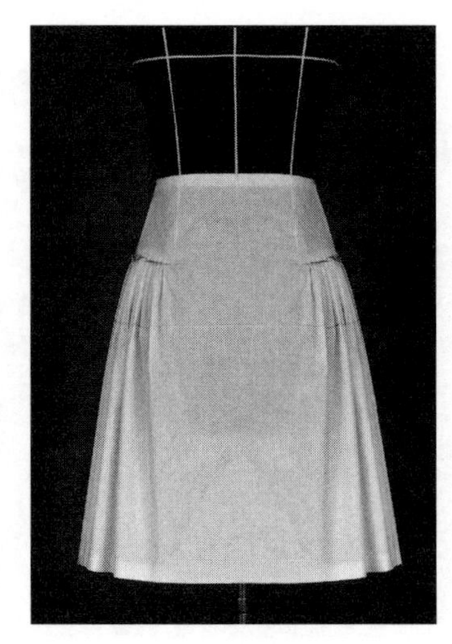

（2）背面效果

（3）侧面效果

图6–10

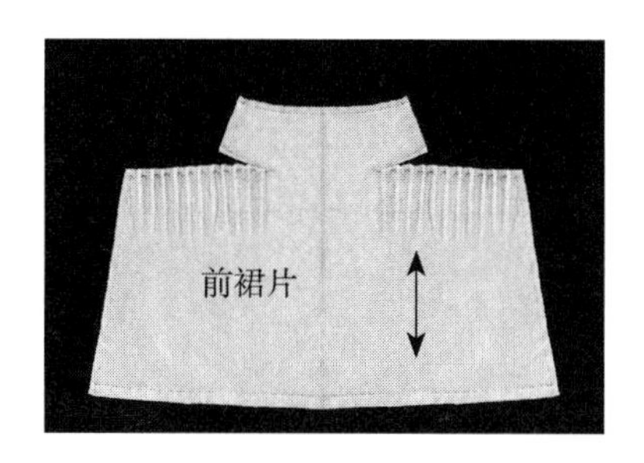

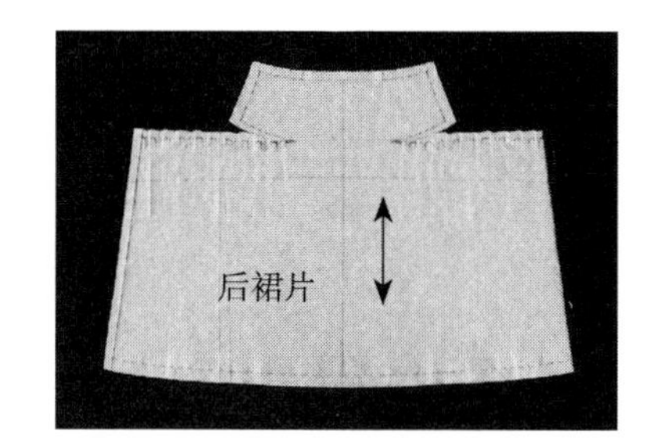

（4）样板结构

图6-10　整体效果与展开

例二　波浪裙立体造型

一、款式分析

本款为圆下摆波浪裙（俗称太阳裙），是典型的呈放射状的 A 型廓型裙。裙身无腰省，且由多个波浪褶组成，与紧身衣搭配，显示出飘逸、浪漫、妩媚的风格，适合于礼服、连衣裙、大衣等款式选用，如图 6-11 所示。

图6-11　波浪裙款式图

二、学习要点

掌握波浪褶形成结构原理；掌握波浪褶形成过程“一针一浪一剪”的技巧，圆下摆的确定方法。

三、造型方法

1.**布料准备**

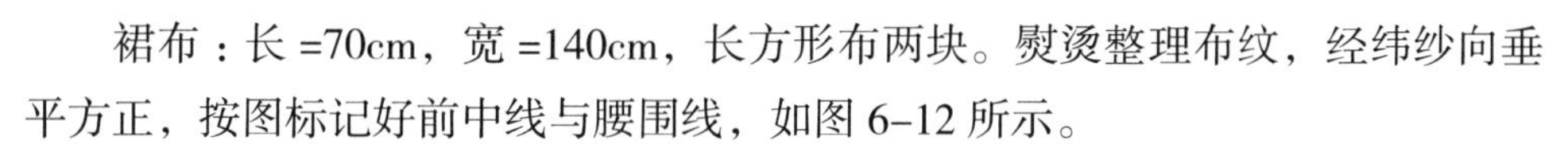

裙布：长 =70cm，宽 =140cm，长方形布两块。熨烫整理布纹，经纬纱向垂平方正，按图标记好前中线与腰围线，如图 6-12 所示。

2.**做右身裙波浪褶**

（1）披布：将布料的前中线与人体模型的前中线对齐，腰围线水平对准，固定。因下摆加大的需要，故披布时布料高出腰围线 10cm 左右，如图 6-13 所示。

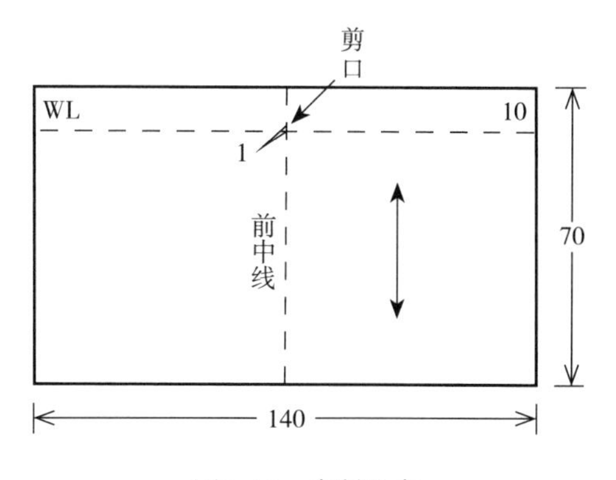

图6-12　布料准备

（2）做第一个波浪褶：距前中线 1~2cm 的右侧位置用大头针固定（即在形成波浪处固定一根大头针），右侧腰部布料向下移动，形成第一个波浪褶即为一浪，移动越大，波浪褶也越大，所以要把握好移动的距离。然后，腰线上1cm处打横向剪口即为一剪，如图6–13（2）所示。

（3）做第二个波浪褶：波浪间距为2~4cm位置用大头针固定，右侧腰部的布料继续向下移动，形成第二个波浪褶，沿腰线上1cm继续打横向剪口，如图6–13（3）所示。

（4）做第三个波浪褶：用相同的方法依次做第三个波浪褶。一般要求波浪褶的大小、高低均匀，如图6–13（4）所示。

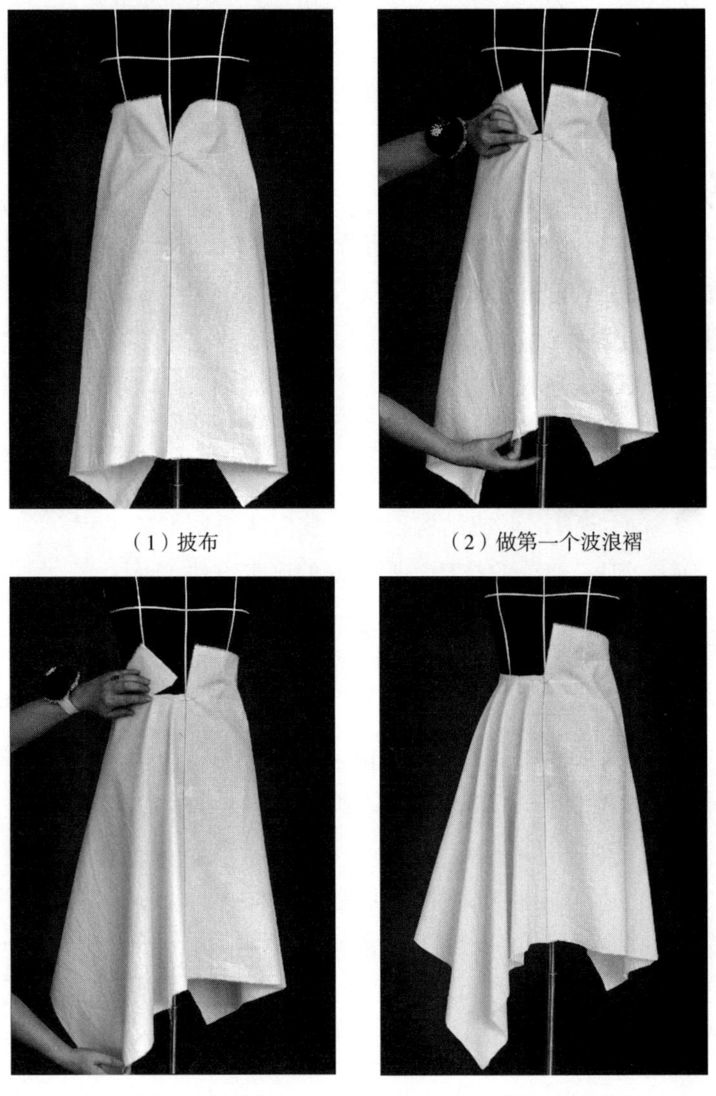

（1）披布　（2）做第一个波浪褶

（3）做第二个波浪褶　（4）做第三个波浪褶

图6–13　做右身波浪褶

3.做左身裙波浪褶

（1）披布与做波浪褶：用相同方法依次做左身裙的波浪褶，要求波浪大小均匀、左右对称，如图 6–14（1）所示。

（2）标记与剪开：标记腰线、下摆底边线，两者均与地面平行，标记时可以借助直尺，按与地面相等的长度围量裙摆一周，且做好每点的标记，粗剪裙下摆，如图 6–14（2）所示。

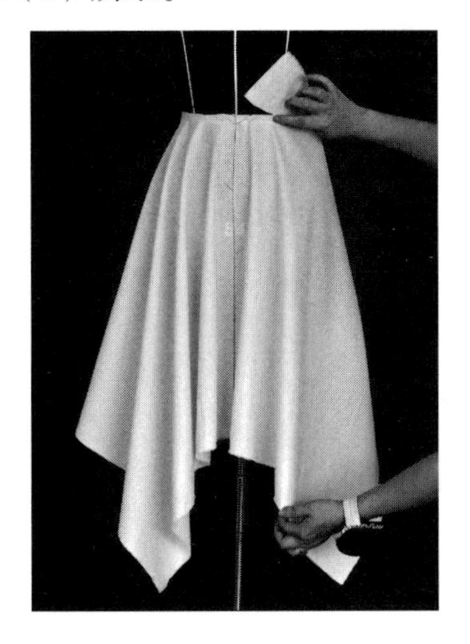

（1）披布与做波浪褶　　（2）标记与剪开

图6–14　做左身波浪褶

4.整体效果与展开

（1）整体效果：后裙片的制作方法同前裙片，从略。扣烫缝份与折边份，用折叠别法假缝，装上腰头，然后穿于人体模型上，观察各部位效果，修改不适应之处，以达到松紧适当、整体平衡，如图 6–15（1）~（3）所示。

（2）样板结构：将样片展成平面，腰部标记波浪褶位，圆顺裙底摆、腰线等曲线，修剪各缝份，做出本款式的样板结构，如图 6–15（4）所示。

（1）正面效果

（2）背面效果

（3）侧面效果

图6–15

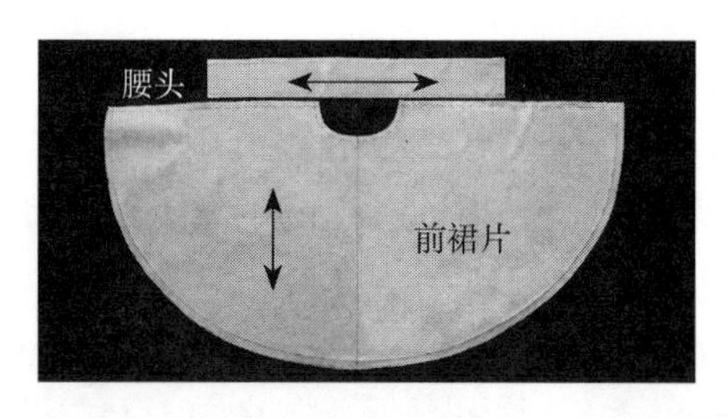

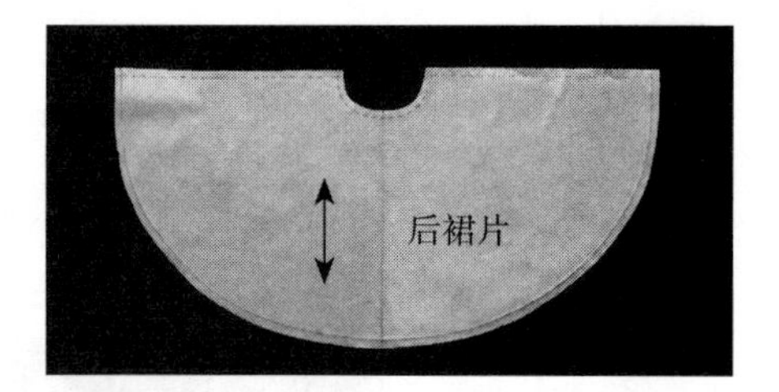

（4）样板结构

图6-15　整体效果与展开

5.波浪裙的造型变化

由于腰围线与裙摆线长度之差形成的波浪褶褶纹，差数越大，波浪褶的个数越多，裙摆就越大。一般裙摆有180°半圆裙、270°圆裙、360°整圆裙等，因此裙摆有一片、两片或三片等多片组成的波浪裙。波浪裙下摆也有圆下摆（图6-15）、手帕式下摆、异形下摆等造型变化，可尝试着举一反三变化其造型，如图6-16（1）~（3）所示。

（1）手帕式下摆

（2）右短左长下摆

（3）前短后长下摆

图6-16　波浪裙摆造型变化

例三　层叠波浪裙立体造型

一、款式分析

本款裙子整体呈A型廓型，腰育克分割，裙摆为多层、相叠的小波浪褶，具有层次感、律动感、时尚感，如图6-17所示。

二、学习要点

掌握层叠裙摆的立体造型制作方法；结合腰部育克结构，设计好各层裙的比例，掌握波浪裙摆交错层叠造型方法。

三、造型方法

1.**布料准备**

前、后底布：长 =40cm，宽 =56cm；前、后育克布：长 =24cm，宽 =50cm；波浪饰边布：长 =24cm，宽 =50cm（共 10 块）。熨烫整理布纹，经纬纱向垂平方正，按图标记好各块布料的基准线，如图 6–18 所示。

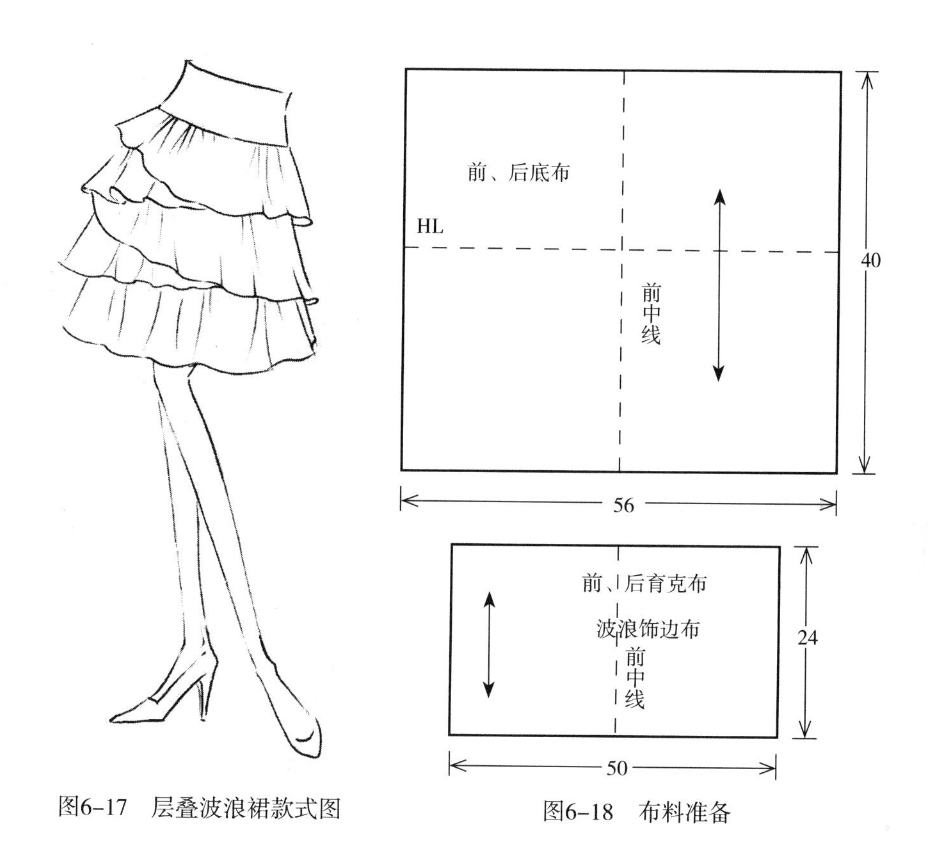

图6–17　层叠波浪裙款式图

图6–18　布料准备

2.**底布立体造型**

（1）标记育克线：在人体模型上标记育克设计线，如图 6–19（1）所示。

（2）做底布与标记：将布料的前中线与人体模型前中线对合，臀围线同时水平对准。前、后臀围各加 1cm 松量，前、后侧缝线自然连接，圆顺下摆曲线。然后在底布上用带子标记波浪饰边的设计线，要按照设计原则确定各层的间距，如图 6–19（2）所示。

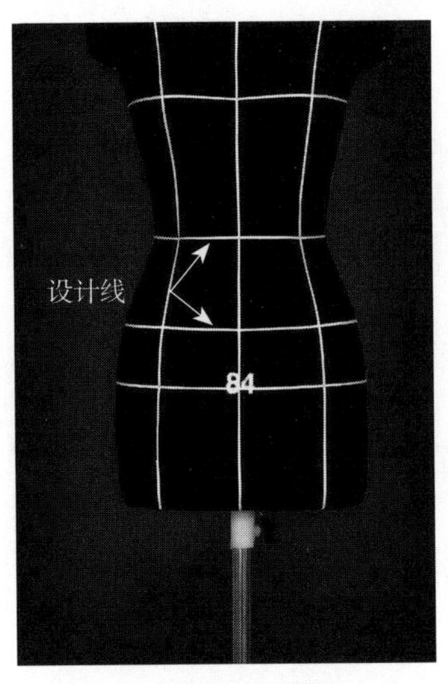

（1）标记育克线

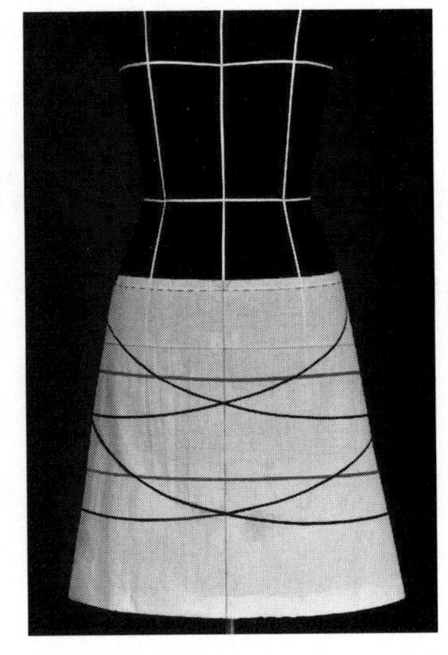

（2）做底布与标记

图6-19　底布立体造型

3.波浪饰边立体造型

（1）披下层波浪饰边布：从最下层开始披布，上面多预留布量，固定。下移右身布料，形成波浪形褶纹，修剪上面的布料，如图 6-20（1）所示。

（2）做下层波浪褶:用“一针一浪一剪”的造型手法，依次做出下层波浪褶，注意左右对称，如图 6-20（2）所示。

（3）标记下层下摆边:用带子标记下层波浪摆线，粗裁下摆，如图 6-20（3）所示。

（4）做中层波浪褶：根据叠层顺序，从披布、做褶纹到标记轮廓各环节与下层波浪褶制作方法相同，如图 6-20（4）所示。

（5）中层褶饰效果：注意调整左右饰边大小和各块饰边褶纹的疏密程度，如图 6-20（5）所示。

（6）做上层波浪褶：用相同方法制作上层各波浪饰边，标记波浪饰边线，如图 6-20（6）所示。

（7）上层褶饰效果：注意调整左右饰边大小和各块饰边褶纹的疏密程度，如图 6-20（7）所示。

（8）制作育克：育克布前中线与人体模型的前中线对齐，因无腰省，育克呈扇形，所以在腰围线上多留些布料。向左右抚平布料，不平处打剪口，固定。标记育克轮廓线，预留 1.5cm 缝份，剪掉余料，如图 6-20（8）所示。

4.整体效果与展开

（1）整体效果：扣烫各饰边的缝份与折边份，用折叠别法按制成线组合，穿于人体模型上观察整体效果。调整不平服、不合适的部分，以达到部位与整体平

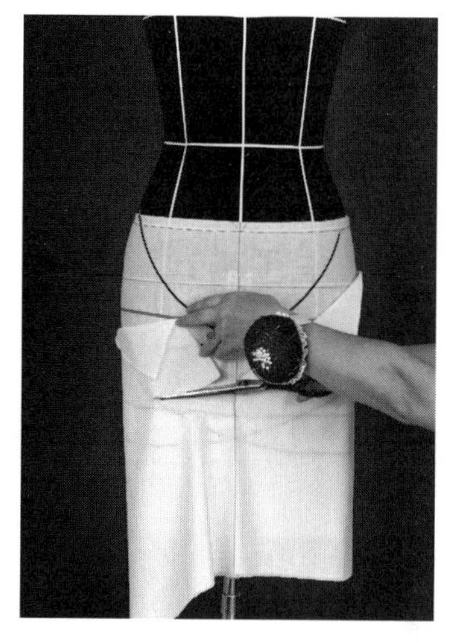

（1）披下层波浪饰边布

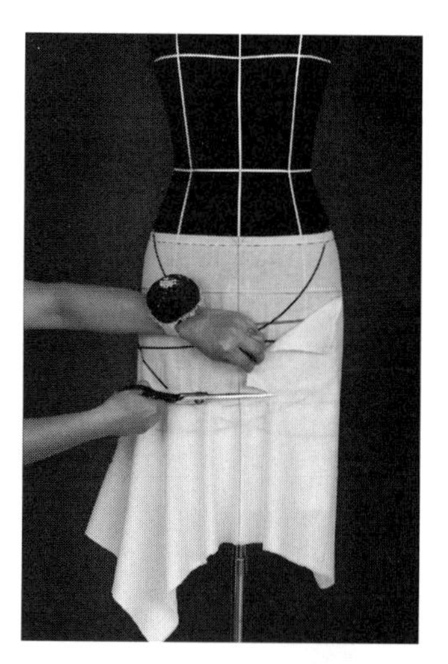

（2）做下层波浪褶

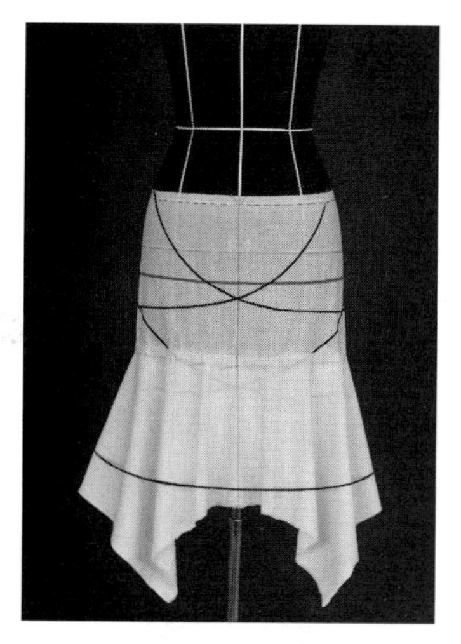

（3）标记下层下摆边

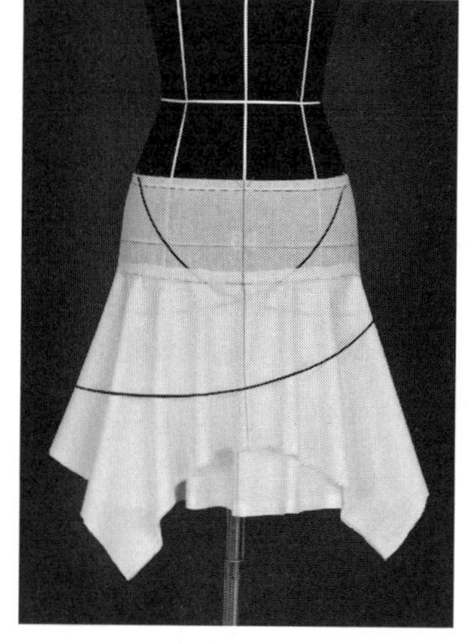

（4）做中层波浪褶

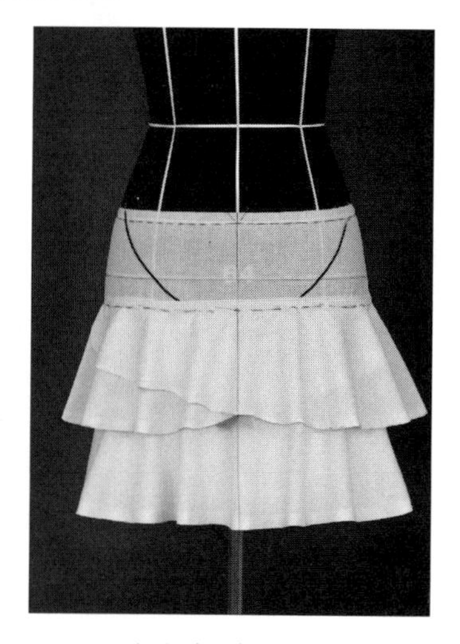

（5）中层褶饰效果

（6）做上层波浪褶

（7）上层褶饰效果

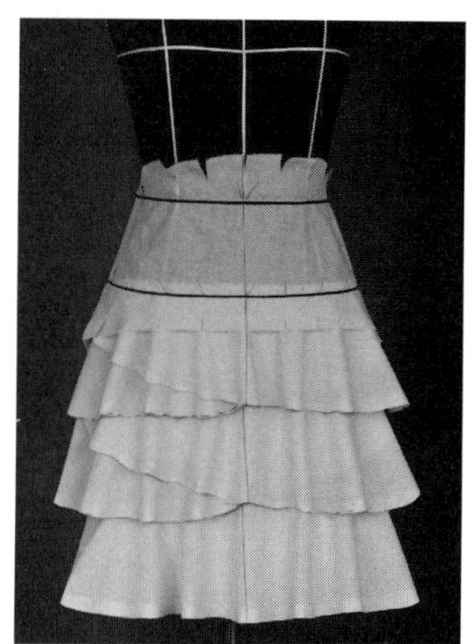

（8）制作育克

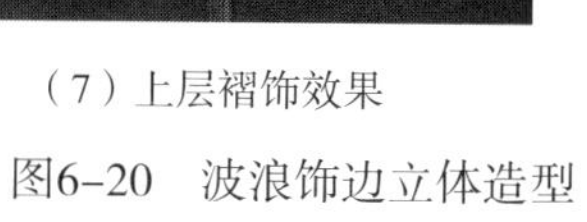

图6-20　波浪饰边立体造型

衡，如图 6–21（1）~（3）所示。

（2）样板结构：将样片展成平面，标记各饰边装饰位置，圆顺各裁片曲线，修剪缝份，做出本款式的样板结构，如图 6–21（4）所示。

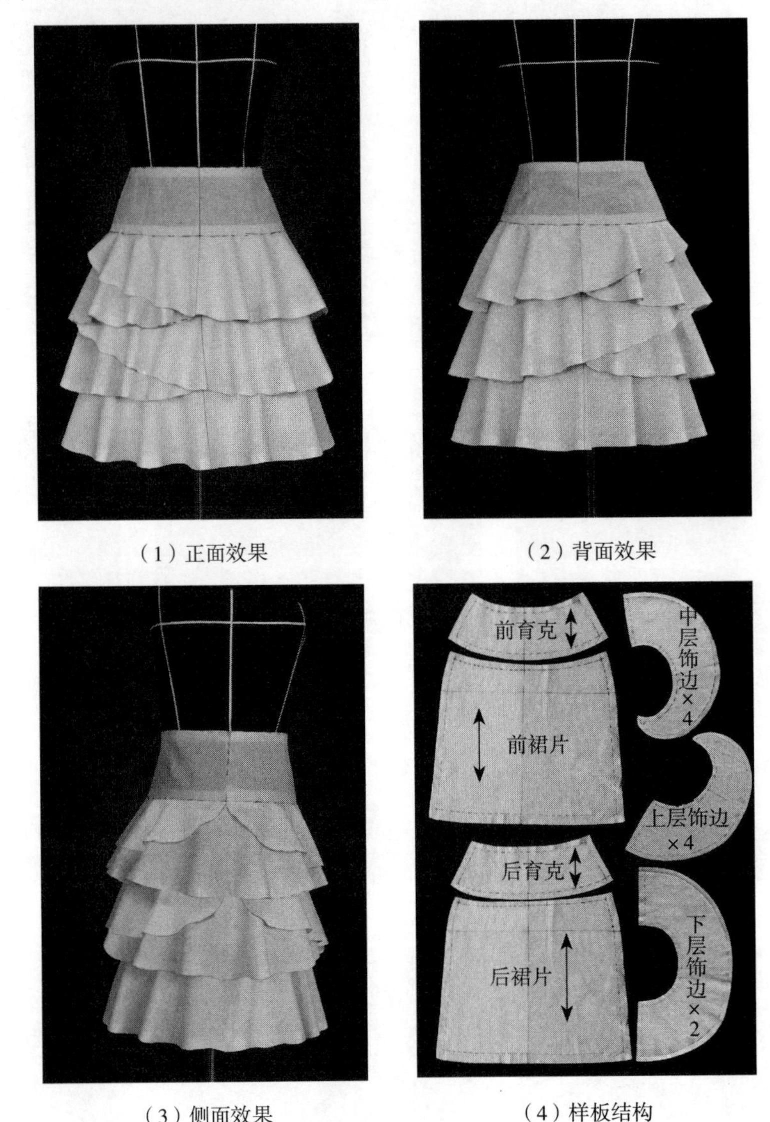

（1）正面效果　（2）背面效果

（3）侧面效果　（4）样板结构

图6–21　整体效果与展开

第三节　O型裙立体造型

Three-dimensional Form of O-shaped Ballon Skirt

一、款式分析

本款灯笼裙呈 O 型廓型。高腰宝剑育克的紧身效果，与裙身宽松隆起形成对比，底摆收缩，整体似灯笼状，饱满、圆浑，又不失时尚，适合与紧身衣搭配，如图 6-22 所示。

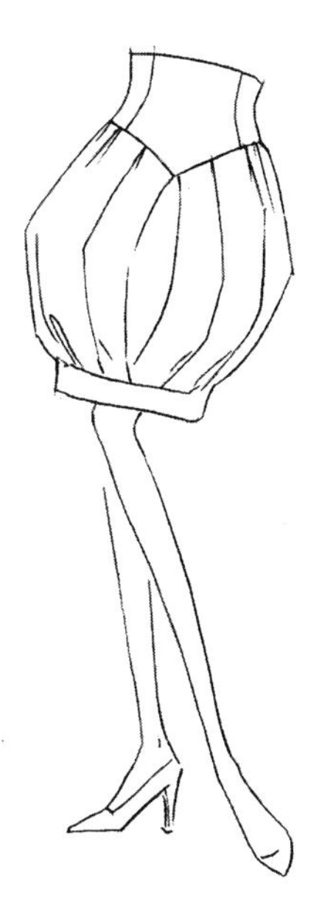

图6-22 灯笼裙款式图

二、学习要点

掌握 O 型廓型的立体造型方法，学习衬布的选取、制作与表现，掌握灯笼裙的设计思路与表现手法。

三、造型方法

1.布料准备

前、后育克布：长 =22cm，宽 =50cm；前、后底布：长 =40cm，宽 =50cm；前、后裙布：长 =50cm，宽 =95cm。熨烫整理布纹，经纬纱向垂平方正，按图标记好各块布料的基准线，如图 6-23 所示。

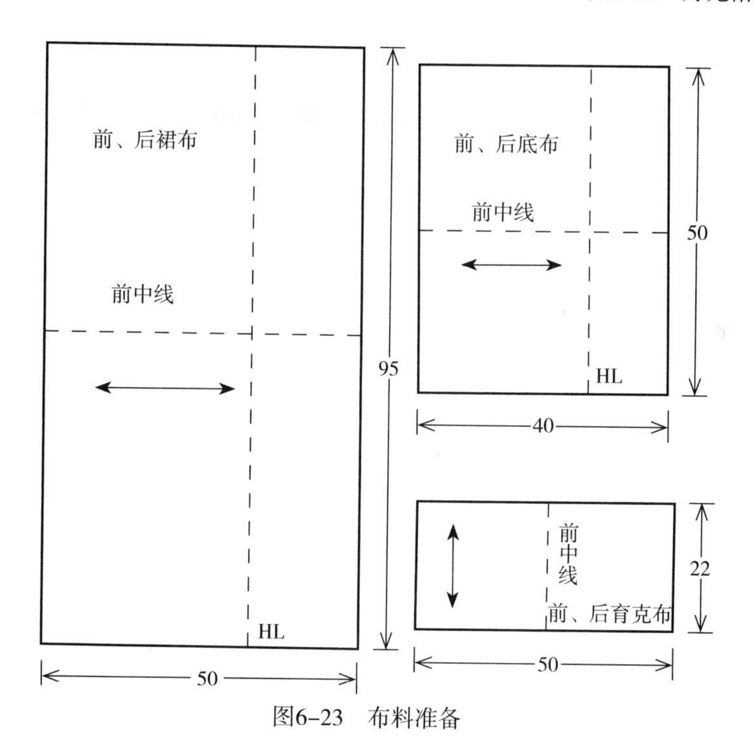

图6-23 布料准备

2.底布与垫衬制作

（1）标记育克线：在人体模型上标记育克设计线，如图 6-24（1）所示。

（2）披底布：将布料的前中线与人体模型前中线对合，臀围线同时水平对准，固定。抚平左右侧布料，左右侧臀围线处各加 1cm 松量，如图 6-24（2）所示。

（3）做腰省：将腰部余料推至左右公主线附近各做一腰省，按育克线预留

1.5cm 缝份，剪掉余料。根据造型同时收紧下摆，如图 6–24（3）所示。

（4）加硬网衬：为达到 O 型造型，需要在底布上加衬，起支撑作用。故采用硬衬折成双层抽褶，可以多加几层硬衬使之硬挺，以满足造型需要，分别将其固定在底布上，如图 6–24（4）所示。

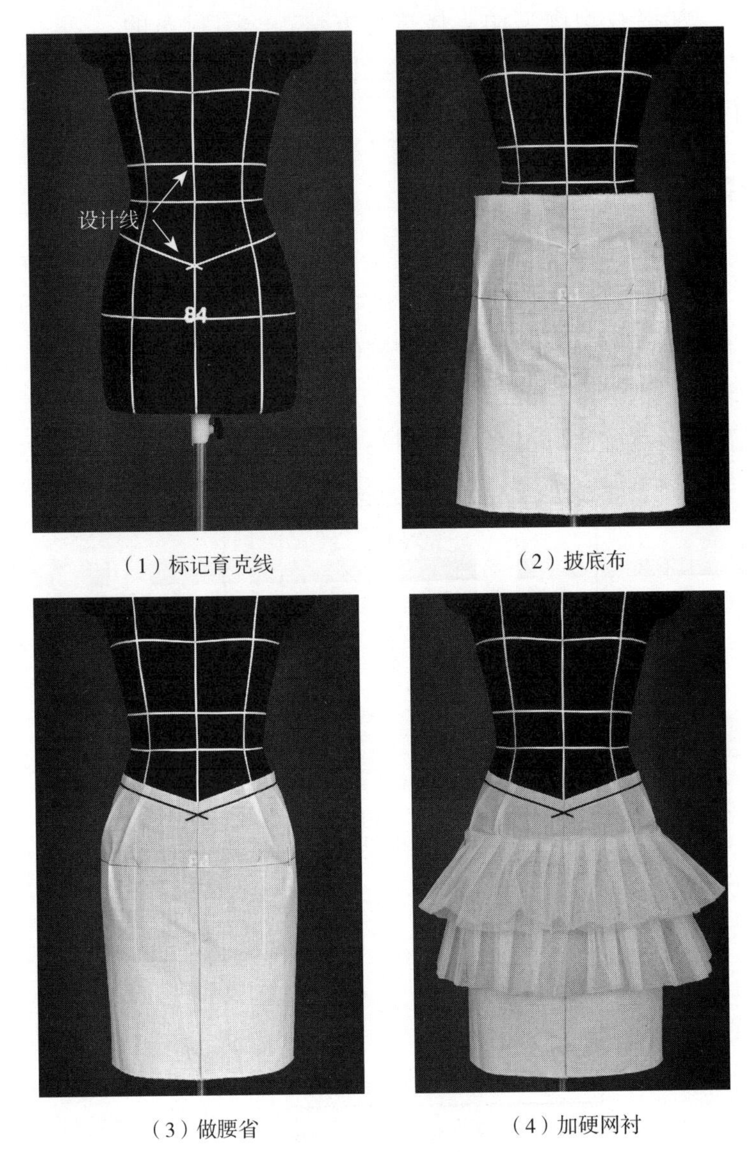

（1）标记育克线　（2）披底布

（3）做腰省　（4）加硬网衬

图6–24　底布与垫衬制作

3.裙子立体造型

（1）裙布准备：以前中线为对称轴，按款式将裙布做褶裥固定，褶裥量要大些（6~8 cm），左右同时向前中线对折，一般褶裥间隔 2~3cm，如图 6–25（1）所示。

（2）收裙摆：用大头针固定底摆的褶裥，长度 6~8cm，再将裙子的底摆边布装到边缘上，既可以起到固定褶裥的作用，又辅助造型，注意底摆边的长度以不妨碍行走为准。然后腰部褶裥沿育克线依次固定到人体模型上，预留缝份，剪掉余料，如图 6–25（2）所示。

（3）裙布造型：调整中部褶裥，使其散开、隆起呈灯笼状，如图 6–25（3）所示。

（4）披育克布：将布料的前中线与人体模型前中线对合，腰围线水平对准，固定。向左右方向抚平布料，如图 6–25（4）所示。

（5）做腰省：参考公主线位置做腰省，腰部合体且平服。育克布上下不平处打剪口，如图 6–25（5）所示。

（6）标记育克：按基准线标记腰围线、分割线、省缝线及侧缝线，并留 1.5cm 缝份，剪掉余料，如图 6–25（6）所示。

（1）裙布准备

（2）收裙摆

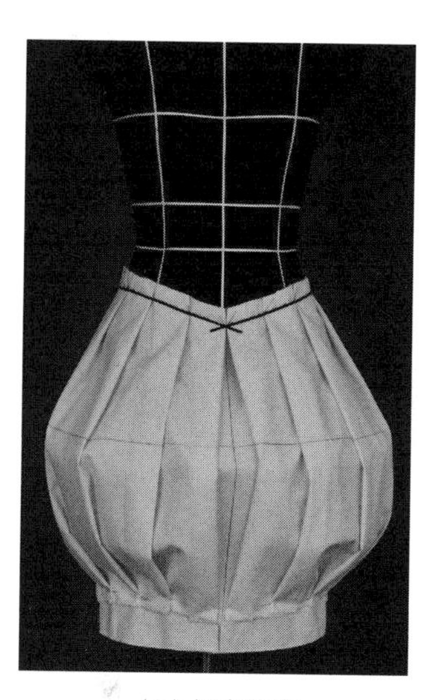

（3）裙布造型

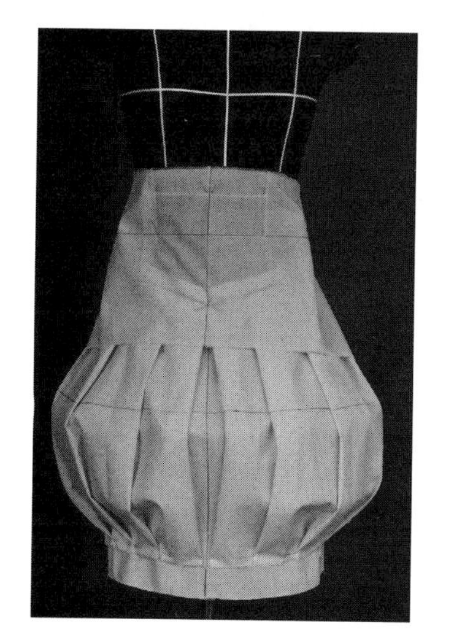

（4）披育克布

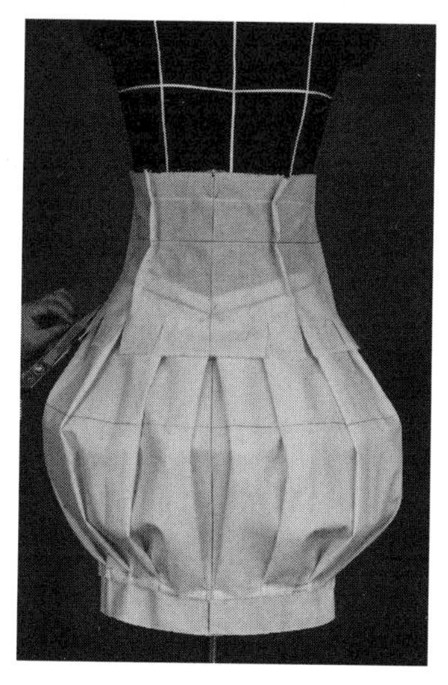

（5）做腰省

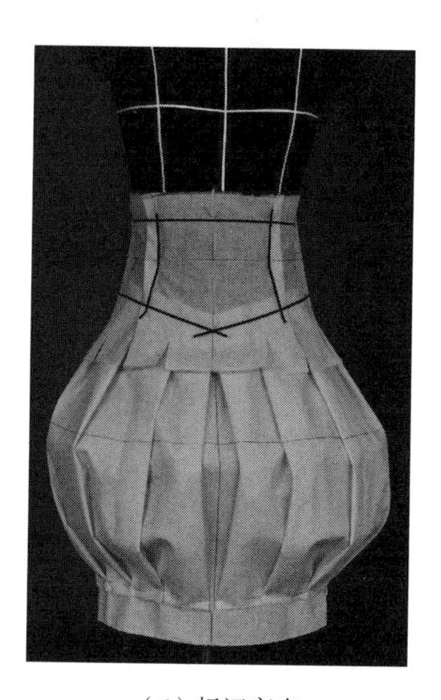

（6）标记育克

图6–25　裙子立体造型

4.整体效果与展开

（1）假缝试穿：扣烫省缝、缝份与折边份，用折叠别法组合，穿于人体模型上，观察各部位效果，修改不适之处，以达到整体平衡，如图 6–26（1）、（2）所示。

（2）样板结构：将样片展成平面，标记腰省、褶裥，圆顺各曲线，修剪各缝份，做出本款式的样板结构，如图 6–26（3）所示。

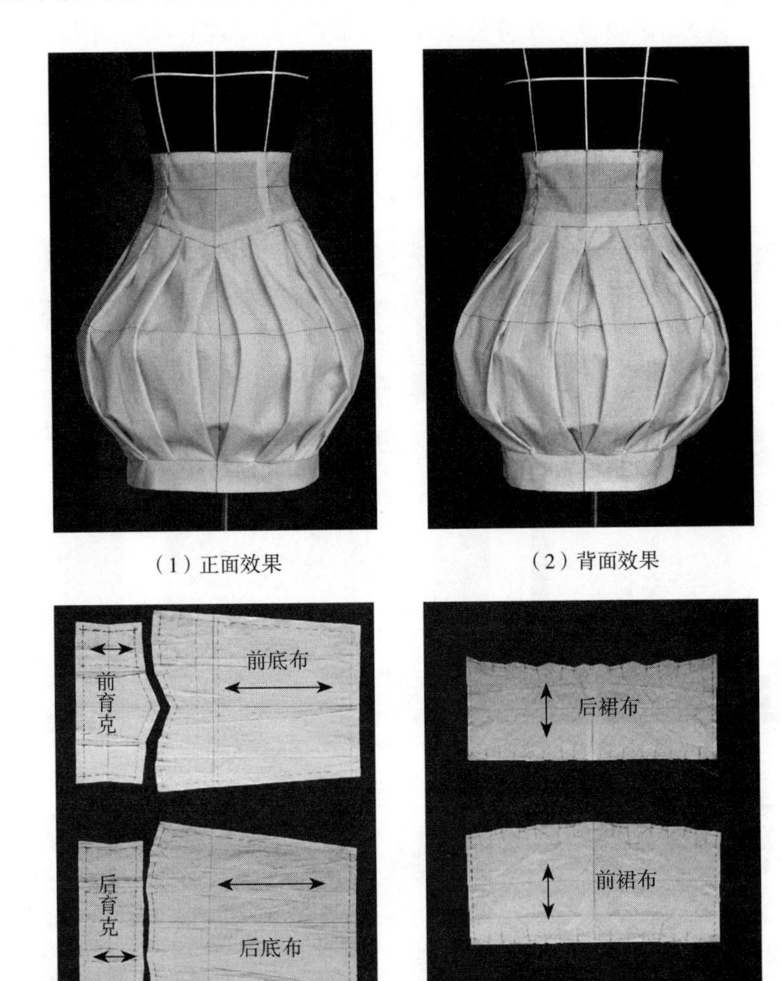

（1）正面效果　（2）背面效果

（3）样板结构

图6–26　整体效果与展开

第四节　V型裙立体造型

Three-dimensional Form of V-shaped Pleated Skirt

V 型裙是从臀部向裙下摆逐渐收小、上宽下窄的廓型，适合瘦体小臀、扁臀的女性穿着，能使臀部有夸张丰满感。

一、款式分析

本款裙子呈V型廓型。其款式特点：腰部设多个较大的活褶，臀部加适当宽松量微微隆起，下摆顺势收小，裙长至大腿中上部，为便于行走可以设后开衩，如图6–27所示。

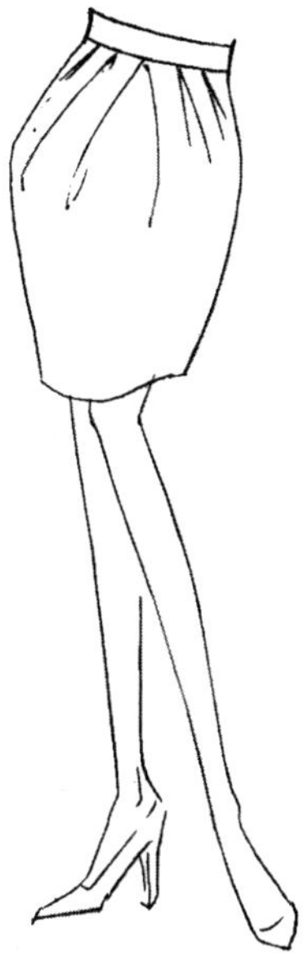

图6–27　V型褶裙款式图

二、学习要点

掌握V型裙的立体造型法；学习利用皱褶表现腰臀部夸张的造型及腰部活褶的处理方法。

三、造型方法

1.布料准备

前、后裙布：长=50cm，宽=56cm。熨烫整理布纹，经纬纱向垂平方正，按图标记好前、后中线与臀围线，如图6–28所示。

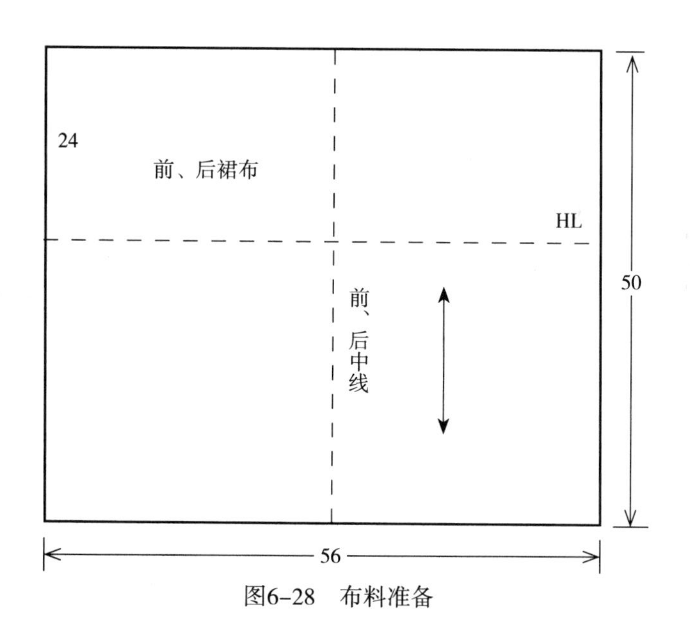

图6–28　布料准备

2.前裙身立体造型

（1）披布：将布料前中线与人体模型前中线对合，臀围线同时对准，固定。左、右臀围线各加1~2cm松量，如图6–29（1）所示。

（2）抚推布料：由裙摆开始沿侧缝向腰部抚推，将余料移至腰部，用大头针固定侧缝与腰部，如图 6–29（2）所示。

（3）做活褶：将右侧腰部余料均匀做三个活褶，再对称地做左侧腰部三个活褶，如图 6–29（3）所示。

（4）标记与剪余料：标记腰围线、底摆线及侧缝，并留 1.5cm 缝份，剪掉多余料，如图 6–29（4）所示。

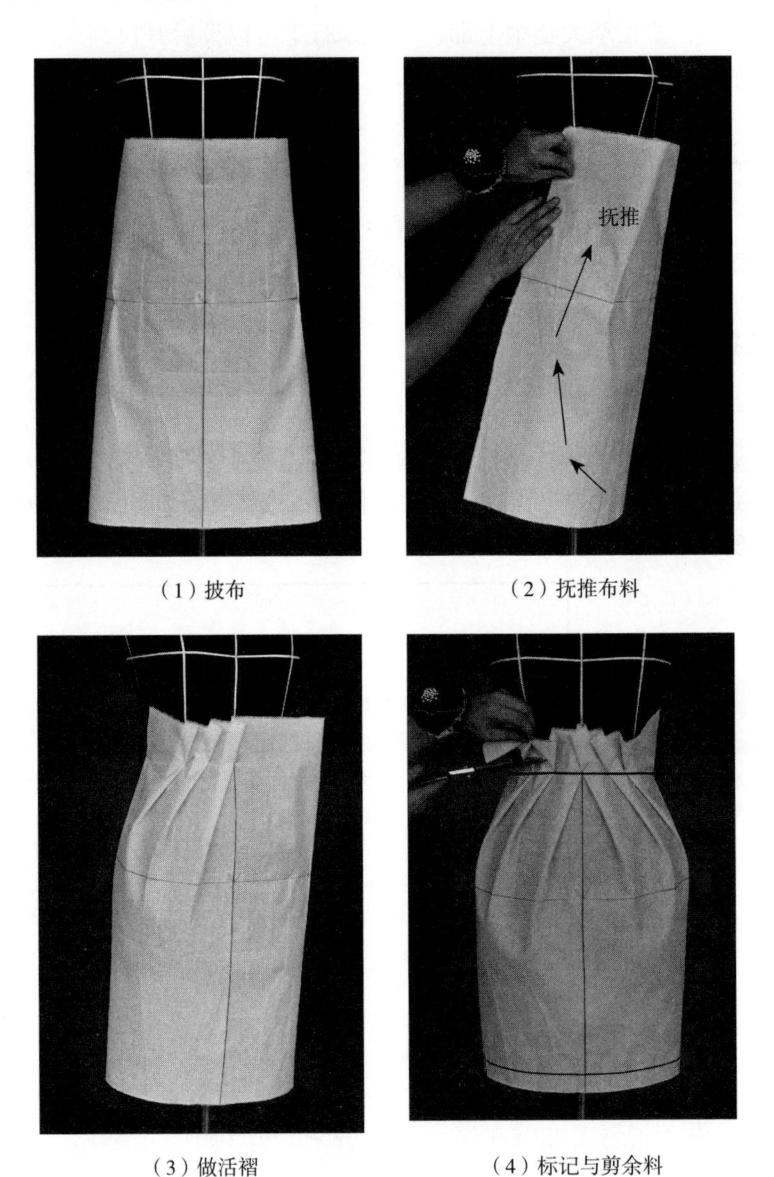

（1）披布　（2）抚推布料

（3）做活褶　（4）标记与剪余料

图6–29　前裙身立体造型

3.后裙身立体造型

（1）披布与做褶：与前裙身立体造型方法相同（略），如图 6–30（1）所示。

（2）确定侧缝：前、后裙身对合，将前、后裙身结构线整理对齐，侧缝对别，于人体模型上观察效果，如图 6–30（2）所示。

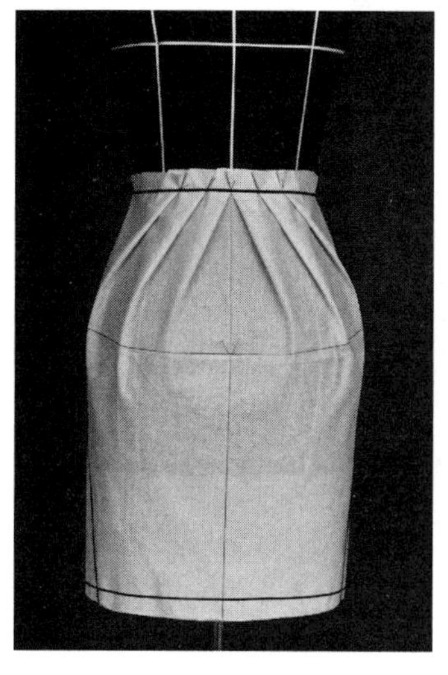

（1）披布与做褶

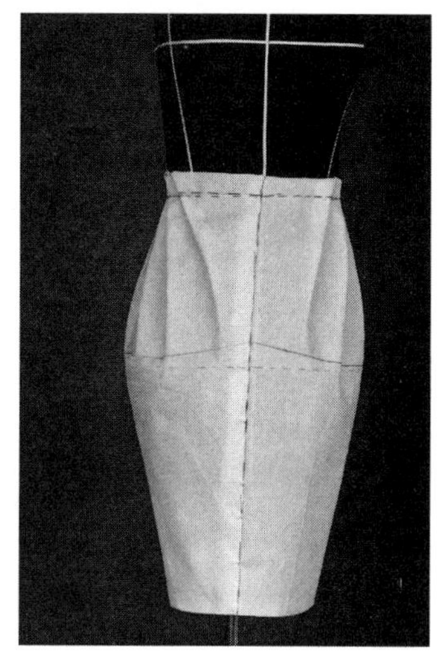

（2）确定侧缝

图6–30 后裙身立体造型

4. 整体效果与展开

（1）整体效果：扣烫活褶、缝份与折边份，用折叠别法组合，穿于人体模型上，装好腰头，观察各部位效果，修改不适应的地方，以达到整体平衡，如图 6–31（1）~（3）所示。

（2）样板结构：将样片展成平面，标记腰部褶位，圆顺各曲线，修剪缝份，做出本款的样板结构，如图 6–31（4）所示。

（1）正面效果

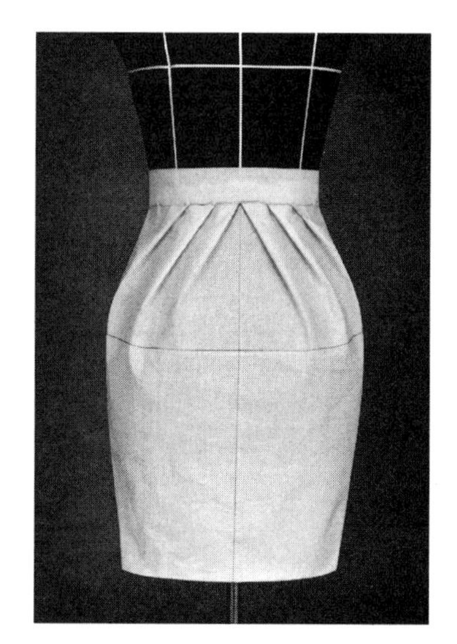

（2）背面效果

图6–31

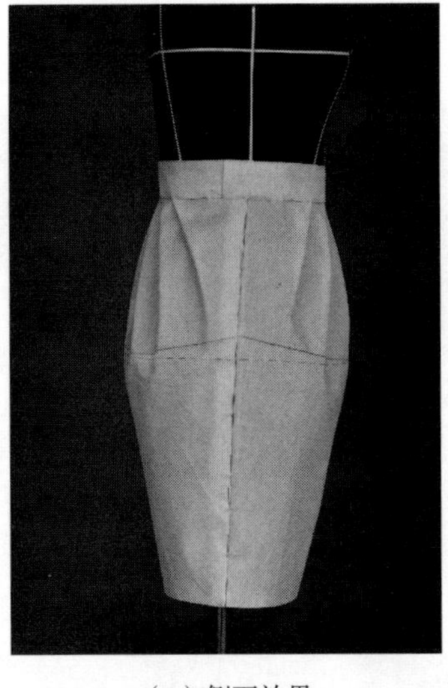

(3) 侧面效果

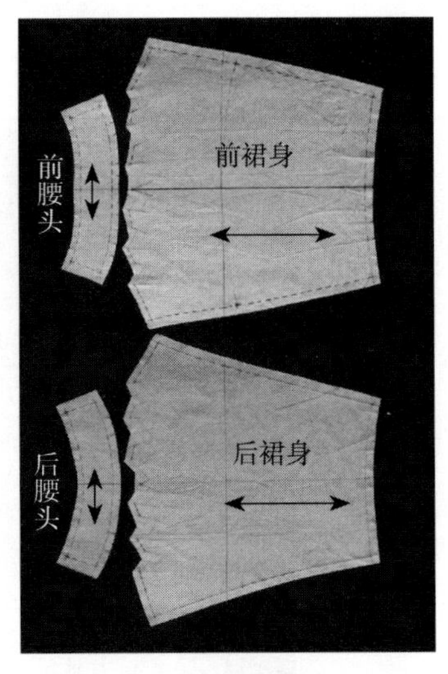

(4) 样板结构

图6-31　整体效果与展开

第五节　裙装立体试衣与弊病修正

Three-dimensional Fitting and Correct Fault of Skirt

服装立体造型时，有时不是一次性就能达到最佳效果，要分析产生的原因，并进行反复修正，这是必须要面对和解决的难点问题，也是提升立体造型技术的必经之路。

穿着裙子后，自然站立于镜子前对照，从正面、侧面、背面仔细观察，一是观察裙子整体造型是否平衡、适体；二是看细节是否准确、美观，并确认服装达到功能性要求（即舒适性）。对有弊病的地方做补正记号，分析弊病的原因所在，并进行相应的修正，这是本节学习的重点与难点。

一、主要观察要点

1.正、背面观察要点

（1）基准线：前、后中线是否顺直？腰围线、臀围线是否水平？

（2）省缝：前、后腰省的方向、位置、大小是否合理？

（3）松量：臀部松量是否适量？

（4）腰围线：左右裙腰围线是否平齐？

（5）底摆线：左右裙底摆是否平齐？

2.侧面观察要点

（1）松量：前、后裙身松量是否平衡？

（2）侧缝：侧缝线是否自然顺直？与人体模型侧缝是否对齐？

（3）腰围线：前、后裙腰围线是否平齐？

（4）底摆线：前、后裙底摆是否自然顺直？是否平齐？

二、弊病及修正

1.腰省偏大的弊病及修正

（1）弊病特征：裙子侧缝与人体模型侧缝未对上，裙子侧缝前倾不顺直，且前腹部不平服，出现浮余量的现象，如图6-32（1）所示。

（1）弊病特征

（2）产生原因与修正方法：前腰省量、腹省量过大而引起的弊病。因此，要将腰头与侧缝上端拆开，根据人体模型前腹突小后臀凸大的造型差异，将前腰省量和后腰省量调整变小（放出），余出来的量抚至侧缝处别合，从而使前腹平服，侧缝顺直，裙子符合人体模型腰腹臀的造型，达到合体美观的效果，如图6-32（2）所示。

（3）平面展开：前裙片的腹省量变小，前腰省量变小且适当偏移，侧缝曲度加大；后裙片的腰省量变小且适当偏移，侧缝曲度加大，如图6-32（3）所示。

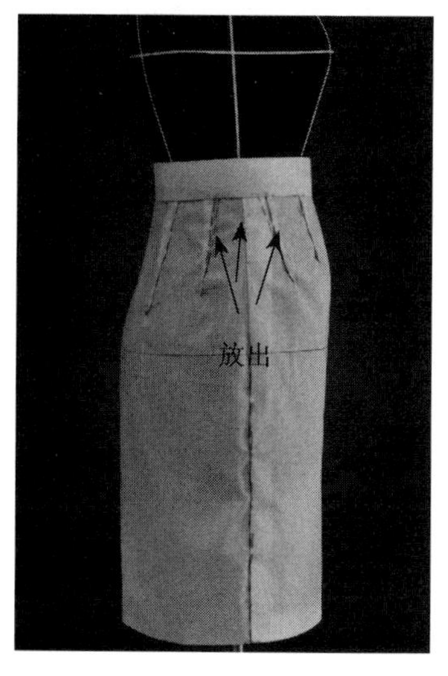

（2）修正方法

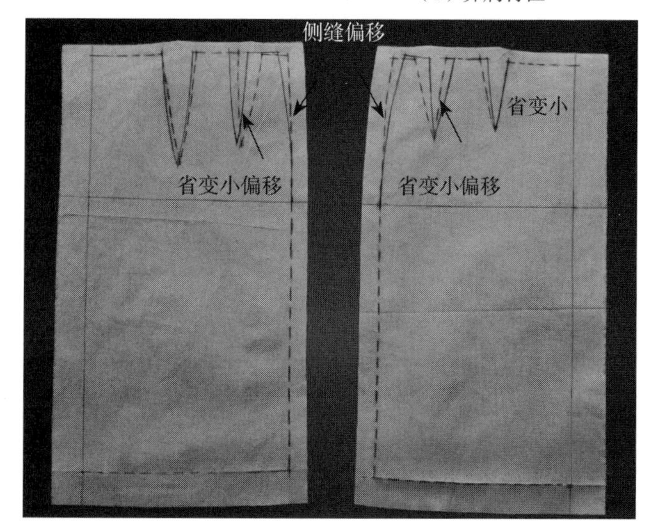

（3）平面展开

图6-32　腰省偏大弊病修正

2.腰省偏长的弊病及修正

（1）弊病特征：各腰省尖下的臀围线及侧臀处出现竖直的褶（皱势），同时中臀位置产生紧绷的横褶现象，如图 6–33（1）所示。

（2）产生原因与修正方法：前、后腰省偏长而引起的弊病。因此，要将腰头与侧缝上端拆开，根据人体模型前腹突偏上后臀凸偏下的造型差异，将前腰省、腹省长调整变短至中臀位置，后腰省、臀省长调整变短至臀凸以上 5~6cm，从而使前腹后臀平服，裙子符合人体模型腰腹臀的造型，达到合体美观的效果，如图 6–33（2）所示。

（3）平面展开：前裙片的腰省、腹省变短，省尖收于中臀位置；后裙片的腰省、臀省变短，省尖至臀凸以上 5~6cm，且后腰省量稍变小，后侧腰省适当偏移，后侧缝曲度加大，如图 6–33（3）所示。

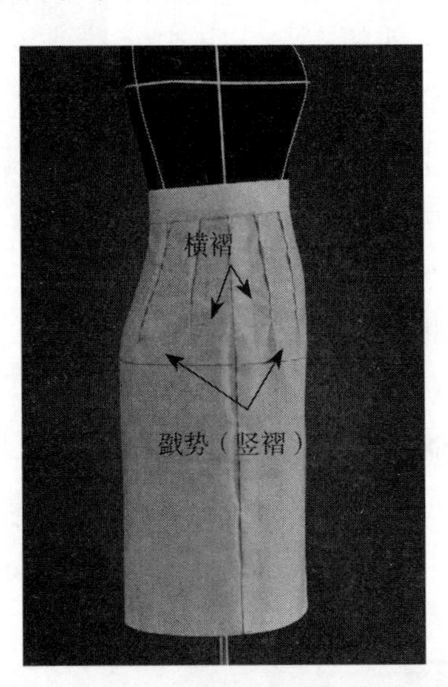

（1）弊病特征

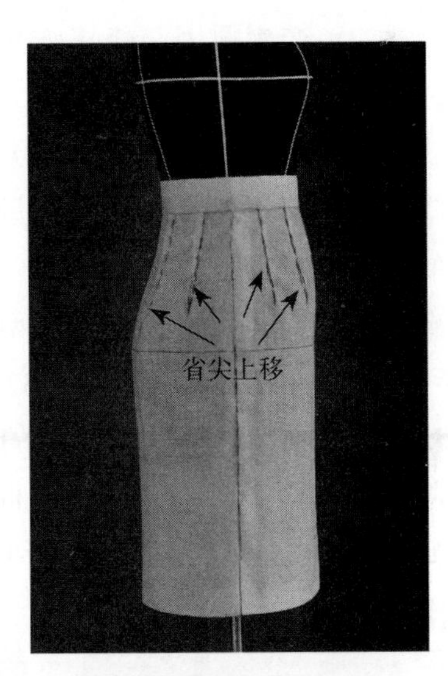

（2）修正方法

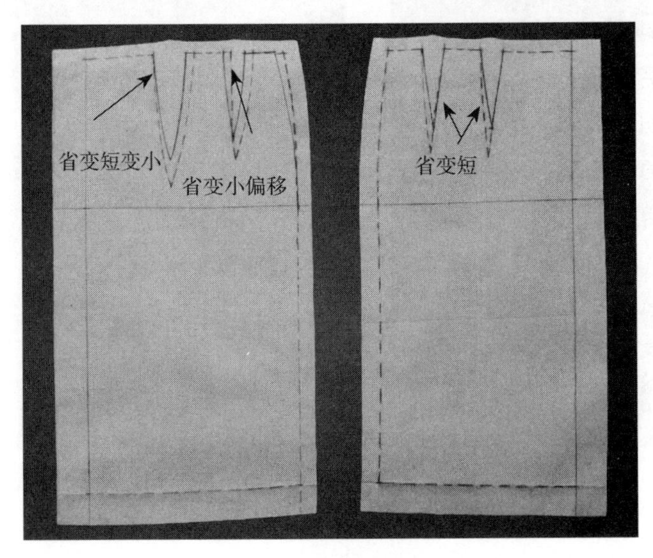

（3）平面展开

图6–33　腰省偏长弊病修正

第七章　连衣裙立体造型

Three-dimensional Form of Dress

连衣裙是指衣身与裙子连在一起的服装，其形式可分为腰部没有缝合线（也称直身裙）和腰部有缝合线两种。腰部没有缝合线的一般造型为直筒状，宽松、自然；若是合体式连衣裙，则可设公主线等竖向分割线。腰部有缝合线的，可以利用分割线使裙腰线上下移动，从而形成不同的风格与多变的样式。学习本章的目的，掌握连衣裙的基本结构与廓型，掌握其变化与组合方法及常见的弊病修正，提高整体造型与服装均衡的能力。

第一节　H型连衣裙立体造型

Three-dimensional Form of H-shaped Dress

一、款式分析

本款连衣裙廓型呈 H 型。其款式特点：胸、腰、臀围尺寸相差较小，形成一种直筒式的形状。衣片结构采用一个较大的褶裥，一字领，有肋省；低腰育克，增加了横向分割线条，显示出修长的视觉效果；插肩砍袖；裙身较短，似迷你裙状，裙子也加了一个较大的褶裥，以满足行走活动的需要。该类连衣裙简洁干练，大方时尚，适应范围非常广泛，深受广大女性的喜爱，如图 7-1 所示。

二、学习要点

学习衣与裙整体造型设计与制作；掌握插肩袖制作方法；掌握低腰裙的比例位置，提高整体协调能力。

图7-1　H型连衣裙款式图

三、造型方法

1.布料准备

前身布：长=70cm，宽=75cm；后身布：长=70cm，宽=65cm；前裙布：长=55cm，宽=80cm；后裙布：长=55cm，宽=65cm；前、后袖布：长=35cm，宽=30cm；腰部育克布：长=58cm，宽=12cm（2片）。按图标记好各块布料的基准线，如图7-2所示。

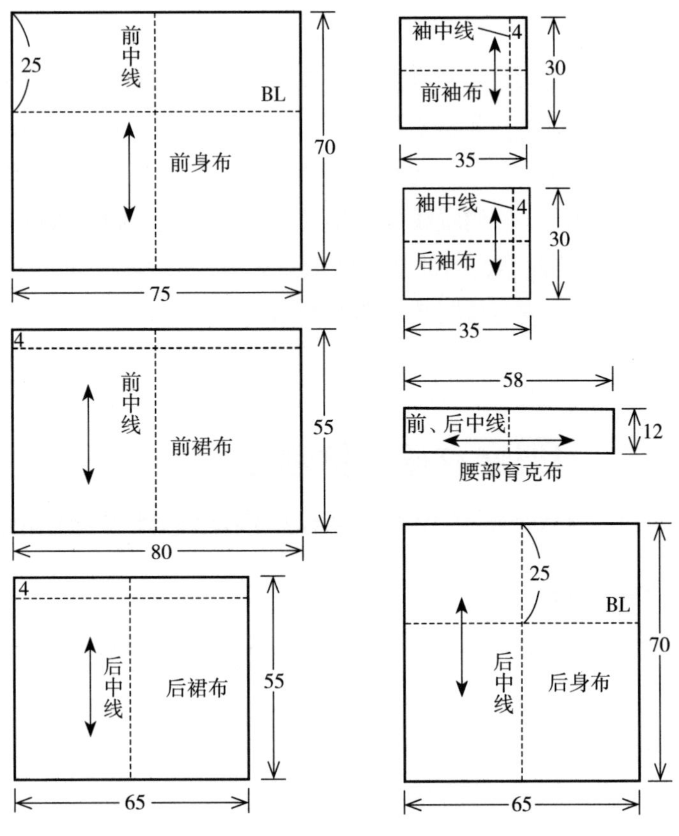

图7-2　布料准备

2.前身立体造型

（1）标记设计线：设计前身领口及插肩袖分割线位置，为了强调胸部造型，可加胸垫补正，如图7-3（1）所示。

（2）披前身布：将布料先做出约16cm的褶量，按标记线固定于人体模型上，按领口设计线将衣身领口造型标记出来，如图7-3（2）所示。

（3）做肋省：为使衣片胸部与人体吻合，可在侧缝处做省。方法是理顺胸围线上部多余布料，按人体体型在侧缝处做肋省，省尖指向胸部，如图7-3（3）所示。

（4）标记衣片轮廓：前衣片布样别好、调整后，将衣片轮廓线标记出来，同时设计出腰部育克的宽度，修剪余料，如图7-3（4）所示。

（5）装腰部育克：按设计线确定腰部育克的大小，扣烫好缝份，组装到衣身上，如图 7–3（5）所示。

（6）制作前裙：将裙布按款式图做好褶量，褶量与衣身部分同为 16cm，按标记线将裙子与腰部育克连接。确定裙侧缝及底摆轮廓线，如图 7–3（6）所示。

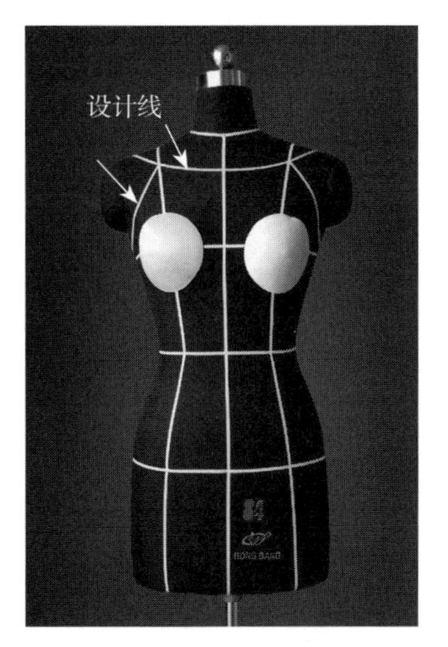

（1）标记设计线

（2）披前身布

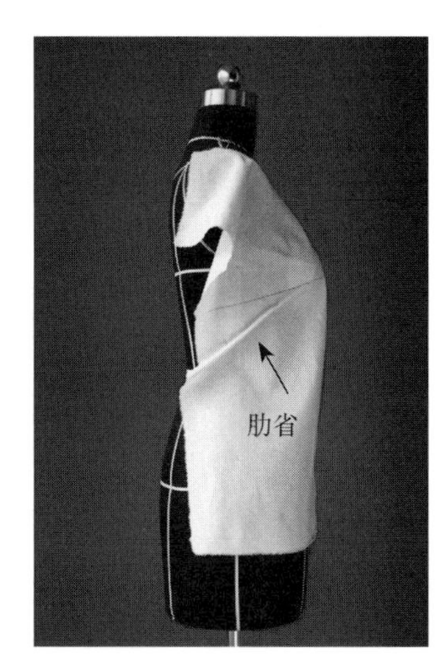

（3）做肋省

（4）标记衣片轮廓

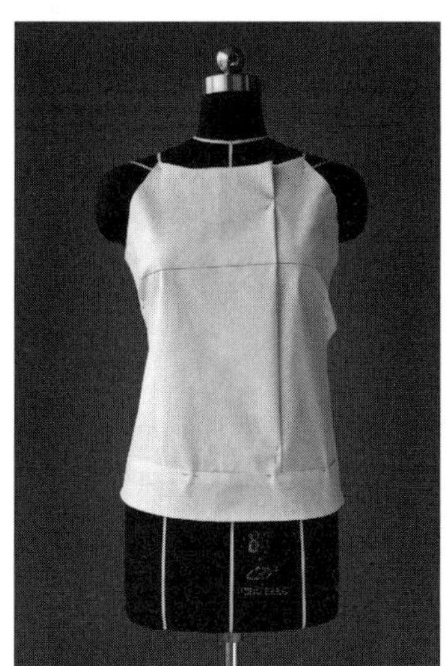

（5）装腰部育克

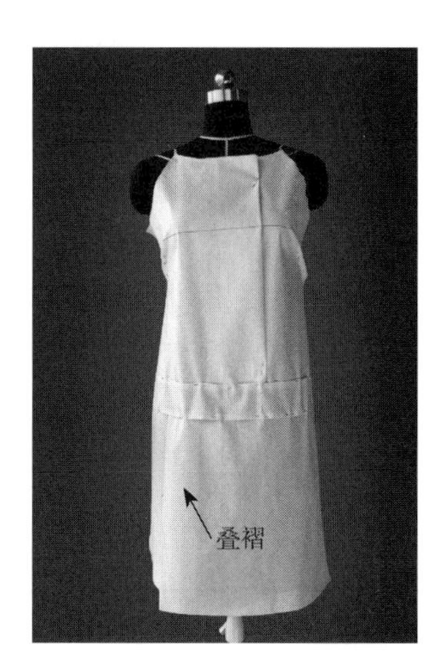

（6）制作前裙

图7–3　前身立体造型

3.后身立体造型

（1）标记设计线：设计后身领口及插肩袖分割线位置，如图 7–4（1）所示。

（2）披后身布：将布料的后中线与人体模型后中线对合，胸围线水平对准，用大头针固定，如图 7–4（2）所示。

（3）后身造型：理顺后背布料，在侧缝处用大头针固定，后身领口、袖窿、底边按标记线留出缝份并将其修整。按设计线将腰部育克布修剪别好，注意宽度与前腰部育克相同，如图 7–4（3）所示。

（4）披后裙布：依据前身裙片的方法按标记线将裙片与腰部育克布连接，做好裙侧缝及底摆轮廓线，如图 7–4（4）所示。

（5）侧缝造型：将前、后裙子的侧缝用大头针别好，放出相应的松量，确定好标记线，修剪造型，如图 7–4（5）所示。

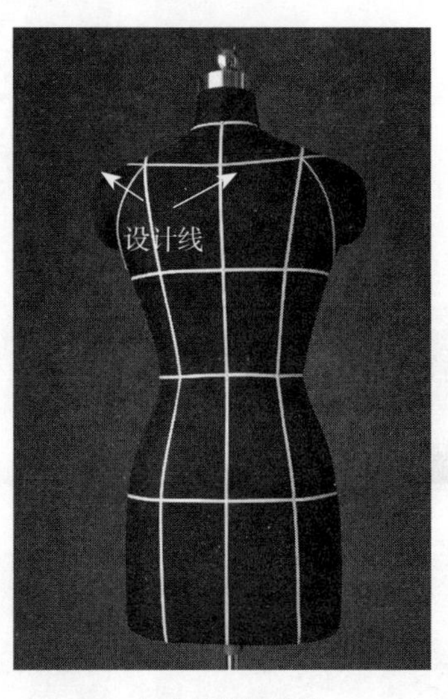

（1）标记设计线

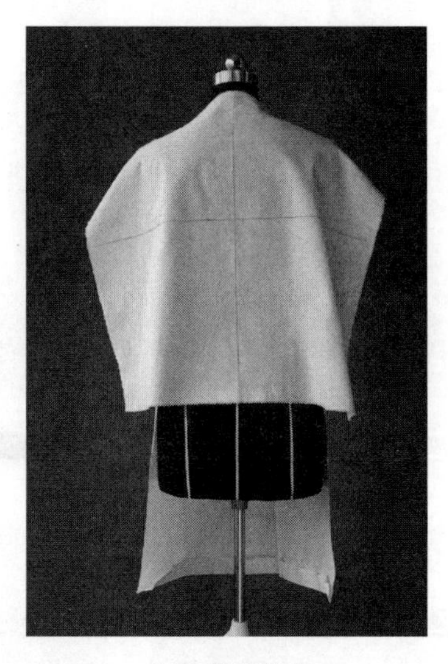

（2）披后身布

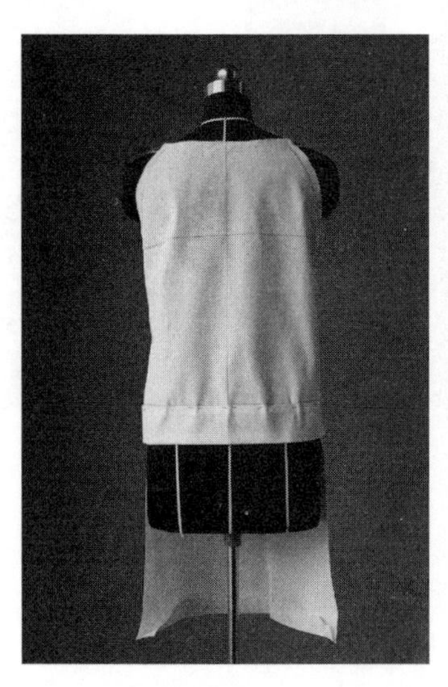

（3）后身造型

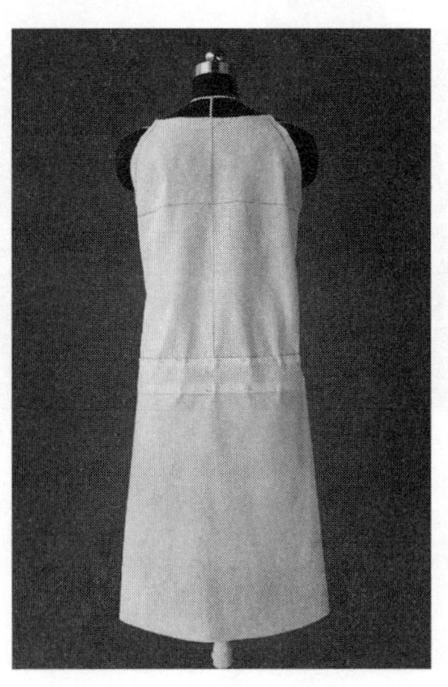

（4）披后裙布

（5）侧缝造型

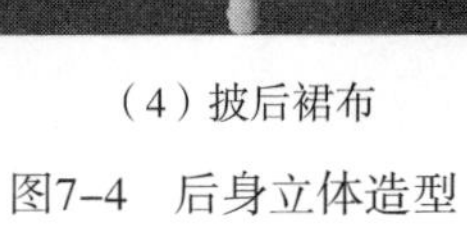

图7–4　后身立体造型

4.衣袖立体造型

（1）披前袖布：装好手臂模型，将袖布基准线与手臂袖中线对合，用大头针固定，参照衣片分割线复制到袖布上，注意经纬纱向的顺直，如图 7–5（1）所示。

（2）确定袖中线：整理好袖布，加入衣袖松量后，将衣袖接合线标记出来。再确定袖口宽度，修整余量，如图 7–5（2）所示。

（3）披后袖布：依据前袖布的制作方法，将后袖布基准线与手臂袖中线对合，用大头针固定，整理好袖布纱向，标记后袖轮廓，余料剪掉，如图 7–5（3）所示。

（4）对合袖中线：将前后袖中缝、袖底缝对合，并用大头针别好。注意袖中缝、袖底缝、分割线的吻合，最后确定袖口折边，如图 7–5（4）所示。

（1）披前袖布

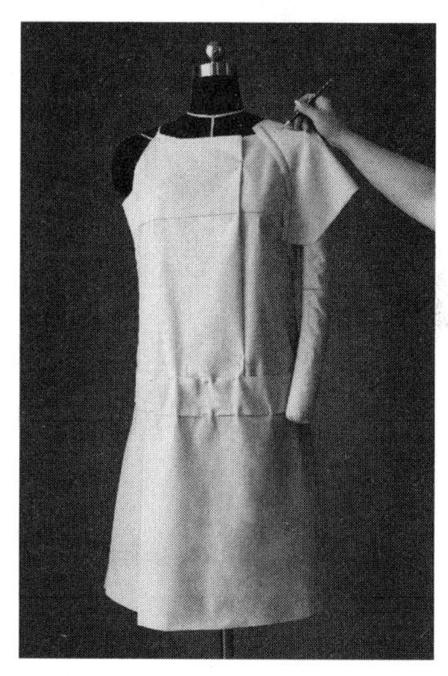

（2）确定袖中线

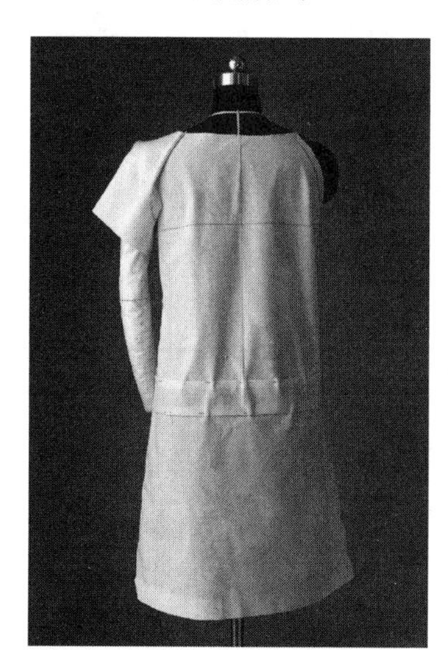

（3）披后袖布

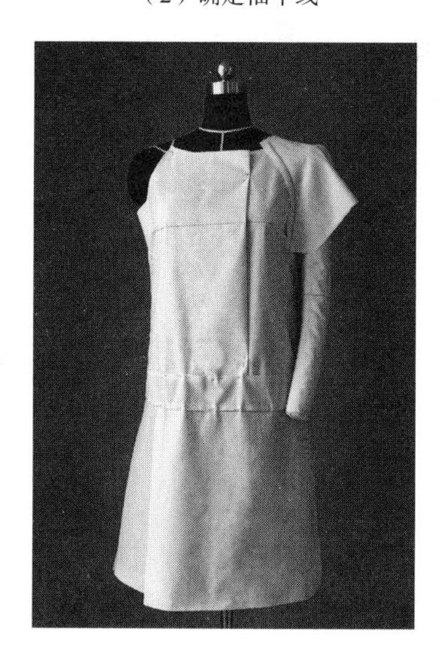

（4）对合袖中线

图7–5　衣袖立体造型

5.整体效果与展开

（1）整体效果：将样板拓印到布料上，再做装到人体模型上，分别从正面、侧面、背面观察其整体效果，调整不合适的部分，以达到松紧适当、整体平衡，如图 7–6（1）~（3）所示。

（2）样板结构：将样衣展成平面，标出衣身、裙子的褶裥位、侧省位，圆顺各曲线，修剪各缝份，做出本款的样板结构，如图 7–6（4）所示。

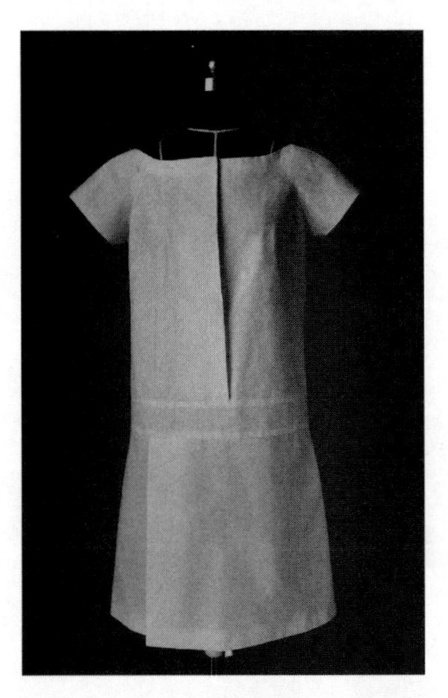

（1）正面效果

（2）侧面效果

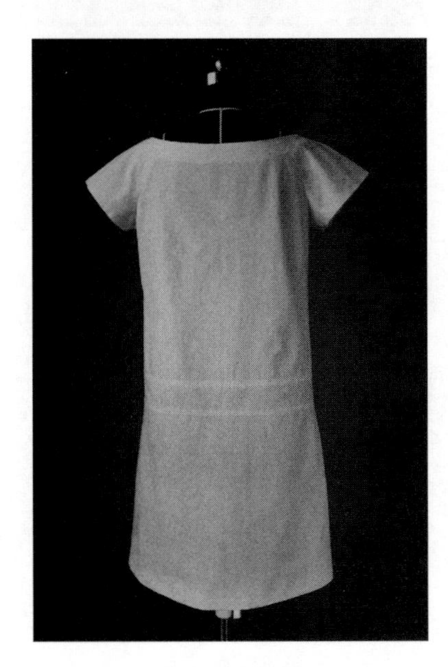

（3）背面效果

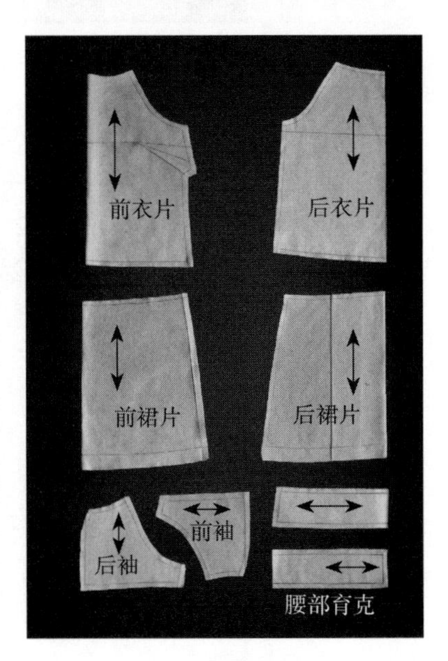

（4）样板结构

图7–6　整体效果与展开

第二节　X型连衣裙立体造型

Three-dimensional Form of X-shaped Dress

一、款式分析

本款连衣裙廓型呈 X 型。其款式特点：腰部收紧，肩部及裙摆外展，通过横向分割的形式收缩腰部，形成上下宽大、中间纤细的造型效果。采用褶裥突出胸部，利用碎褶使其裙摆外展。该款式既突出女性特征，尽显女性柔美，又不失其活泼妩媚，如图 7–7 所示。

图7–7　X型连衣裙款式图

二、学习要点

掌握分割、收腰、抽褶的综合造型方法；掌握整体平衡的技巧，提高审美能力与对整体美感的表达能力。

三、造型方法

1.布料准备

前胸布：长 =45cm，宽 =40cm；前腰布：长 =40cm，宽 =35cm；前侧腰布：长 =30cm，宽 =25cm；后身布：长 =60cm，宽 =35cm；后侧布：长 =45cm，宽 =20cm；上层袖布：长 =12cm，宽 =40cm；下层袖布：长 =20cm，宽 =50cm；前裙布：长 =80cm，宽 =90cm；后裙布：长 =80cm，宽 =95cm。按图标记好各块布料的基准线，如图 7–8 所示。

2.前身立体造型

（1）标记设计线：依据款式图设计前身各部位造型，为了强调胸部造型，可加胸垫补正，如图 7–9（1）所示。

（2）披前胸布：将布料的前中线与人体模型前中线对合，胸围线水平对准或对合，固定。理顺衣片丝缕，将胸部多余量做褶，标记领口造型线，如图 7–9（2）所示。

（3）标记轮廓线：标记袖窿线、侧缝线、胸下线等轮廓线，修剪余料，如图 7–9（3）所示。

（4）披前腰布：将布料前中线对准人体模型前中线，用大头针固定。理顺腰

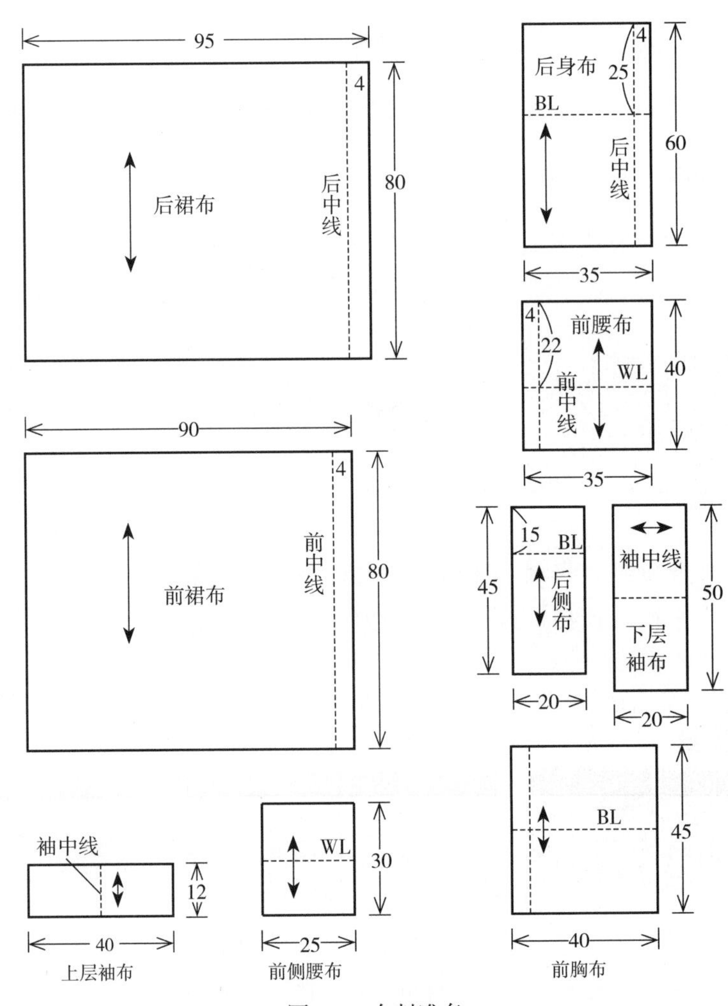

图7-8　布料准备

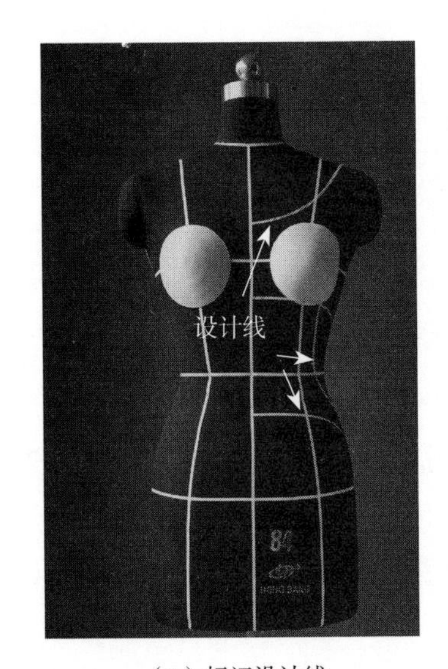

（1）标记设计线

（2）披前胸布

（3）标记轮廓线

图7-9

布布料，做出标记线，如图 7–9（4）所示。

（5）确定前腰布轮廓:将前腰布按设计线留出缝份，修剪余料，如图 7–9（5）所示。

（6）做前腰侧布：将前腰侧布腰围线对准人体模型腰围线，注意布料经纬纱向，将腰部分割部位修剪后用大头针别好，注意边调整边修剪，如图 7–9（6）所示。

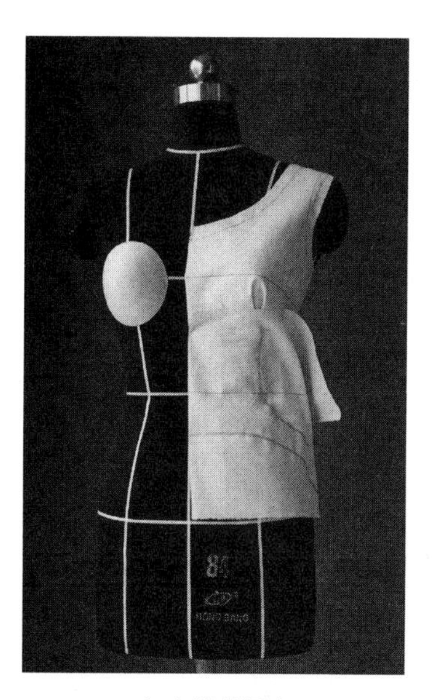

（4）披前腰布

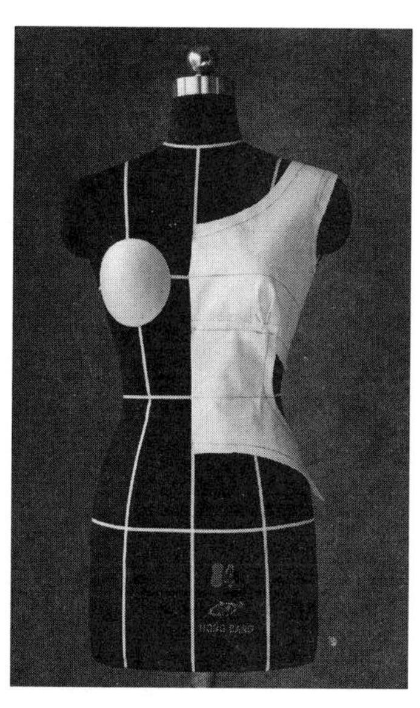

（5）确定前腰布轮廓

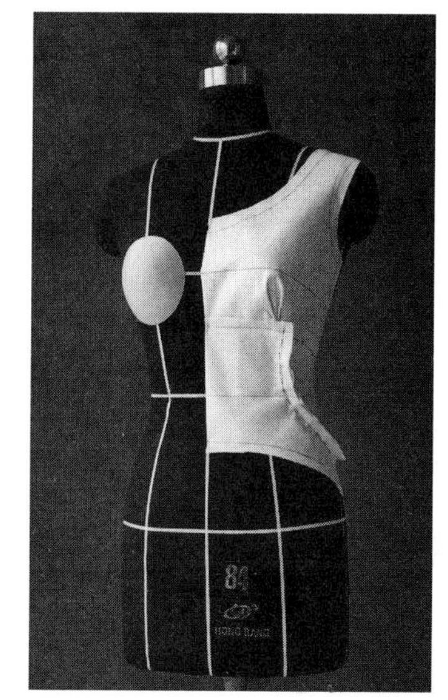

（6）做前腰侧布

图7–9　前身立体造型

3.后身立体造型

（1）标记设计线：依据款式图设计后身设计线，注意育部与前身相吻合，如图 7–10（1）所示。

（2）披后身布：将布料的后中线、胸围线与人体模型基准线对合，固定。为使衣片平整，可在领口及腰围线处剪开，如图 7–10（2）所示。

（3）修剪余料：整理布纹，按设计线标记轮廓线，预留缝份，修剪余量。为腰部合体可在后中缝收进相应余量，如图 7–10（3）所示。

（4）披后侧布：将布料胸围线对准人体模型胸围线，固定。理顺布料与后身布叠合，并标记出分割曲线，余料剪掉，如图 7–10（4）所示。

（5）确定后侧布轮廓：用对别法将侧缝与前身别合，分割缝与后身布别合。修剪余料，同时将前、后肩缝对合别好，如图 7–10（5）所示。

（6）整理造型：将缝份折叠别好，观察整体效果，调整不适合的部位，如图 7–10（6）所示。

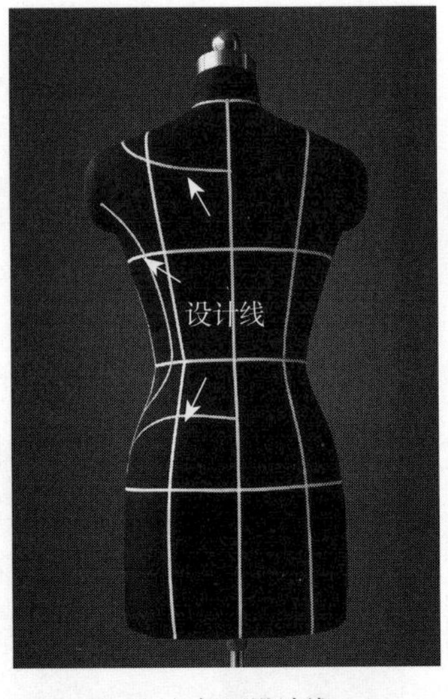

（1）标记设计线

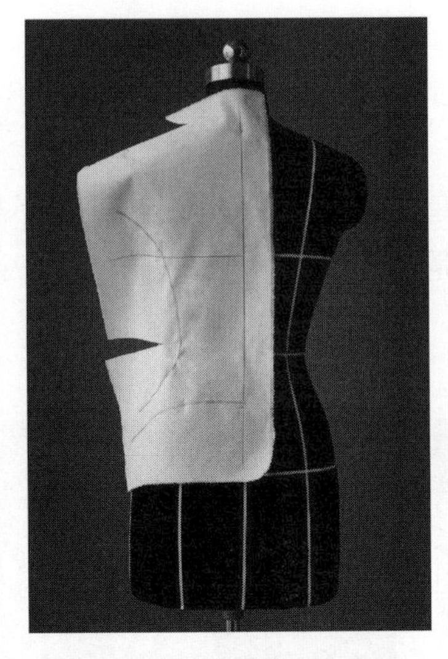

（2）披后身布

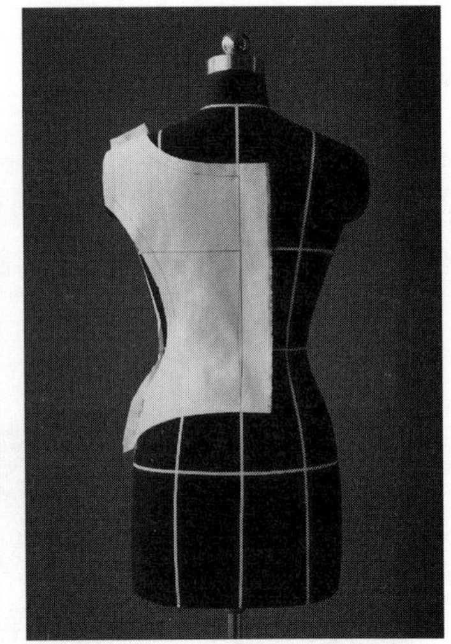

（3）修剪余料

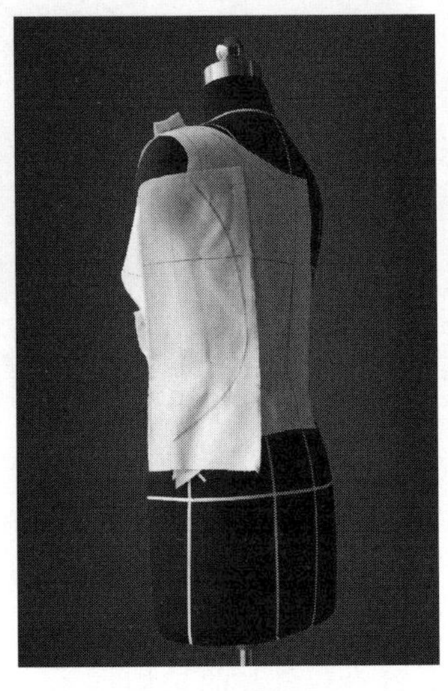

（4）披后侧布

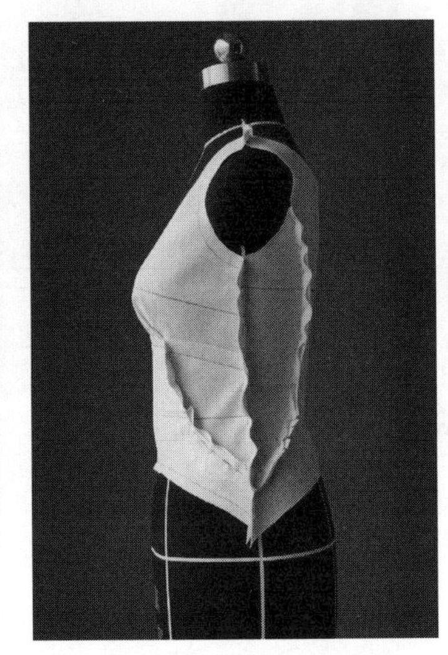

（5）确定后侧布轮廓

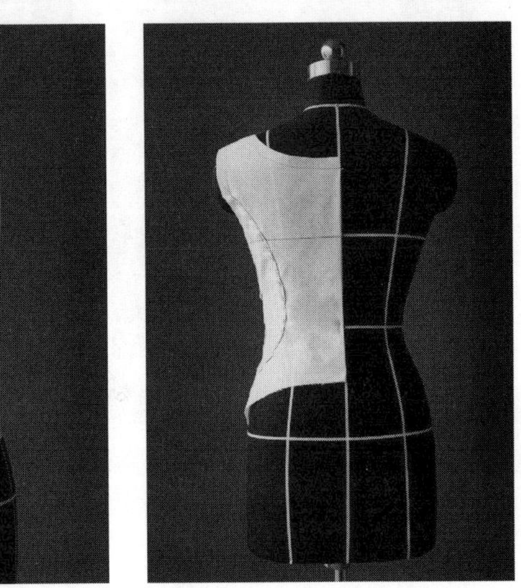

（6）整理造型

图7–10　后身立体造型

4.前、后裙立体造型

（1）披前裙布：将前裙布上边缘用手针拱缝，带紧缝线抽成碎褶。再将裙布的前中线对准人体模型的前中线，固定，如图 7–11（1）所示。

（2）标记裙腰线：依据衣身底摆线确定前裙腰围线，留出缝份，修剪余料，如图 7–11（2）所示。

（3）披后裙布：采用同样方法将后裙布的上边缘抽成碎褶，再固定到后衣身上。参照衣身底摆线标记后腰线，如图 7–11（3）所示。

（4）整理造型：将裙布缝份折叠，与衣身别好，观察其效果，做进一步的调整，如图 7–11（4）所示。

（1）披前裙布

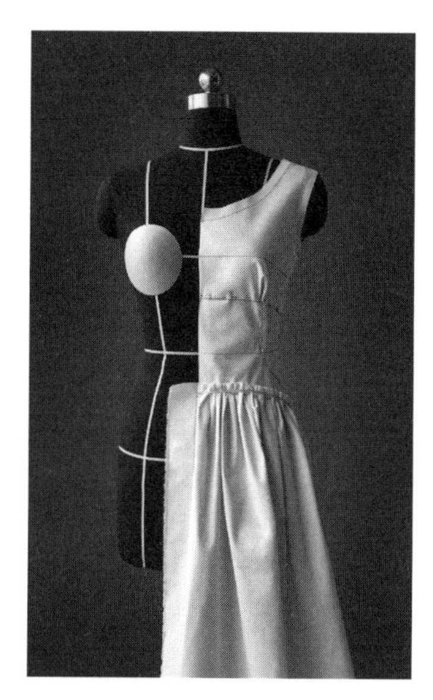

（2）标记裙腰线

（3）披后裙布

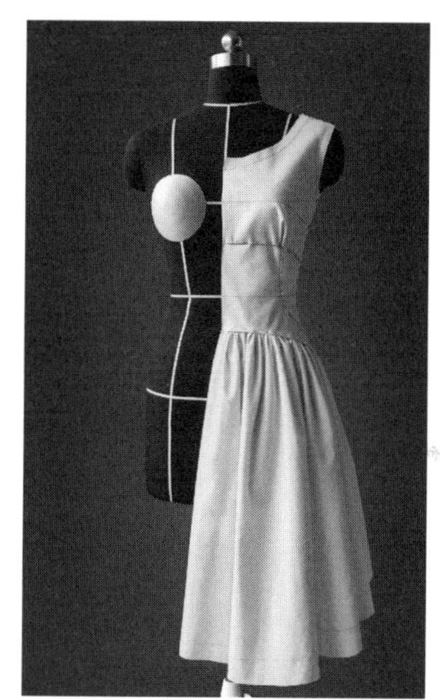

（4）整理造型

图7-11　前、后裙立体造型

5.衣袖立体造型

（1）裁剪衣袖：测量袖窿曲线的长度，依据款式图绘制出衣袖平面结构图。按结构图裁剪里、外层袖布，预留缝份，做出抽褶标记，如图 7-12（1）所示。

（2）装衣袖：将上层袖布抽好碎褶，下层袖布找好对位点，用藏针别法将两层袖布装到衣身袖窿上，观察、修整衣袖造型，确定袖口折边，如图 7-12（2）所示。

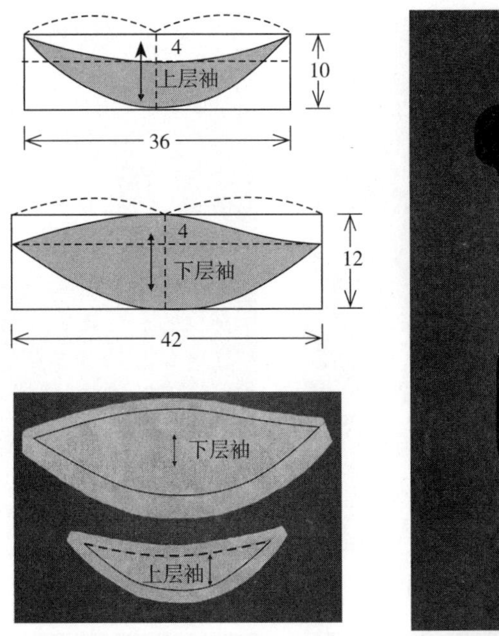

（1）裁剪衣袖　　（2）装衣袖

图7-12　衣袖立体造型

6.整体效果与展开

（1）整体效果：扣烫缝份与折边份，用折叠别法假缝。分别从正面、侧面、背面观察其整体效果，调整不合适的部位，以达到松紧适当、整体平衡，如图 7-13（1）~（3）所示。

（2）样板结构：将样衣展成平面，标记衣身褶裥位，圆顺各曲线，修剪各块布料的缝份，做出本款的样板结构，如图 7-13（4）所示。

（1）正面效果

（2）侧面效果

图7-13

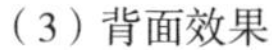

（3）背面效果

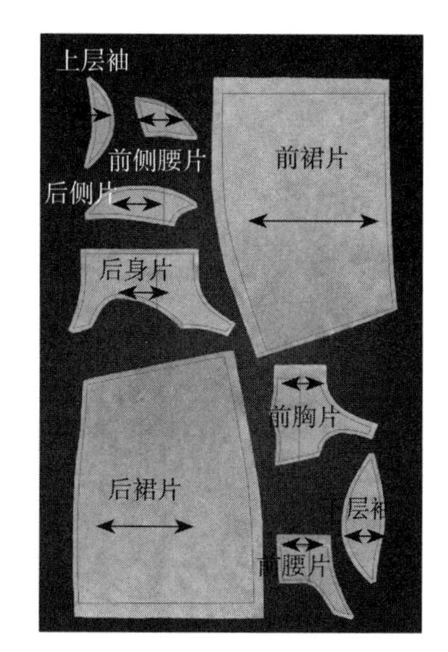

（4）样板结构

图7-13　整体效果与展开

第三节　A型连衣裙立体造型

Three-dimensional Form of A-shaped Dress

一、款式分析

本款连衣裙廓型呈 A 型。其款式特点：连衣裙侧缝由腋下向下至裙底摆，外轮廓从直线变成斜线，呈上小下大的造型，进而形成夸张效果。胸部叠褶设计，较宽的饰边装饰，体现细节的细腻与精致；裙子讲究腰线的变化，采用腰部育克，尽显女性优美的曲线，具有活泼、潇洒、充满青春活力的造型特点，如图 7-14 所示。

图7-14　A型连衣裙款式图

二、学习要点

学习 A 型廓型的立体造型方法，把握衣裙整体造型设计与比例，掌握叠褶及各部位组合方法，加强表达整体风格及美感的能力。

三、造型方法

1.布料准备

胸布：长 =35cm，宽 =45cm；饰边布：长 =30cm，

宽 =35cm；前育克布：长 =25cm，宽 =30cm；后育克布：长 =30cm，宽 =35cm；前裙布：长 =110cm，宽 =110cm；后裙布：长 =110cm，宽 =100cm。按图标记好各块布料的基准线，如图 7–15 所示。

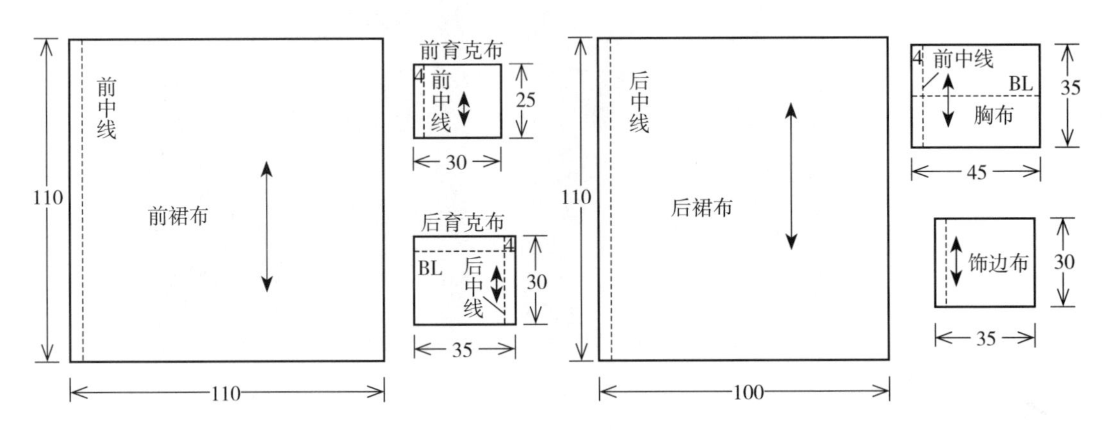

图7–15 布料准备

2.前身立体造型

（1）标记设计线：依据款式图设计前身造型线，为了强调胸部造型，可加胸垫补正，如图 7–16（1）所示。

（2）披前胸布：将布料的前中线与人体模型前中线对合，胸围线水平对准，用大头针固定。理顺胸部布料的丝缕，按款式做斜向胸褶，如图 7–16（2）所示。

（3）胸部叠褶：依次做出胸部叠褶，由于胸部圆润突起，使每一叠褶的量不同，要处理好其大小。然后用带子标出轮廓，如图 7–16（3）所示。

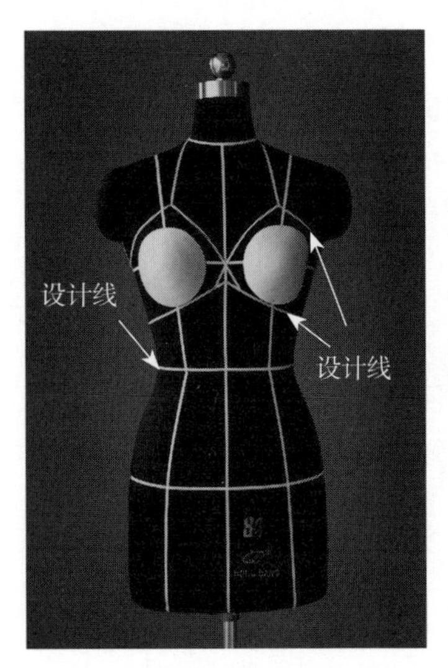

（1）标记设计线

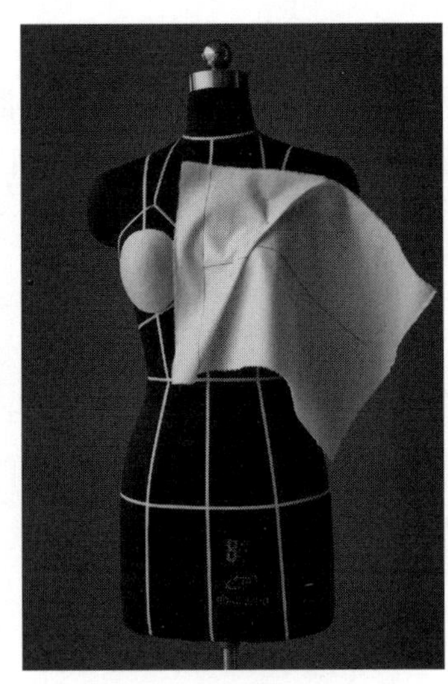

（2）披前胸布

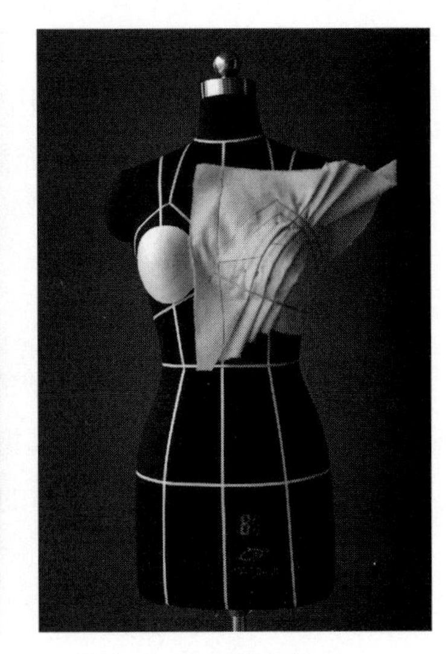

（3）胸部叠褶

图7–16

（4）确定胸部轮廓：按内层设计线预留缝份，剪掉余料，如图 7–16（4）所示。

（5）披饰边布：将布料前中线对准人体模型前中线，理顺布料丝缕，用大头针固定。标记好饰边的平行曲线，即饰边的宽度，如图 7–16（5）所示。

（6）确定饰边轮廓：沿标记线留出缝份，修剪余料，将缝边的缝份折转并用大头针与胸布固定，如图 7–16（6）所示。

（7）披育克布：将育克布的前中线对准人体模型前中线并固定，为使布料平服，可在腰线位置打剪口，如图 7–16（7）所示。

（8）确定育克轮廓：整理好育克布丝缕，确定腰部轮廓，不平处打剪口，然后标记轮廓线，余料剪掉，如图 7–16（8）所示。

（9）整理成型：折转缝边将育克布与胸布用大头针别好，如图 7–16（9）所示。

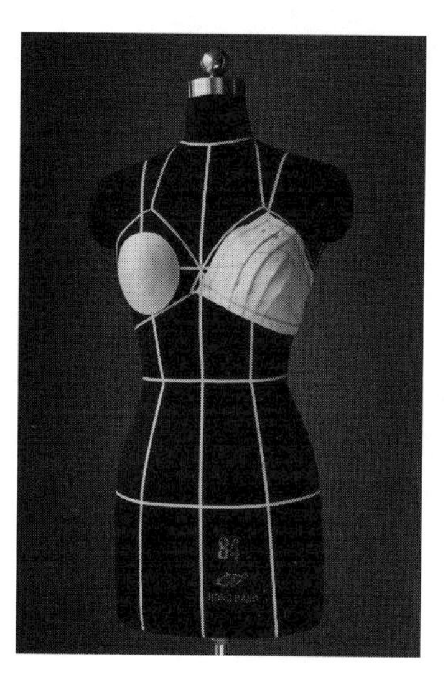

（4）确定胸部轮廓

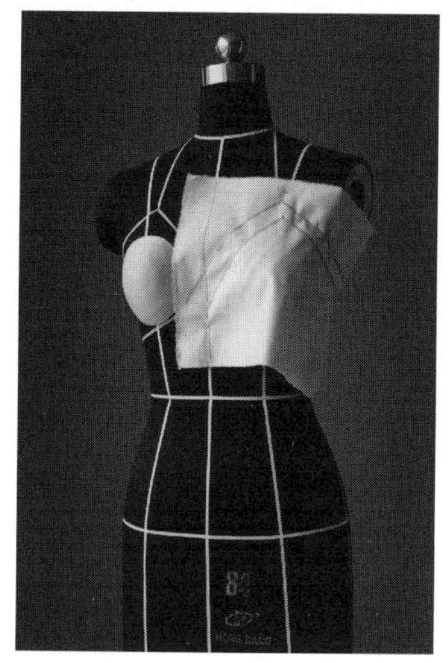

（5）披饰边布

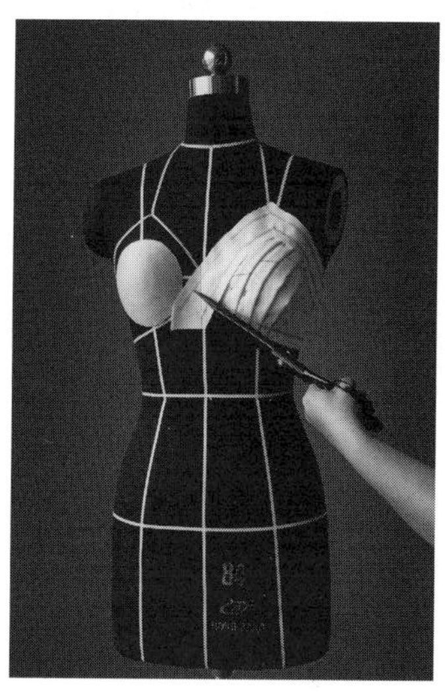

（6）确定饰边轮廓

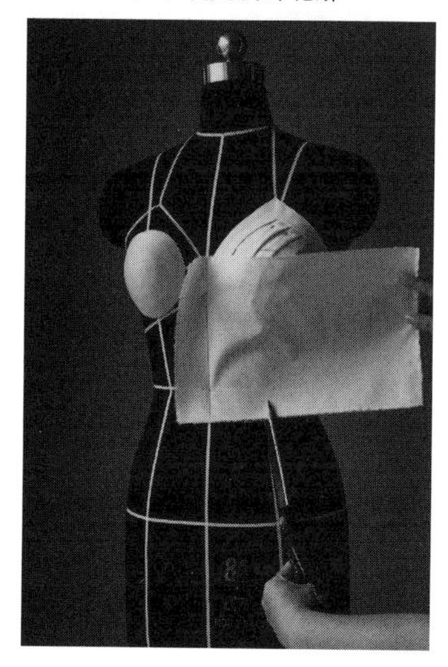

（7）披育克布

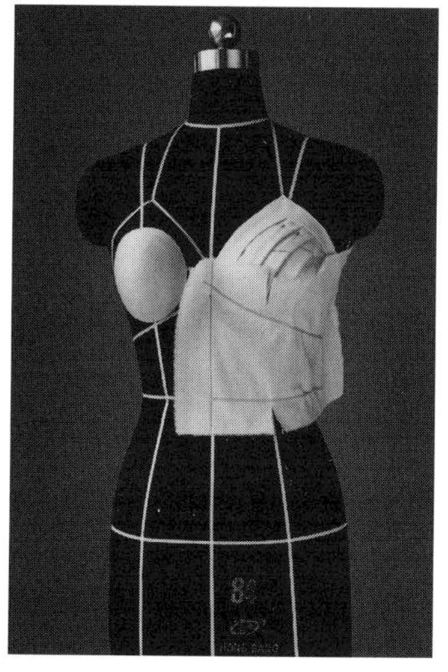

（8）确定育克轮廓

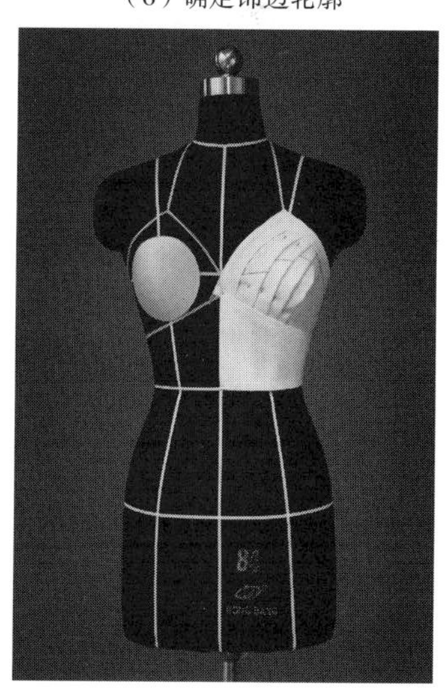

（9）整理成型

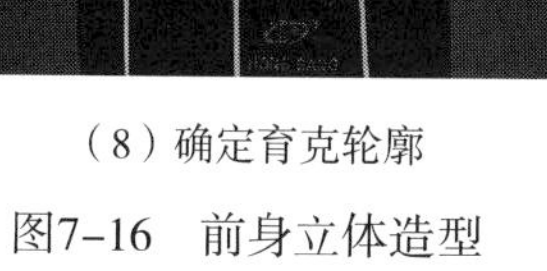

图7–16　前身立体造型

3.前裙立体造型

（1）披前裙布：按波浪裙的操作方法将裙布上端留出 20cm 的量（下摆加大量），再将布料前中线对准人体模型前中线，用大头针固定。在腰围线处做辅助开剪，如图 7-17（1）所示。

（2）做波浪褶：将侧面布料向下移动，使裙摆生成一波浪褶，调整褶量在腰围线处，用大头针固定，依次确定前裙片造型，如图 7-17（2）所示。

（3）标记轮廓线：从各角度观察前裙造型，确定侧缝、裙摆造型，用胶带做出标记；沿标记线留出缝份，修剪余量，如图 7-17（3）所示。

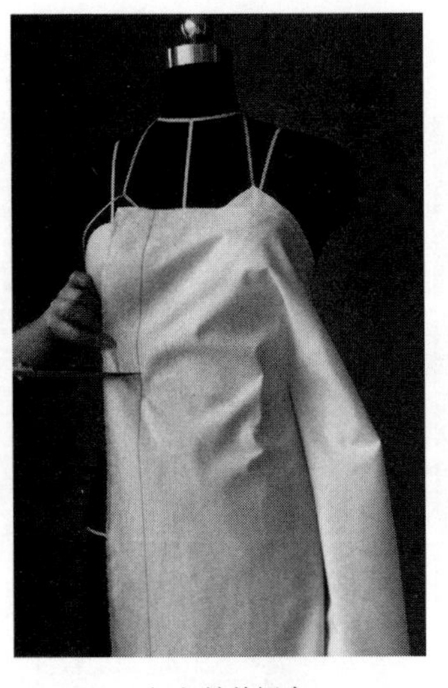

（1）披前裙布

（2）做波浪褶

（3）标记轮廓线

图7-17　前裙立体造型

4.后身立体造型

（1）标记设计线：依据款式图设计出后身造型线，注意前、后的衔接，如图 7-18（1）所示。

（2）做后腰省：将后育克布的后中线、胸围线相应对准人体模型基准线，用大头针固定。理顺布料丝缕，将腰围余量做成后腰省，省位设置在公主线附近，用大头针固定，如图 7-18（2）所示。

（3）后身造型：做后身标记线，预留缝份，修剪余量，折转缝份用大头针固定，如图 7-18（3）所示。

（4）后裙造型：采用前裙的造型方法，确定后裙造型。标出裙侧缝及裙摆，预留缝份，修剪余量，注意侧缝的前后吻合，如图 7-18（4）所示。

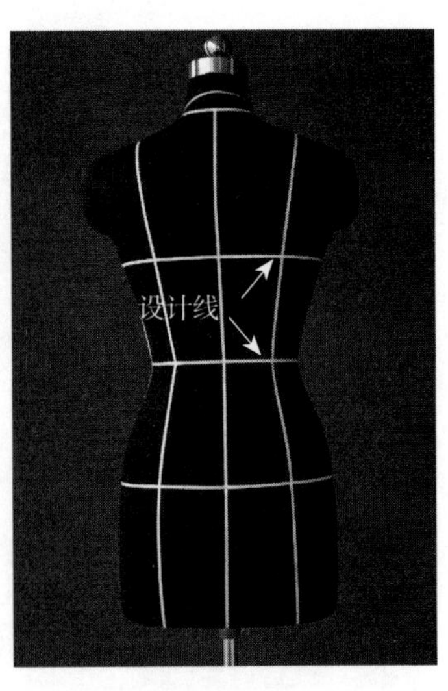

（1）标记设计线

图7-18

（2）做后腰省

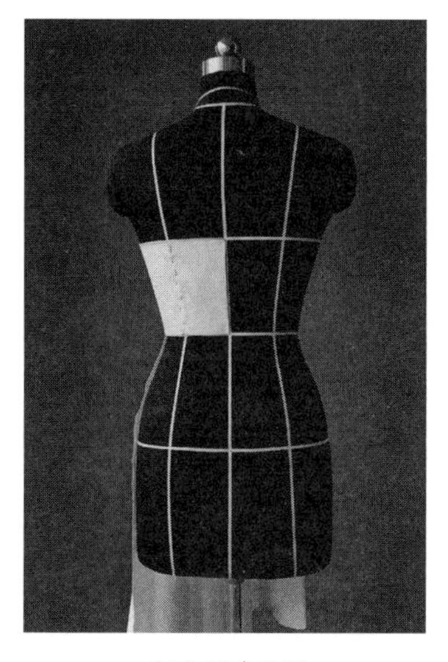

（3）后身造型

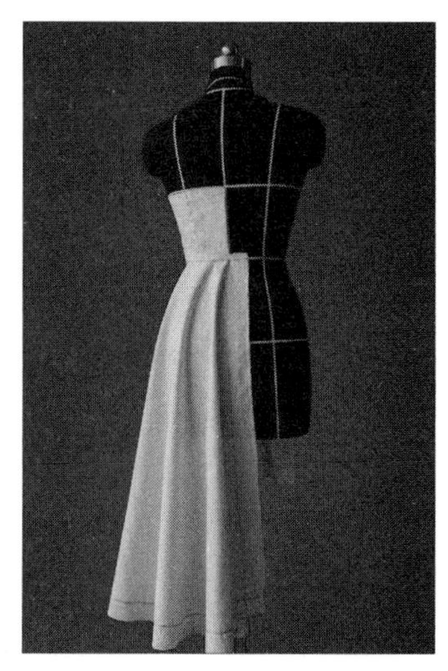

（4）后裙造型

图7-18　后身立体造型

5.整体效果与展开

（1）整体效果：扣烫胸部褶裥、领口、袖窿、胸部饰边、底摆折边等处，同时扣烫吊带，然后穿于人体模型上。观察整体效果，修改不平服、不适应处，以达到松紧适当、整体平衡，如图7-19（1）~（3）所示。

（2）样板结构：将样衣展成平面，标记褶裥位，圆顺袖窿、领口、育克、底摆等曲线，修剪各块布料的缝份，做出本款的样板结构，如图7-19（4）所示。

（1）正面效果

（2）侧面效果

图7-19

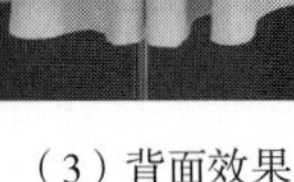

(3) 背面效果

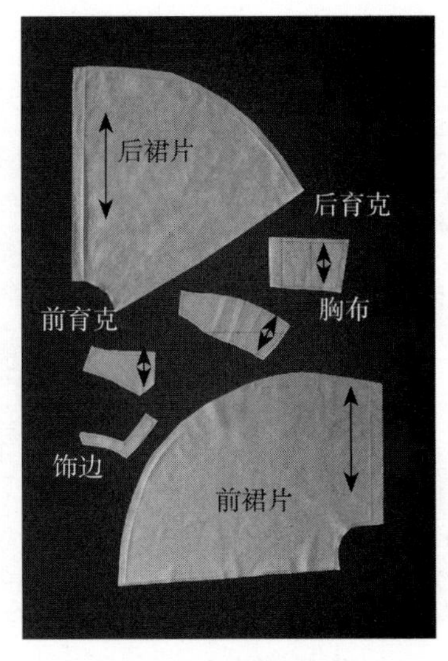

(4) 样板结构

图7-19　整体效果与展开

第四节　O型连衣裙立体造型

Three-dimensional Form of O-shaped Dress

一、款式分析

本款连衣裙廓型呈 O 型。其款式特点：连衣裙肩部合体，胸部及腰部较为宽松，通过收紧的下摆，使衣裙形成蓬起的造型。衣身胸前、背部加入曲线分割及塔克褶装饰，使其产生肌理变化。衬衫领，球型衣袖与裙子造型相呼应。此连衣裙整体造型沉稳大气，个性十足，如图 7-20 所示。

图7-20　O型连衣裙款式图

二、学习要点

学习 O 型裙的造型与制作方法，掌握裙摆及衣袖如何收紧的技巧，掌握衬衫领及塔克褶的制作技术。

三、造型方法

1.布料准备

前身布：长 =140cm，宽 =150cm；后身布：长 =140cm，宽 =150cm；前胸饰布：长 =

35cm，宽 =50cm；后褶饰布：长 =40cm，宽 =50cm；前裙摆布：长 =35cm，宽 =75cm；后裙摆布：长 =35cm，宽 =70cm；袖布：长 =25cm，宽 =55cm；袖头布：长 =25cm，宽 =50cm；翻领布：长 =20cm，宽 =40cm；领座布：长 =10cm，宽 =35cm。按图标记好各块布料的基准线，如图 7–21 所示。

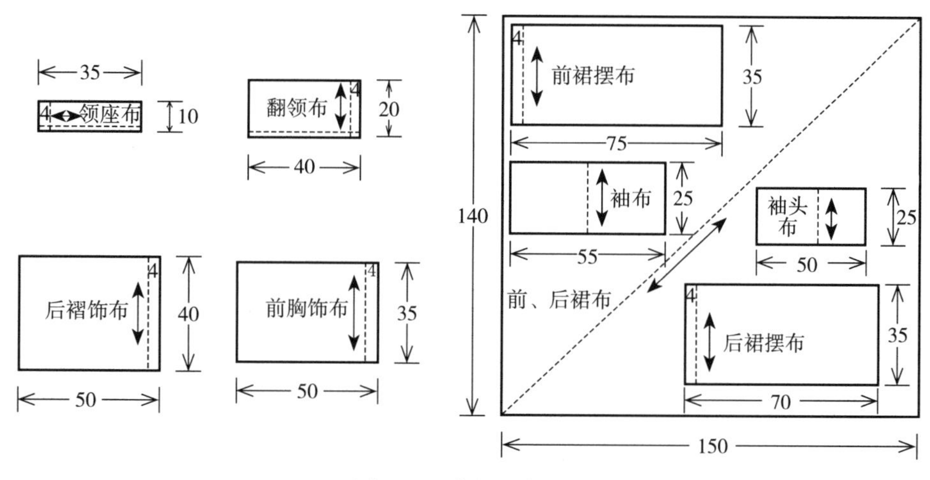

图7–21　布料准备

2.前裙立体造型

（1）标记设计线：依据款式图设计标记 U 型造型线，为了强调胸部造型，可加胸垫补正，如图 7–22（1）所示。

（2）披前胸饰布：将布料前中线与人体模型前中线对合，整理布料丝缕。将领口部位余量剪去，用大头针固定。按款式图确定褶饰位置，如图 7–22（2）所示。

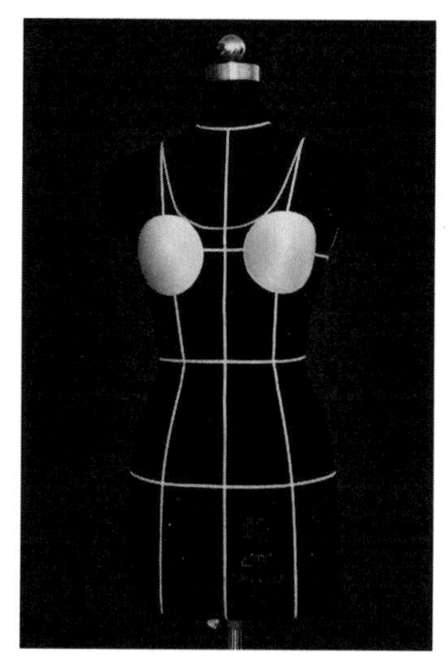

（1）标记设计线

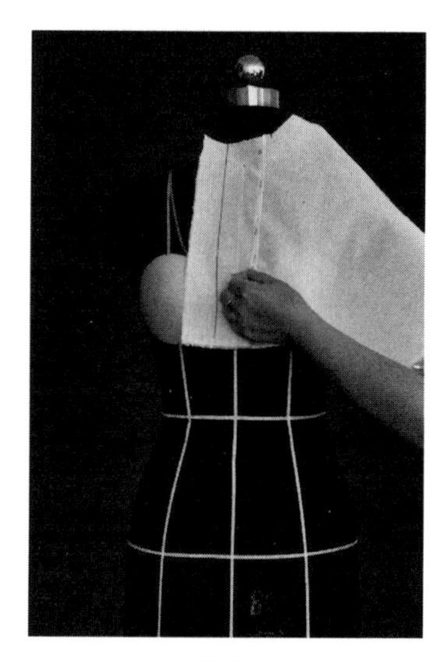

（2）披前胸饰布

图7–22

（3）做褶饰：褶量2cm、褶间距1cm，依次叠褶，逐一固定，如图7–22（3）所示。

（4）褶饰造型：参照人体模型上的设计线确定褶饰布轮廓，留出缝份，修剪余料，如图7–22（4）所示。

（5）披前裙布：将布料斜角对折，折线对准人体模型前中线；在领口中心开剪，理顺布料丝缕。分别固定肩线、侧缝线，调整衣片造型，为达O型造型，下摆量留够。标记领口线、底摆线，如图7–22（5）所示。

（6）确定侧缝：依据标记线留出缝份，修剪轮廓，用大头针将其与褶饰布固定。同时确定侧缝线，如图7–22（6）所示。

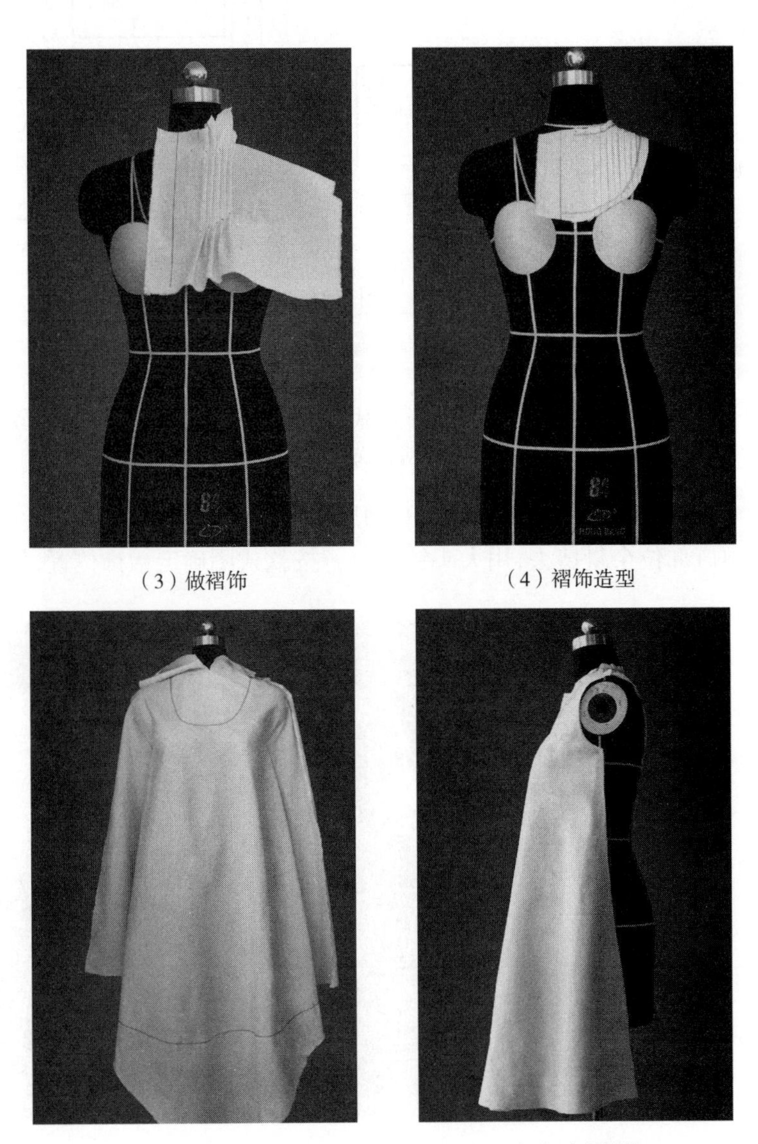

（3）做褶饰　（4）褶饰造型

（5）披前裙布　（6）确定侧缝

图7–22　前裙立体造型

3.后裙立体造型

（1）披后褶饰布：按前胸饰布的操作方法完成后褶饰布的制作，确定其轮廓线，如图 7–23（1）所示。

（2）披后裙布：方法同前裙片，修剪领口余量，外展衣摆，用大头针固定；确定后裙片轮廓标记线，如图 7–23（2）所示。

（3）与褶饰组合：留出缝份，修剪轮廓，折转缝份与褶饰布固定，如图 7–23（3）所示。

（4）与前裙对合：用大头针将前、后裙片侧缝、肩缝别好，从各角度观察款式造型，确定裙摆、袖窿轮廓，如图 7–23（4）所示。

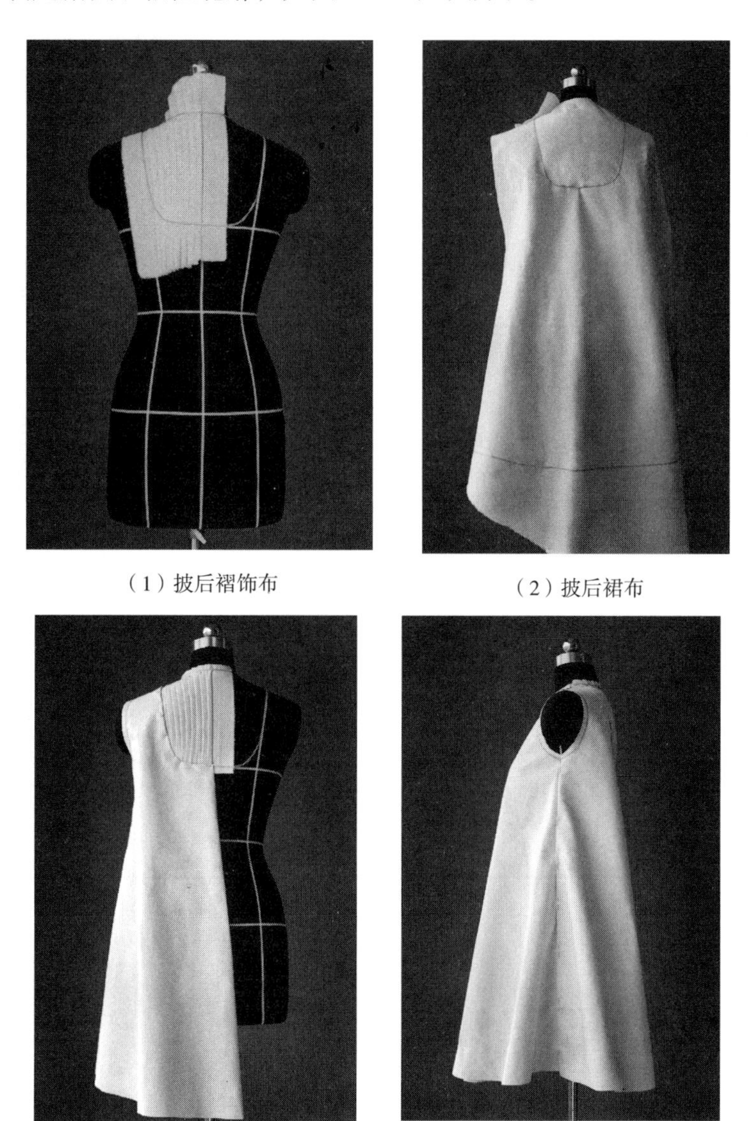

（1）披后褶饰布　（2）披后裙布

（3）与褶饰组合　（4）与前裙对合

图7–23　后裙立体造型

4.裙摆立体造型

（1）裙摆制图：用平面制图法完成裙摆制图。为收裙摆，将其四等分，在等分点上预做省，如图 7-24（1）所示。

（2）裁剪裙摆：理顺布料丝缕，按裙摆图形加放缝份，如图 7-24（2）所示。

（3）装裙摆：将裙摆布装于裙身上，按标记线位置收省，调整省量大小（一方面达到 O 型造型，另一方面使之不妨碍行走），用大头针固定。观察、调整裙摆造型，如图 7-24（3）、（4）所示。

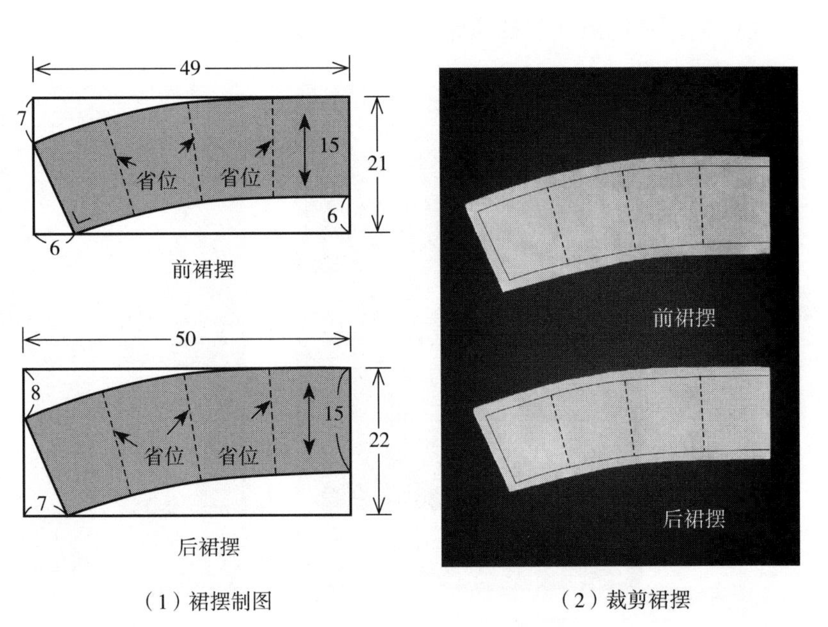

（1）裙摆制图　　（2）裁剪裙摆

（3）装裙摆　　（4）装裙摆

图7-24　裙摆立体造型

5.衣领立体造型

（1）披领座布：操作方法同衬衫领设计，将领座布后中线对准人体模型后中线，在基准线上插入大头针，围绕领座，在肩颈点处间隔打剪口，同时观察与颈部的吻合度，如图 7–25（1）所示。

（2）领座造型：确定领座宽度及领角造型，标记领座轮廓，如图 7–25（2）所示。

（3）披翻领布：将翻领布后中线对合领座的后中线，翻领下口线与领座上口线要相吻合，用大头针固定。这一步骤是难点，要反复实践才能掌握。折转翻领，确定翻领宽，如图 7–25（3）所示。

（4）翻领造型：确定翻领外口及领角造型，修剪余量，折转缝份观察效果，如图 7–25（4）所示。

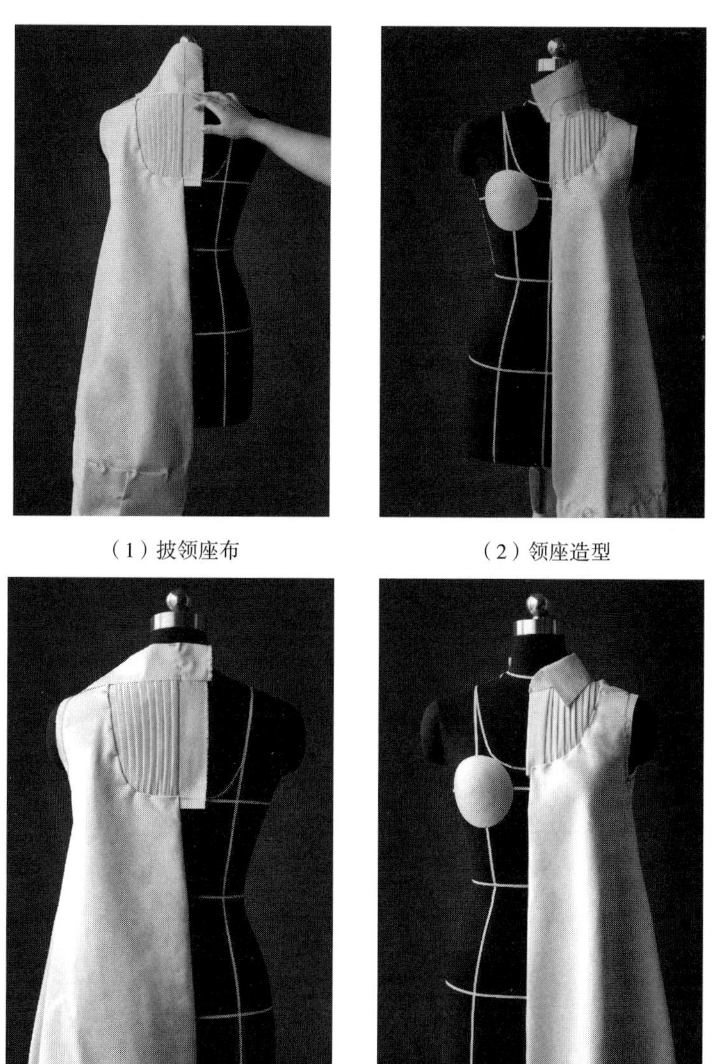

（1）披领座布　（2）领座造型

（3）披翻领布　（4）翻领造型

图7–25　衣领立体造型

6.衣袖立体造型

（1）裁剪衣袖：测量袖窿 AH 值，在平面图上制出衣袖结构图。按样图形板裁剪袖片与袖头，标记装袖对位符号，如图 7–26（1）所示。

（2）装衣袖：采用藏针别法将袖山与袖窿别好，边制作边调整袖山吃势，多角度观察衣袖袖山造型，如图 7–26（2）所示。

（3）装袖头：折转袖头缝份，与衣袖别好，注意袖口收紧效果，如图 7–26（3）所示。

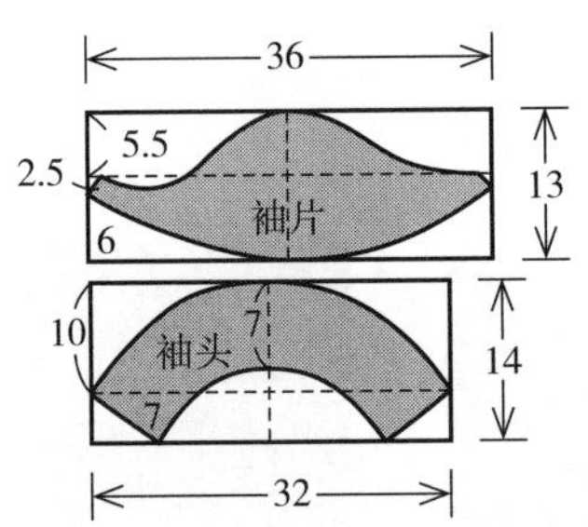

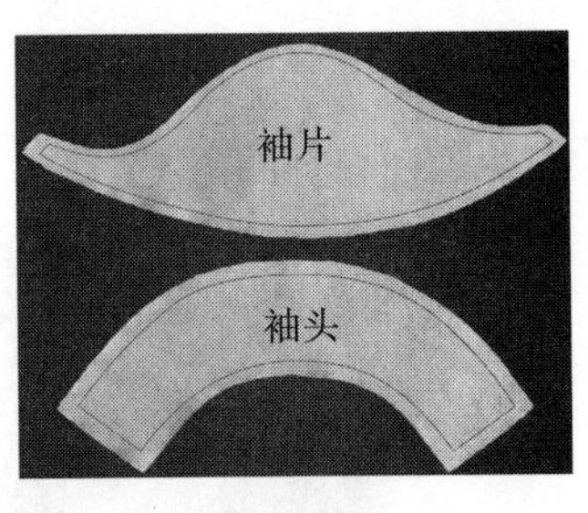

（1）裁剪衣袖

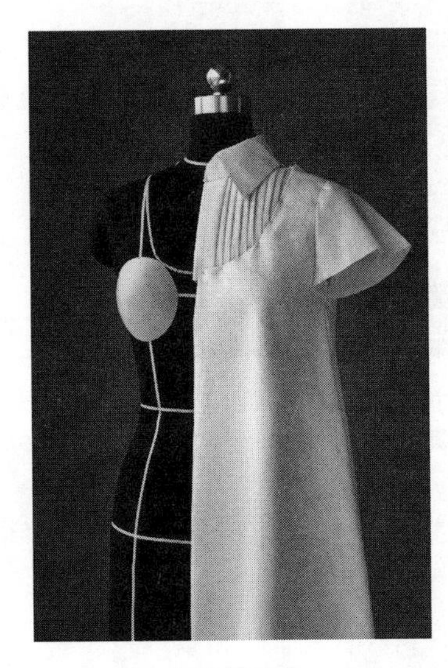
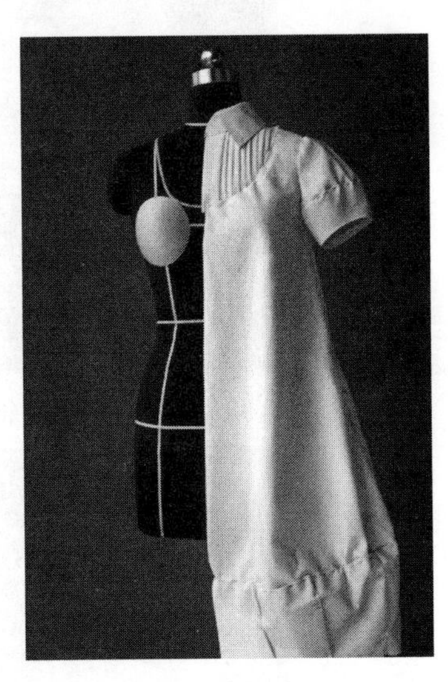

（2）装衣袖　　（3）装袖头

图7–26　衣袖立体造型

7.整体效果与展开

（1）整体效果：分别从正面、侧面、背面观察其整体效果，调整不合适的部位，以达到松紧适当、整体平衡，如图 7–27（1）~（3）所示。

（2）样板结构：将样衣展成平面，标出前、后褶饰部分的褶裥位、裙摆的褶位及对位记号，圆顺各曲线，修剪各块布料的缝份，做出本款的样板结构，如图 7–27（4）所示。

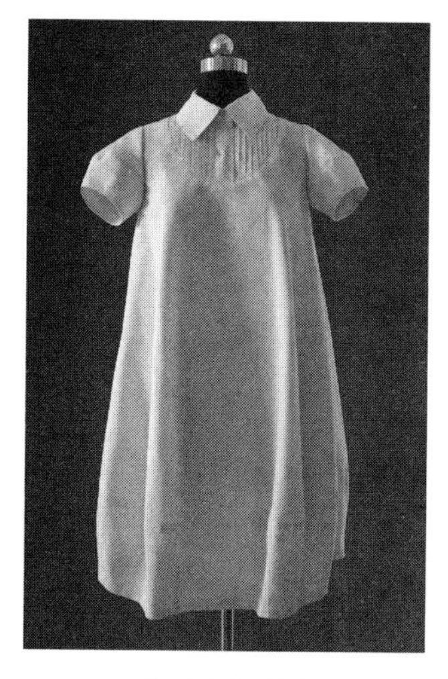

（1）正面效果

（2）侧面效果

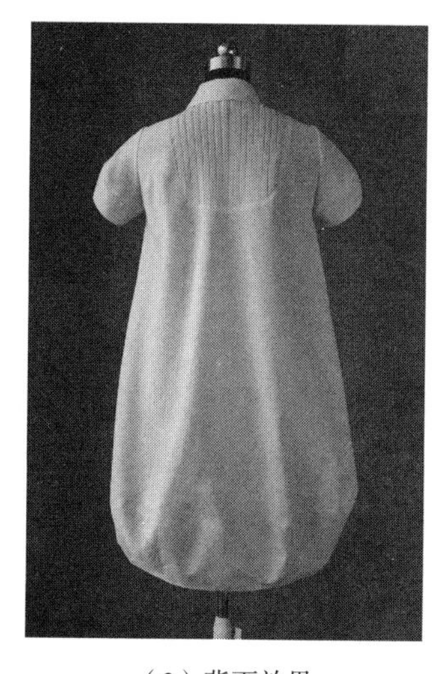

（3）背面效果

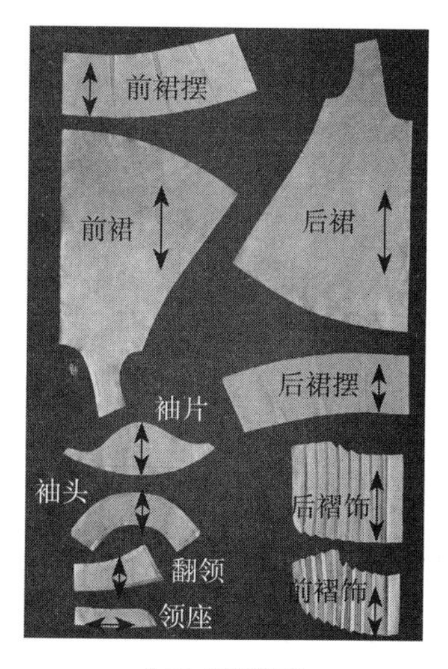

（4）样板结构

图7-27 整体效果与展开

第五节 连衣裙立体试衣与弊病修正

Three-dimensional Fitting and Correct Fault of Dress

穿着连衣裙后，稍微离开镜子自然站立，从正面、侧面、背面仔细观察，一看衣裙整体是否平衡、适体；二看细节是否准确、美观，并确认达到服装功能性要求（即舒适性）。对有弊病的地方做补正记号，分析弊病的原因所在，并进行相应修正。

一、主要观察要点

1.正面观察要点

（1）基准线：前中线是否顺直？胸围线、腰围线、臀围线是否水平？

（2）省缝：省缝的方向、位置、大小是否合理？

（3）褶裥：褶裥的收缩是否均匀？褶量大小、位置是否一致？

（4）松量：肩、胸、腰部松量是否适量？

（5）裙摆：裙摆是否水平？左右是否对称？

（6）衣领：领座高、翻领宽、领角的大小及角度设计是否合适？

（7）衣袖：左、右衣袖是否对称？

2.侧面观察要点

（1）松量：前、后裙身是否平服？肩线位置是否准确？

（2）侧缝：侧缝线是否自然顺直？

（3）衣领：衣领侧面表象是否合适平整？

（4）衣袖：袖肥、袖山高度、吃势是否合适？袖位是否正确？与衣身的比例是否合适？

（5）裙摆：侧缝处是否起吊？前后裙摆是否顺直？

3.背面观察要点

（1）衣身：衣身布料丝缕是否平服？是否产生皱褶？

（2）基准线：后中线是否顺直？胸围线、腰围线、臀围线是否水平？

（3）松量：肩、背部松量是否适量？

（4）衣领：衣领止口线松紧是否合适？是否遮盖装领线？

（5）衣袖：左、右衣袖是否对称？袖山吃势是否均匀？

二、弊病及修正

1.前腰育克弊病及修正方法

（1）弊病特征：穿着后，前腰育克不平服，出现斜绺现象，如图 7–28（1）所示。

（2）产生原因与修正方法：由于腰部松量过多，育克翘势不足而产生的弊病。修正方法：在腰部公主线位置将多余松量用大头针别起，使其合体，并做出标记，测量别起量数值，作为修改样片的依据，如图 7–28（2）所示。

（3）平面修正：在前育克片上做剪开线两条，依据测量值上端为 0.4cm、下端为 1cm；通过剪开线收缩余量；由于上、下收缩量不同，致使移动的样片在腰围线处产生向下翘势，因此侧缝线也要相应收缩。将修正好的纸样重新绘制出来，按其裁剪出新的腰育克即可，如图 7–28（3）所示。

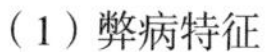

(1)弊病特征

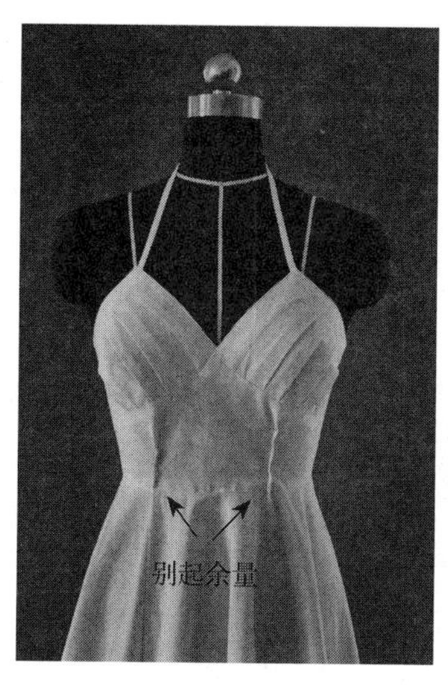

(2)修正方法

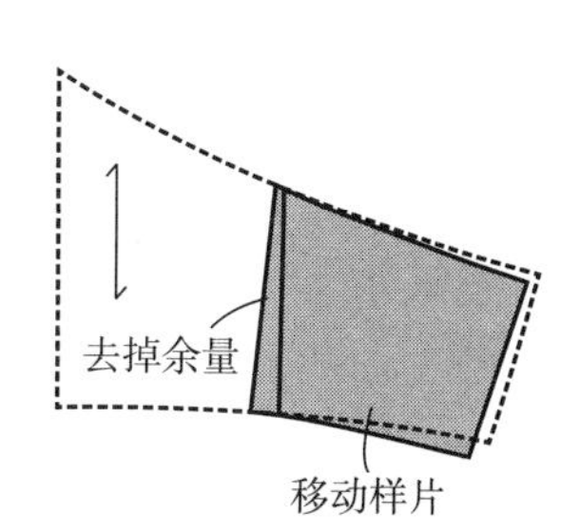

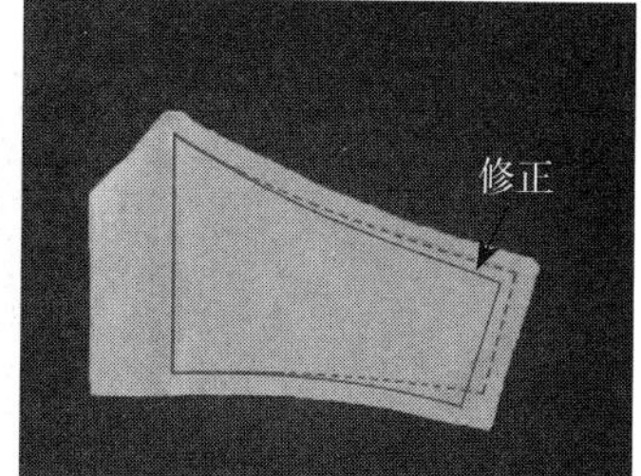

(3)平面修正

图7–28　前腰育克不平服弊病修正

2.领口弊病及修正方法

(1)弊病特征：着装后，衣身领口弧线过浅，导致领座上翘，俗称“卡脖”，如图 7–29(1)所示。

(2)产生原因与修正方法：由于标记领口弧线时没有考虑立领式衣领的结构特点，因此致使领口弧线的领深过浅。修正方法：在前领深处下移 1cm，按新位置用带子作出标记，圆顺新领口弧线，如图 7–29(2)所示。

(3)修剪成型：沿指示线修剪领口，完成新领口造型，如图 7–29(3)所示。

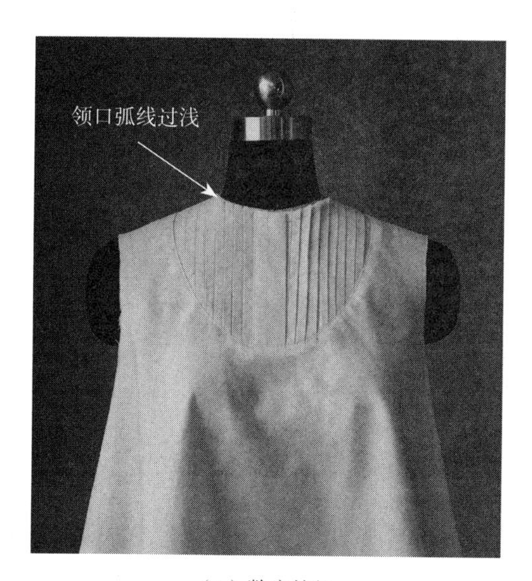

(1)弊病特征

(2)修正方法

图7–29

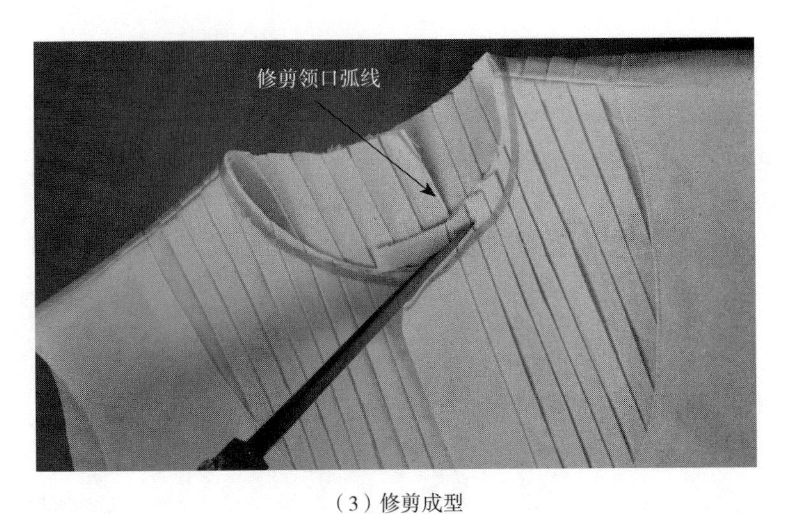

（3）修剪成型

图7-29　领口弊病及修正

3.裙摆弊病及修正方法

（1）弊病特征：缝合侧缝时，前、后裙摆产生高低差，裙摆明显不圆顺，如图 7-30（1）所示。

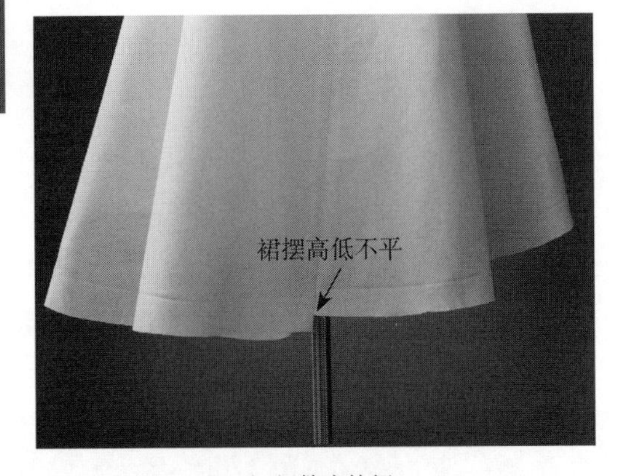

（1）弊病特征

（2）产生原因与修正方法：由于裙布为斜纱向，在波浪褶自然下垂时会产生不同程度的变形，致使前、后裙摆的长度产生差值。修正方法：在悬垂状态下，将裙摆边按到地面的等距离进行调整，并用带子作出标记，如图 7-30（2）所示。

（3）平面展开：将裙布展成平面，再次圆顺裙摆边造型，修剪差值量，如图 7-30（3）所示。

（2）修正方法

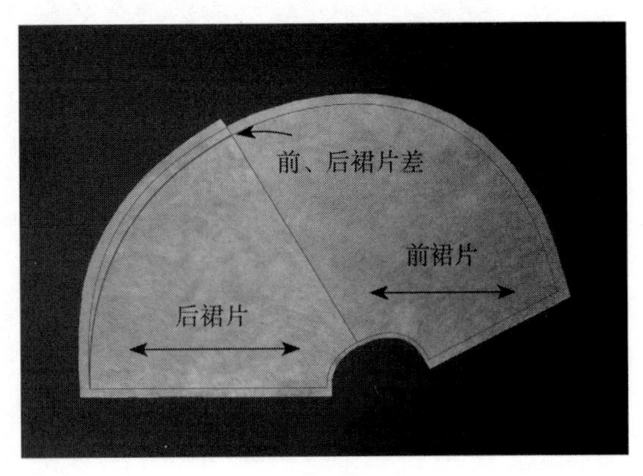

（3）平面展开

图7-30　裙摆弊病及修正

第八章　衬衫立体造型

Three-dimensional Form of Shirt

衬衫是人们上半身穿着服装的总称，是服装中普遍且常用的成衣款式之一。随着服装的发展，衬衫的造型和结构越来越多样化、日趋时装化和外衣化。本章的教学目的为深入理解掌握衬衫类的基本结构，掌握各种廓型衬衫的立体造型方法以及衬衫的弊病修正技术。

第一节　H型普通衬衫立体造型

Three-dimensional Form of H-shaped Normal Shirt

一、款式分析

本款衬衫廓型呈 H 型。其款式特点:明门襟、四粒扣、直下摆，“V”字型立领，一片袖、且在袖口处设计可调节衣袖长短的装饰带。本款式简洁、大方、休闲、实用，适于各种场合选用，如图 8-1 所示。

图8-1　H型衬衫款式图

二、学习要点

学习 H 型衬衫的基本构成，正确把握衣身松量的大小、立领设计与造型；掌握衣袖结构制图，掌握调整衣袖肥瘦与组装的方法。

三、造型方法

1.**布料准备**

前身布：长 =70cm，宽 =50cm；后身布：长 =70cm，宽 =40cm；袖布：

长 =65cm，宽 =42cm；袖头布：长 =30cm，宽 =10cm；衣领布：长 =10cm，宽 = 35cm。按图标记好各块布料的基准线，如图 8-2 所示。

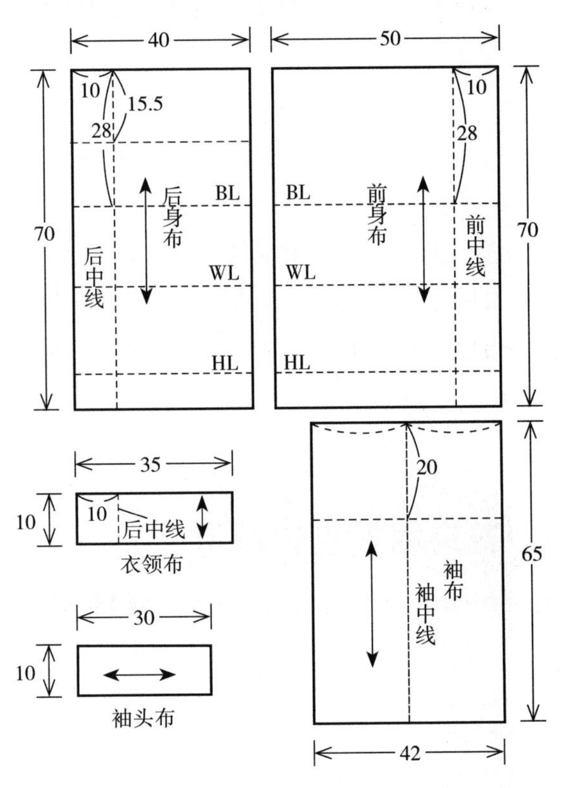

图8–2　布料准备

2.前身造型

（1）披前身布：将布料的前中线与人体模型前中线对合，胸围线、腰围线、臀围线同时水平对准或对合，固定。为使前领口处的布料平服，可在前领中心处打一剪口，如图 8–3（1）所示。

（2）部位造型：理顺领口、肩部的布料，按人体模型的基准线剪出领口、肩部的形状。抚平肩部、袖窿部位的布料，确定胸宽点、袖窿深点、肩端点并做好标记，然后粗裁袖窿形状，如图 8–3（2）所示。

（3）做腋下省：胸宽点靠腋下处适当加入松量（1~1.5 cm），固定。把侧边多余的量在腋下捏出腋下省，注意省尖距 BP 点 3cm，用大头针固定。同时保持腰围线、臀围线的水平状态，如图 8–3（3）所示。

（4）确定轮廓：调整胸围、腰围、臀围的松量使之呈 H 型造型，确定侧缝线，剪掉余料。然后标记前门襟、领口、袖窿、底摆等轮廓线，如图 8–3（4）所示。

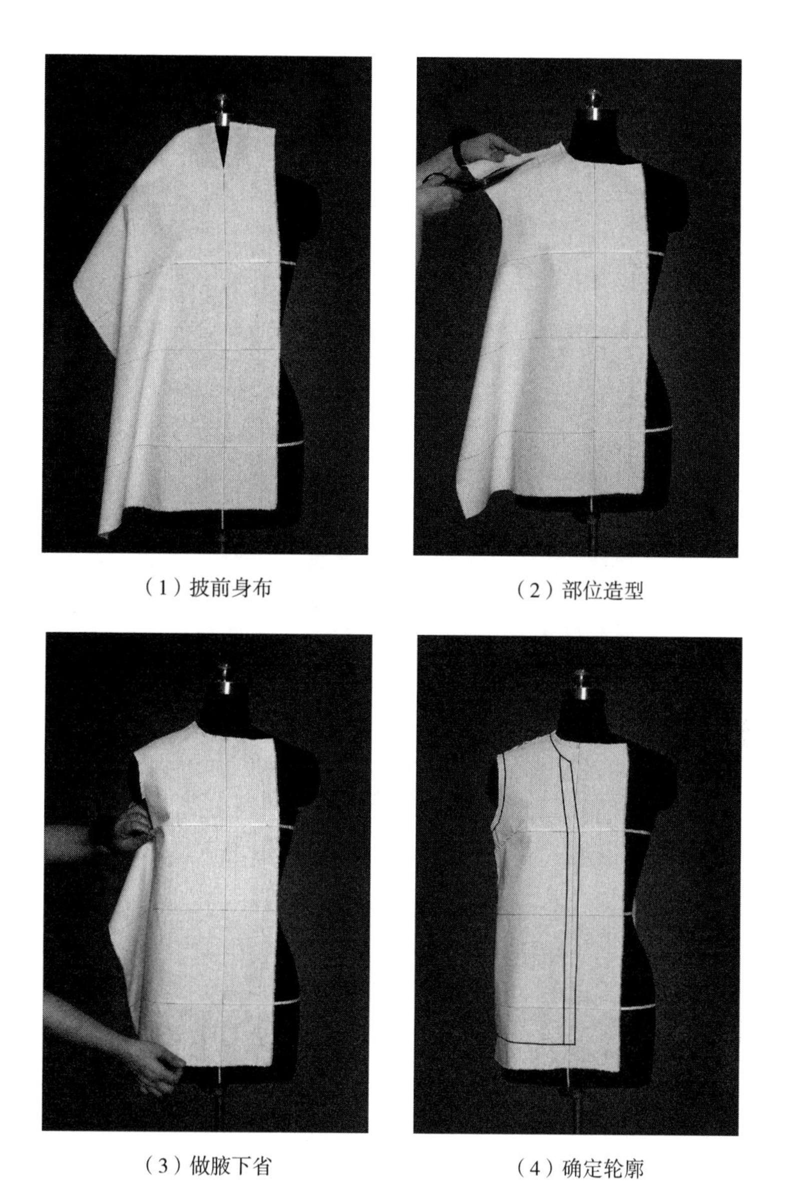

（1）披前身布　（2）部位造型

（3）做腋下省　（4）确定轮廓

图8-3　前身造型

3.后身造型

（1）披后身布：将布料的后中线、胸围线、腰围线、臀围线与人体模型基准线对合，固定。为使后领口处的布料平服，可在后领中心处打一剪口，如图 8-4（1）所示。

（2）领肩造型：后领口预留少许松量，按人体模型领口线标记，剪去多余的布料。同时理顺肩部的布料，剪掉余料，如图 8-4（2）所示。

（3）粗裁袖窿：在背宽点靠腋下处加入适当的松量（1~1.5cm），固定。抚平袖窿及腋下的布料，距腋下 2.5cm 处确定为袖窿最低点，粗裁袖窿形状，如图 8-4

（3）所示。

（4）对合侧缝：考虑腰围、臀围的松量大小，确定侧缝线。将前、后片侧缝处用重叠别法别合，使前、后片的胸围线、腰围线、臀围线平齐，调整各部位松量大小呈 H 型廓型。同时把前、后小肩对合固定，后肩缝略有缩缝量，如图 8-4（4）所示。

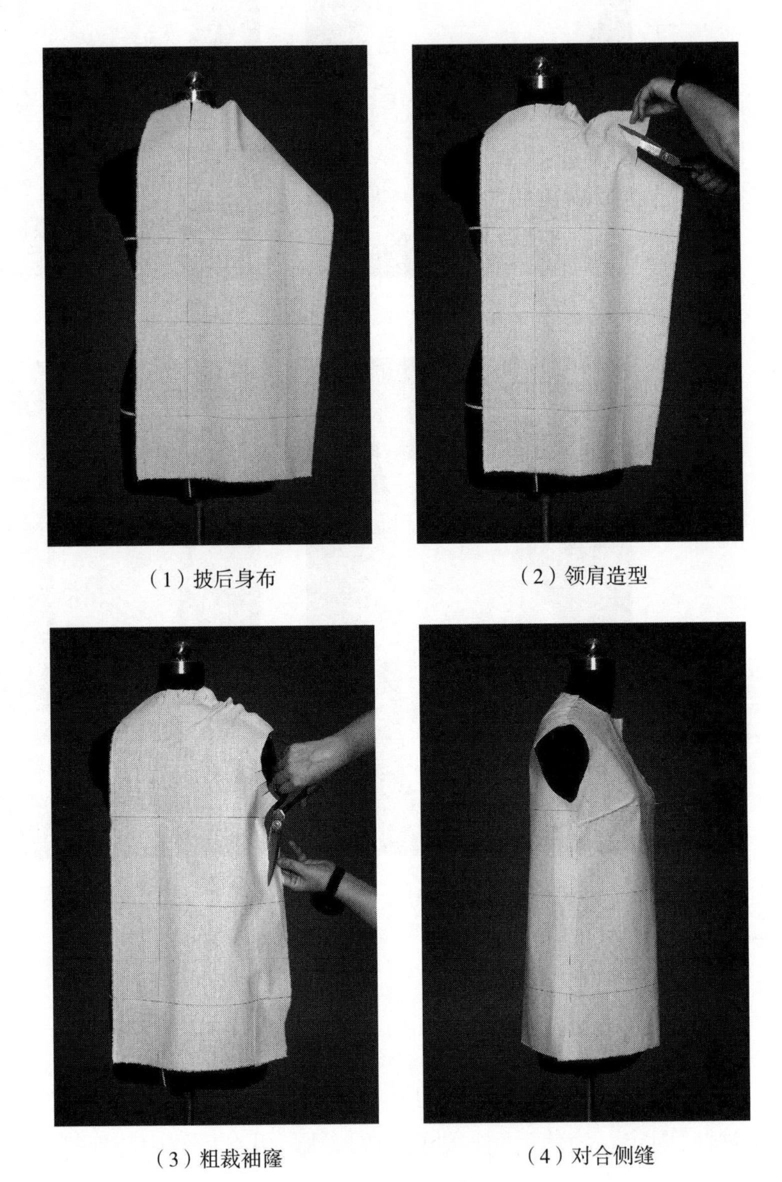

（1）披后身布　（2）领肩造型

（3）粗裁袖窿　（4）对合侧缝

图8-4　后身造型

4.衣领造型

（1）披衣领布：将领布的后中线与人体模型后中线对合固定，为稳固起见，在距对合固定点 2cm 的位置水平再别一根大头针，如图 8-5（1）所示。

（2）调整领松度：将衣领布沿领口经肩颈点向前围绕，右手将领前端下面的布料向外翻折，且上下移动翻折布料的大小，调整衣领与颈部的空隙，左手在肩颈点处把握衣领布的贴颈程度（可垫一手指），然后在领前端固定，如图 8–5（2）所示。

（3）设计领型：将衣领松量调整好后，按人体模型的领口线标记领下口线，剪掉余料。然后用带子设计衣领的宽度与形状，如图 8–5（3）所示。

（4）制作衣领：整理衣领轮廓，扣烫缝份，并装到衣身领口上，观察效果，如图 8–5（4）所示。

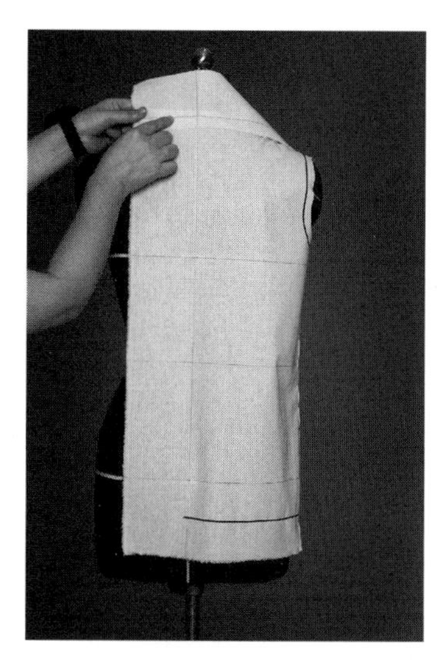

（1）披衣领布

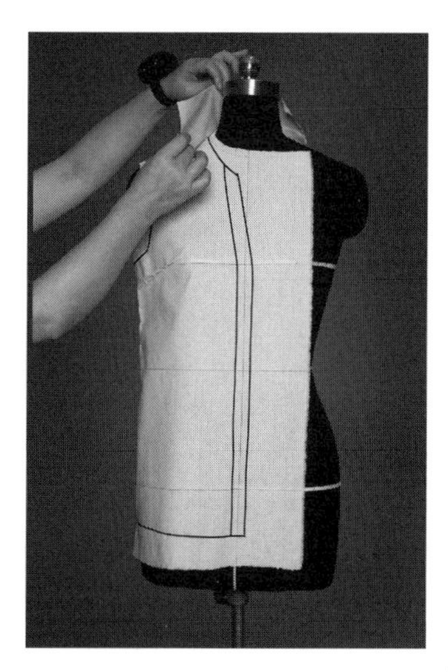

（2）调整领松度

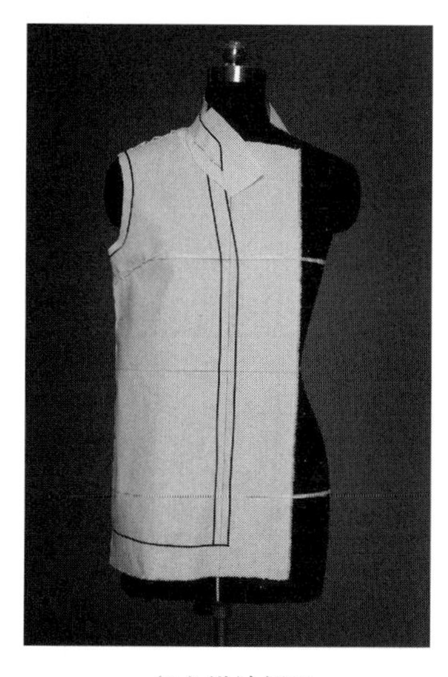

（3）设计领型

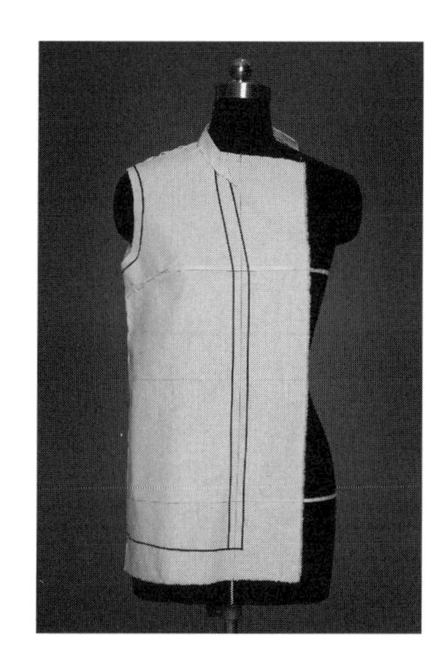

（4）制作衣领

图8–5　衣领造型

5.衣袖造型

（1）衣袖制图：先测量袖窿周长（即 AH 值），再采取平面制图方法配裁衣袖结构图，如图 8–6（1）所示。

（2）做衣袖：扣净后袖缝的缝份，与前袖缝别合，同时折净袖口折边，缩缝袖山，使袖山周长等于袖窿周长，如图 8–6（2）所示。

（3）装衣袖：衣身袖窿底处与袖山底线对准，用大头针固定，然后从袖窿底前、后各 2.5cm 处将衣袖与袖窿对准别合，如图 8–6（3）所示。

（4）调整衣袖：装袖时手臂略向前偏移 35° 左右，将袖山顶点与肩端点对准，用藏针别法逐一与袖窿固定在一起。装好后检查衣袖的位置，使之不偏前也不靠后，如图 8–6（4）所示。

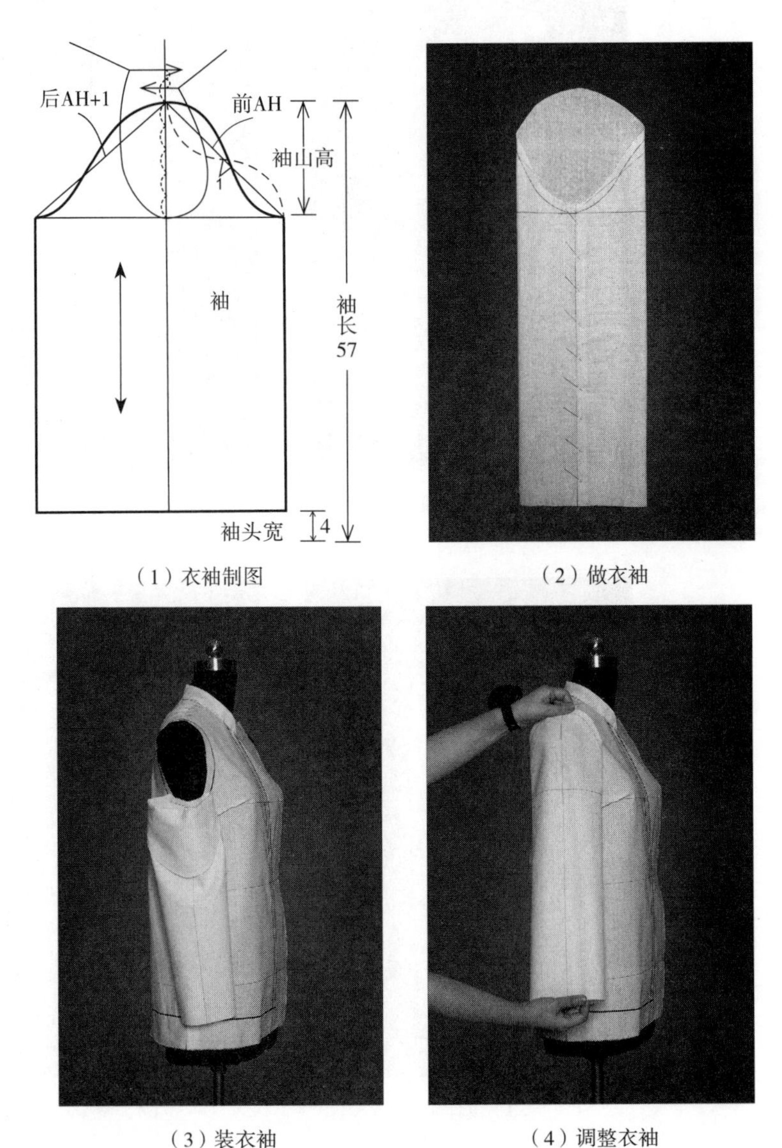

（1）衣袖制图　（2）做衣袖

（3）装衣袖　（4）调整衣袖

图8–6

成衣设计与立体造型

（5）装袖头：袖口处抽褶，袖头布对折，扣净毛边，用大头针固定在衣袖上，如图 8-6（5）所示。

（6）装饰带：将装饰带对折，扣净毛边，固定在衣袖的上。扣上纽扣则成七分袖，如图 8-6（6）所示。

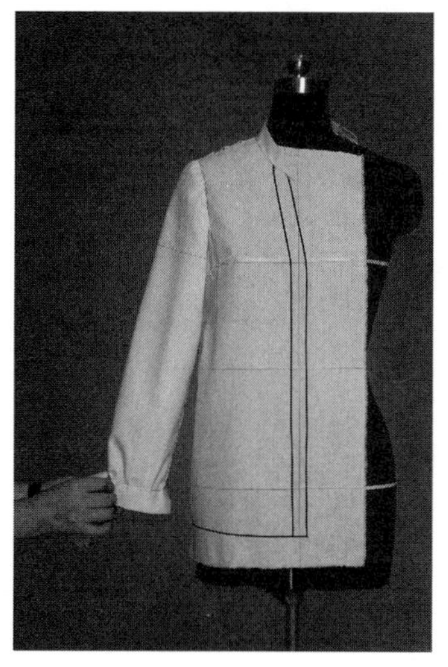

（5）装袖头

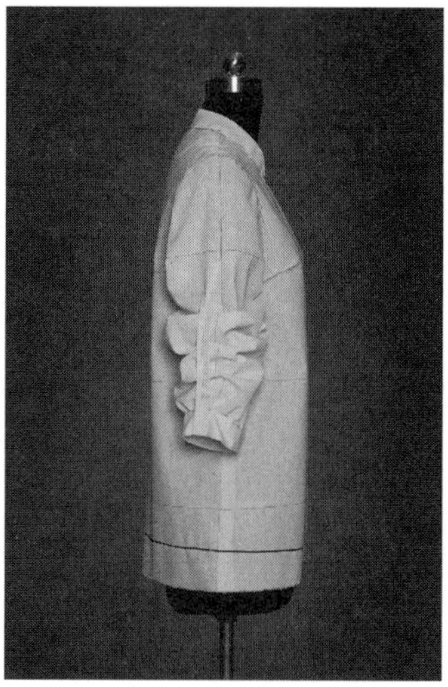

（6）装饰带

图8-6 衣袖造型

6.整体效果与展开

（1）整体效果：分别从正面、侧面、背面观察其整体效果，调整不平服、不美观、不正确的部位，以达到松紧适当、整体平衡，如图 8-7（1）~（3）所示。

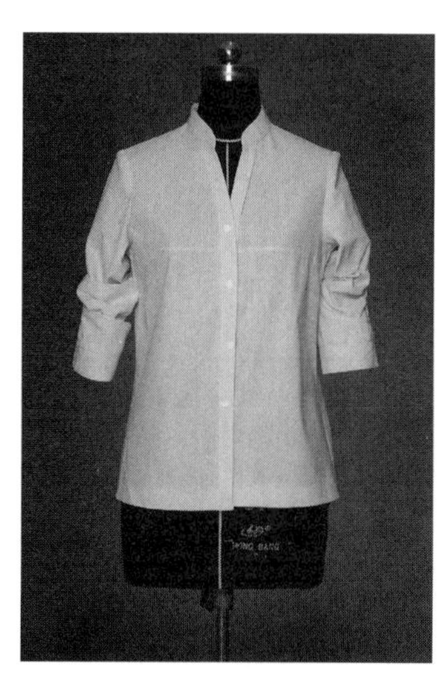

（1）正面效果

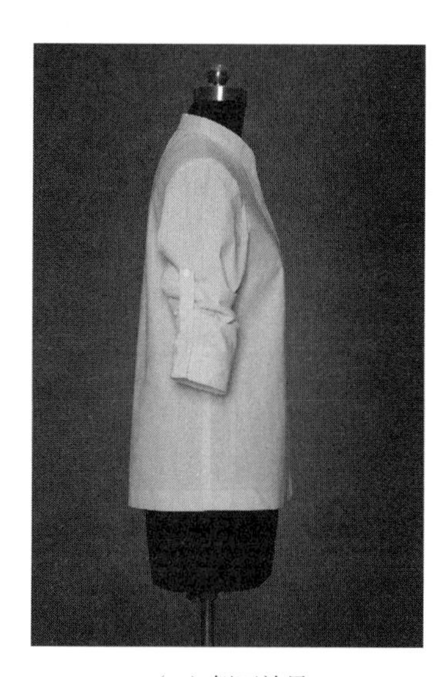

（2）侧面效果

图8-7

（2）样板结构：将样衣展成平面，画出省位、门襟等细部，圆顺各部位曲线，修剪各缝份，做出本款的样板结构，如图 8-7（4）所示。

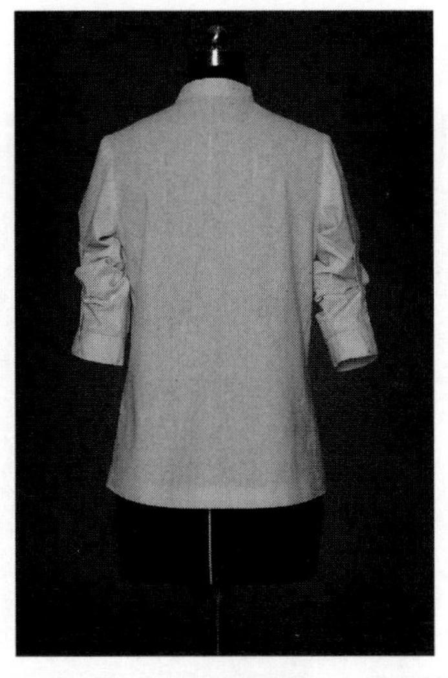

（3）背面效果　　（4）样板结构

图8-7　整体效果与展开

第二节　X型胸饰衬衫立体造型

Three-dimensional Form of X-shaped Jabot Shirt

一、款式分析

本款衬衫廓型呈 X 型。其款式特点：前胸皱褶设计，可以充分表现胸部的立体感与装饰效果。衣身采用刀背缝结构，以体现女性腰部纤细和臀部丰满的曲线美感，明门襟、五粒扣、圆下摆；男式衬衫领，一片袖。本款式富有现代感，时尚优雅，适于各种场合选用，如图 8-8 所示。

图8-8　X型胸饰衬衫款式图

二、学习要点

学习 X 型衬衫的基本构成与用皱褶代替省缝的操作技巧，掌握男式衬衫领设计与造型。

三、造型方法

1.布料准备

前中布：长 =72cm，宽 =45cm；后中布：长 =65cm，宽 =35cm；前侧布：长 =50cm，宽 =22cm；后侧布：长 =50cm，宽 =20cm；袖布：长 =65cm，宽 =42cm；袖头布：长 =30cm，宽 =10cm；翻领布：长 =13cm，宽 =40cm；领座布：长 =10cm，宽 =35cm。按图标记好各块布料的基准线，如图 8-9 所示。

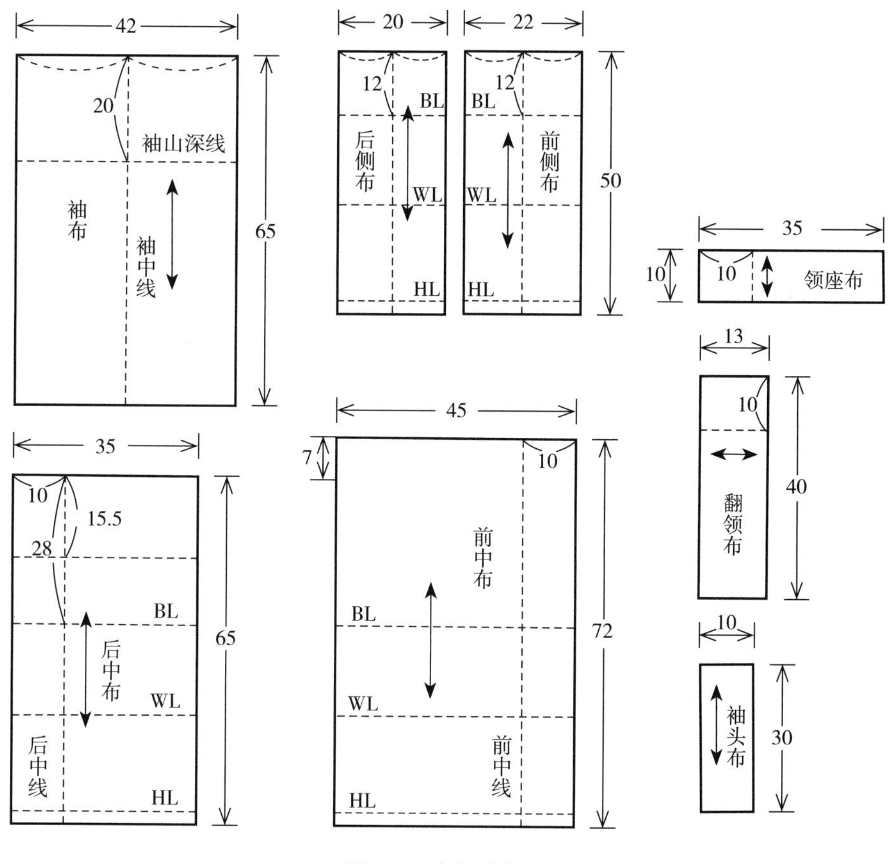

图8-9 布料准备

2.前身造型

（1）披前中布：将布料的前中线与人体模型的前中线对合，胸围线、腰围线、臀围线同时水平对准或对合，固定。为使领口处的布料平服，可在前领中心处打一剪口，如图 8-10（1）所示。

（2）做胸部皱褶：先把领口处的布料抚平，剪出领口形状，固定。布料按图示抚推，将布料集中于前中心处，在前中心线处自由捏取多个皱褶，皱褶量的大小、间距要按照款式设计的要求（也可以自行设计），把握好褶纹的造型。注意，在施加皱褶时布料的经纬纱向会出现不同程度的改变，如图 8-10（2）所示。

（3）设计刀背线：刀背线的起点一般在胸宽点附近为佳，这样形成的曲线曲率不会过大，还以防制作时伸长变形。剪去多余布料，如图 8–10（3）所示。

（4）确定前中轮廓：理顺肩部、袖窿处的布料，固定，按其轮廓剪掉余料，如图 8–10（4）所示。

（5）披前侧布：将布料的胸围线、腰围线、臀围线与人体模型的基准线对准或对合，并使纵向基准线保持垂直，用大头针固定，如图 8–10（5）所示。

（6）确定前侧轮廓：使前侧片形成自然的一个面，固定。在胸部附近的刀背线需要细致抚平，用重叠针法与前中片别合。然后确定侧缝线，剪掉多余布料，如图 8–10（6）所示。

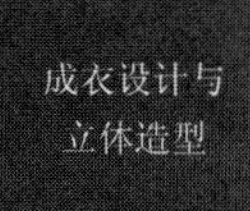

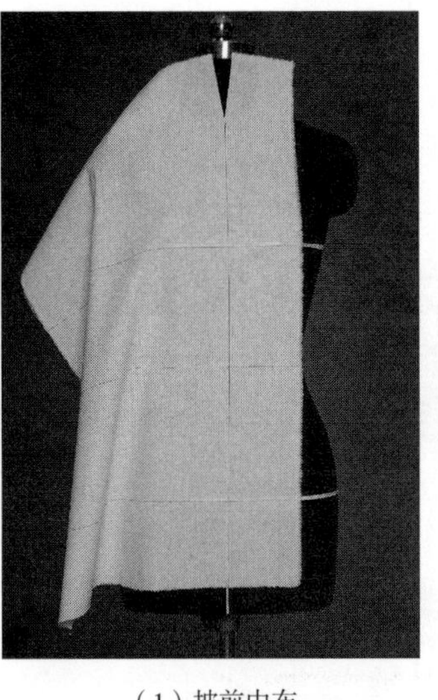

（1）披前中布

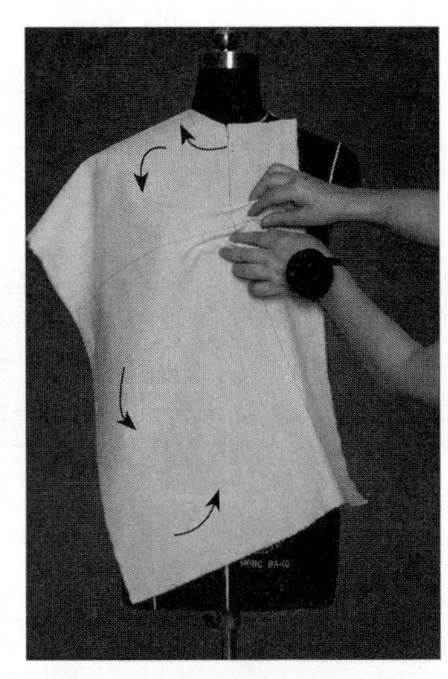

（2）做胸部皱褶

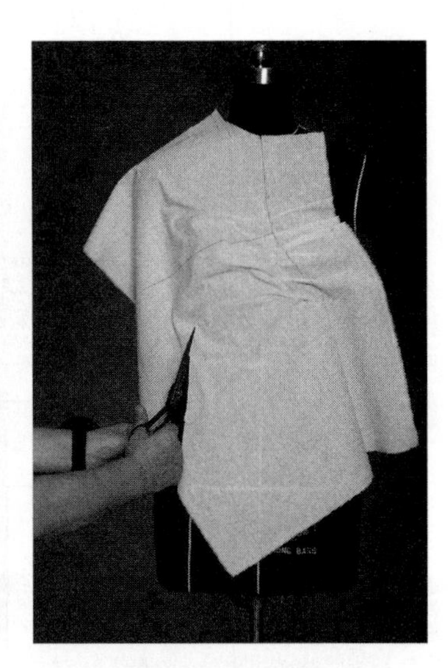

（3）设计刀背线

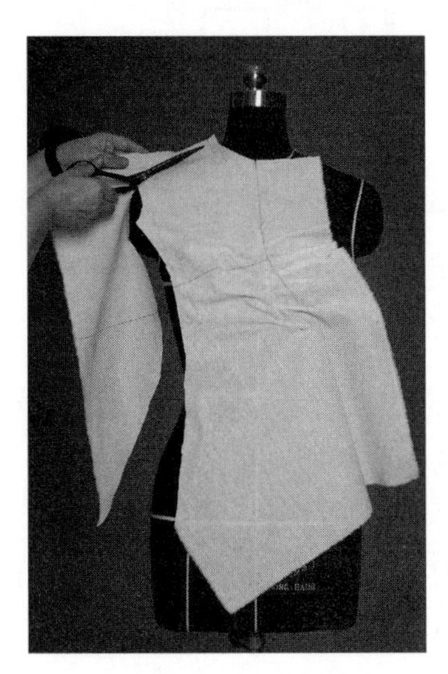

（4）确定前中轮廓

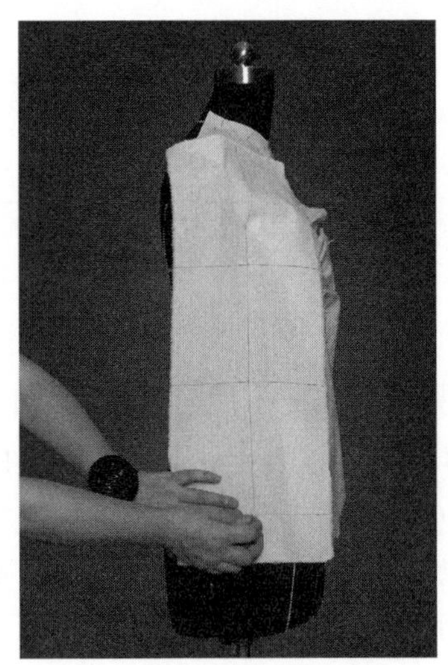

（5）披前侧布

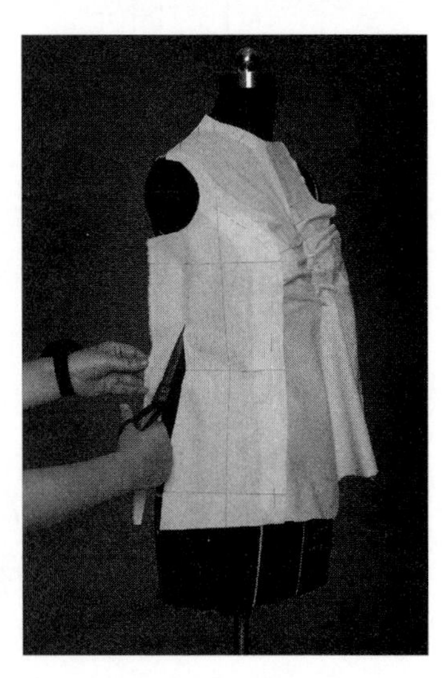

（6）确定前侧轮廓

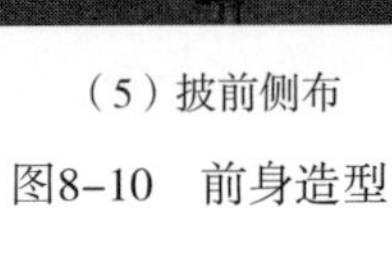

图8–10　前身造型

3.后身造型

（1）披后中布：将布料的后中线与人体模型后中线对合，胸围线、腰围线、臀围线同时水平对准或对合，固定。为使后领口处的布料平服，可在后领中心处打一剪口，如图 8–11（1）所示。

（2）领肩造型：在后领口预留少许松量，按人体模型领口标记线形状剪去多余布料。在背宽点靠腋下处加入适当的松量（1~1.5cm），固定。理顺肩与袖窿，如图 8–11（2）所示。

（3）设计刀背线：刀背线的起点一般在背宽点附近，尽量考虑在面与面的结合处设计刀背线，然后剪去多余布料，如图 8–11（3）所示。

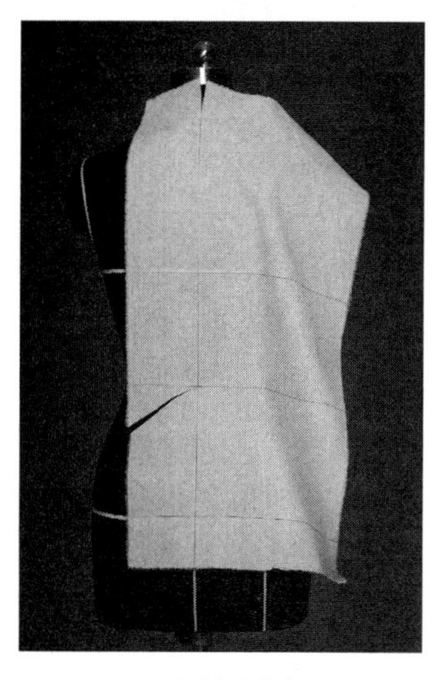

（1）披后中布

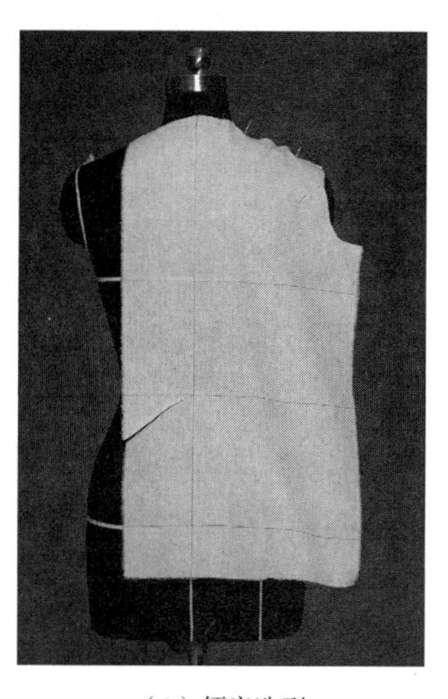

（2）领肩造型

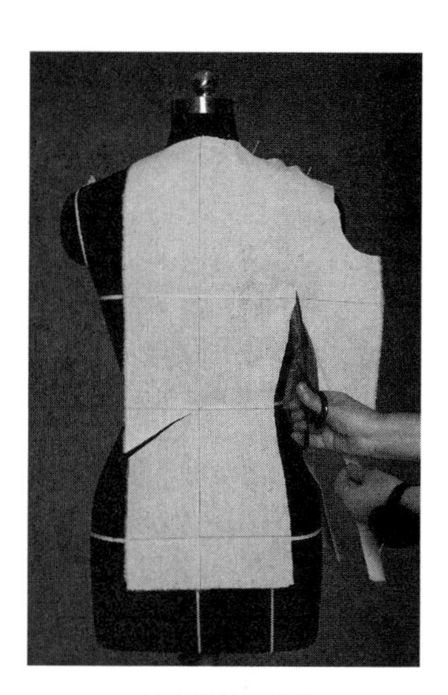

（3）设计刀背线

图8–11

（4）披后侧布：将布料的胸围线、腰围线、臀围线对准或对合，并使纵向基准线保持垂直，用大头针固定，如图 8–11（4）所示。

（5）确定侧缝：使后侧片形成自然的一个面，固定。抚平后刀背线处的布料，用重叠针法与后中片别合。然后确定侧缝线，剪掉多余布料，如图 8–11（5）所示。

4.衣领造型

（1）标记领口线：参考人体模型领口标记前、后领口线，同时扣烫好明门襟，固定在前中线上，如图 8–12（1）所示。

（2）披领座布：将领座布的后中线对准人体模型的后中线，固定。为稳定起见在距中心固定点 2cm 处水平再别一根大头针，然后将领座布沿领口经肩颈点

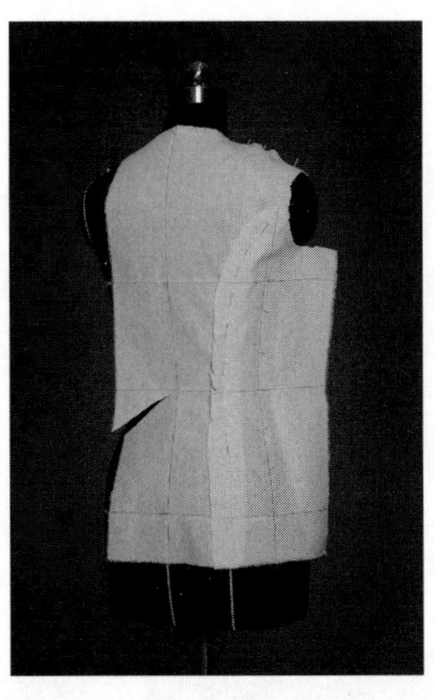

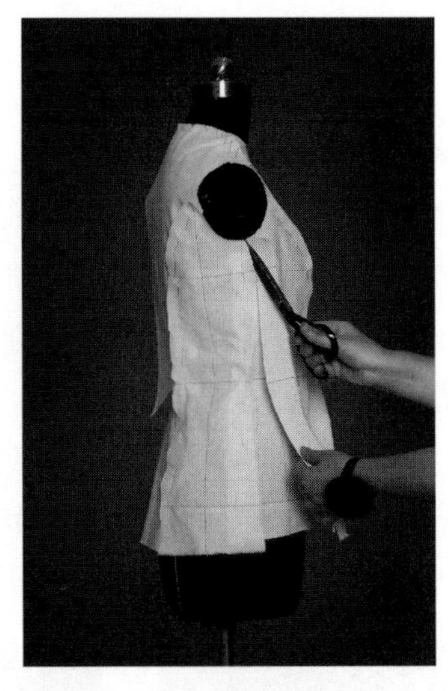

（4）披后侧布　　　　（5）确定侧缝

图8-11　后身造型

绕向前领止口，边绕边调整领座与颈部的空隙量，一般颈部以能垫进一个手指为宜。为使领下口线平服，可在领座底边缝份处打剪口，在领前中心处固定，如图8-12（2）所示。

（3）领座造型：在确定领座松量的基础上确定领下口线，此时会看到领座布前端形成多余的布量，其大小相当于领前翘量的大小。标记领座上口线与领角造型，剪掉余料，如图 8-12（3）所示。

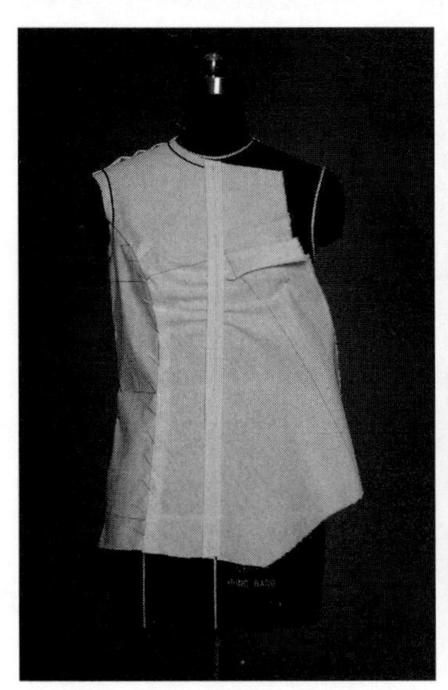

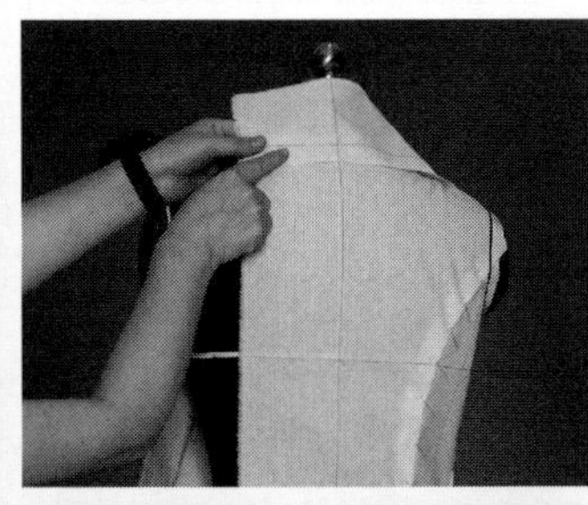

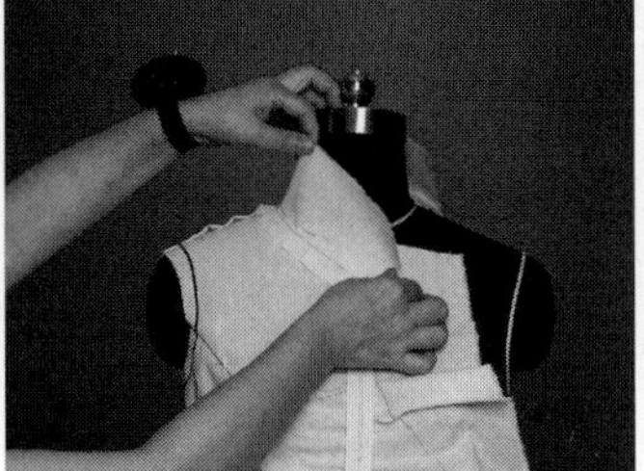

（1）标记领口线　　　　（2）披领座布　　　　（3）领座造型

图8-12

（4）披翻领布：将翻领布在后中线下端剪掉 2.5cm 左右的布量，并顺势剪成弧线状。将翻领布后中线对齐领座后中线，领座上口线与翻领下口线用重叠别法使其固定在一起。然后再将翻领布翻折下来，平服合适后确定翻领宽度，且使翻领的外口线遮盖住领座的装领线。此步骤要细心体会，反复实践，如图 8–12（4）所示。

（5）翻领造型：将翻领外口线多余的布料向上翻折，使翻领平服。设计并标记翻领造型，剪去多余布料，如图 8–12（5）所示。

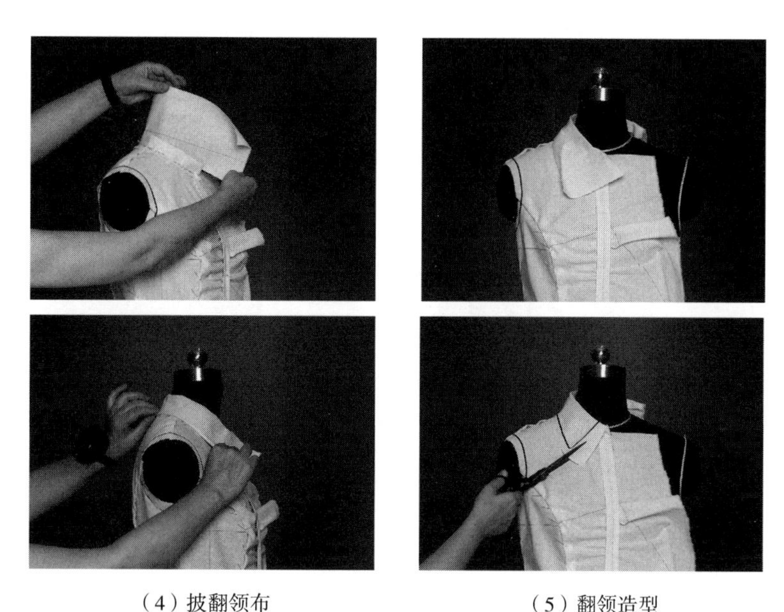

（4）披翻领布　　　　（5）翻领造型

图8–12　衣领造型

5.衣袖造型

（1）做衣袖：衬衫多为一片袖，故可参考本章第一节图 8–6（1）绘制衣袖结构图。然后扣烫后袖缝的缝份，与前袖缝别合，同时扣折袖口折边，缩缝袖山，使袖山周长等于袖窿周长，如图 8–13（1）所示。

（2）装袖底：衣身袖窿底线与袖山底线对准别合，用大头针固定，并在袖窿底弧线与侧缝线相交点前、后各 2.5cm 处将衣袖与袖窿对准，用对别法固定，如图 8–13（2）所示。

（3）装袖山：肩端点与袖山顶点重合对准，确定衣袖的位置适当后，用藏针别法逐一将袖山与袖窿固定。然后在袖口处抽褶，一般抽褶量为后袖多于前袖，用带子标记袖口。注意，袖口线需与地面平行，如图 8–13（3）所示。

（4）装袖头：将袖头布对折成型后，用大头针固定于袖口处，如图 8–13（4）所示。

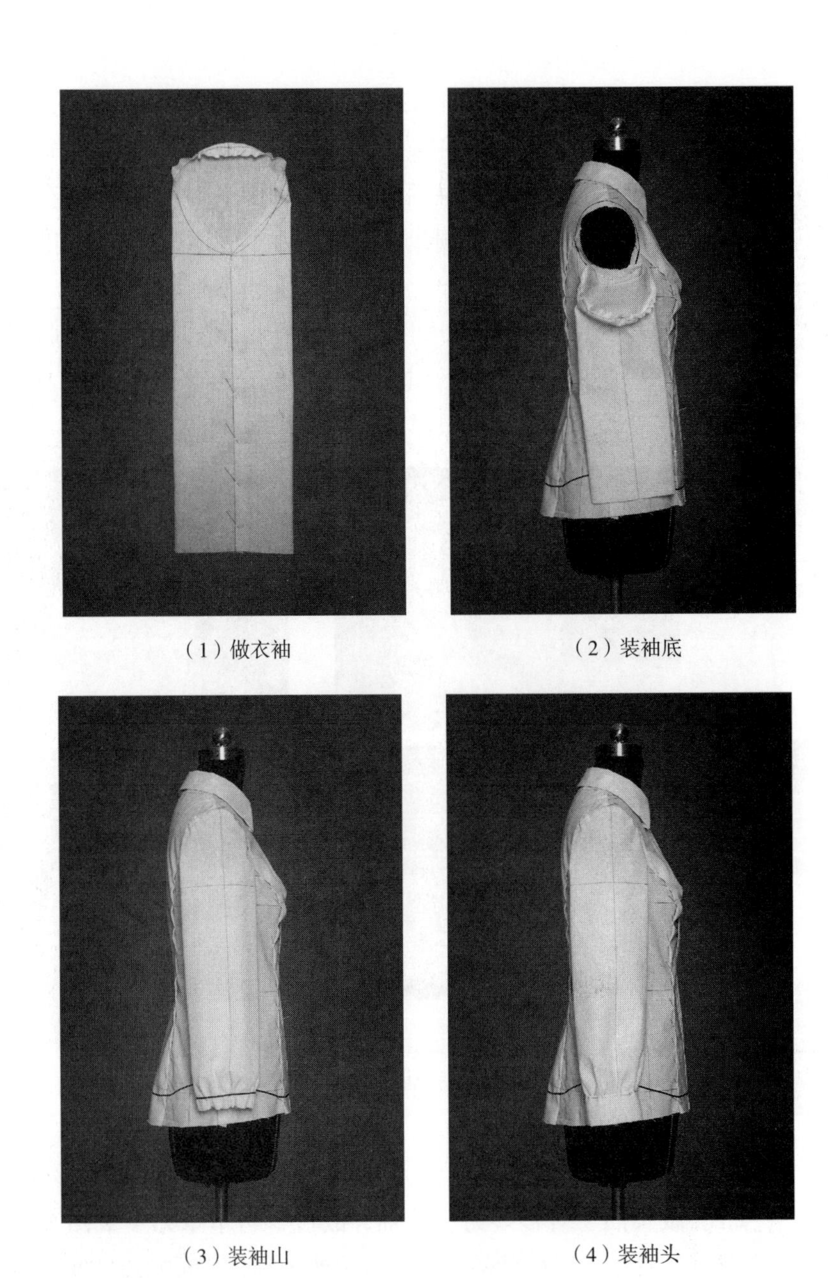

（1）做衣袖　　（2）装袖底

（3）装袖山　　（4）装袖头

图8-13　衣袖造型

6.整体效果与展开

（1）整体效果：分别从正面、侧面、背面观察其整体效果，调整不平服、不美观、不合适的部位，以达到松紧适当、部位与整体平衡，如图 8-14（1）~（3）所示。

（2）样板结构：将样衣展成平面，标记胸部褶位、门襟等细部，圆顺刀背线等轮廓线，修剪各缝份一致，做出本款样板结构，如图 8-14（4）所示。

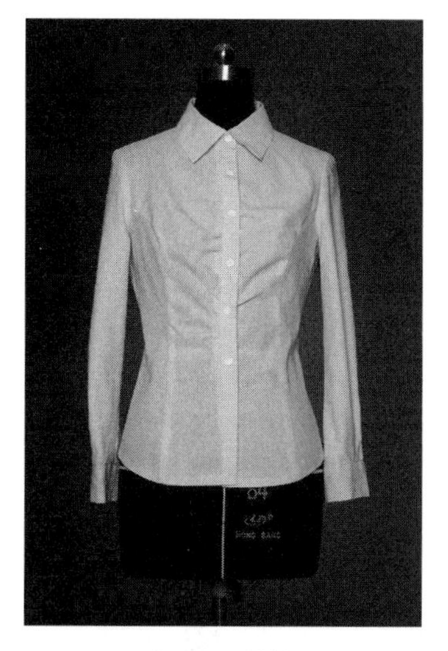

（1）正面效果

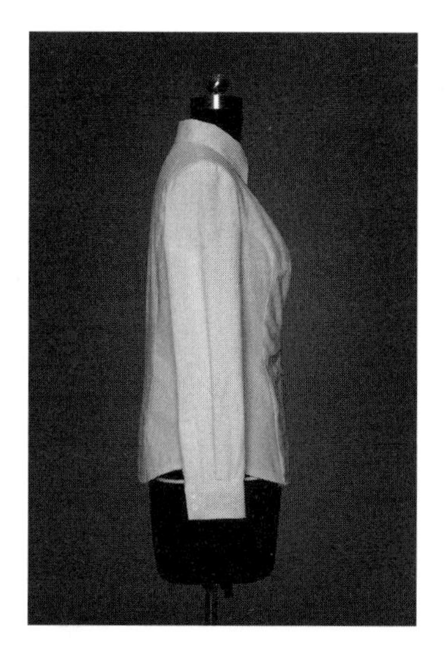

（2）侧面效果

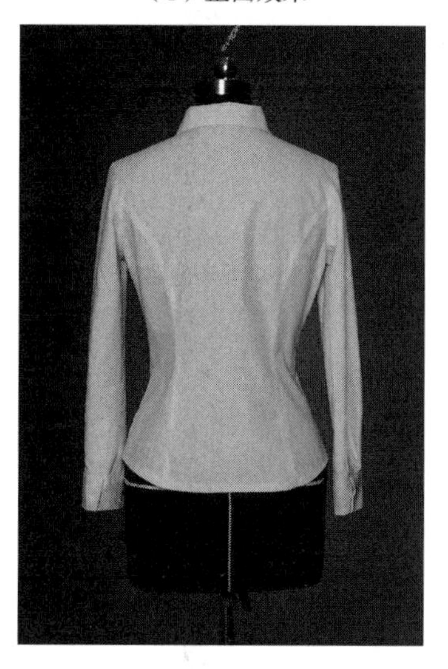

（3）背面效果

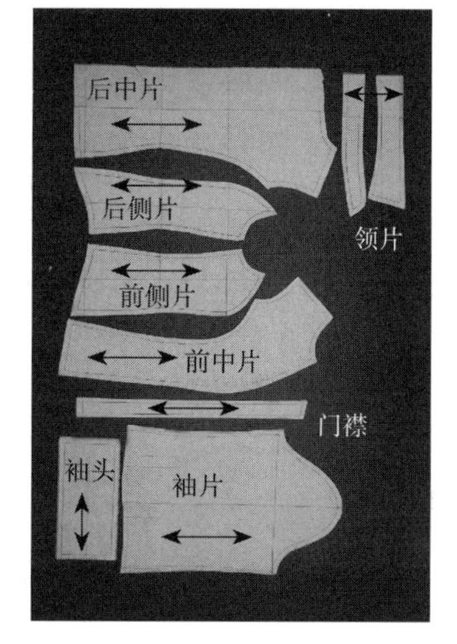

（4）样板结构

图8-14　整体效果与展开

第三节　A型褶饰衬衫立体造型

Three-dimensional Form of A-shaped Ruche Shirt

一、款式分析

本款衬衫廓型呈A型。其款式特点：肩部、胸部、袖肥处比较合体，下摆较宽松；前胸装饰塔克褶，肩部设有过肩（育克），衣长较长；男式衬衫领；一片袖，衣袖上装可调节长短的装饰带。本款式宽松随意、自然舒适，适于休闲度假等场合穿着，如图8-15所示。

二、学习要点

学习如何使后片的肩省量、前片的胸省量转为下摆的宽松量，掌握育克分割线的操作方法，掌握长度与宽度的比例均衡美感。

图8-15 A型褶饰衬衫

三、造型方法

1.布料准备

前身布：长 =90cm，宽 =60cm；后身布：长 =90cm，宽 =50cm；袖布：长 =60cm，宽 =45cm；过肩布：长 =25cm，宽 =45cm；领座布：长 =10cm，宽 =37cm；翻领布：长 =13cm，宽 =40cm；袖衩条布：长 =14cm，宽 =4cm；装饰带：长 =30cm，宽 =4cm；袖头布：长 =22cm，宽 =8cm。按图标记好各块布料的基准线，如图 8-16 所示。

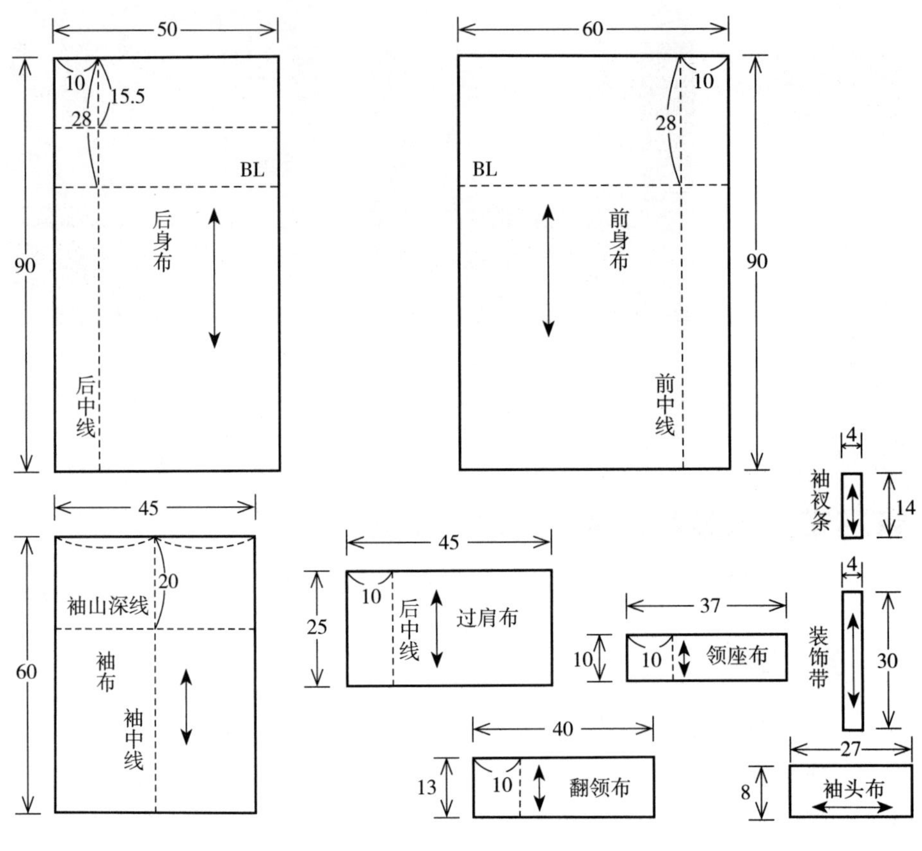

图8-16 布料准备

2.前身造型

（1）披前身布：将布料前中线与人体模型前中线对合，胸围线水平对准，在前领中心处打剪口，如图 8–17（1）所示。

（2）做塔克褶：距前中线 4cm 左右开始做褶，由肩部至胸部逐一平行捏褶，正面褶之间距离呈平行状，但背面因部分胸省量含在褶裥中使得每个褶量的大小不同。边捏褶裥边用大头针固定，反复捏出 6~7 条由领肩到 BP 点的褶裥，如图 8–17（2）所示。

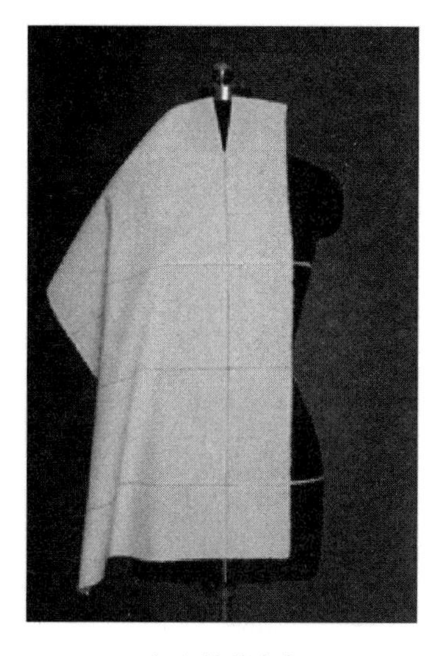

（1）披前身布

（3）确定肩部分割线：理顺领肩布料，剪出部分领口形状，标记育克分割线。从肩部分割线开始向袖窿、侧缝将布自然理顺，前胸宽适当加入松量，剪掉肩、袖窿处多余布料，如图 8–17（3）所示。

（4）确定侧缝：保持前片腰围线呈水平状态，将腋下余量在胸围线上捏出腋下省，省尖离 BP 点 3cm。整理前片呈 A 型轮廓，使下摆的宽度足够大，确定侧缝线，然后剪掉余料，如图 8–17（4）所示。也可尝试将腋下省转移至塔克褶中，不妨试试。

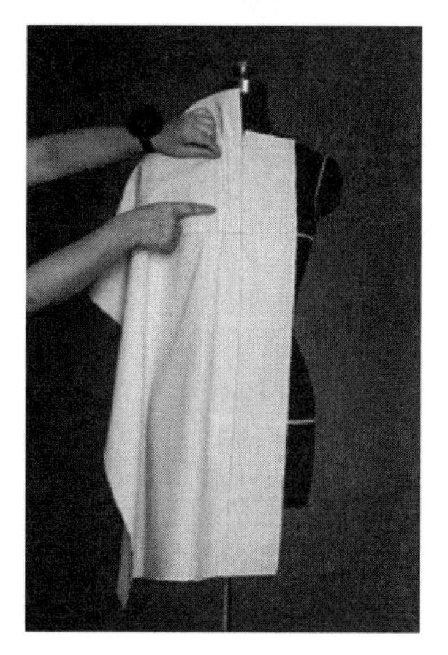

（2）做塔克褶

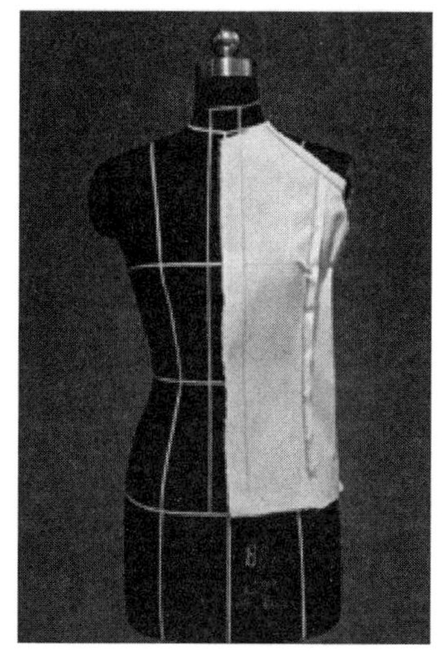

（3）确定肩部分割线

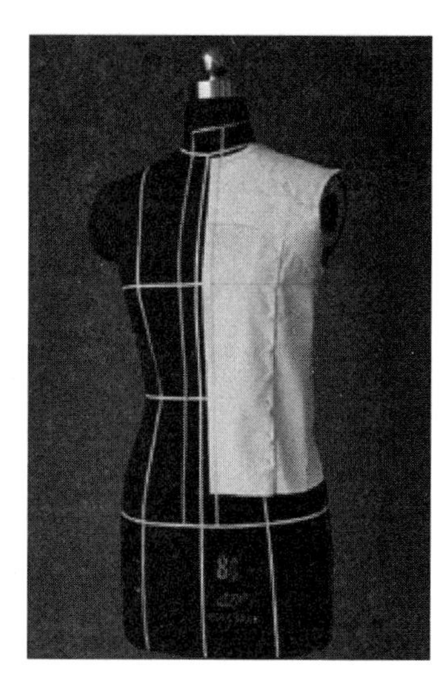

（4）确定侧缝

图8–17　前身造型

3.后身造型

（1）披后身布：先在后身布料后中线处做一褶裥，然后将布料的后中线、胸围线与人体模型基准线对合，如图 8–18（1）所示。

（2）领肩造型：剪出领口形状，从肩颈点向肩端点抚平布料，将肩端点多余的量移向袖窿，这时会看到下摆自然形成展开效果，如图 8–18（2）所示。

（3）确定过肩线：理顺肩背部及后侧面的松量，做出 A 型轮廓造型，前、后侧缝用重叠针法固定，剪掉多余布料。再用胶带设计过肩线，剪掉过肩线以上的布料，如图 8–18（3）所示。

（4）披过肩布：将过肩布料纵向对准后中线，并向肩端点方向轻轻捋平，如图 8–18（4）所示。

（5）过肩造型：将过肩向前抚平，领口处打剪口，与前肩部过肩处拼接对合，剪去多余布料，并用重叠针法固定，如图 8–18（5）所示。

（6）标记轮廓：用胶带标记领口线、前门襟、袖窿和底摆造型线。确定袖窿底部并做标记，用胶带贴出袖窿造型，如图 8–18（6）所示。

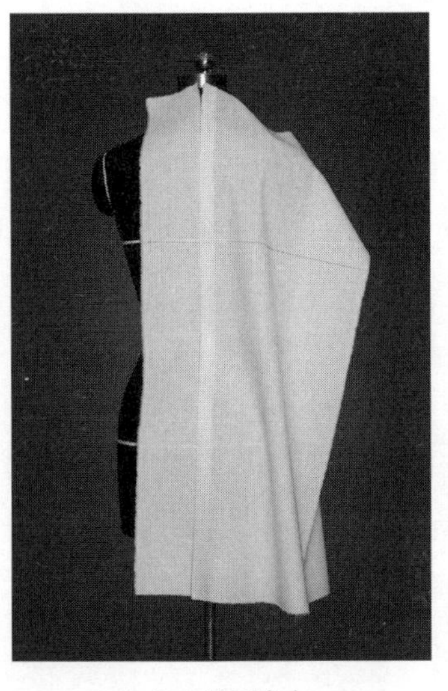

（1）披后身布

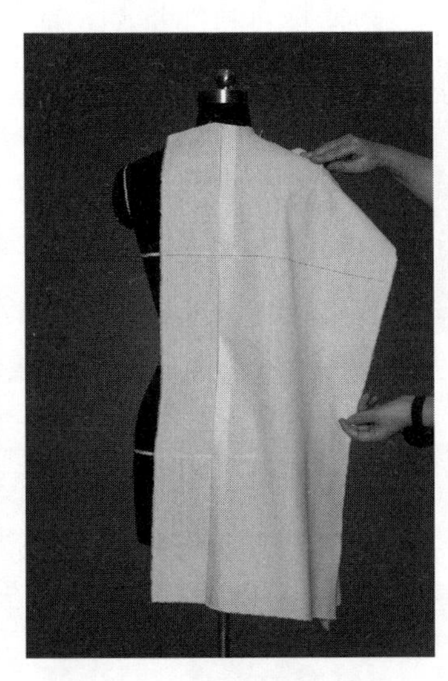

（2）领肩造型

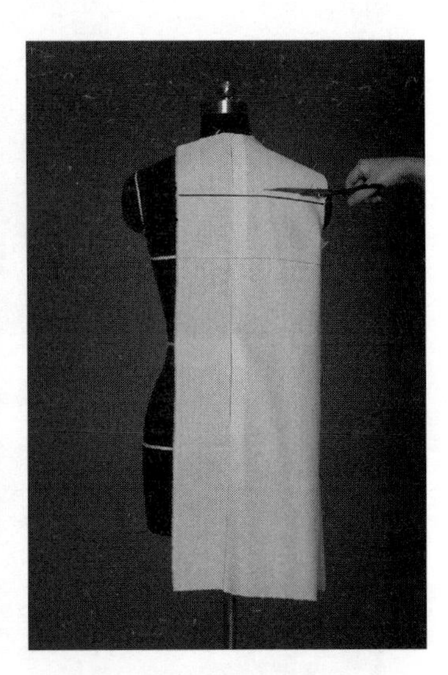

（3）确定过肩线

（4）披过肩布

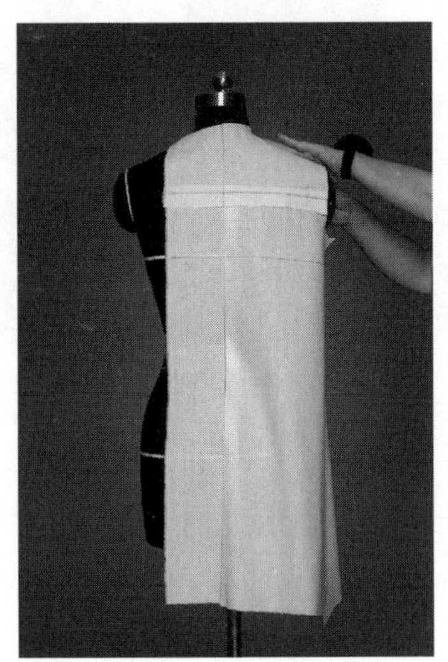

（5）育克造型

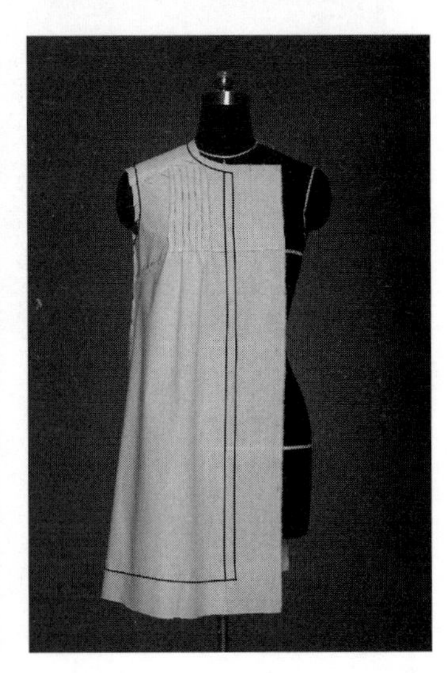

（6）标记轮廓

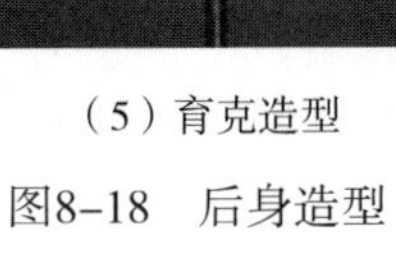

图8–18　后身造型

4.衣领造型

（1）披领座布：将领座布的后中线对准人体模型的后中线，固定。在距后中线 2cm 处水平再别一根大头针，然后将领座布绕向前领止口，边绕边调整领座与颈部的空隙量，一般颈部以能垫进一个手指为宜，可在领座底边缝份处打剪口，在领前中心处固定，如图 8-19（1）所示。

（2）领座造型：在确定领座松量的基础上确定领下口线，这时会看到领布前端形成多余的布量，其大小相当于领前翘。标记领上口线与领角造型，剪掉余料，如图 8-19（2）所示。

（3）披翻领布：将翻领布在后中线下端剪掉 2.5cm 左右的布量，并剪成弧线状，领座后中线与翻领后中线对齐，领座上口线与翻领下口线用重叠别法固定在一起。然后将翻领布围绕至前止口处，如图 8-19（3）所示。

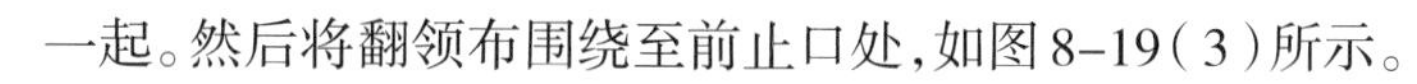

（4）翻领造型：将翻领折下来，确定翻领宽度，并标记翻领造型。注意，翻领的外口线要遮盖住领座的装领线，剪掉多余布料，如图 8-19（4）所示。

5.衣袖造型

（1）装袖底：绘制衣袖结构图以及衣袖制作均可参考图 8-6（1）。装袖底时将衣身袖窿底线与袖山底线对准，用大头针固定，并在袖窿底弧线与侧缝线相交点前、后各 2.5cm 处将衣袖与袖窿对准，固定，如图 8-20（1）所示。

（2）确定袖位：肩端点与袖山顶点重合对准，手臂

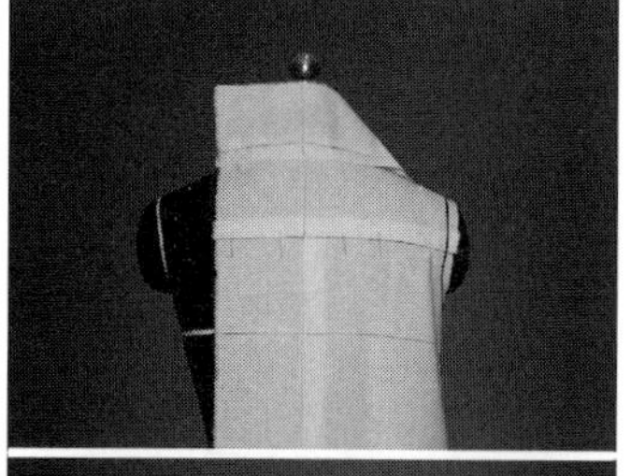

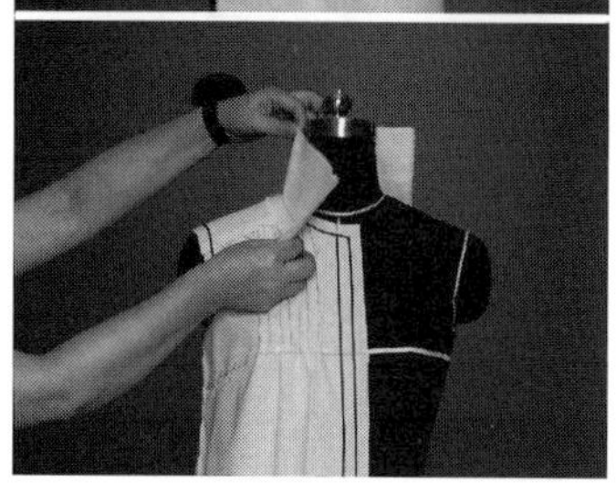

（1）披领座布

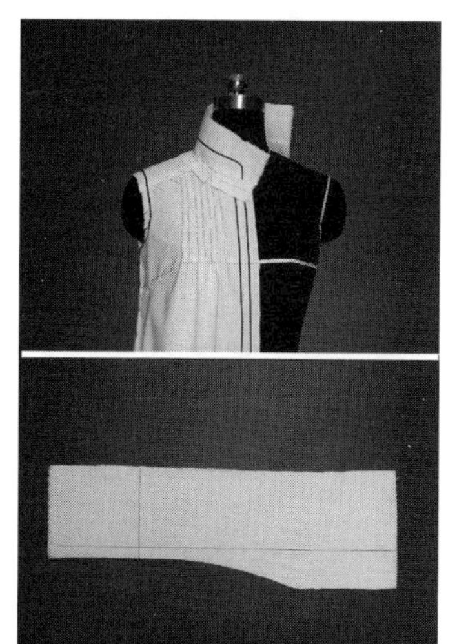

（2）领座造型

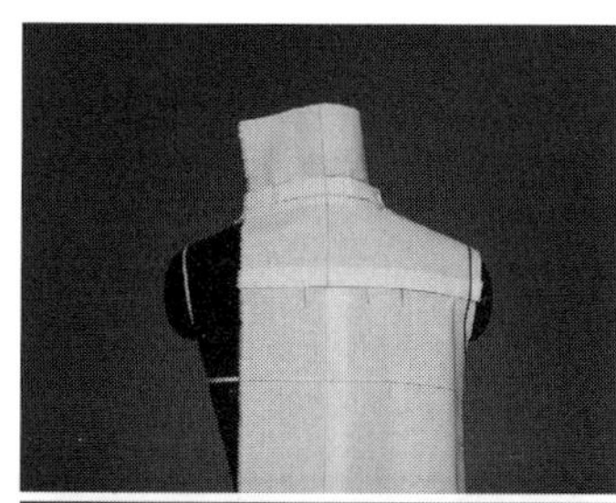

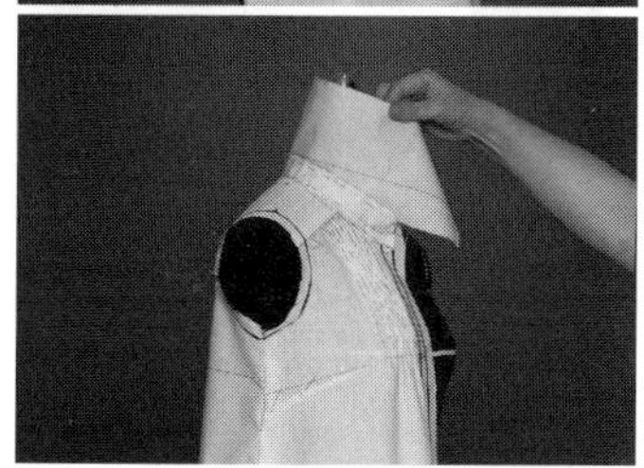

（3）披翻领布

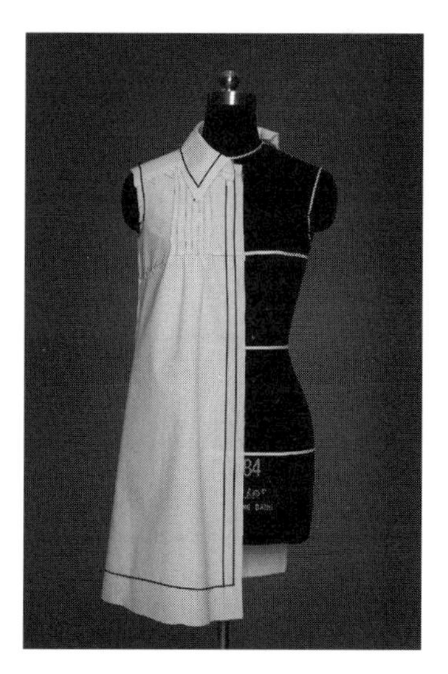

（4）翻领造型

图8-19　衣领造型

略向前偏移35° 左右，确定衣袖的位置适当后，如图8-20（2）所示。

（3）装袖山：分配袖山的缩缝量，用藏针别法逐一与袖窿固定，如图8-20（3）所示。

（4）装袖头：袖口处抽褶，一般抽褶量为后袖多于前袖，袖子的长度为前短后长，用带子标记袖口形状。将袖头布对折成型后，用大头针固定在袖子上，如图8-20（4）所示。

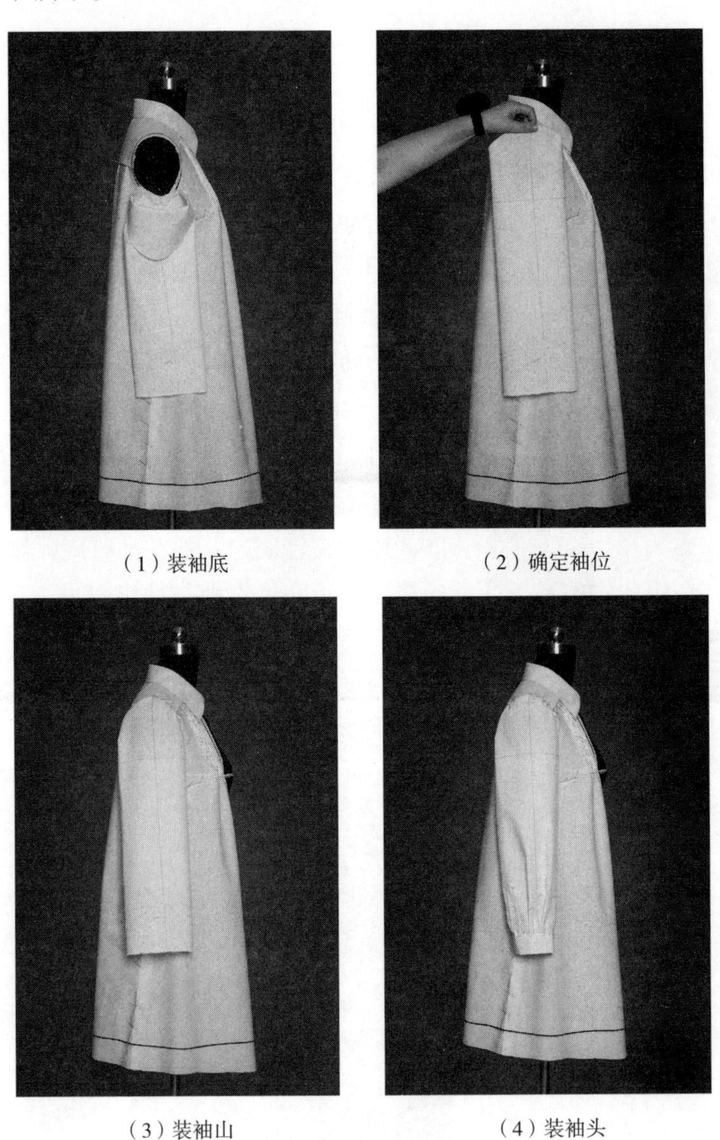

（1）装袖底　（2）确定袖位

（3）装袖山　（4）装袖头

图8-20　衣袖造型

6.整体效果与展开

（1）整体效果：将门襟、底摆熨烫好并固定成型。袖口上的装饰带对折成型后固定在衣袖上。分别从正面、侧面、背面观察其整体效果，调整不平服、不合适的部位，以达到松紧适宜、整体平衡，如图 8-21（1）~（3）所示。

（2）样板结构：将样衣展成平面，圆顺各曲线，修剪各缝份，做出本款样板结构，如图 8-21（4）所示。

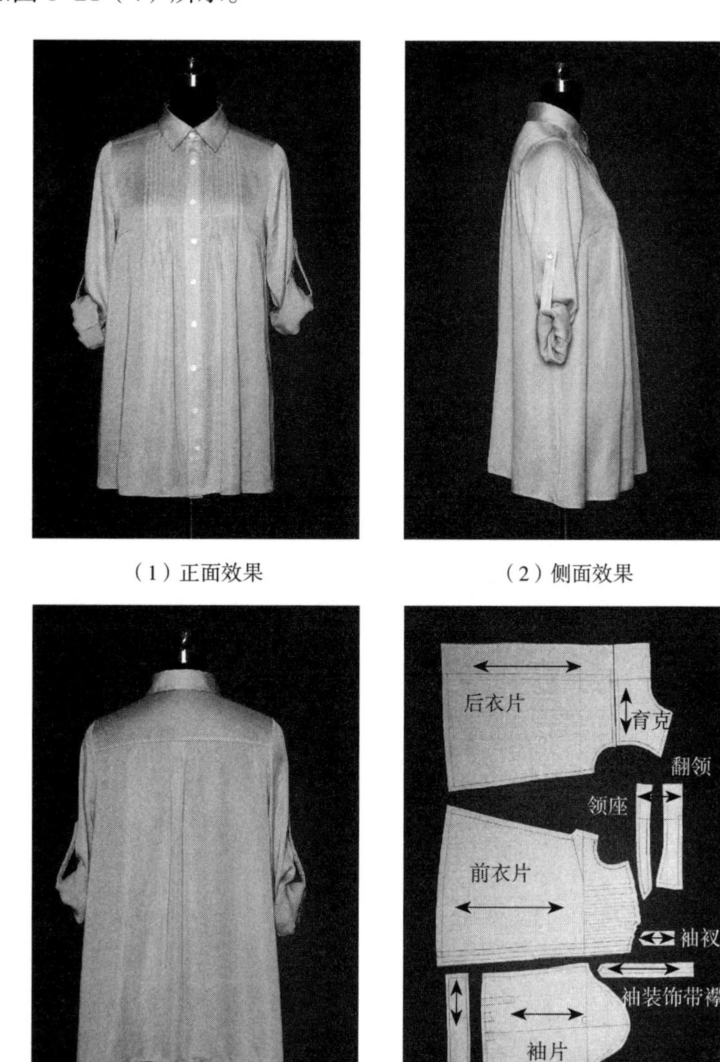

（1）正面效果　（2）侧面效果

（3）背面效果　（4）样板结构

图8-21　整体效果与展开

第四节　衬衫立体试衣与弊病修正

Three-dimensional Fitting and Correct Defect of Shirt

穿着衬衫后，稍微离开镜子自然站立，从正面、侧面、背面仔细观察，一看衬衫整体是否平衡、适体；二看细节是否准确、美观，并确认是否达到功能性要求（即舒适性）。对有弊病的地方做补正记号，分析弊病的原因所在，并进行相应修正，这是本节学习的重点与难点。

一、主要观察要点

1.正面观察要点

（1）基准线：前中线是否顺直？胸围线、腰围线、臀围线是否水平？

（2）门襟：门襟是否不短于里襟、不搅不豁？

（3）省缝：省缝的方向、位置、大小是否合理？

（4）松量：肩、胸部松量是否适量？

（5）衣领：领座高、翻领宽、领角的大小及角度设计是否合适？

（6）衣袖：左、右衣袖是否对称？

2.侧面观察要点

（1）松量：前、后衣身是否平衡？小肩线位置是否准确？

（2）侧缝：侧缝线是否自然顺直？

（3）衣领：侧面衣领表象是否合适平整？

（4）衣袖：袖肥、袖山高度、吃势是否合适？袖位是否正确？与衣身的比例是否合适？

3.背面观察要点

（1）基准线：后中线是否顺直？胸围线、腰围线、臀围线是否水平？

（2）松量：肩、背部松量是否适量？

（3）衣领：衣领外口松紧是否合适？是否能遮盖住装领线？

（4）衣袖：左、右衣袖是否对称？

二、弊病及修正

1.翻领易产生的弊病及修正方法

（1）爬领弊病及修正：

①弊病特征：衣领翻折后，领外口线（也称领上口线）遮盖不住装领线，这种现象即是通常说的“爬领”，如图 8-22（1）所示。

②产生原因与修正方法：由于翻领的领外口线长度不足而引起衣领翻折不到位，从而露出装领线。因此，应在领外口线处打剪口（一般可在肩颈点附近、后领中心点打剪口），使其呈自然分开状，从而弥补领外口的不足。剪口处需另垫布，将分开的量用重叠别法固定。领外口线因其长度的增加会自然向下移动而盖住装领线，如图 8-22（2）所示。

③纸样展开：在衣领肩颈点及前与后 3cm 左右处设计剪切线，并沿线剪开，通过剪开线放出其不足的量，如图 8-22（3）所示。由此可以看出，随着领外口

线的加长，后领翘势也随之变大，领折线的曲度也相应增大，以满足人体的实际需要量。

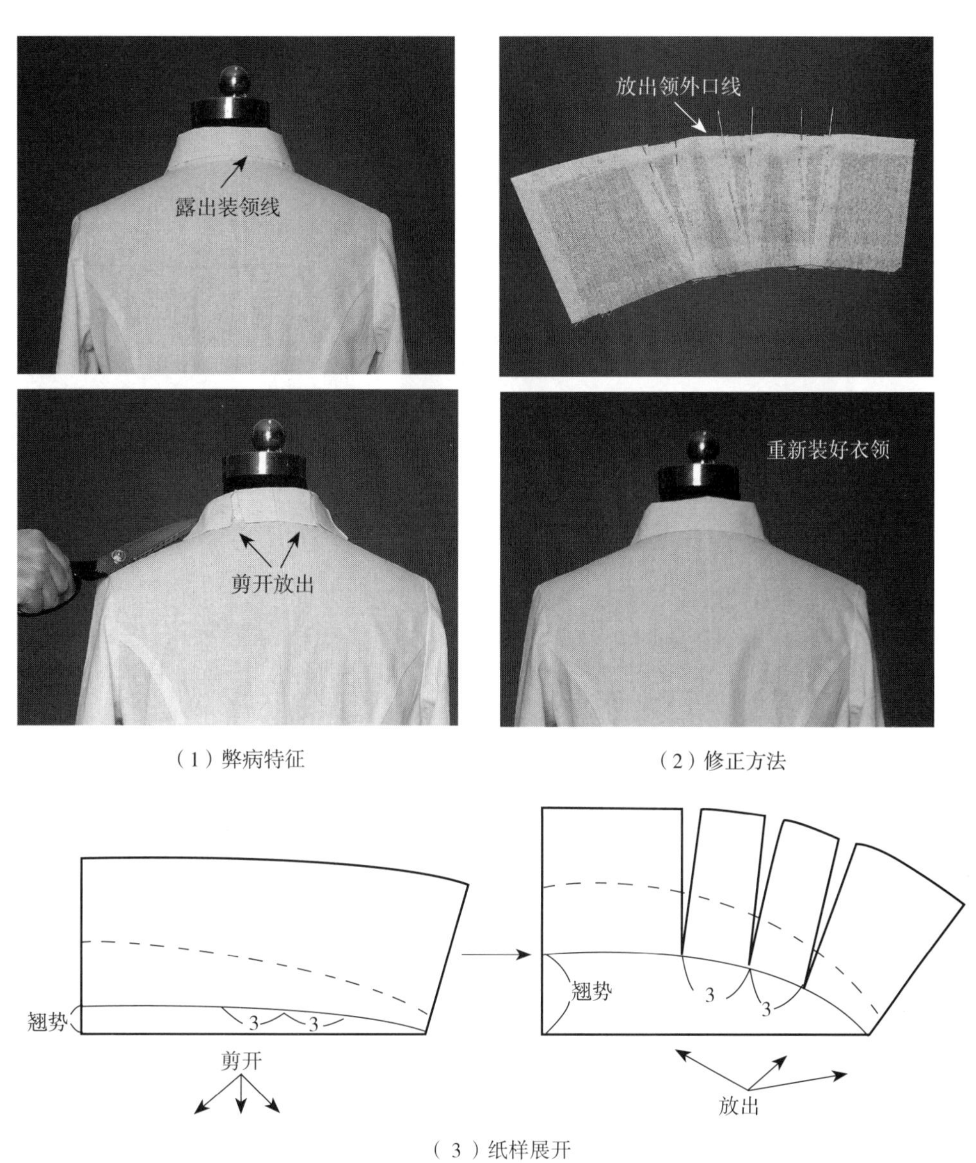

（1）弊病特征　　（2）修正方法

（3）纸样展开

图8-22　爬领弊病修正

（2）荡领弊病及修正

①弊病特征：衣领翻折后，领外口线（也称领上口线）不服帖且有多余的松量，这种现象即是“荡领”，如图 8-23（1）所示。

②产生原因与修正方法：荡领表现刚好与爬领相反，是由于翻领外口线过长而引起的弊病，致使衣领翻折后有似荷叶边的现象。因此，应在领外口线处将多余的量重叠，并用针固定（一般可在肩颈点、后领中心点折叠），从而缩短领外

口线的长度，如图 8–23（2）所示。

③纸样展开：在衣领肩颈点及前与后 3cm 左右处设计剪切线，并沿线剪开，通过剪开线折叠多余的量，如图 8–23（3）所示。由此可以看出，随着领外口弧长的缩短，后领翘势也随之变小，领折线的曲度也相应变小。

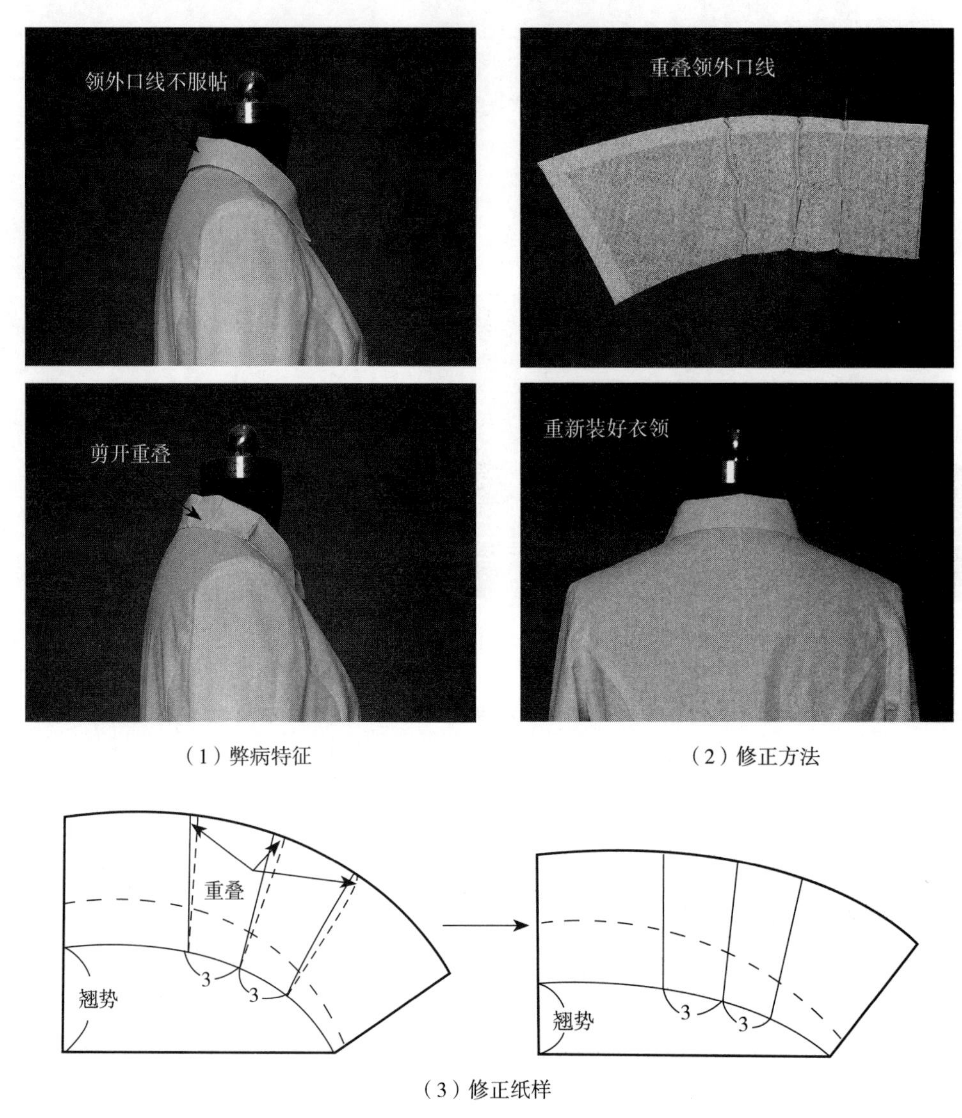

（1）弊病特征

（2）修正方法

（3）修正纸样

图8–23　荡领弊病修正

2.一片袖易产生的弊病及修正方法

（1）袖山斜褶弊病及修正：

①弊病特征：袖山前、后两侧出现斜褶，导致袖山不圆顺、不美观，如图 8–24（1）所示。

②产生原因与修正方法：由于袖山尺寸不足、袖山深太浅而引起的不平服现

象。因此，应将装袖线拆开，放出袖山顶部不足的量，如图 8–24（2）所示。

③平面展开：在原有袖山的基础上，增加袖山深的高度，为了保证袖山弧线长度不变，将袖肥适当减小，如图 8–24（3）所示。

（1）弊病特征

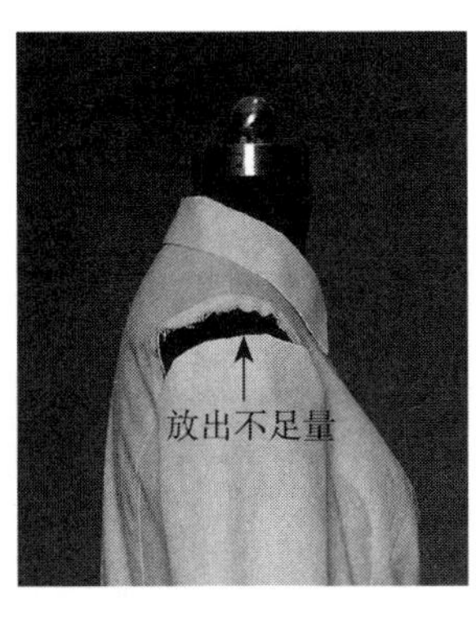

（2）修正方法

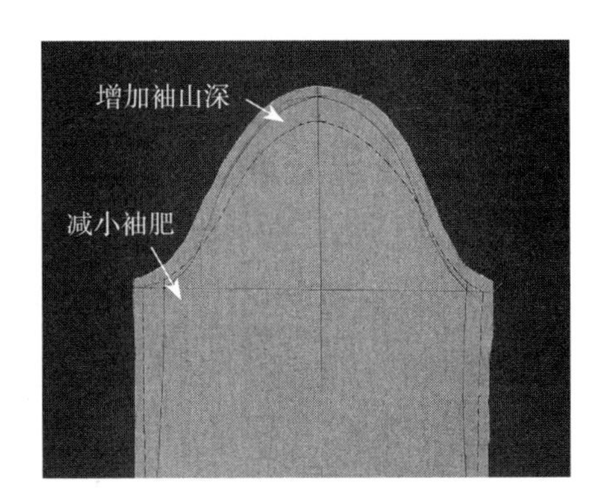

（3）平面展开

图8–24　袖山斜褶弊病修正

（2）袖山横褶弊病及修正：

①弊病特征：袖山紧绷，袖山头下面产生横褶，如图 8–25 所示。

②产生原因与修正方法：由于袖山太深，袖山顶处尖而窄所引起的。因此，应折叠袖山多余的量，消除袖山处的褶纹，如图 8–25（2）所示。

③平面展开：适当改小袖山深，并将袖肥适当放大，基本保持袖山弧线长度不变，如图 8–25（3）所示。

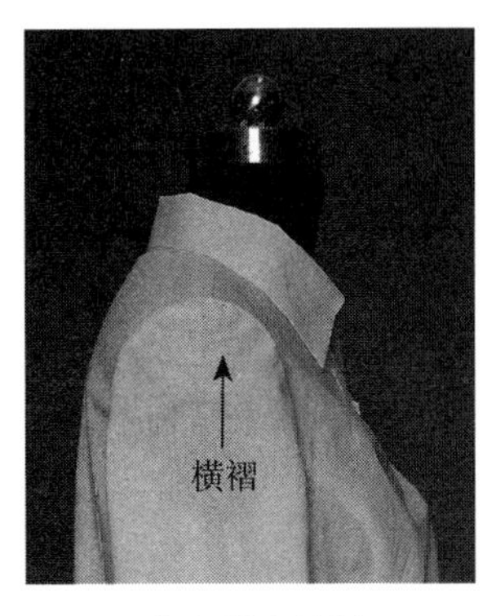

（1）弊病特征

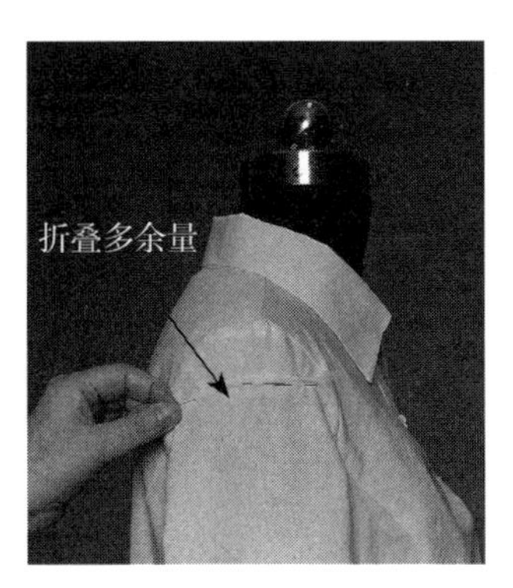

（2）修正方法

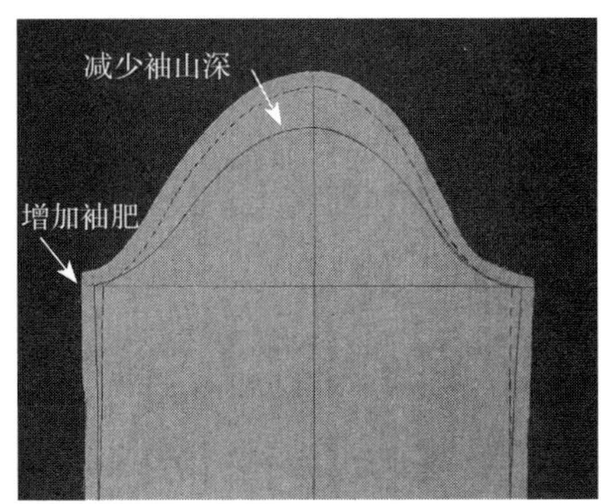

（3）平面展开

图8–25　袖山横褶弊病修正

（3）袖位偏前弊病及修正：

①弊病特征：前袖山产生斜向褶皱，使得袖山变形，失去结构与视觉上的平

衡，如图 8-26（1）所示。

②产生原因与修正方法：由于袖山顶点位置偏后，或者体型是屈背体而引起的弊病。因此，应拆开装袖线，重新确定袖山顶点，使袖山顶点向前移动，调整袖山弧线，如图 8-26（2）所示。

③平面展开：重新标记袖山顶点的位置，使其稍微前移，再略调整袖山弧线，达到袖山的平衡与美观，如图 8-26（3）所示。

（1）弊病特征

（2）修正方法

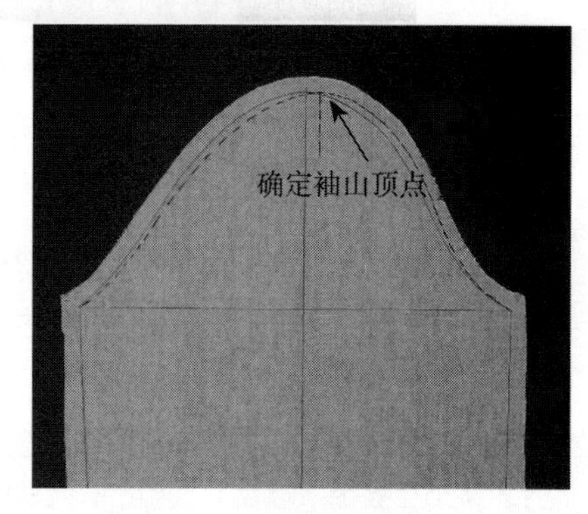

（3）平面展开

图8-26　袖位偏前弊病修正

（4）袖位偏后弊病及修正：

①弊病特征：后袖山产生斜向褶皱，使得袖山变形，失去结构与视觉上的平衡，如图 8-27（1）所示。

②产生原因与修正方法：由于袖山顶点位置偏前，或者体型是挺胸体而引起的弊病。因此，应拆开装袖线，重新确定袖山顶点，使袖山顶点向后移动，调整袖山弧线，如图 8-27（2）所示。

③平面展开：重新标记袖山顶点的位置，使其稍微后移，再略调整袖山弧线，达到袖山的平衡与美观，如图 8-27（3）所示。

（1）弊病特征

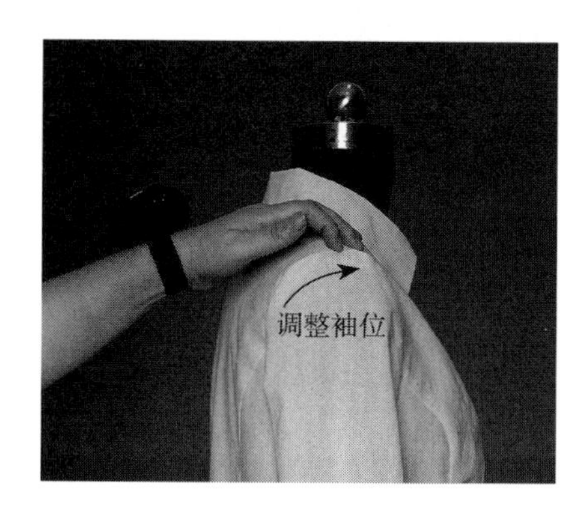

（2）修正方法

（3）平面展开

图8-27　袖位偏后弊病修正

上述领与袖经常出现的弊病与修正方法仅是为了“抛砖引玉”，让读者掌握对弊病基本的观察与修正方法。但人的体形千差万别，有时服装上会同时出现几种情况的弊病，所以要仔细观察，综合考虑多种原因再进行修正。

第九章　上装立体造型

Three - dimensional Form of Upper Garment

女上装是女套装上半身穿着的服装。女套装是20世纪职业女性广泛参与社会活动后，仿效男士套装穿着而诞生的。上装内可与衬衫、背心、贴身毛衣等配穿，下可与裙子、裤子配穿，从休闲到正式，不拘泥于流行，穿着范围较广。女上装的种类一般有：女西装、猎装、骑马装、衬衫式上衣、宽松短上衣、披肩上衣、夹克式上衣、收腰宽下摆上衣等。学习本章的目的，主要掌握上装的结构及廓型变化，学习上装的立体造型及弊病修正方法，掌握装袖、装领技术。

第一节　H型上装立体造型

Three-dimensional Form of H-shaped Upper Garment

一、款式分析

本款上装廓型呈H型。其款式特点：上衣胸、腰、摆围的尺寸基本相同，形成一种直筒式的形状，也可称为箱型上衣。明门襟，立领，腰克夫，通过衣身纵向分割、肩部斜向分割，并缉装饰线，同时配有育克，使款式产生变化。具有穿着舒适、活动方便的特点，是人们休闲、运动经常穿着的款式之一，如图9-1所示。

图9-1　H型上装款式图

二、学习要点

学习各块面的分割设计，掌握明门襟、立领、过肩等造型方法，掌握两片袖及各部位组合工艺。

三、造型方法

1.**布料准备**

前身布：长=65cm，宽=30cm；前侧布：长=50cm，宽=25cm；后身布：

长 =65cm，宽 =30cm；后侧布：长 =50cm，宽 =28cm；门襟布：长 =65cm，宽 = 10cm；前过肩布：长 =18cm，宽 =25cm；后过肩布：长 =20cm，宽 =25cm；前育克布：长 =28cm，宽 =30cm；大袖布：长 =65cm，宽 =35cm；小袖布：长 =55cm，宽 =20cm；袖头布：长 =35cm，宽 =9cm；领布：长 =15cm，宽 =28cm；袋牙布：长 =20cm，宽 =10cm；腰克夫布：长 =85cm，宽 =10cm。按图标记好各块布料的基准线，如图 9-2 所示。

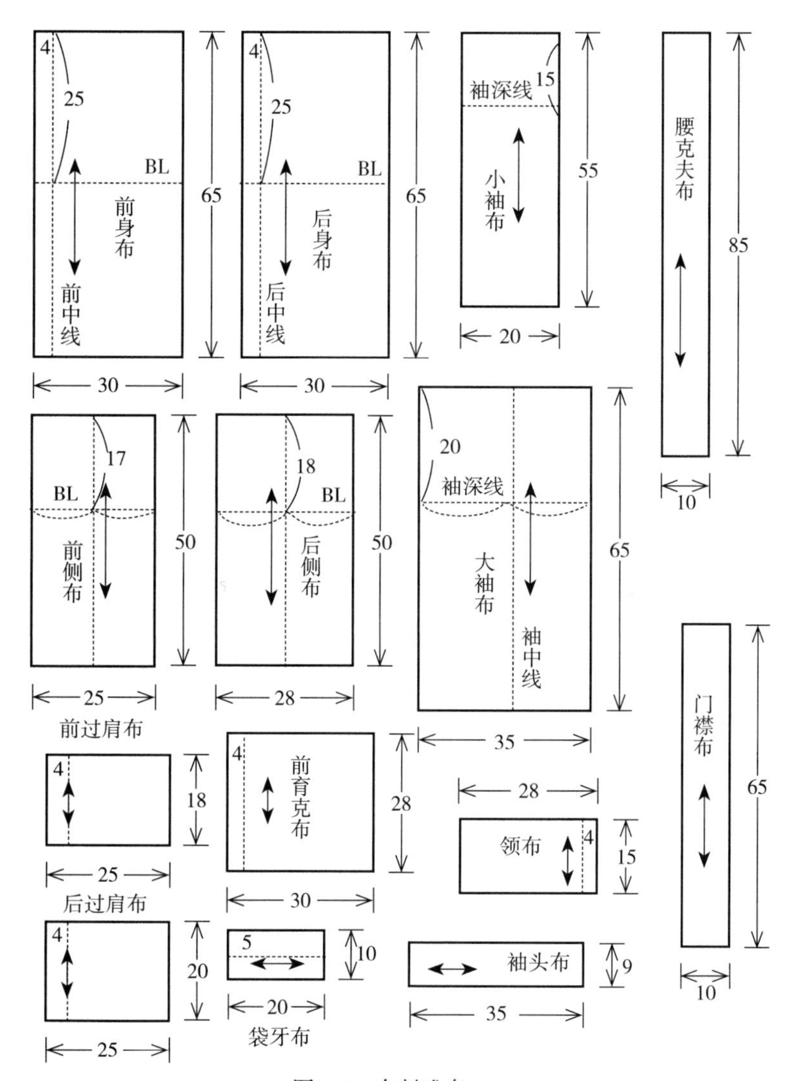

图9-2　布料准备

2.前身立体造型

（1）标记设计线：按款式图设计出前身分割线、门襟、腰克夫及衣领等造型线，如图 9-3（1）所示。

（2）披前身布：将布料的前中线与人体模型前中线对合，胸围线、腰围线、臀围线同时水平对准或对合，固定。剪去领口余量，按设计线标记衣片轮廓，如

图 9–3（2）所示。

（3）披前侧布：将前侧布的胸围线对准人体模型的胸围线，理顺布纹纱向，为事先留出松量，在前侧布中间捏起 1cm，用大头针固定。采用对别法将前身布与前侧布别合，如图 9–3（3）所示。

（4）修剪轮廓：将前侧布调整好后，标记过肩位置，留出缝份，修剪袖窿与过肩处的余料，如图 9–3（4）所示。

（5）披前肩育克布：将布纹摆正，用大头针固定；确定小肩、袖窿及分割部位的轮廓线，留出缝份后剪去余料，如图 9–3（5）所示。

（6）披前胸育克布：布料纱向垂直摆正，做出领与袖窿部分，标记轮廓线，

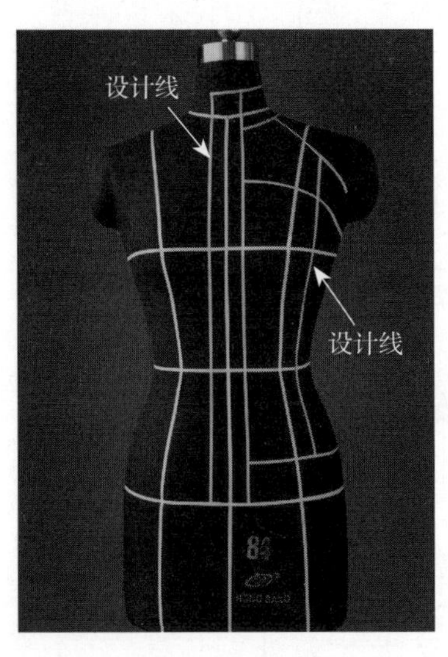

（1）标记设计线

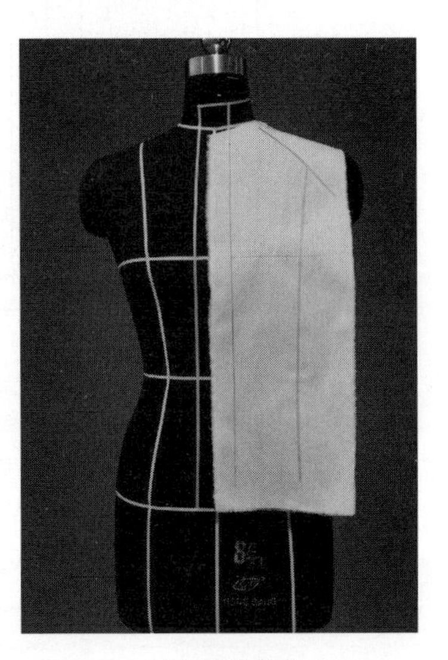
（2）披前身布

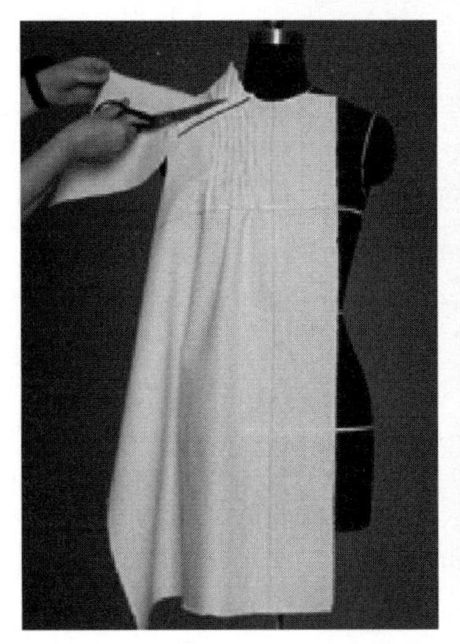
（3）披前侧布

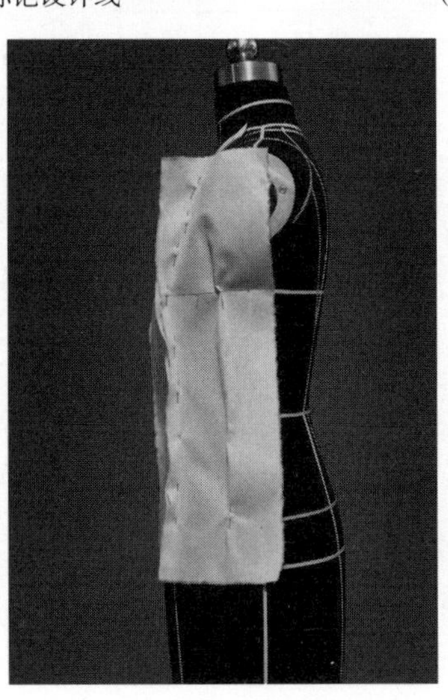
（4）修剪轮廓

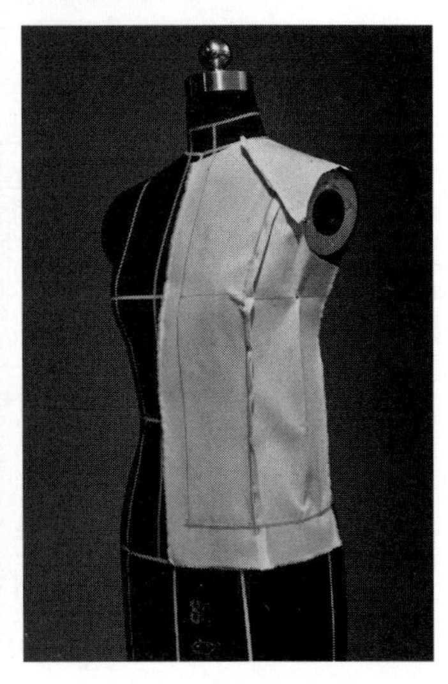
（5）披前肩育克布

图9–3

留出缝份，与前过肩分割部位固定，如图 9-3（6）所示。

（7）调整造型：从不同角度观察、调整整体造型，折转缝份，组合固定，如图 9-3（7）所示。

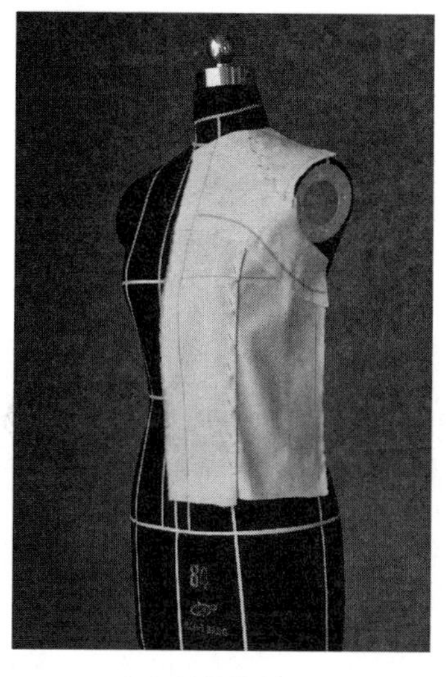

（6）披前胸育克布

（7）调整造型

图9-3　前身立体造型

3.后身立体造型

（1）标记设计线：设计后身分割线、后过肩、腰克夫及领造型，并用胶带做标记，如图 9-4（1）所示。

（2）披后身布：将布料后中线、胸围线对准人体模型后中线、胸围线，理顺布纹用大头针固定；确定轮廓线，用带子做标记，按标记线留出缝份，剪掉余料，如图 9-4（2）所示。

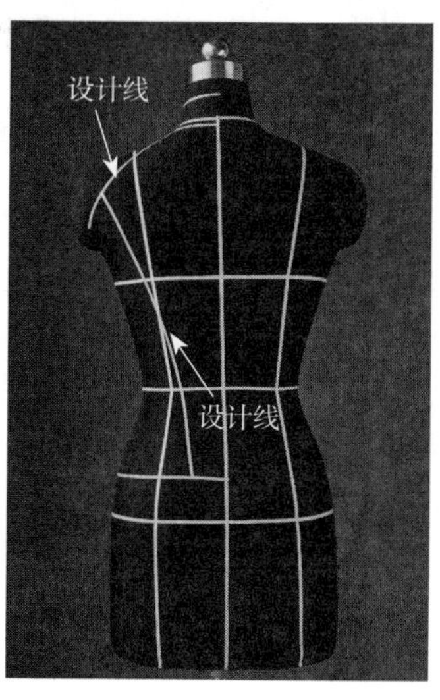

（1）标记设计线

（2）披后身布

图9-4

（3）披后侧布：操作方法同前侧布，将布料胸围线对准人体模型胸围线，摆正布纹纱向，留出松量，用大头针固定，如图 9–4（3）所示。

（4）对合后侧布：整理后侧布，分别与后身片和前侧缝对合，预留出缝份，修剪轮廓，如图 9–4（4）所示。

（5）披后过肩布：摆正布料，用大头针固定；确定部位轮廓线，留出缝份，剪去余料，在侧缝两侧分别做褶，褶距侧缝 2cm，褶量 1.5cm，如图 9–4（5）所示。

（6）整理造型：折转缝份，固定后过肩，观察、调整后衣身，测量衣身摆围，将腰克夫与衣身固定，如图 9–4（6）所示。

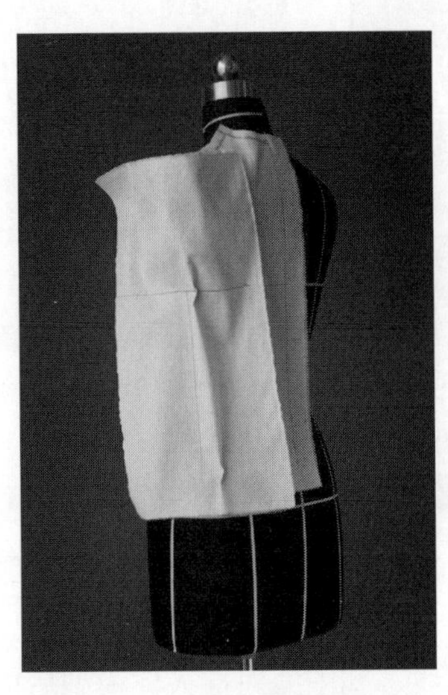

（3）披后侧布

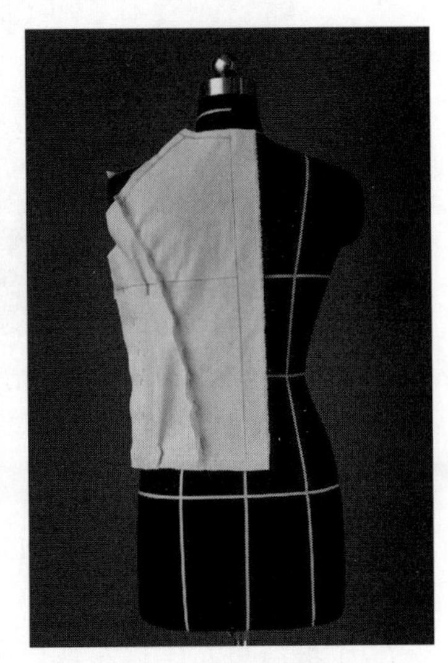

（4）对合后侧布

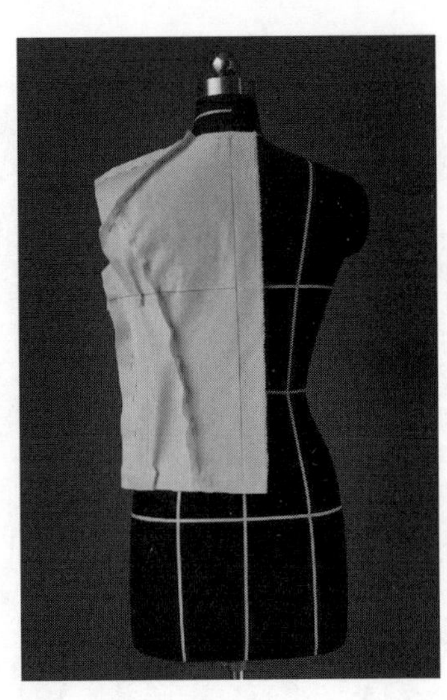

（5）披后过肩布

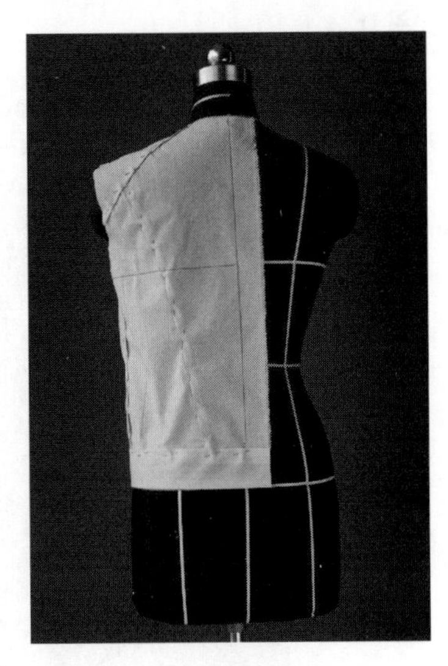

（6）整理造型

图9–4　后身立体造型

4.衣领立体造型

（1）披领布：将布料后中线对准人体模型的后中线，固定。将衣领布向前围绕，为方便调整领型，当围绕到肩颈点位置时可在领下口上打剪口。留出适当空隙量，通过反复调整确定衣领下口造型，如图 9–5（1）所示。

（2）衣领造型：调整衣领与颈部的吻合度，确定衣领宽度及领角造型，用带子做标记，留出缝份，剪去余料，调整领角造型，保证衣领与衣身止口顺直，如图 9–5（2）所示。

（3）装门襟：将门襟缝份折转，确定宽度，与衣身止口固定。调整领上口线，注意左右领的对称圆顺，并使其呈弧线形，如图 9–5（3）所示。

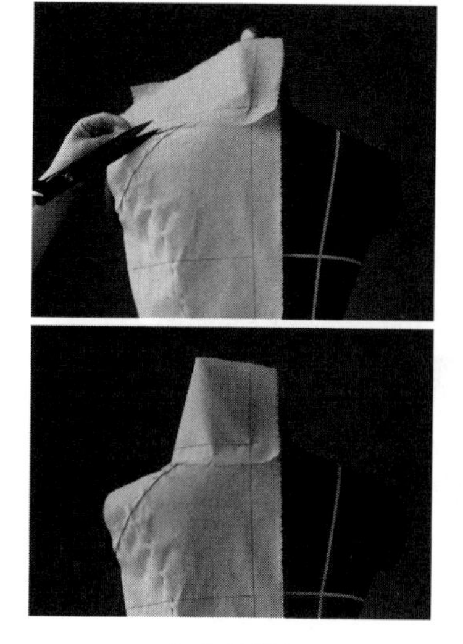

（1）披领布

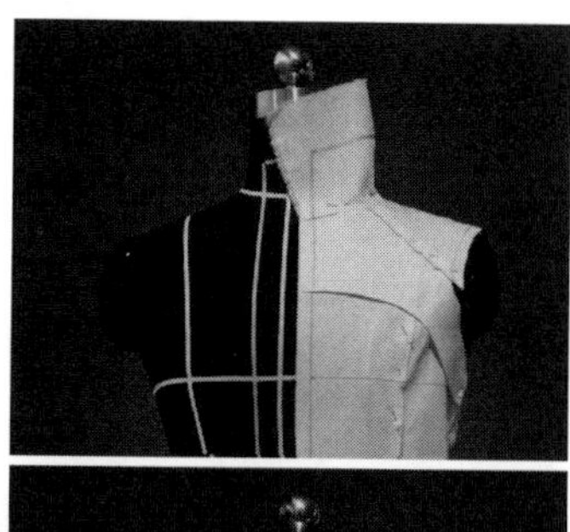

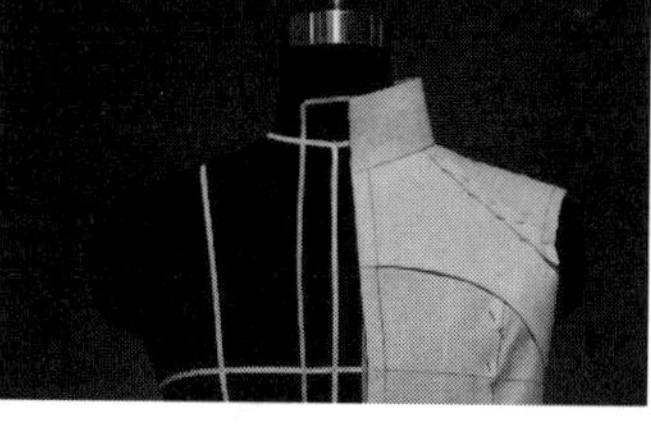

（2）衣领造型

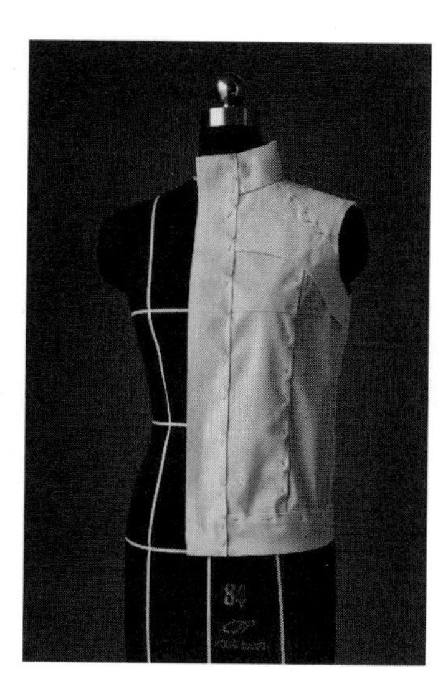

（3）装门襟

图9–5 衣领立体造型

5.衣袖立体造型

（1）衣袖制图：测量衣身袖窿 AH 值，在平面图上绘制出衣袖结构，如图 9–6（1）所示。

（2）裁剪衣袖：按样结构图加放缝份后裁剪出大、小袖片，再将袖片用大头针别成筒状，如图 9–6（2）所示。

（3）装衣袖：标出装袖标记点；用藏针别法将衣袖别到衣身的袖窿上，边别边调整袖山吃势；多角度观察衣袖袖山、袖筒造型，如图 9–6（3）所示。

（4）装袖头与袋牙：袖口有两个褶裥，分布在后袖片，从距后袖缝 2.5cm 处起做褶，褶间距 2.5cm，褶量 2cm。折转袖头缝份，与衣袖别好，调整造型。用熨斗将袋牙扣烫好，确定好位置后用大头针固定在衣身上，如图 9–6（4）所示。

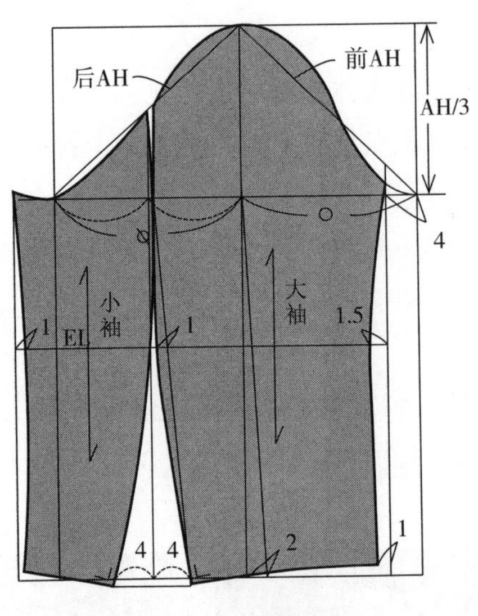

（1）衣袖制图

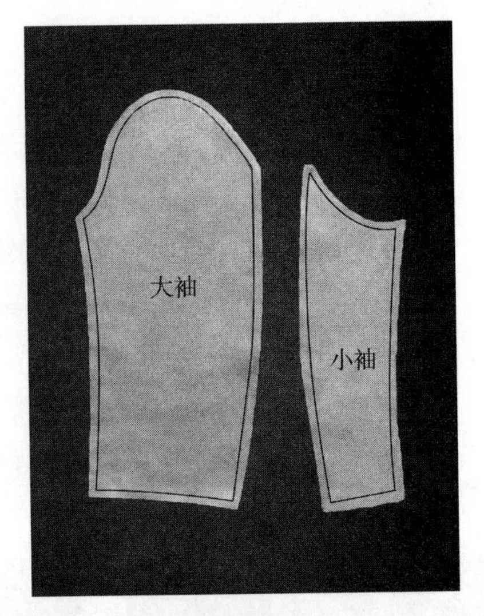

（2）裁剪衣袖

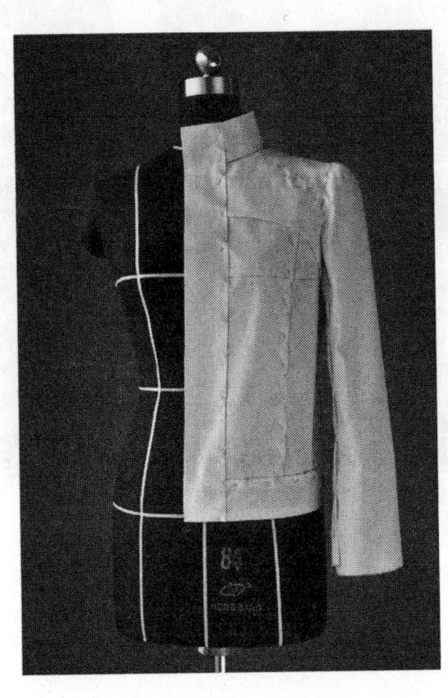
（3）装衣袖

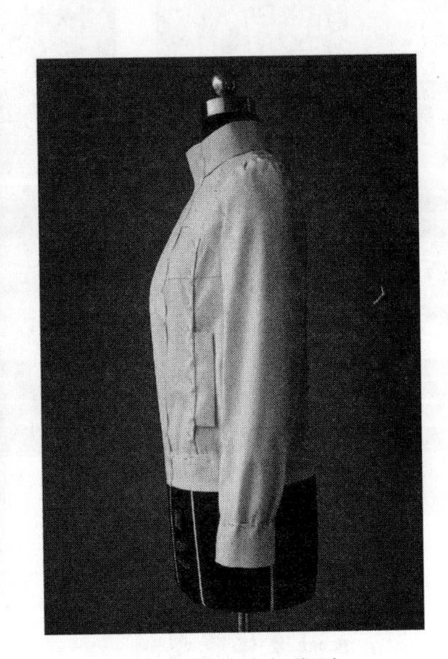
（4）装袖头与袋牙

图9–6　衣袖立体造型

6.整体效果及展开

（1）整体效果：将各部位假缝或为成品状。分别从正面、侧面、背面观察其整体效果，调整不合适的部位，以达到松紧适当、整体平衡，如图 9–7（1）~（3）所示。

（2）样板结构：将样衣展成平面，标记袋位，圆顺袖窿、领口、过肩、育克势、门襟、腰克夫、袖头等部位的轮廓线，修剪各块布料缝份，做出本款的样板结构，如图 9–7（4）所示。

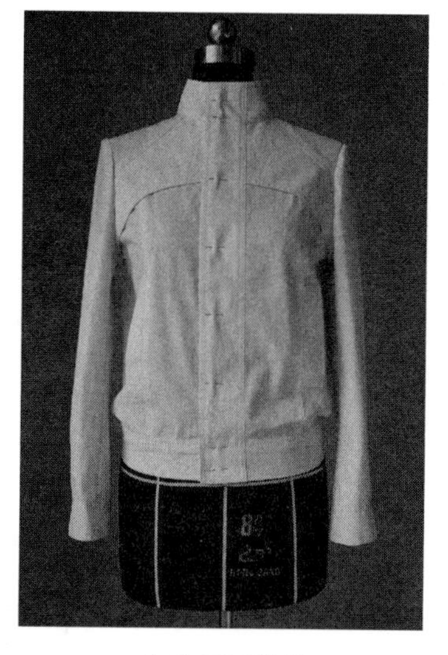

（1）正面效果

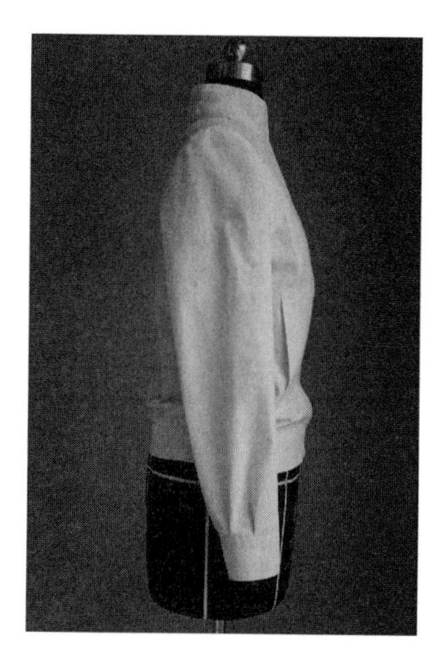

（2）侧面效果

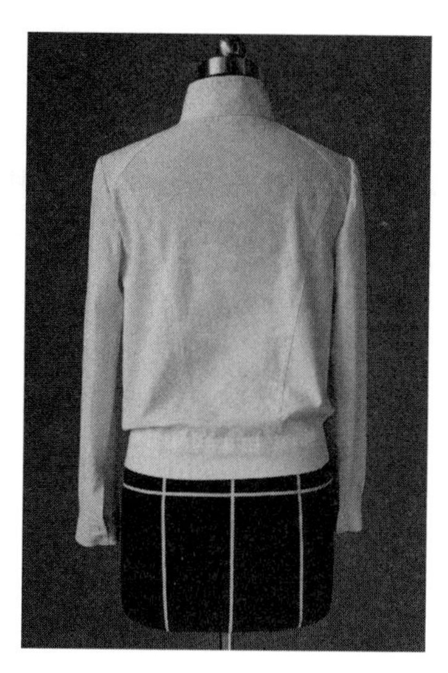

（3）背面效果

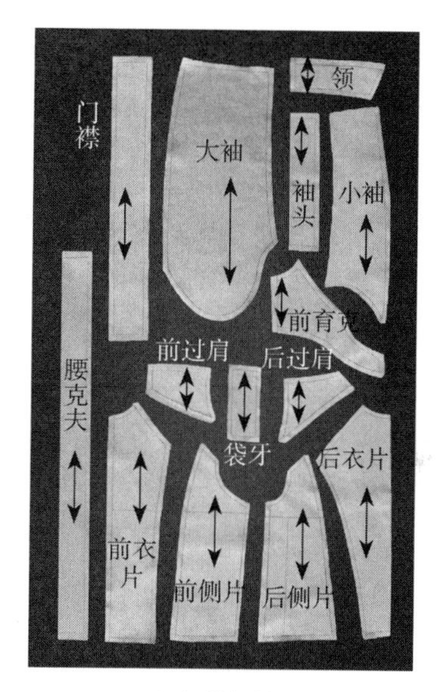

（4）样板结构

图9-7　整体效果及展开

第二节　X型上装立体造型

Three-dimensional Form of X-shaped Upper Garment

一、款式分析

本款上装廓型呈 X 型。其款式特点：前衣片采用公主线与腰部分割线，使胸部更加丰满，腰部纤细；肩部蓬起，衣摆外展，更加显示职业女性的风采。同时配以西装领、波浪下摆，使经典与时尚得以完美结合，更具活力与魅力，如图 9–8 所示。

图9–8　X型上装款式图

二、学习要点

掌握 X 型上装的设计与造型要点，学习起肩袖型的制图方法与西装领的制作技巧，提高综合解决各部位平衡的能力。

三、造型方法

1.布料准备

前中布：长 =60cm，宽 =40cm；前侧布：长 =40cm，宽 =25cm；后中布：长 =55cm，宽 =35cm；后侧布：长 =40cm，宽 = 24cm；前衣摆布：长 =55cm，宽 =45cm；后衣摆布：长 =60cm，宽 =50cm；袖布：长 =75cm，宽 =48cm；领布：长 =20cm，宽 =35cm。按图标记好各块布料的基准线，如图 9–9 所示。

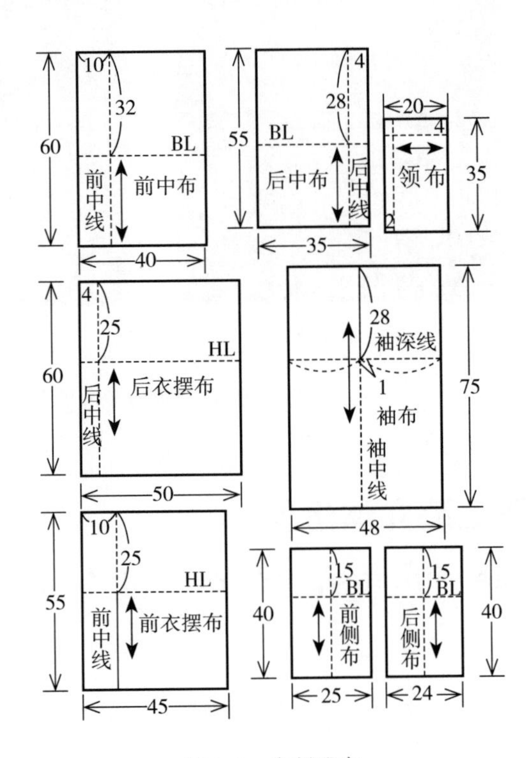

图9–9　布料准备

2.前身立体造型

（1）标记设计线：用胶带设计前身分割线、腰围线、驳头形状及领造型线，如图9–10（1）所示。

（2）披前中布：将布料的前中线与人体模型前中线对合，胸围线水平对准或对合，固定。将胸围线以上部分余量理顺至领口部位；在领口线相应位置做领省，省尖指向BP点，如图9–10（2）所示。

（3）衣身造型：从肩颈点起沿领口标记线将多余布料剪掉，但只修剪到领省附近的位置，注意留出做戗驳头的余量。然后理顺布纹，标记衣片分割线与袖窿曲线，用大头针固定，如图9–10（3）所示。

（4）驳头造型：将驳头沿驳口线折转，用带子设计驳头形状，反复观察并调整串口线与驳头造型，直至满意为止。将前衣片留出缝份，剪去余料，如图9–10（4）所示。

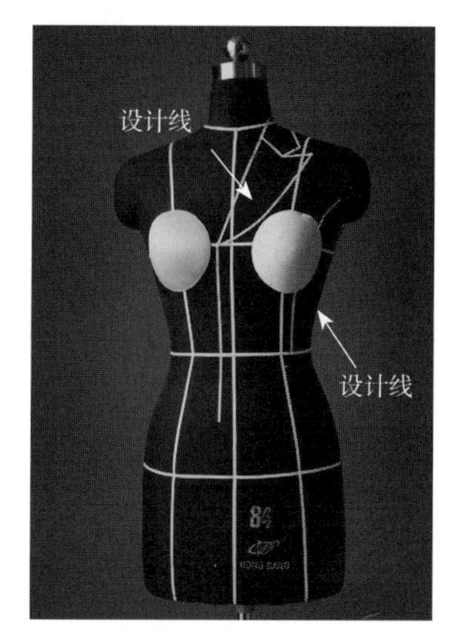

（1）标记设计线

（2）披前中布

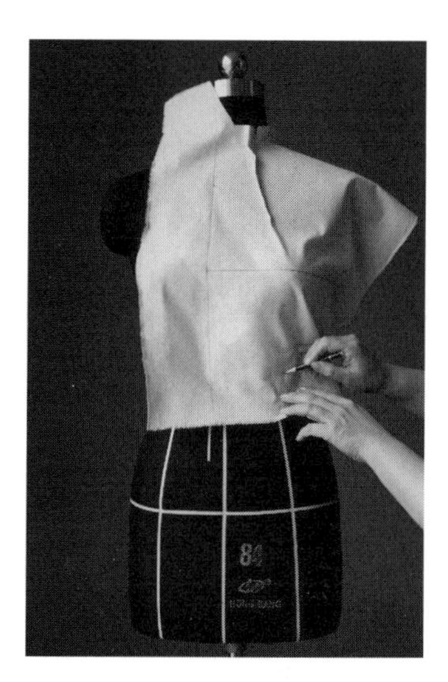

（3）衣身造型

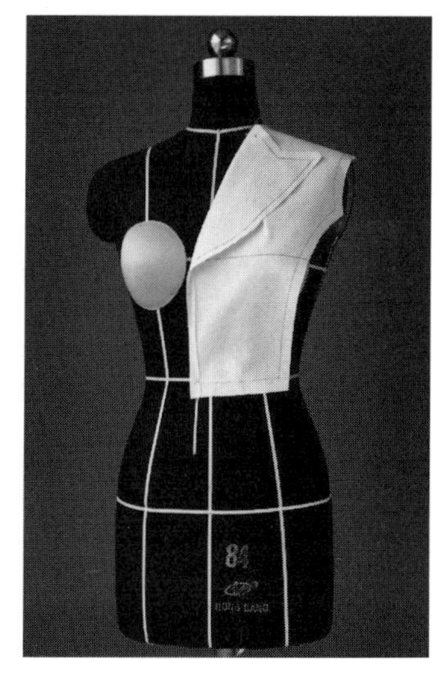

（4）驳头造型

图9–10

（5）披前侧布：摆正布纹，对准胸围线，将前侧布固定，如图9–10（5）所示。

（6）确定前侧片轮廓：加放侧片松量（1cm），确定标记线；留出缝份，剪去余料；反复审视、观察侧缝线、袖窿弧线，调整造型轮廓，如图9–10（6）所示。

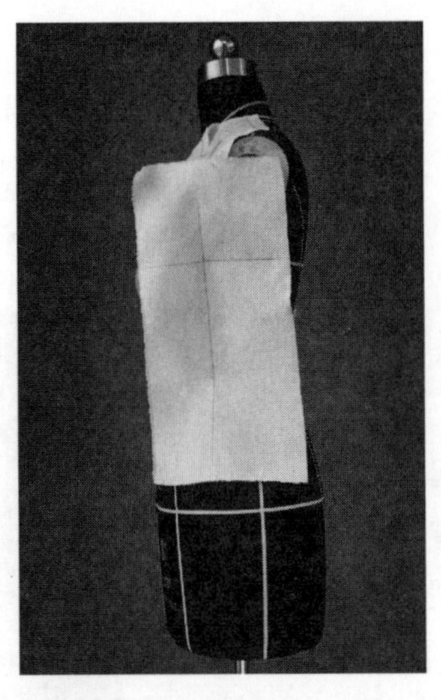

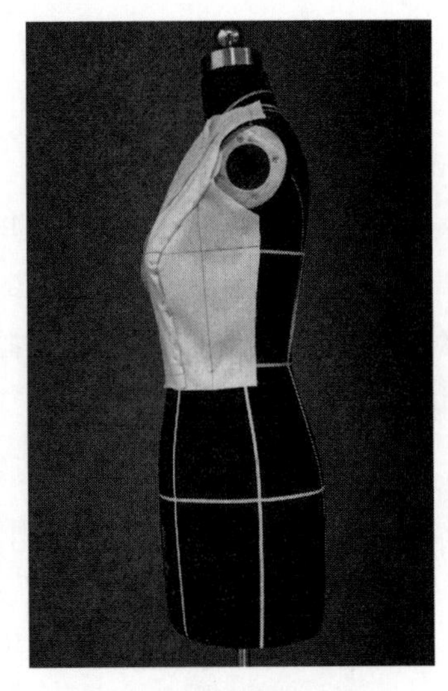

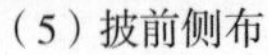

（5）披前侧布　　（6）确定前侧片轮廓

图9-10　前身立体造型

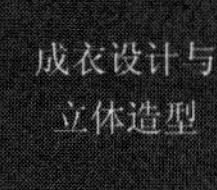

3.后身立体造型

（1）标记设计线：设计后身分割线、腰围线及领造型，用胶带做出标记，如图 9-11（1）所示。

（2）披后中布：将布料后中线、胸围线对准人体模型的后中线、胸围线，理顺布纹，用大头针固定，如图 9-11（2）所示。

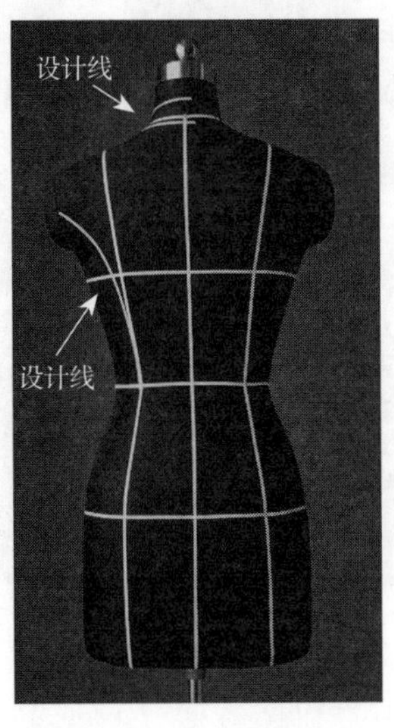

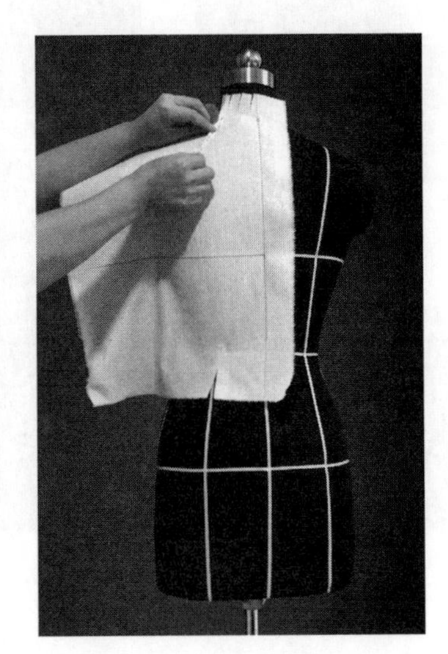

（1）标记设计线　　（2）披后中布

图9-11

（3）做后领省：为操作方便，将领口线余料剪掉后，均匀打剪口。将由于肩胛突出而产生的余量理顺至后领位置，并做成后领省，省尖指向肩胛。为使腰部合体，在后中线处收省，理顺布纹，确定后中布的形状，预留缝份，剪掉余料，如图 9–11（3）所示。

（4）披后侧布：摆正布纹，对准标记线，在胸围线处用大头针固定，如图 9–11（4）所示。

（5）后侧布与后中布对合：加放后侧片松量（1cm），分别确定标记线；留出缝份后剪去余料，并与后中片对合。通过反复审视、观察，调整侧缝线、袖窿弧线造型，如图 9–11（5）所示。

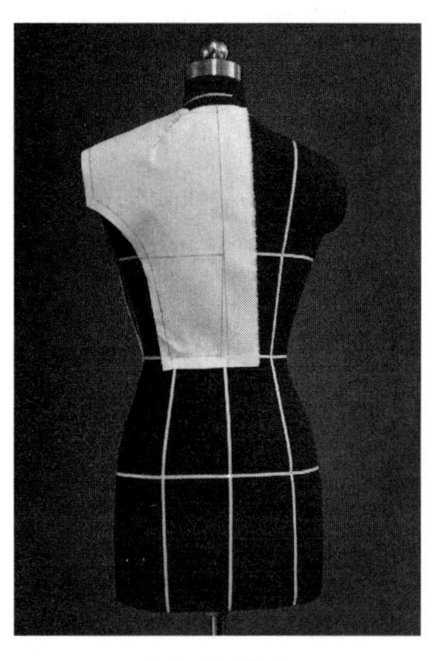

（3）做后领省

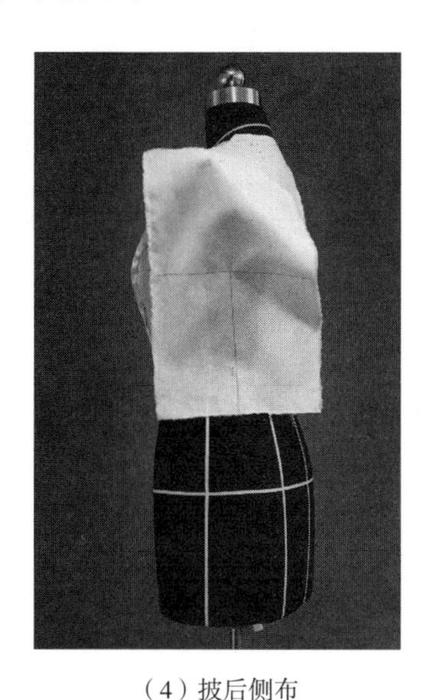

（4）披后侧布

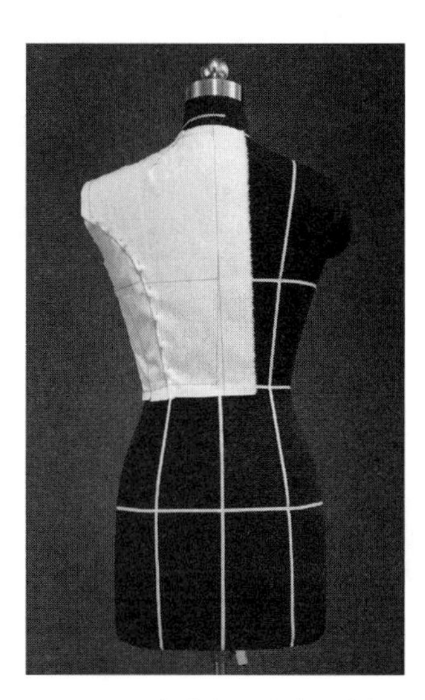

（5）后侧布与后中布对合

图9–11　后身立体造型

4.衣摆立体造型

（1）披前衣摆布：按波浪褶的操作方法留出足够展放褶的余量（25cm），在腰线处用大头针固定。将上部水平修剪至公主线分割处，用大头针固定。向下移动衣摆布，形成一自然褶，如图 9–12（1）所示。

（2）做波浪褶：依据款式图做出三个波浪褶，通过反复观察、调整褶量大小，达到要求后用大头针固定腰线，如图 9–12（2）所示。

（3）标记前衣摆轮廓：用带子做出前衣摆轮廓造型。注意，止口边需与底边圆顺，留出缝份，剪去余料，如图 9–12（3）所示。

（4）后衣摆造型：顺沿前衣摆底边，确定后衣摆造型，用带子做出标记，留出缝份，剪去余料，如图 9–12（4）所示。

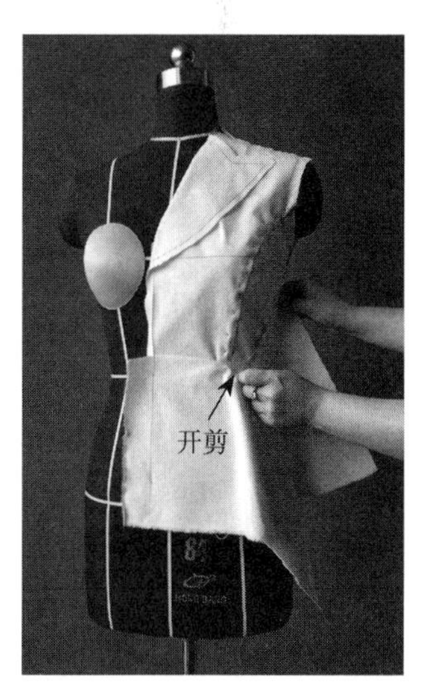

（1）披前衣摆布

图9–12

（2）做波浪褶

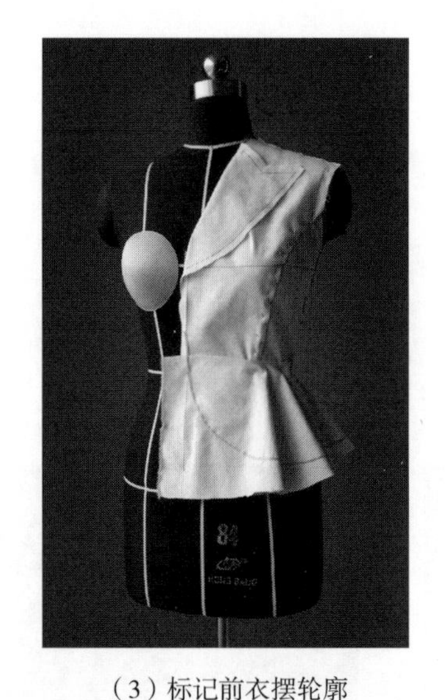

（3）标记前衣摆轮廓

（4）后衣摆造型

图9-12　衣摆立体造型

5.衣领立体造型

（1）确定领下口线：布料对准后领中线，用大头针固定领布。围绕颈部，从肩颈点位置开始打剪口，修剪领下口边，衣领围绕至前衣片，确定领座宽度，沿衣片领口标记线做出领下口标记，如图 9-13（1）所示。

（2）领外口造型：将衣领折转，调整领与颈部的空隙量，确定领角造型。确定衣领外口线，观察衣领与颈部的吻合度。按轮廓线扣转衣领与驳头，如图 9-13（2）所示。

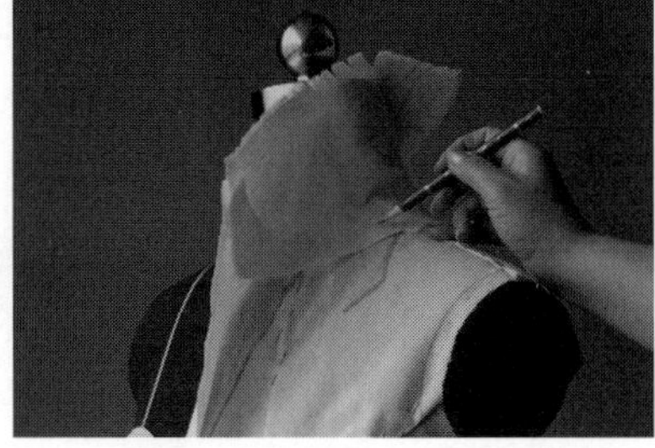

（1）确定领下口线

（2）领外口造型

图9-13　衣领立体造型

6.衣袖立体造型

（1）标记袖窿弧线：将手臂模型装到人体模型上。为避免肩部太宽，要调整肩部尺寸，距肩端点 2cm 处确定为新的端点，重新设计袖窿弧线，如图 9-14（1）所示。

（2）衣袖制图：量取衣身袖窿 AH 值，绘制衣袖结构图，如图 9-14（2）所示。

（3）衣袖裁剪：按衣袖结构图裁剪出袖片，将袖片用大头针别成筒状，如图 9-14（3）所示。

（4）装衣袖：在前、后袖山处做袖山褶，褶间距 3cm，褶量 4cm，褶分别倒向袖中线，用藏针别法将衣袖装到衣身袖窿上。多角度观察袖山、袖筒造型，修改袖山褶的大小及褶位，确定袖口线，如图 9-14（4）所示。

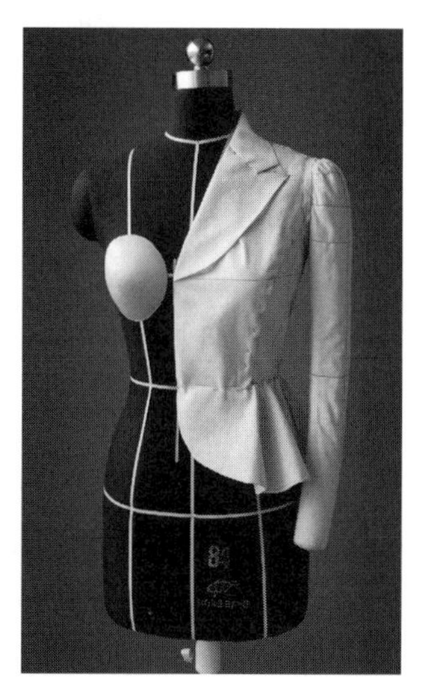
（1）标记袖窿弧线

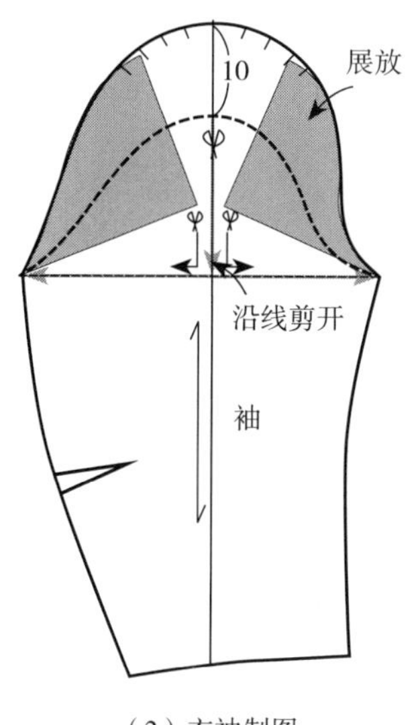

（2）衣袖制图

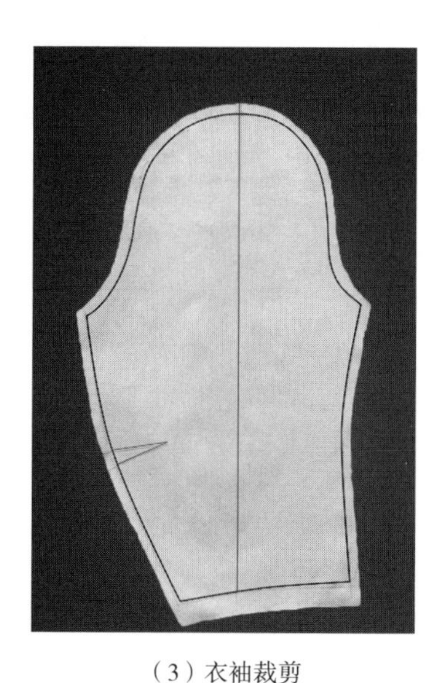
（3）衣袖裁剪

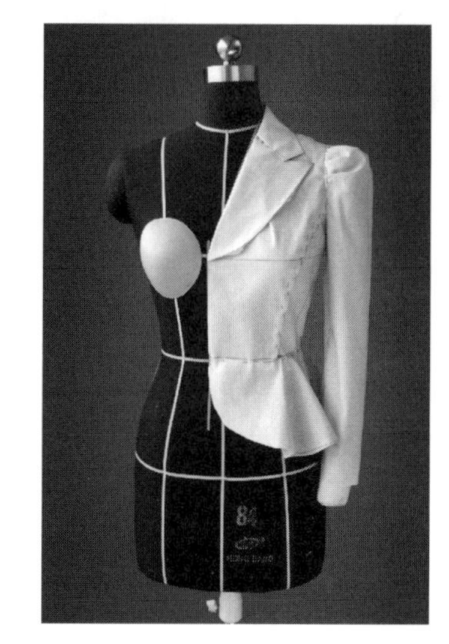
（4）装衣袖

图9-14　衣袖立体造型

7.整体效果及展开

（1）整体效果：将各部位缝份别合或缝合，观察整体效果，修改不平服、不适当处，以达到松紧适当、整体平衡，如图 9-15（1）~（3）所示。

（2）样板结构：将样衣展成平面，标记衣袖褶位、装袖装领对位记号，圆顺前后衣身、衣袖、衣领等各部位轮廓线，修剪各块布料的缝份，做出本款的样板结构，如图 9-15（4）所示。

（1）正面效果

（2）侧面效果

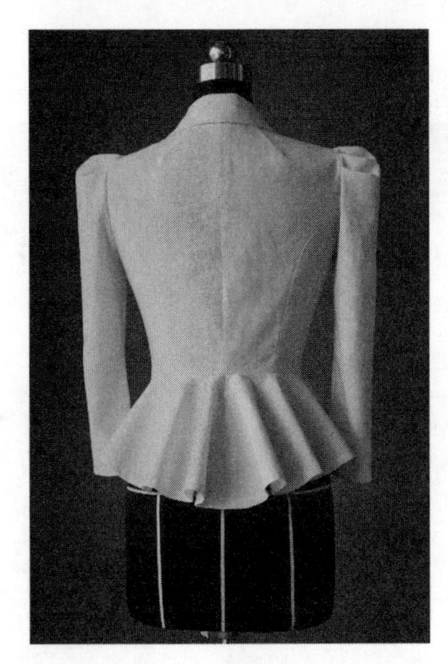

（3）背面效果

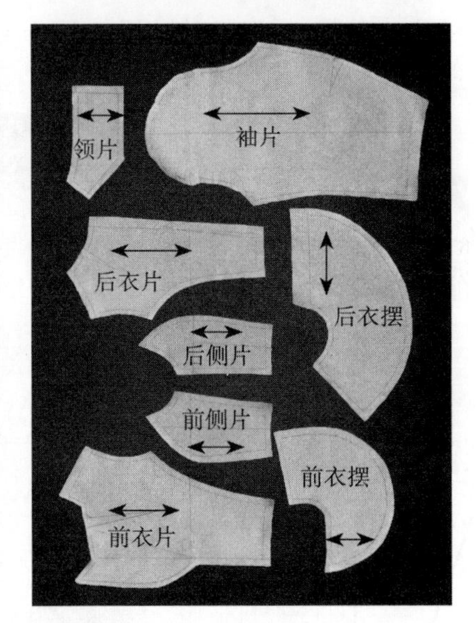

（4）样板结构

图9-15　整体效果及展开

第三节　T型上装立体造型

Three-dimensional Form of T-shaped Upper Garment

一、款式分析

本款上装廓型呈 T 型。其款式特点：无领、偏襟、领省设计，通过公主线分割将腰围、摆围收缩，同时配以蓬起的起肩袖型，使整体造型具有刚劲、挺拔的特点，如图 9–16 所示。

图9–16　T型上装款式图

二、学习要点

学习 T 型廓型的整体造型设计与制作，掌握分割起肩袖型的设计方法，掌握整体美感的视觉表达。

三、造型方法

1.布料准备

前中布：长 =75cm，宽 =55cm；前侧布：长 =55cm，宽 =28cm；后中布：长 =75cm，宽 =35cm；后侧布：长 =55cm，宽 =25cm；袖前布：长 =85cm，宽 =24cm；袖中布：长 =85cm，宽 =30cm；袖后布：长 =86cm，宽 =25cm。按图标记好各块布料的基准线，如图 9–17 所示。

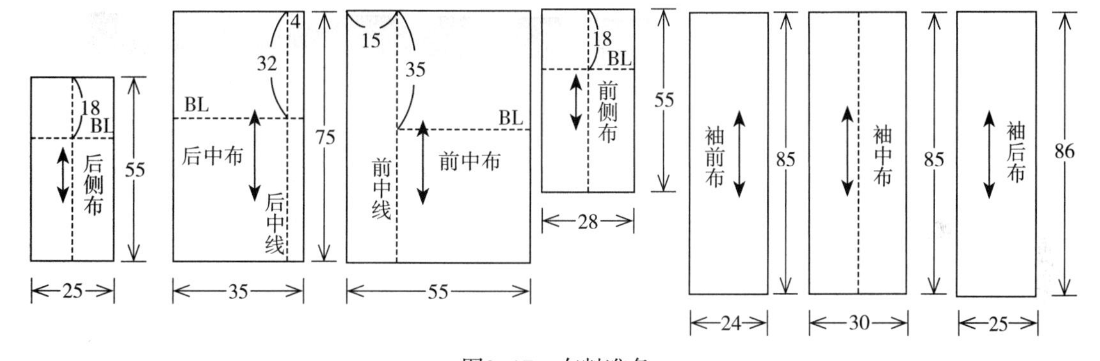

图9–17　布料准备

2.前身立体造型

（1）标记设计线：用胶带设计出前身分割线、门襟、底边等形状，如图 9–18（1）所示。

（2）披前中布：将布料的前中线与人体模型前中线对合，胸围线水平对准或对合，固定。将胸围线以上所有余量理顺至领口部位，按款式图在领口线相应位置做两个领省，省尖指向 BP 点，如图 9–18（2）所示。

（3）衣片造型：整理衣片布纹，按设计线标记出分割线、袖窿弧线、肩线等，预留缝份并修剪余料，如图 9–18（3）所示。

（4）披前侧布：摆正布纹，对准胸围线，将前侧布固定。在前侧布中部加放松量（1cm），用大头针别好。整理分割线部位的布纹，用大头针将其与前衣片

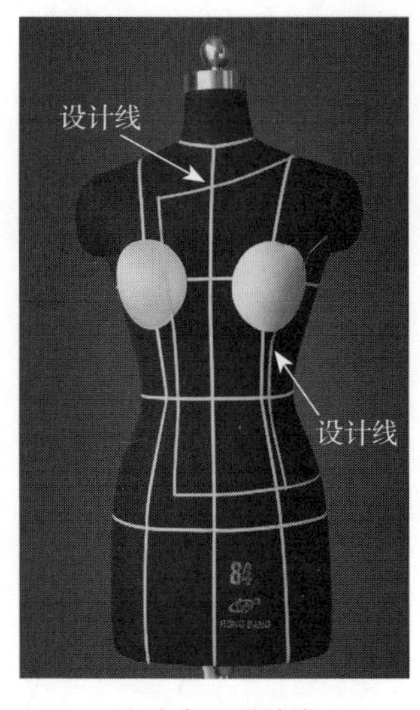

（1）标记设计线

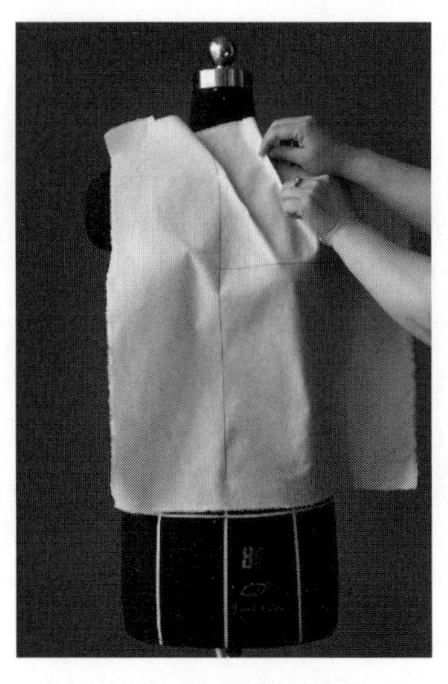

（2）披前中布

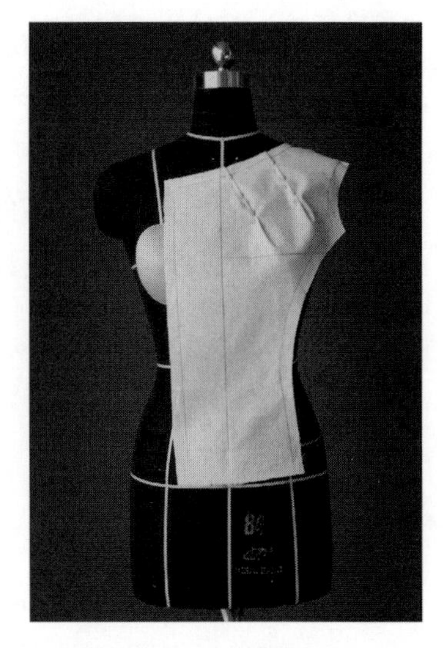

（3）衣片造型

图9–18

分割线别好，修剪成型；标记出前侧片造型轮廓，如图 9–18（4）所示。

（5）修剪前侧片：按轮廓线留出缝份，将侧缝及袖窿余料剪掉，如图 9–18（5）所示。

（6）整理造型：将缝份折转，用大头针均匀别好，固定在人体模型上。通过审视、观察，调整分割线、侧缝线等，如图 9–18（6）所示。

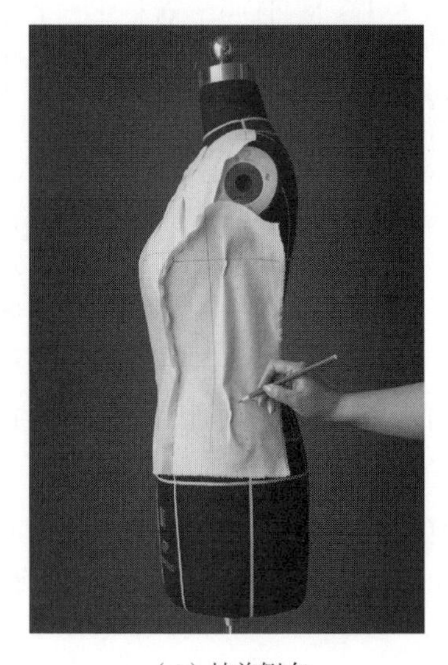

（4）披前侧布

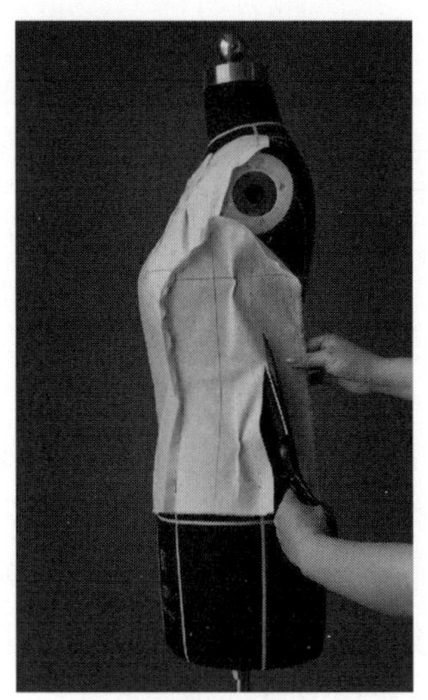

（5）修剪前侧片

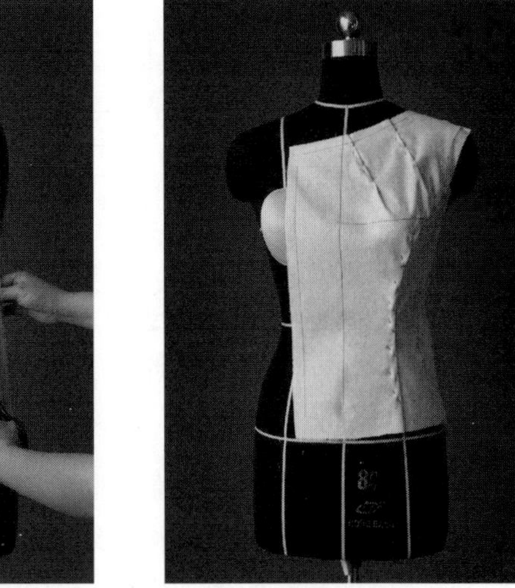

（6）整理造型

图9–18　前身立体造型

3.后身立体造型

（1）标记设计线：用带子设计出后身分割线、领口线、底边形状，如图 9–19

（1）所示。

（2）披后中布：将布料后中线、胸围线对准人体模型的后中线、胸围线，理顺布纹用大头针固定。将袖窿部位的余量理顺至后领位置，做成后领省，省尖指向肩胛，如图 9–19（2）所示。

（3）确定分割线：按设计线做出后身分割线、袖窿弧线，预留缝份，剪掉余料，如图 9–19（3）所示。

（4）后中线处理：为使腰部合体，可在腰线与公主线交点处打剪口，将后中线右移，理顺布纹，重新标记后中线，如图 9–19（4）所示。

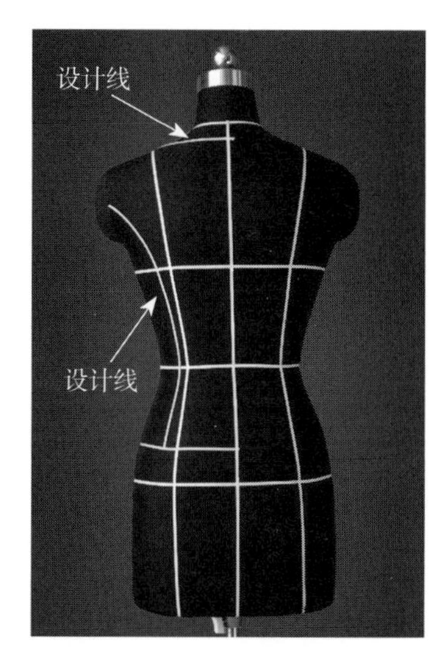

（1）标记设计线

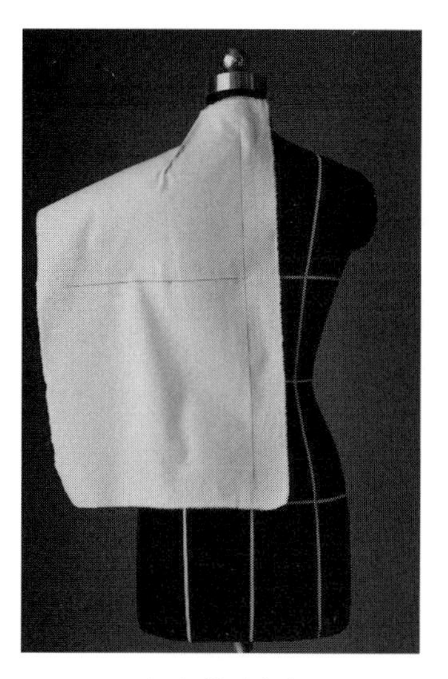
（2）披后中布

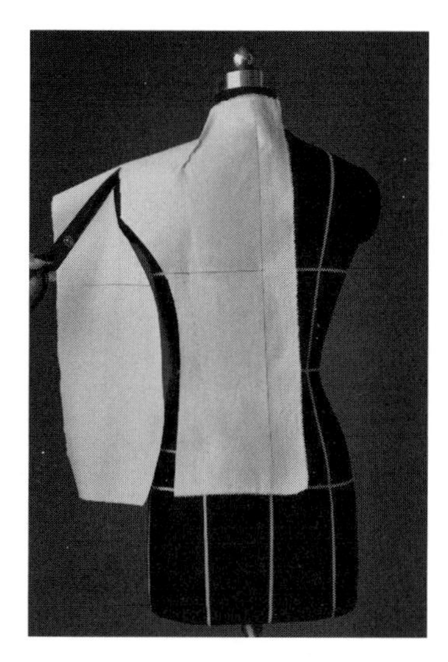
（3）确定分割线

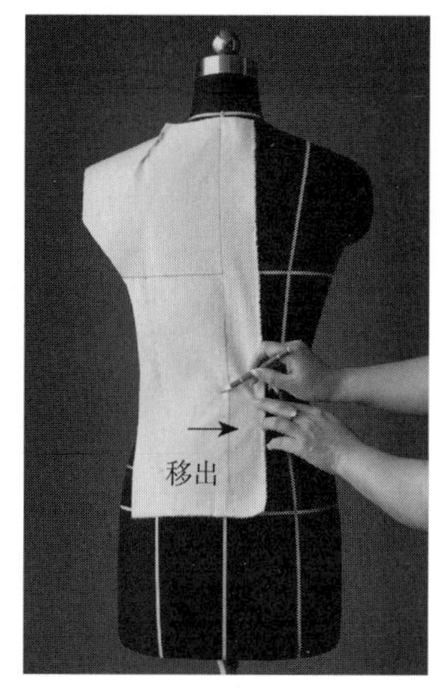

（4）后中线处理

图9–19

（5）披后侧布：摆正布纹，对准标记线，加放松量（1cm），将分割线、侧缝线用大头针均匀别好，如图 9–19（5）所示。

（6）后身造型：折转缝份，用大头针将后身侧缝、肩线分别与前身侧缝、肩线别好，穿在人体模型上，反复观察、调整衣身各部位造型，如图 9–19（6）所示。

4.衣袖立体造型

（1）标记袖窿弧线：将手臂模型装到人体模型上。按款式图调整袖窿造型，用带子做出标记，如图 9–20（1）所示。

（2）披袖中布：将袖中布基准线对准手臂中线，摆正布纹，将袖布围转手臂，用大头针固定，如图 9–20（2）所示。

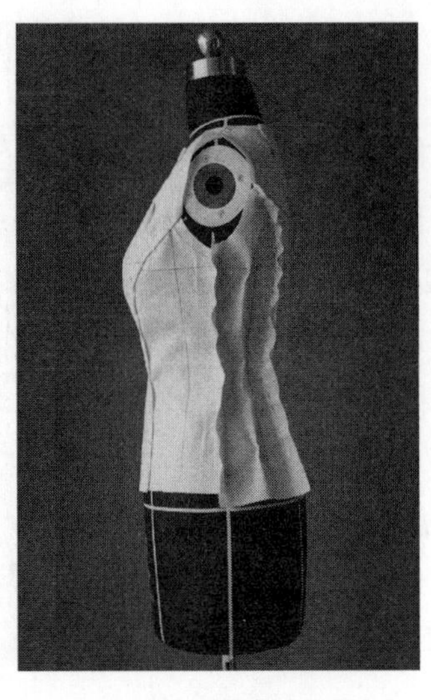
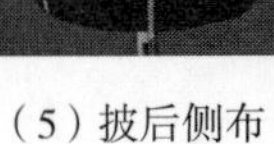

（5）披后侧布

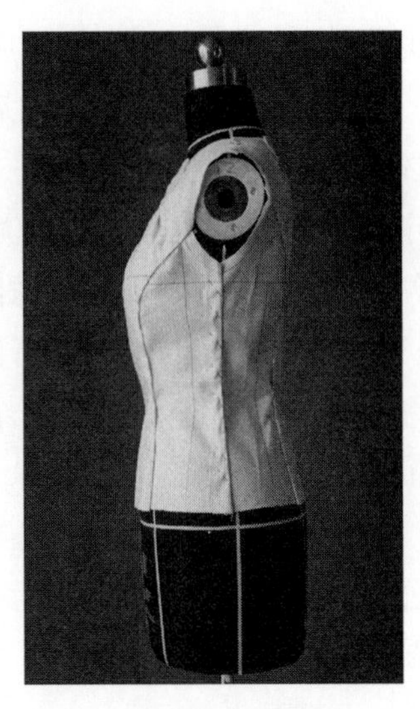

（6）后身造型

图9–19　后身造型设计

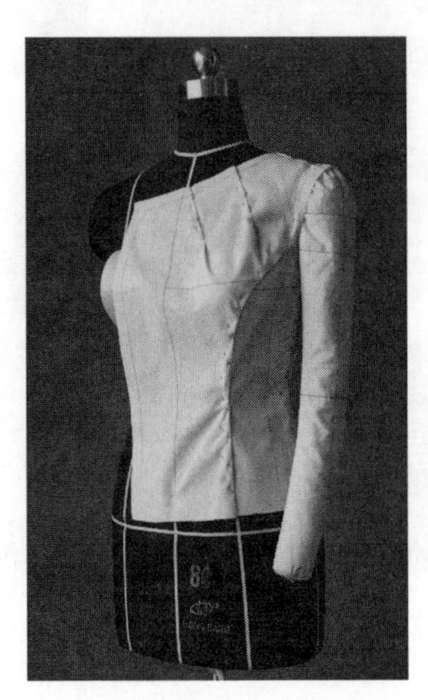

（1）标记袖窿弧线

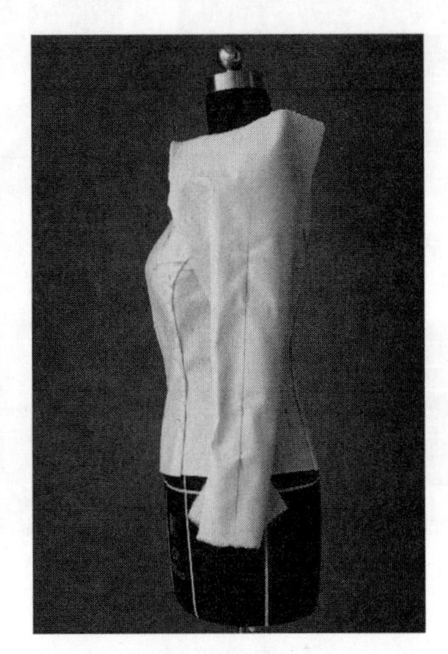

（2）披袖中布

图9–20

（3）预留袖山造型布量：为使袖山蓬起、外展，可通过临时做褶体现，前、后共做 4 个褶，分布在袖中线两侧，每个褶量约 2cm，用大头针固定，如图 9–20（3）所示。

（4）修剪袖窿：用带子沿手臂形状做出标记，留出缝份，修剪余料。然后打开临时袖山褶，如图 9–20（4）所示。

（5）披袖前布：摆正布纹，对齐袖口边，将袖前片一边与袖中片对合，用对别法均匀别好，同时保持丝缕顺直，如图 9–20（5）所示。

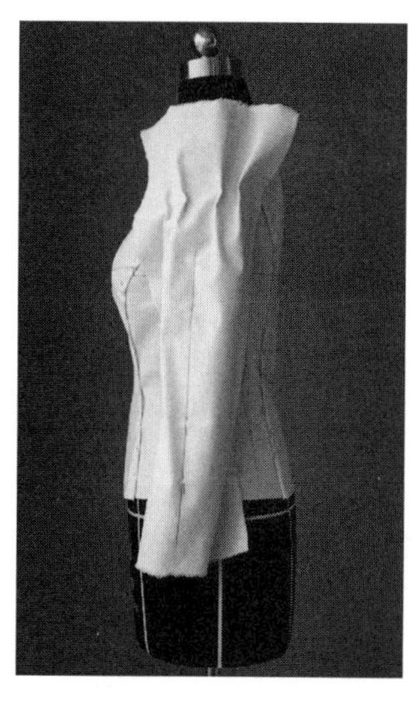

（3）预留袖山造型布量

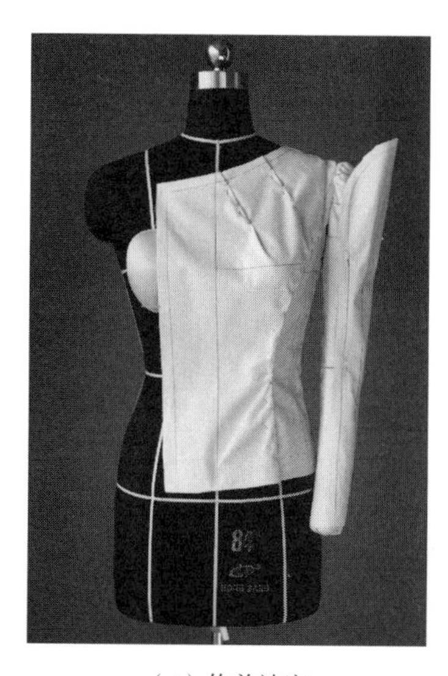

（4）修剪袖窿

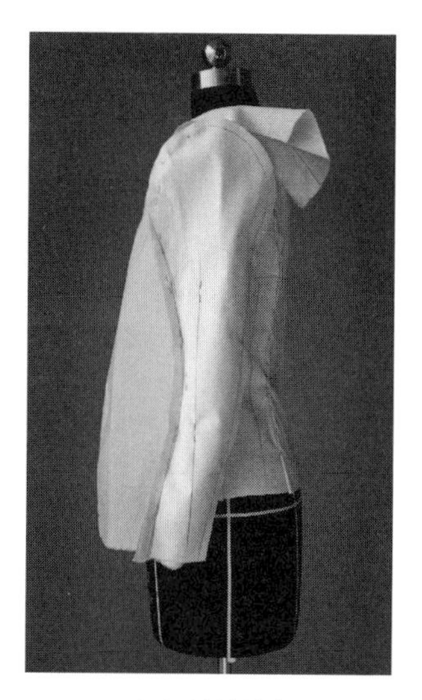

（5）披袖前布

图9-20

（6）袖筒造型：将袖山部位多余量做褶，固定于衣身袖窿处。为了方便衣袖围转，可将袖前片沿手臂造型粗裁，如图 9-20（6）所示。

（7）装前袖山：将袖前片加放 1cm 松量，按手臂标记线做袖前片标记，留出缝份，修剪造型，用藏针别法将前袖山装到袖窿上，如图 9-20（7）所示。

（8）装后袖山：方法同步骤（7）。先将袖后片与袖中片别好，做袖山褶。加放松量（1.5cm），做出袖后片标记，留出缝份，修剪造型。用藏针别法将后袖山装到袖窿上，如图 9-20（8）所示。

（6）袖筒造型

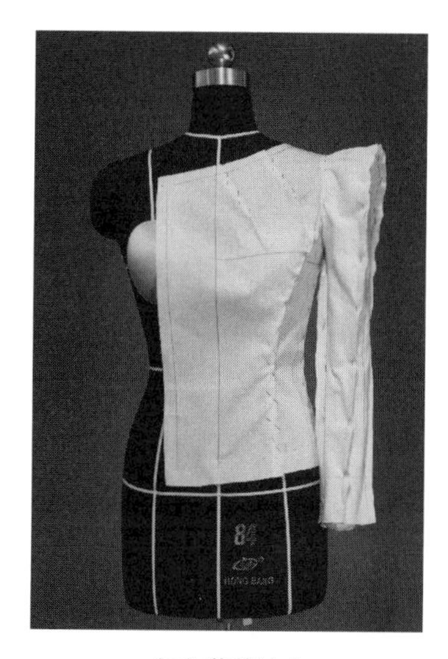

（7）装前袖山

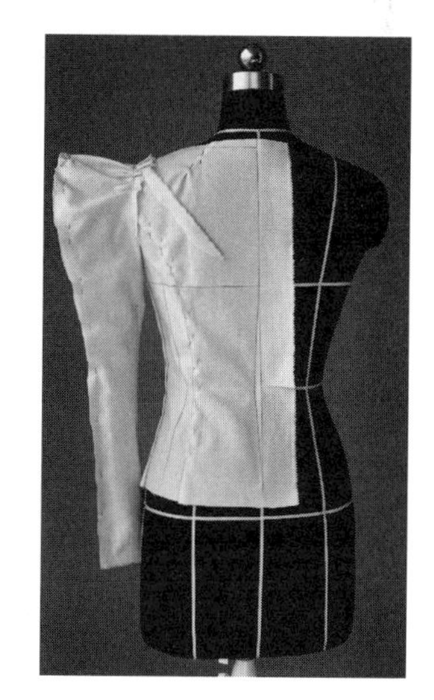

（8）装后袖山

图9-20　衣袖立体造型

5.整体效果及展开

（1）整体效果：将各部位假缝或为成品状。分别从正面、侧面、背面观察其整体效果，调整不合适的部位，以达到松紧适当、整体平衡，如图 9–21（1）~（3）所示。

（2）样板结构：将样衣展成平面，标记领口省位、袖山褶位，圆顺前后衣身、衣袖等各部位轮廓，修剪各块布料的缝份，做出本款的样板结构，如图 9–21（4）所示。

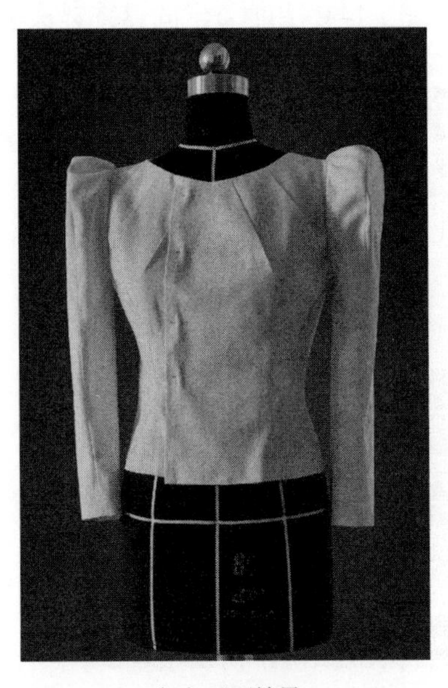

（1）正面效果

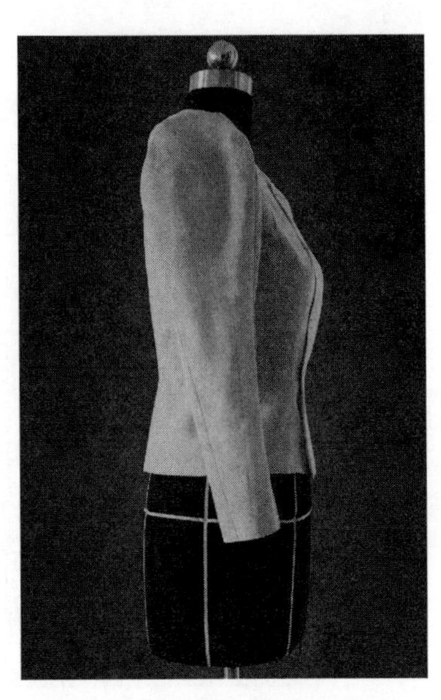

（2）侧面效果

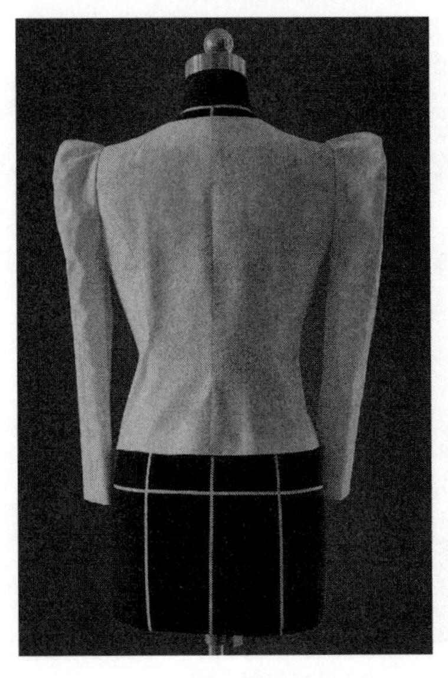

（3）背面效果

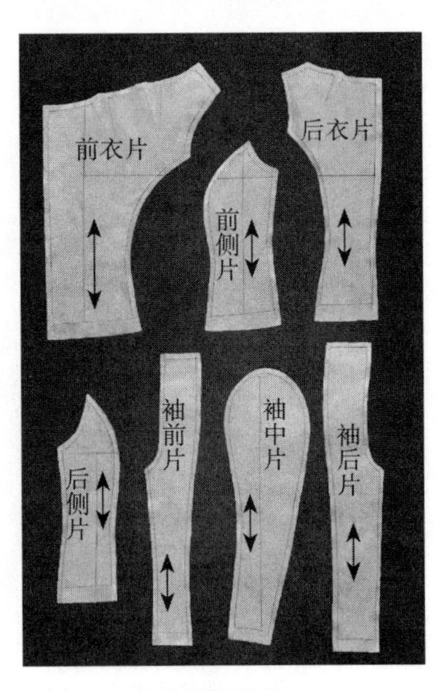

（4）样板结构

图9–21　整体效果及展开

第四节　上装立体试衣与弊病修正

Three-dimensional Fitting and Correct Defect of Upper Garment

上装试穿时，以自然站立姿势从正面、侧面、背面仔细观察，各部位正确与整体平衡（观察方法参考第八章第四节），确认服装是否达到功能性要求。

一、衣身腋下皱褶及修正

1.弊病特征

着装后，前身腋下部位不平服，出现多余空隙量，如图 9-22（1）所示。

2.产生原因与修正方法

由于刀背线靠近袖窿部位收缩尺寸不够，而产生皱褶及不平服现象。修正方法：在刀背线的胸上部位用大头针将余量捏起别好，松紧适宜并做标记，测量余量大小，如图 9-22（2）所示。

3.平面展开

分别修剪前衣片、前侧片刀背线分割部位余量，重新圆顺该处的轮廓线，如图 9-22（3）所示。

（1）弊病特征

（2）修正方法

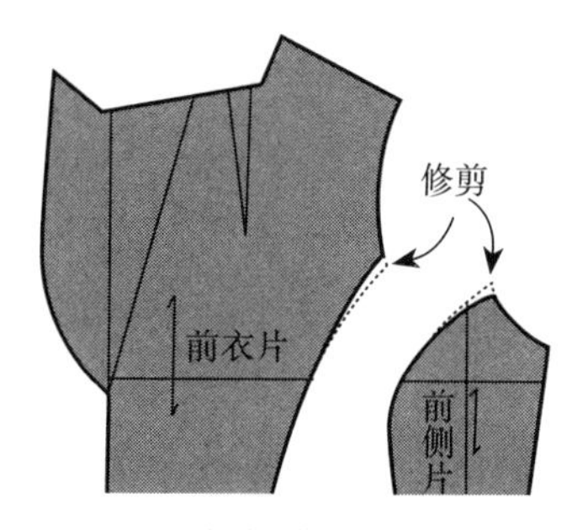

（3）平面展开

图9-22　衣身腋下皱褶弊病修正

二、肩部斜褶弊病及修正

1.弊病特征

着装后，后衣身肩部不平服，出现斜褶，影响视觉效果，如图 9–23（1）所示。

2.产生原因与修正方法

由于别样时肩部没有理顺平服，肩线对位不准确，从而导致缝合后肩部不平服，出现斜褶。修正方法：将肩部起绺部位用大头针别好，做出标记，记录折叠量大小，如图 9–23（2）所示。

3.平面展开

将后衣身展开，去掉标记线内多余的量，按测量大小核准。然后将多余量折叠，圆顺修改后的袖窿与小肩的轮廓线，按此轮廓确定样板，如图 9–23（3）所示。

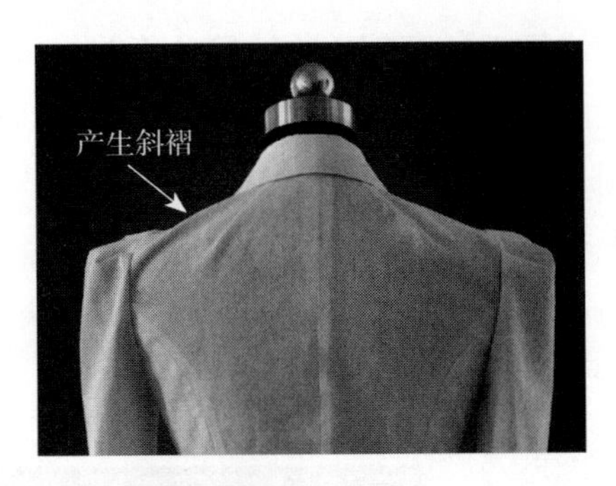

（1）弊病特征

（2）修正方法

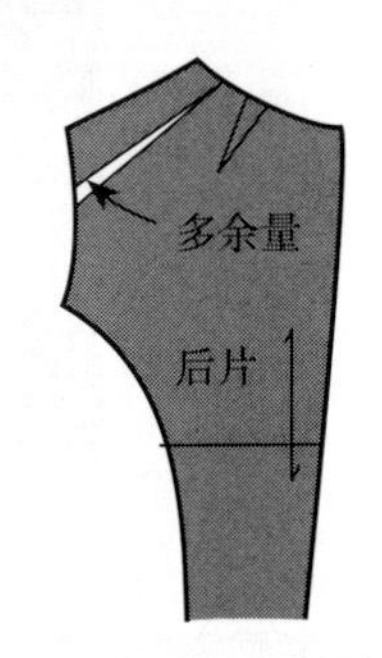

（3）平面展开

图9–23　肩部斜褶弊病修正

三、衣袖外展弊病及修正

1.弊病特征

衣袖外展，腋下不平服，出现褶皱，如图 9–24（1）所示。

2.产生原因与修正方法

由于袖山深过浅、袖山底部弧线过于平缓，装袖后不能自然服帖。修正方法：

将衣袖拆下，在袖山底部做出调整标记，加大袖山深，并圆顺袖山底线，如图 9–24（2）所示。

3.平面展开

将衣袖展开，大、小袖袖山底部余量修正，重新圆顺袖山轮廓线，如图 9–24（3）所示。

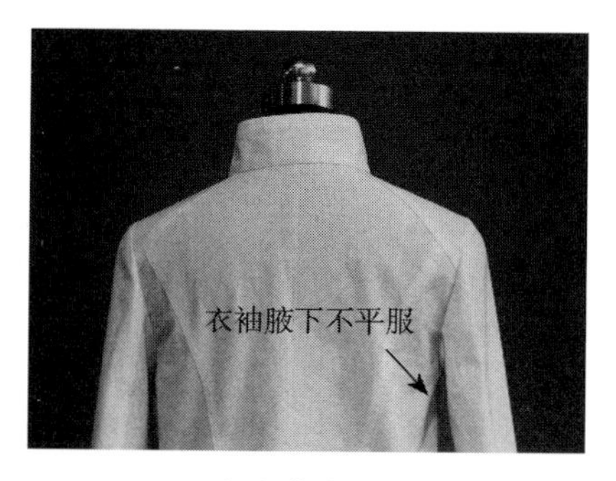

（1）弊病特征

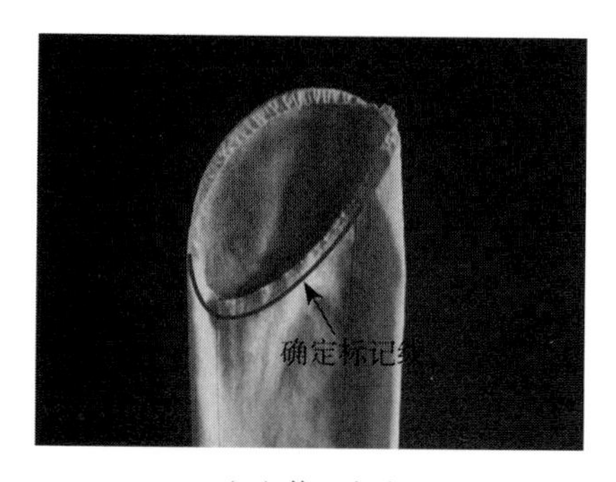

（2）修正方法

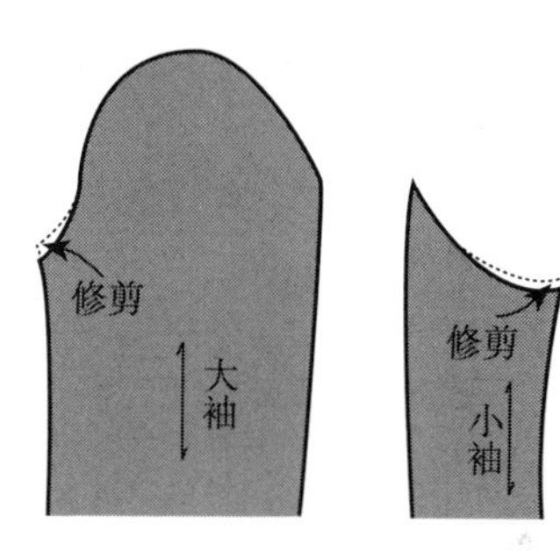

（3）平面展开

图9–24　衣袖外展弊病修正

第十章　大衣立体造型

Three-dimensional Form of Overcoat

大衣（coat）也称外套，指穿于礼服和套装之外即穿着在最外面的衣物及户外穿着服装的总称。随着成衣发展与时尚变化，大衣不再只局限于保暖的外套，而且越来越趋向时装化、多样化。本章通过大衣立体造型的实践，使学生能更深入地理解、掌握其方法及运用，掌握各种廓型大衣的构成技术，培养学生的立体造型能力及其应用能力。

第一节　H型变化领大衣立体造型

Three-dimensional Form of H-shaped Overcoat with Altered Collar

一、款式分析

本款大衣廓型呈 H 型。其款式特点：采用四开身结构的中长大衣，前身巧妙利用分割线设计做插袋，且口袋前端设计褶裥，与驳头的褶裥上下呼应，后身设有腰省；圆装两片袖，袖口带袖襻。本款大衣整体简洁实用、精致时尚，如图 10-1 所示。

图10-1　H型褶裥领大衣款式图

二、学习要点

学习 H 型大衣的立体造型方法，掌握驳领的制作要点及驳头与衣领的比例关系；学习用分割线设计与褶裥组合的思路；掌握衣身松量的搭配与均衡。

三、造型方法

1.布料准备

前中布：长 =95cm，宽 =60cm；后身布：

长 =95cm，宽 =42cm；大袖布：长 =70cm，宽 = 30cm；小袖布：长 =62cm，宽 = 22cm；前侧布：长 =52cm，宽 =22cm；领布：长 =15cm，宽 =37cm；袖袢布：长 = 18cm，宽 =11cm。按图标记好各块布料的基准线，如图 10–2 所示。

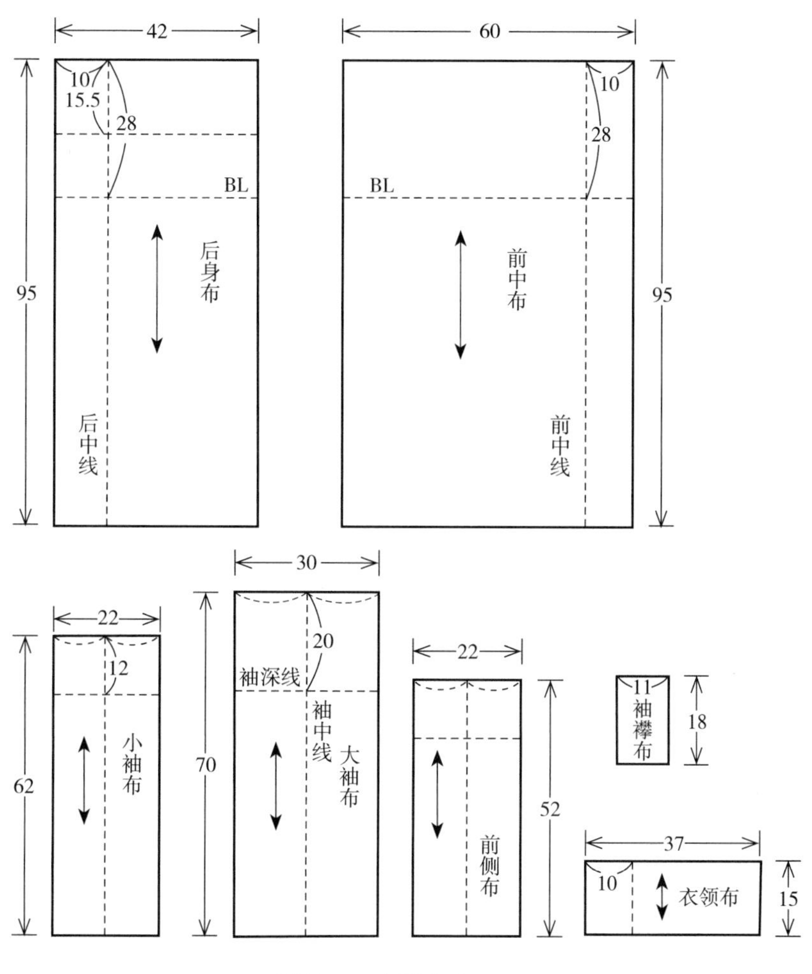

图10–2　布料准备

2.前身立体造型

（1）标记设计线：在人体模型上装 1cm 厚的垫肩，固定在肩端点放出 1cm 的位置。在人体模型前中线向外移动 0.5cm 处做平行线（为布料厚度量）。再用带子标记出门襟、驳头与翻折线、衣领等轮廓线，如图 10–3（1）所示。

（2）披前中布：将布料的前中线与人体模型前中线对齐，胸围线、腰围线、臀围线水平对准，理顺领肩处的布料，领口预留少许松量后，粗裁领口形状，如图 10–3（2）所示。

（3）设计分割线：在胸宽处加入适当松量，然后用带子标记出分割线，同时考虑口袋位置（口袋的位置视整体平衡而定），在口袋与分割线相交处折叠一褶裥，使其形成分割线的延长线。按其轮廓线预留缝份，剪掉余料，如图 10–3（3）所示。

（4）披前侧布：将前侧布纵向用大头针在胸围处别出一定的松量，再横向与人体模型对合，固定。前侧布长度要加上口袋的深度，然后与前中片的分割线对合，抚平布料，用重叠别法别合分割线，如图 10–3（4）所示。

（5）确定侧缝：松开固定在胸围处的大头针，整理前侧片胸围的松量，使前侧片形成自然的一个面。确定袖窿弧线，为达到 H 型廓型，一般侧缝线呈直线形，剪掉袖窿、侧缝部位的余料，如图 10–3（5）所示。

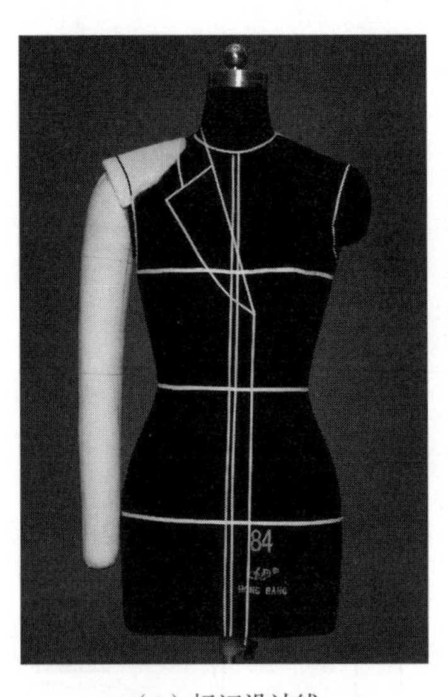

（1）标记设计线

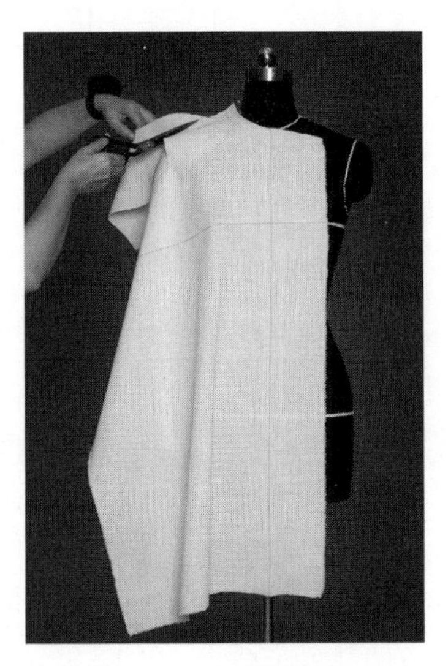

（2）披前中布

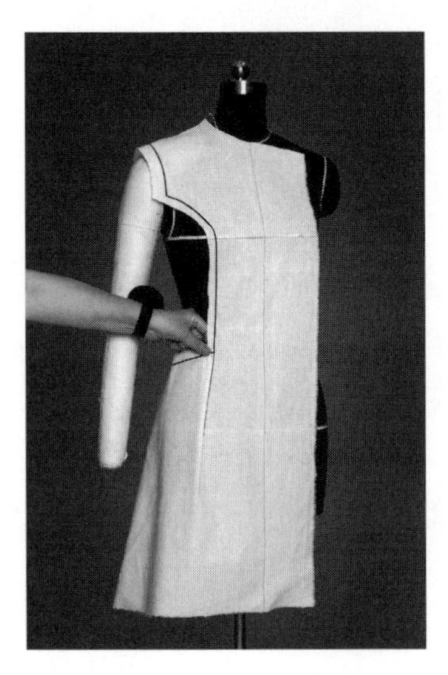

（3）设计分割线

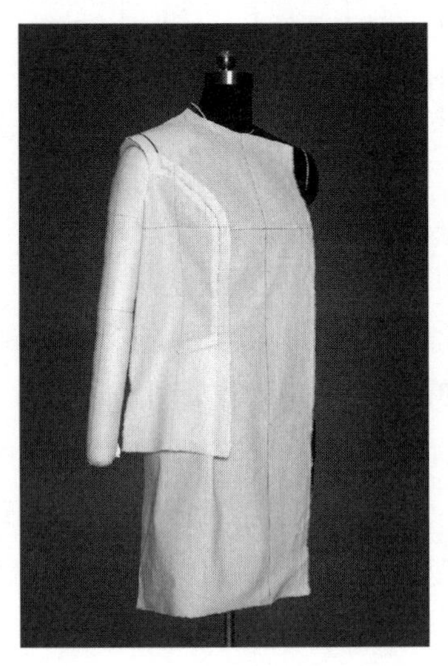

（4）披前侧布

（5）确定侧缝

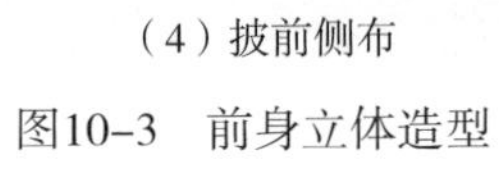

图10–3　前身立体造型

3.后身立体造型

（1）披后身布：将布料的后中线、胸围线、腰围线、臀围线与人体模型上的各同名基准线对合，固定。为使后领口的布料平服，在后领中心处打一剪口，如图 10–4（1）所示。

（2）理顺领肩布料：剪出后领口线，后身的纱向线保持水平，在背宽处加入适当放松量，用大头针固定，将多余的松量推移到后领口和肩部，剪去多余的布料，如图 10–4（2）所示。

（3）做后腰省：参照后公主线的位置做腰省，使后背略显腰身，同时要考虑 H 型廓型，省量不宜太大，如图 10–4（3）所示。

（4）确定侧缝：用重叠针法将前、后侧缝线固定，通过对胸、腰、臀处松量的细心观察与调整，达到 H 型廓型。同时确定袖窿弧线，预留缝份后剪去余料，如图 10–4（4）所示。

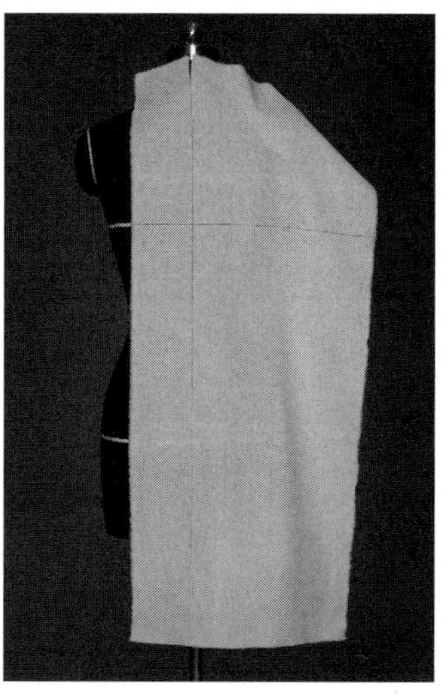

（1）披后身布

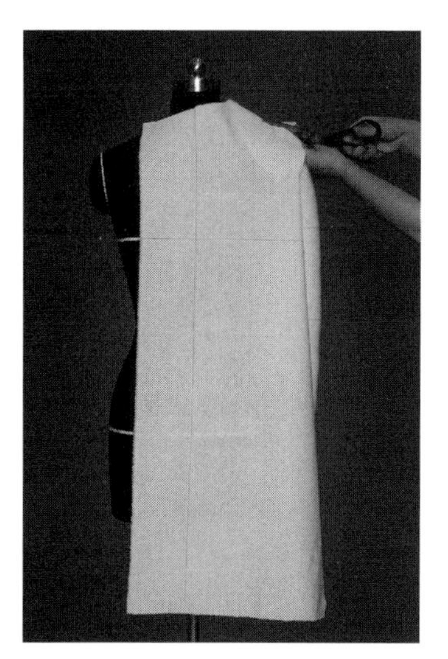

（2）理顺领肩布料

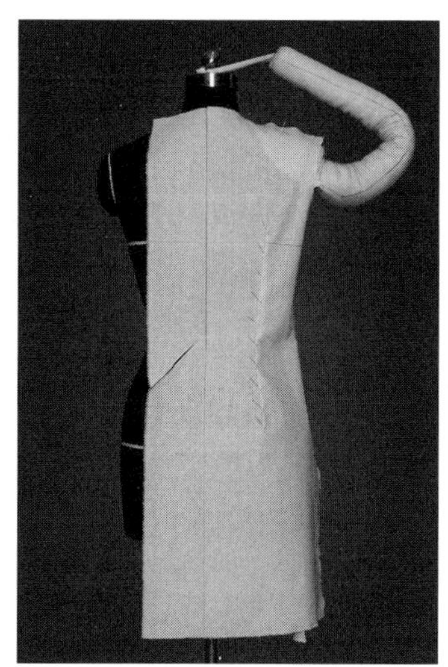

（3）做后腰省

（4）确定侧缝

图10–4　后身立体造型

4.衣领立体造型

（1）标记领口与驳头：按款式图用胶带标记出领口线与翻折线，然后以翻折线为分界，将驳头布料翻折，考虑驳头处做一褶裥，其位置要与领角大小相一致，再确定驳头轮廓造型，如图 10–5（1）所示。

（2）驳头造型与衣领布准备：将领口、驳头多余的布料剪掉。驳头以下多余门襟的布量向里面折进。将衣领布在后中线底端处剪掉 1~1.5cm 并剪成自然圆顺的曲线，如图 10–5（2）所示。

（3）披衣领布：将衣领布的后中线对准人体模型的后中线，固定。然后在固定点右侧 2cm 的位置水平再插一根大头针，将衣领布沿领口向前围绕，使翻折线距颈部有一定的间隙量，如图 10–5（3）所示。

（4）驳头与衣领造型：驳头按翻折线翻折，将衣领自然、平整地重叠在驳头上，确定衣领形状，注意要与驳头褶裥衔接好，剪掉多余布料，如图 10–5（4）所示。

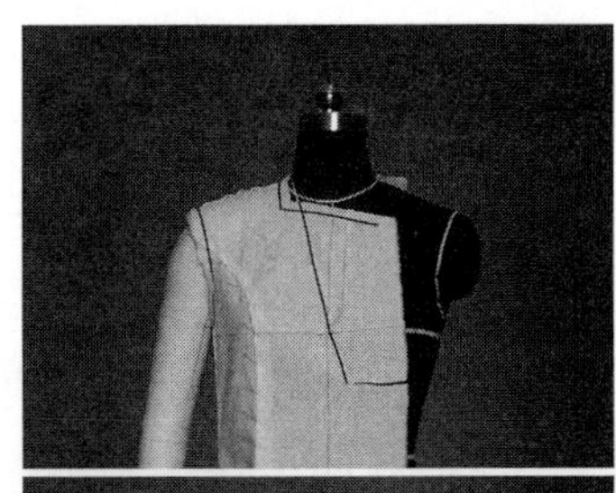

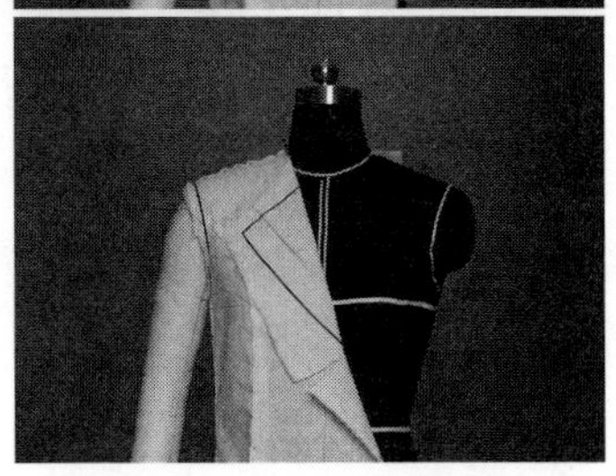

（1）标记领口与驳头

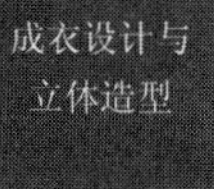

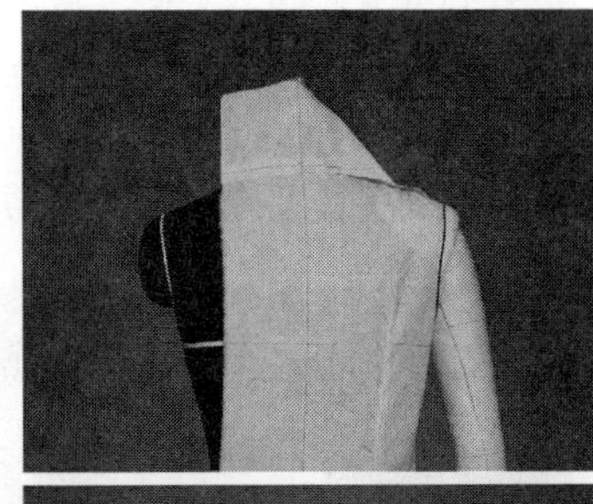

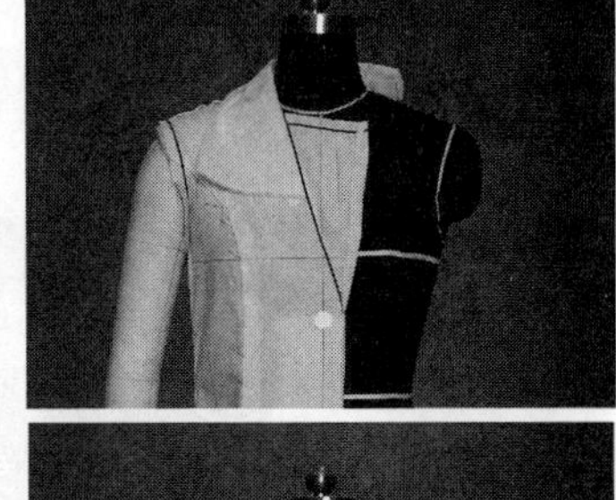

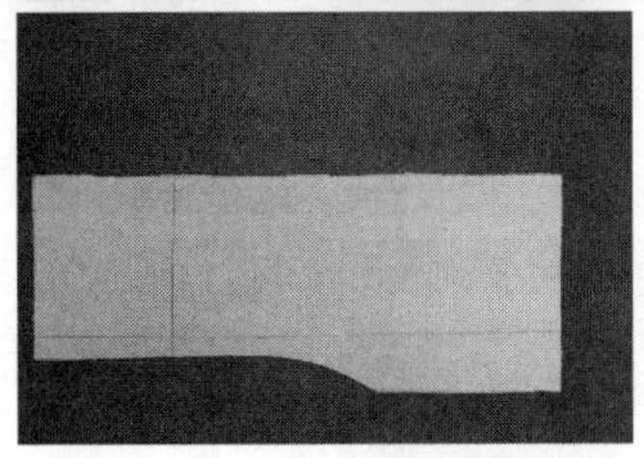

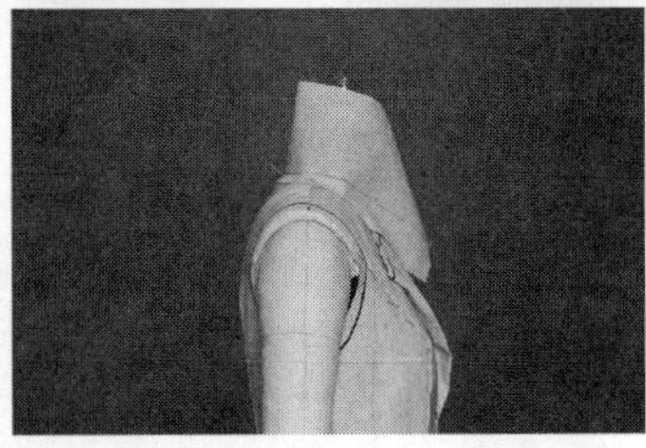

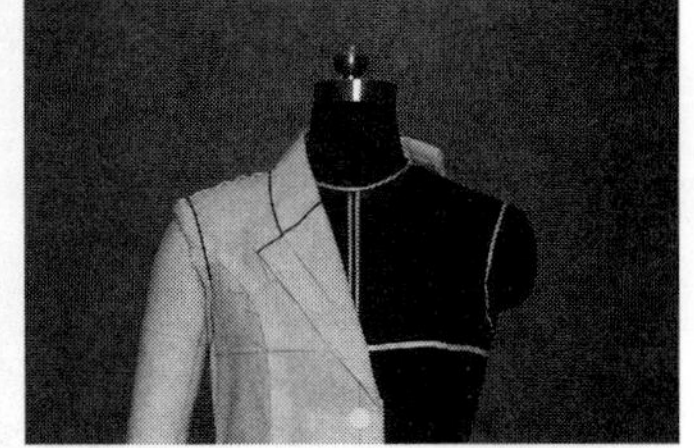

（2）驳头造型与衣领布准备　（3）披衣领布　（4）驳头与衣领造型

图10–5　衣领立体造型

5.衣袖立体造型

（1）衣袖制图：测量衣身袖窿周长，可以直接立裁两片袖，也可以用平面制图的方法绘制两片袖结构图，如图 10–6（1）所示。

（2）做衣袖：缝合前、后袖缝，并把袖襻夹在小袖前袖缝里，扣烫袖口折边，最后缩缝袖山吃势，如图 10–6（2）所示。

（3）装袖底：衣身袖窿底处与袖山底线对准，用大头针固定，并且从袖窿底前、后各 2.5cm 处将袖子与袖窿对准，固定，如图 10–6（3）所示。

（4）装袖山：装袖时手臂模型应略向前偏移 35° 左右，将袖山顶点与肩端点对准，用藏针别法逐一与袖窿别合在一起。注意，吃势要在袖山顶点前、后 6~8cm 处，装好后检查衣袖的位置，使之不偏前也不偏后，如图 10-6（4）所示。

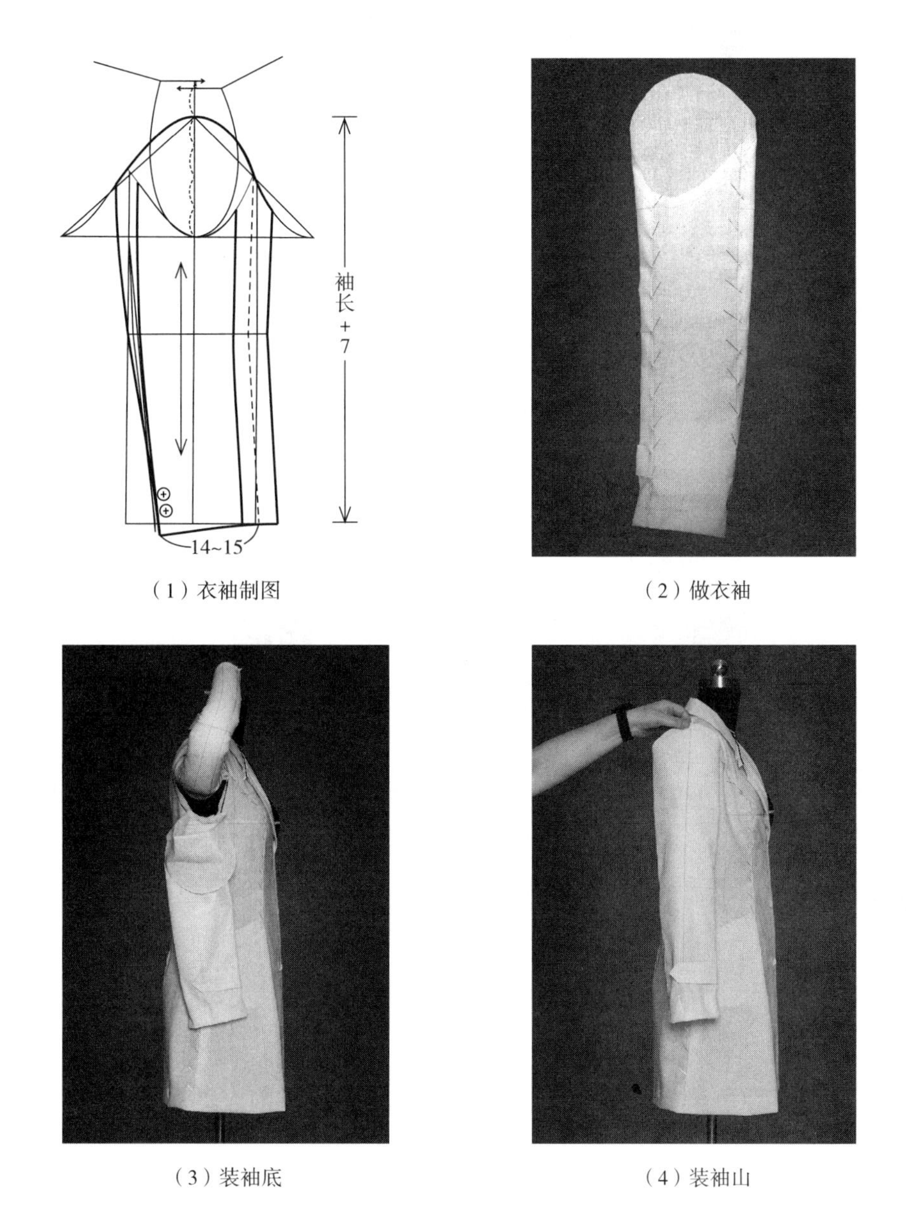

（1）衣袖制图　（2）做衣袖

（3）装袖底　（4）装袖山

图10-6　衣袖立体造型

6.整体效果及展开

（1）整体效果：分别从正面、侧面、背面观察其整体效果，调整不合适的部位，以达到松紧适当、整体平衡，如图 10-7（1）~（3）所示。

（2）样板结构：将样衣展成平面，标记出衣身、衣领的褶裥位、后腰省位，圆顺各曲线，修剪各缝份，做出本款的样板结构，如图 10-7（4）所示。

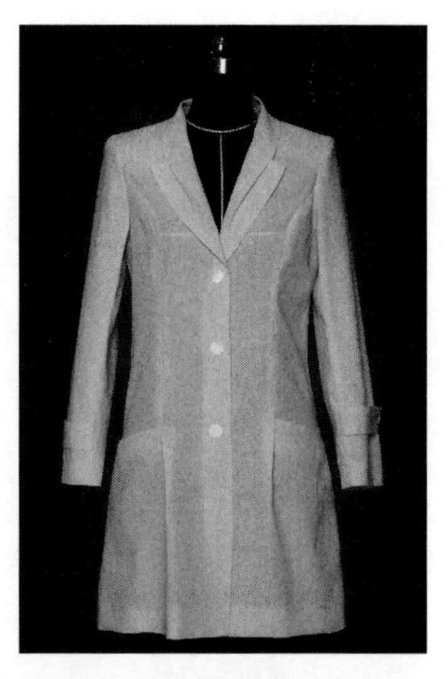

（1）正面效果

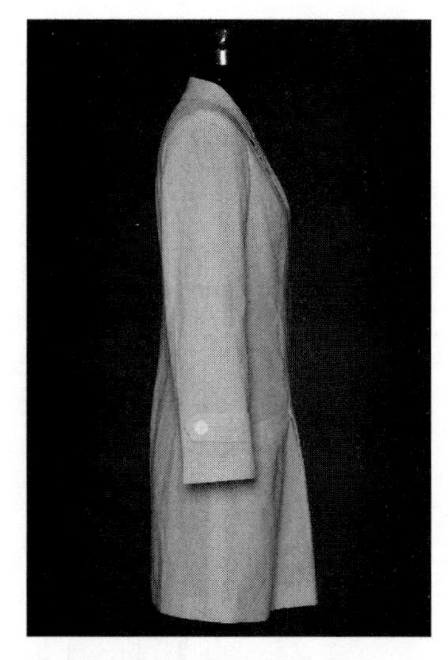

（2）侧面效果

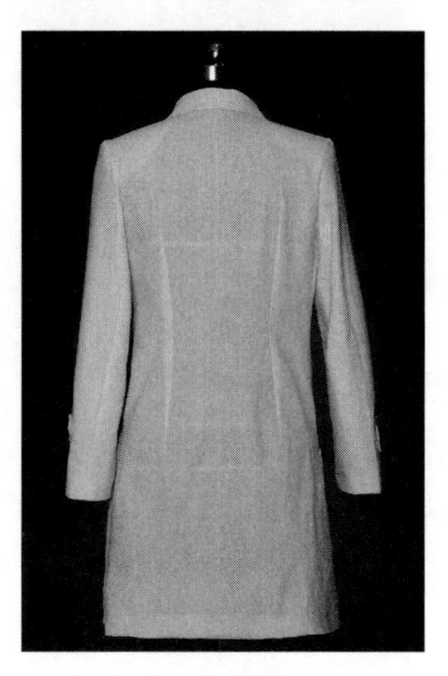

（3）背面效果

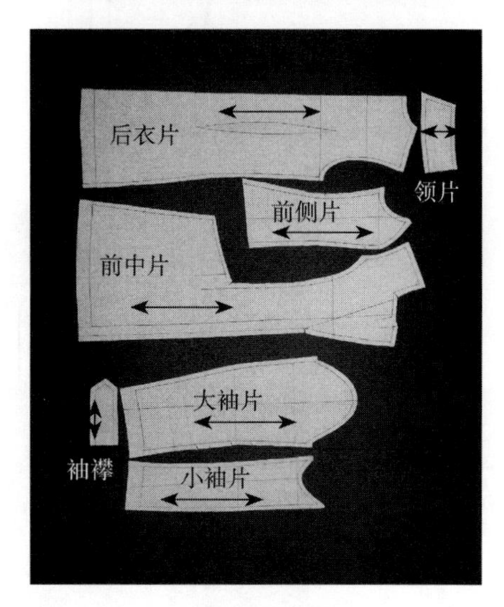

（4）样板结构

图10-7　整体效果及展开

第二节　X型披肩领大衣立体造型

Three-dimensional Form of X-shaped Overcoat with Cape Collar

一、款式分析

本款大衣廓型呈 X 型。其款式特点：采用四开身结构的长大衣，通过公主线巧妙地表现了胸、腰、臀结构；领部为褶裥式大披肩领设计；袖部采用带有纵向袖肘省的一片袖型，使袖型更符合手臂形状。本款长大衣为收腰外展下摆，大气飘逸，如图 10–8 所示。

二、学习要点

学习 X 型大衣的基本构成，学习褶裥披肩领的设计与造型，掌握一片袖纵向肘省的制作，复习并掌握波浪下摆的制作技巧。

三、造型方法

1.布料准备

前中布：长 =130cm，宽 =28cm；前侧布：长 =130cm，宽 =32cm；后中布：长 =130cm, 宽 =30cm；后侧布：长 =130cm，宽 =32cm；袖布：长 =70cm，宽 = 40cm；衣领布：长 =70cm，宽 =70cm。按图标记好各块布料的基准线，如图 10–9 所示。

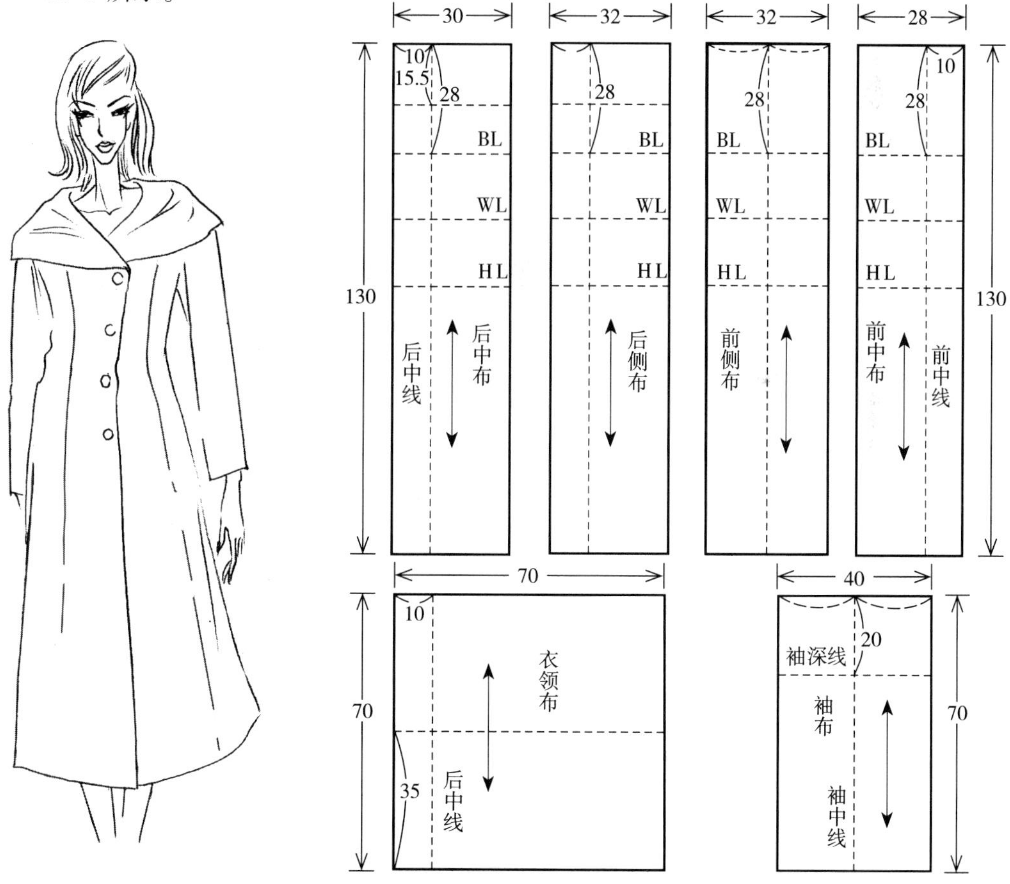

图10–8　X型披肩领大衣款式图

图10–9　布料准备

2.前身立体造型

（1）标记设计线：在人体模型上装 1cm 厚的垫肩，固定在肩端点放出 1cm

的位置。在人体模型前中线向外移动 0.5cm 处做平行线（布料厚度量）。用带子标记出 V 型领口线、公主线，如图 10–10（1）所示。

（2）披前中布：将布料的前中线与人体模型前中线对齐，胸围线、腰围线、臀围线水平对准，固定。理顺领肩处布料，剪出领口形状。胸宽处加入适当松量，然后用带子设计公主线，放出大衣下摆，然后剪去多余的布料，如图 10–10（2）所示。

（3）披前侧布：将前侧布的胸围线、腰围线、臀围线与人体模型上各同名线条对齐，固定；纵向用大头针在胸围处别出一定松量，理顺公主线附近的布料，然后与前中片公主线对合，同时要考虑前侧布下摆加一定的松量，然后用重叠别法与前中片公主线别合，如图 10–10（3）所示。

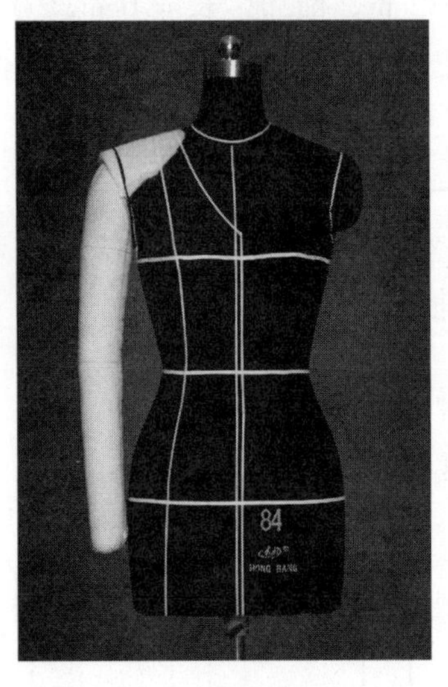

（1）标记设计线

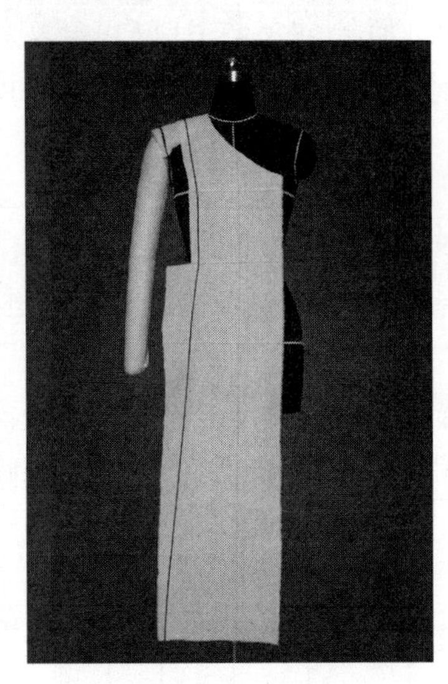

（2）披前中布

（3）披前侧布

图10–10　前身立体造型

3.后身立体造型

（1）披后中布：将布料的后中线与人体模型后中线对齐，胸围线、腰围线、臀围线分别水平对准，固定。后身布料纬纱保持水平，剪出领口、小肩形状后，下摆加放适当松量，然后预留缝份，剪去多余的布料，如图 10–11（1）所示。

（2）披后侧布：将后侧布的胸围线、腰围线、臀围线与人体模型上各同名线条对齐，固定，布料纬纱向保持水平。用大头针在背部纵向别出一定松量，理顺公主线附近的布料，同时要考虑后侧布下摆加放量的大小，用重叠针法与后中片的公主线别合，如图 10–11（2）所示。

（3）确定侧缝：将前侧布横向与人体模型对合，固定；整理好腰部、臀部的松量，然后用重叠别法与前侧布的公主线别合。注意，要利用侧缝线收紧腰部，放出下摆，做出 X 型造型，如图 10–11（3）所示。

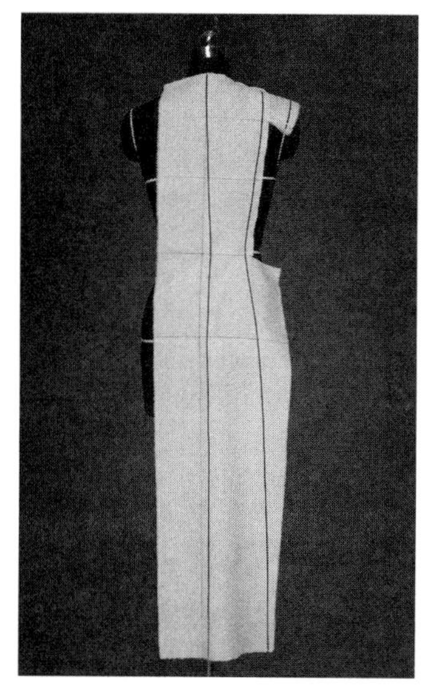

（1）披后中布

（2）披后侧布

（3）确定侧缝

图10-11　后身立体造型

4.衣领立体造型

（1）标记领口：用带子标记出V型领口线、衣长线，注意下摆线要与地面平行。同时整理好门襟，确定纽扣位置，如图10-12（1）所示。

（2）准备衣领布：由于是披肩领，需要满足衣领披在肩背部的围用量，故在衣领布后中线的下端剪掉30cm的布量（相当于衣领的翘势），并呈扇形曲线，如图10-12（2）所示。

（3）披衣领布：将衣领布后中线对准人体模型后中线并固定，在相隔2cm

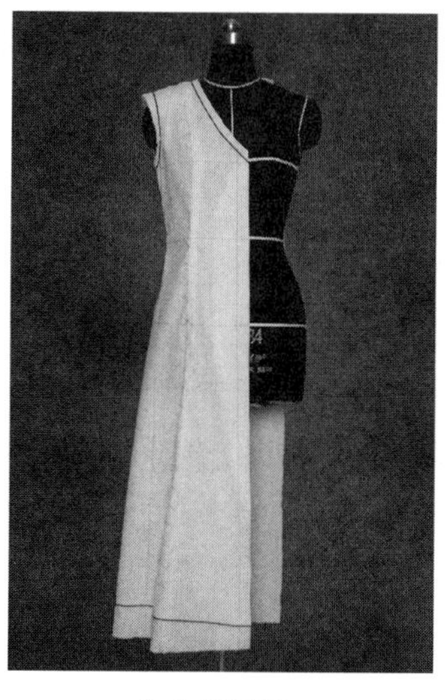

（1）标记领口

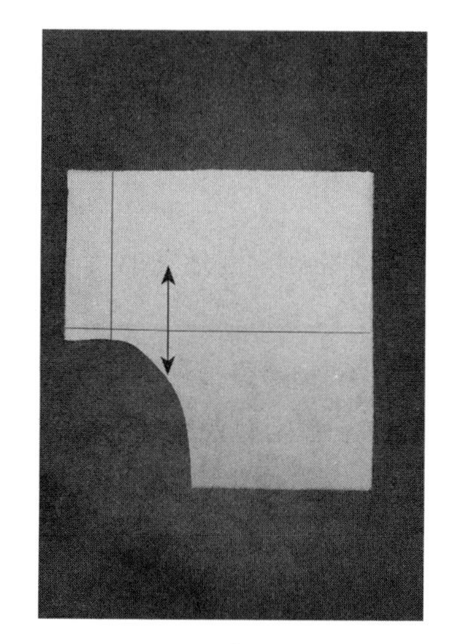

（2）准备衣领布

图10-12

处水平再插一根大头针，如图 10–12（3）所示。

（4）围衣领布：先将手臂弯曲成 30° 左右，以增加人体背部活动时的需要量。由背中线向肩部抚平衣领布，领口不平处可以打剪口。在抚平过程中，一方面使衣领布贴合肩背部，另一方面确定适当的领座高，因此要仔细斟酌，如图 10–12（4）所示。

（5）做领褶裥：将衣领布沿 V 型领口线逐一捏出褶裥，根据款式设计，褶裥要向肩部延伸，且要调整褶裥之间的间距与分量，用大头针逐一固定，如图 10–12（5）所示。

（6）衣领造型：用胶带标记出披肩领的轮廓外形，剪掉多余的布料，如图 10–12（6）所示。

（3）披衣领布

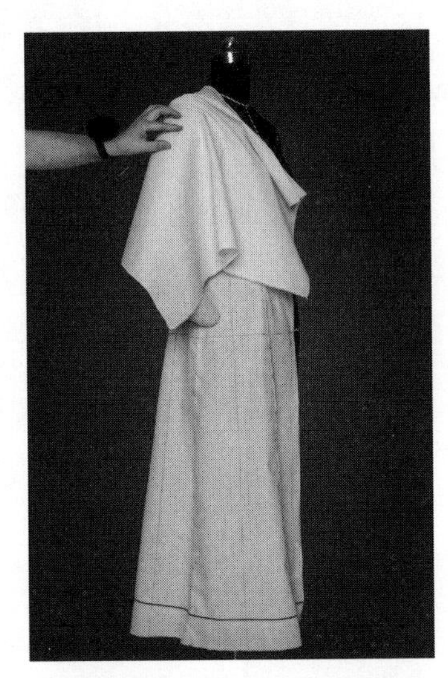

（4）围衣领布

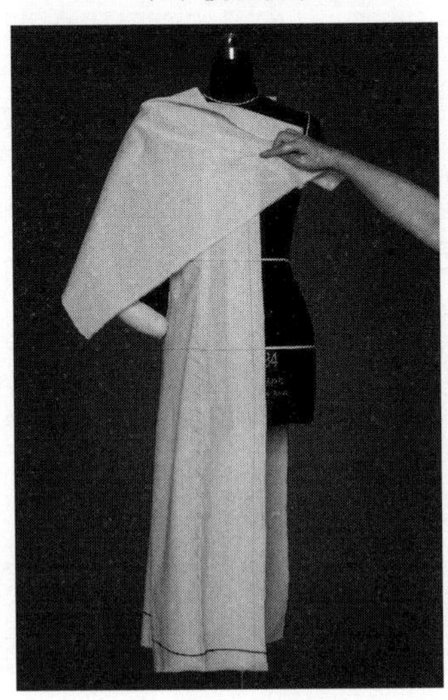

（5）做领褶裥

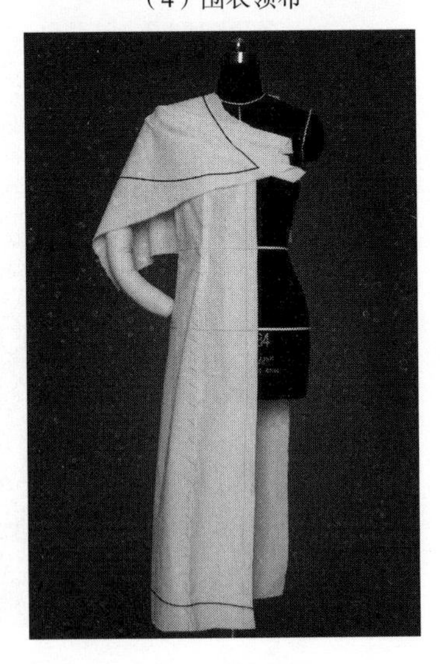

（6）衣领造型

图10–12 衣领立体造型

5.衣袖立体造型

（1）做衣袖：可参考第八章第一节图 8-6（1）绘制衣袖结构图。然后扣烫后袖缝缝份，与前袖缝别合，袖山缩缝，使袖山周长等于袖窿周长，如图 10-13（1）所示。

（2）确定肘省：先装衣袖，使袖山装到袖窿上，制作从略。依据手臂形状用胶带在后袖标记出纵向袖肘省的位置，省尖指向肘点，同时确定袖口大，再确定好装饰扣的位置，如图 10-13（2）所示。

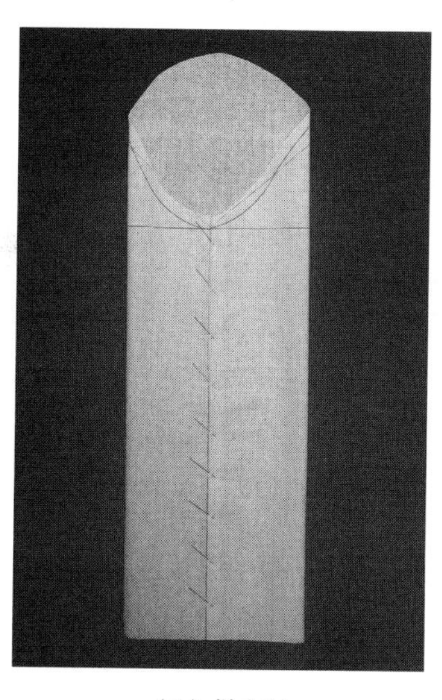

（1）做衣袖

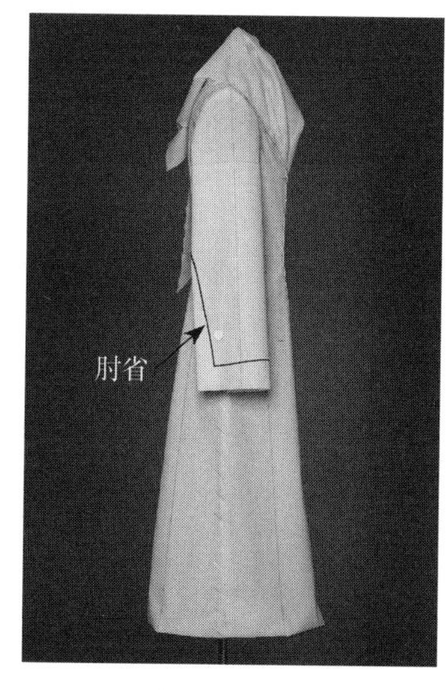

（2）确定肘省

图10-13　衣袖立体造型

6.整体效果及展开

（1）整体效果：分别从正面、侧面、背面观察其整体效果，调整不平服、不合适的部位，以达到松紧适当、部位与整体平衡，如图 10-14（1）~（3）所示。

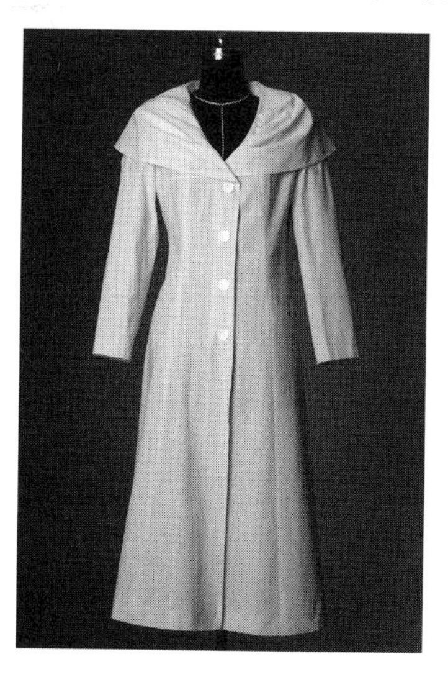

（1）正面效果

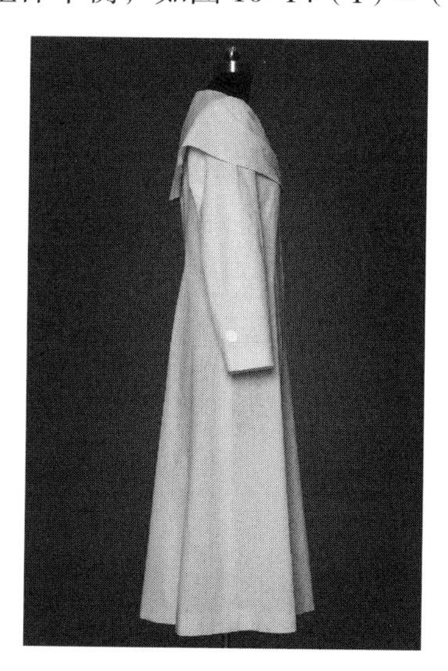

（2）侧面效果

图10-14

（2）样板结构：将样衣展成平面，标记衣领褶裥位置，圆顺各曲线，修剪各缝份，做出本款的样板结构，如图 10–14（4）所示。

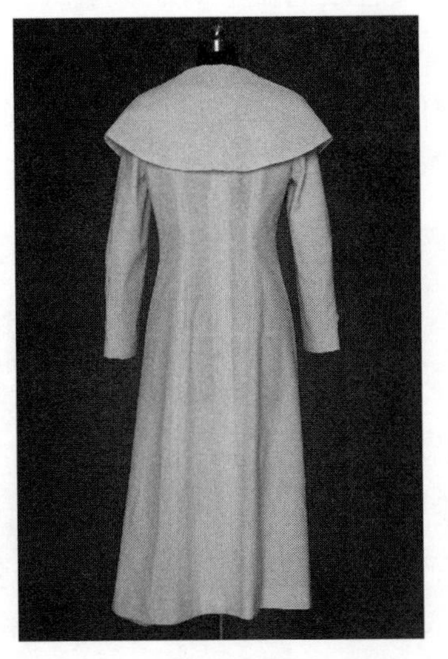

（3）背面效果

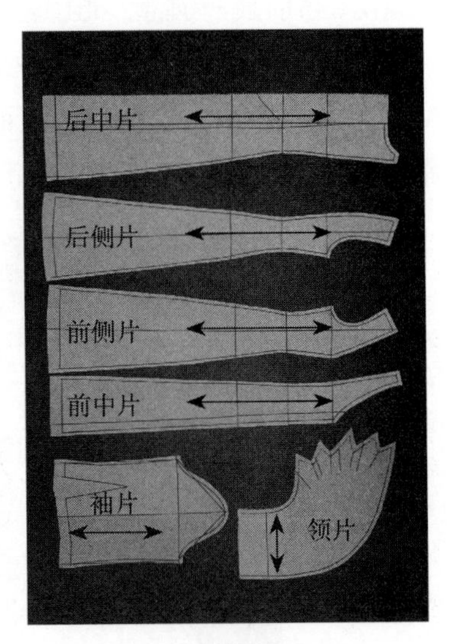

（4）样板结构

图10–14 整体效果及展开

第三节 A型连帽短大衣立体造型 Three-dimensional Form of A-shaped Short Overcoat with Hood

一、款式分析

本款短大衣廓型呈 A 型。其款式特点：衣连帽短大衣，既可以做大披肩领的造型，也可以具有帽子功能;插肩袖结构，体现女性自然肩型，中袖翻折袖口；在腰部系装饰腰带，整体风格精致、干练，却不失时尚，如图 10–15 所示。

二、学习要点

学习插肩袖的设计与造型方法，掌握连帽制作技术，掌握长度与宽度的比例均衡美感。

三、造型方法

1.布料准备

前身布：长 =141cm，宽 =70cm；后身布：长 =100cm，宽 =60cm；袖布：长 =

70cm，宽 =58cm；口袋布：长 =22cm，宽 =8cm。按图标记好各块布料的基准线，如图 10–16 所示。

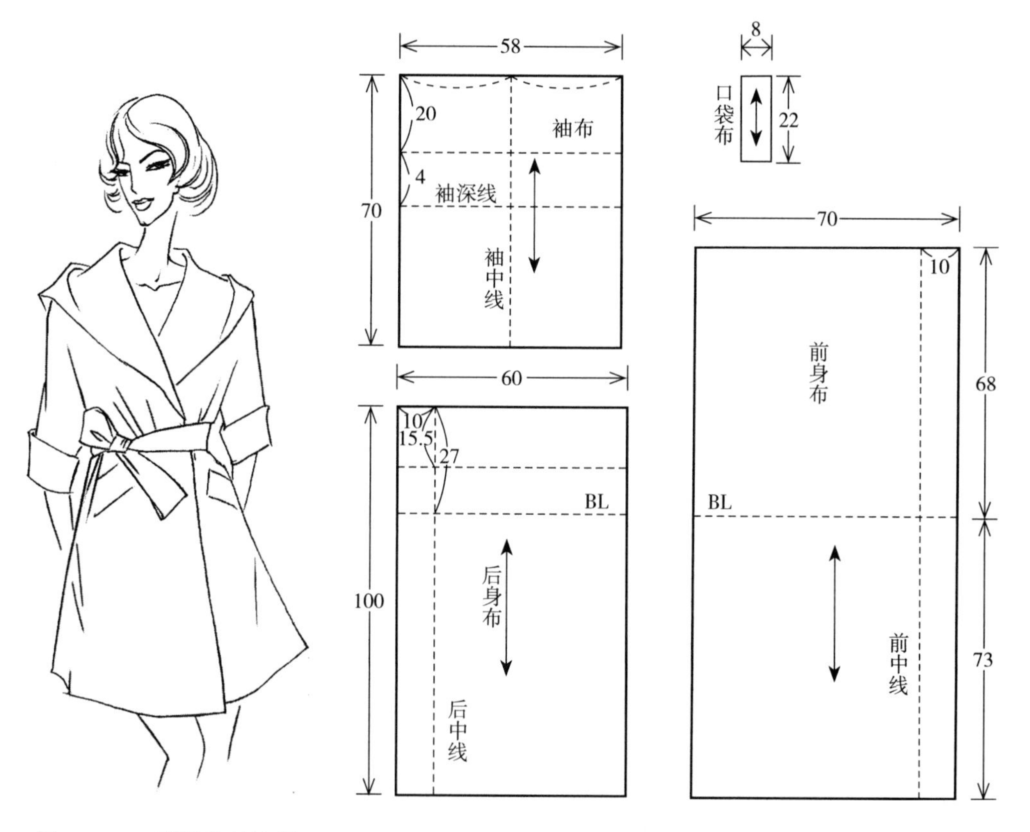

图10–15　A型插肩袖连帽短大衣款式图

图10–16　布料准备

2.前身立体造型

（1）披前身布：将布料前中线与人体模型前中线对齐，胸围线水平对准，用大头针固定，如图 10–17（1）所示。

（2）前身造型：从肩颈点开始向下抚推布料，将多余布量移至下摆形成波浪褶造型，从而达到 A 型廓型的效果，固定。然后抚平领口、肩部的布量，预留出一定松量后，粗裁肩部多余的布料。因本款是衣连帽，故领口处的布料暂时不要剪，如图 10–17（2）所示。

（3）设计肩部分割线：设计并标记出插肩袖的衣袖分割线，一般是从领口起通过胸宽点至腋下的一条曲线，可以自行设计。预留缝份后剪掉余料，如图 10–17（3）所示。

（4）确定前侧缝：根据款式设计，整理好前身造型，标记出侧缝轮廓线，如图 10–17（4）所示。

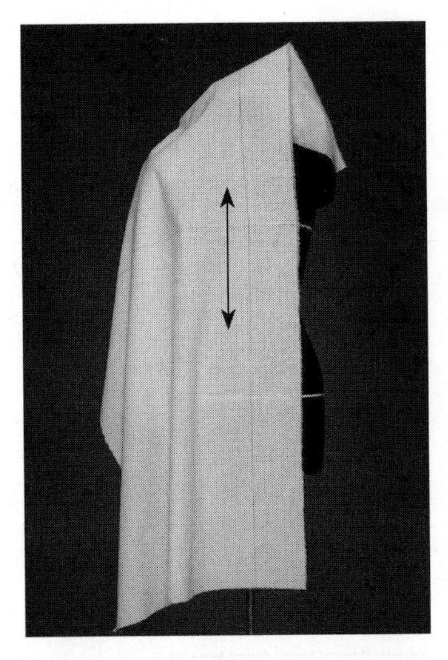

（1）披前身布

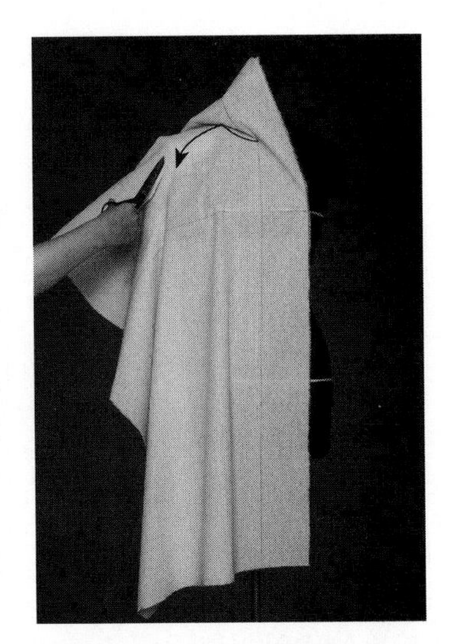

（2）前身造型

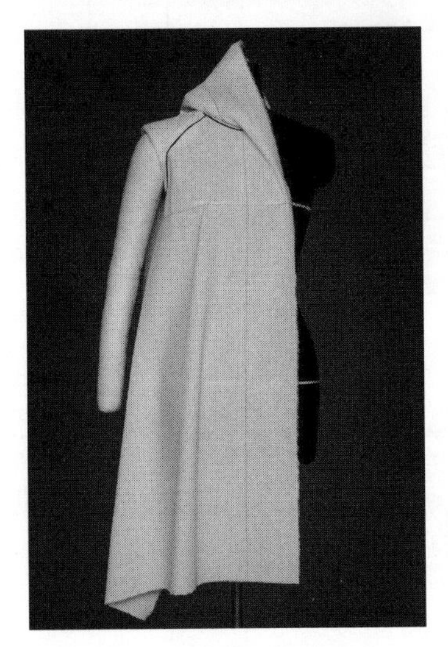

（3）设计肩部分割线

（4）确定前侧缝

图10–17　前身立体造型

3.后身立体造型

（1）披后身布：将布料后中线与人体模型后中线对合，胸围线水平对准，固定。从肩颈点开始向下抚推布料，将多余布量移至下摆形成波浪褶造型，从而达到 A 型廓型的效果，固定，如图 10–18（1）所示。

（2）设计肩部分割线：理顺领口、肩部的布量，预留出一定松量后，用带子标记出插肩袖的衣袖分割线，一般是从领口起通过背宽点到腋下的一条曲线，可以自行设计。预留缝份后剪掉余料，如图 10–18（2）所示。

（3）对合侧缝：整理好前、后片造型后，用重叠针法将前、后侧缝对合，如图 10–18（3）所示。

（4）帽子制图：取下前片，在领口线、肩线的基础上按头围与头高画出帽子的结构，帽子的大小根据头部的高和宽加入适当的松量来确定。也可以用硬纸板做出头部造型后直接用立体造型方法设计帽子，如图 10–18（4）所示。

（5）造型效果：将帽子与后领口线相对合后用大头针固定，调整并使其符合帽子形状，同时将帽子披下来，观察设计效果，如图 10–18（5）所示。

（1）披后身布

（2）设计肩部分割线

（3）对合侧缝

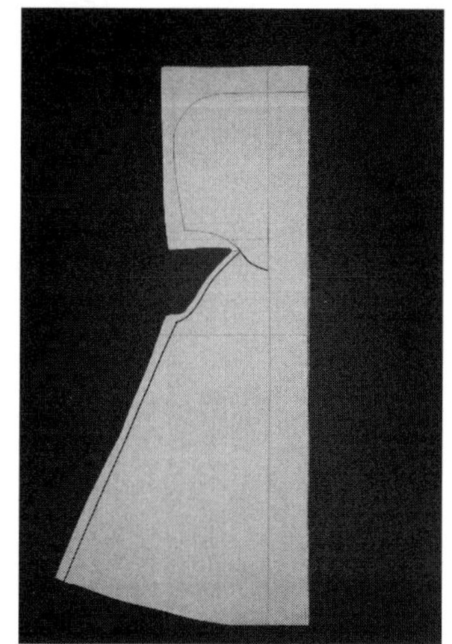

（4）帽子制图

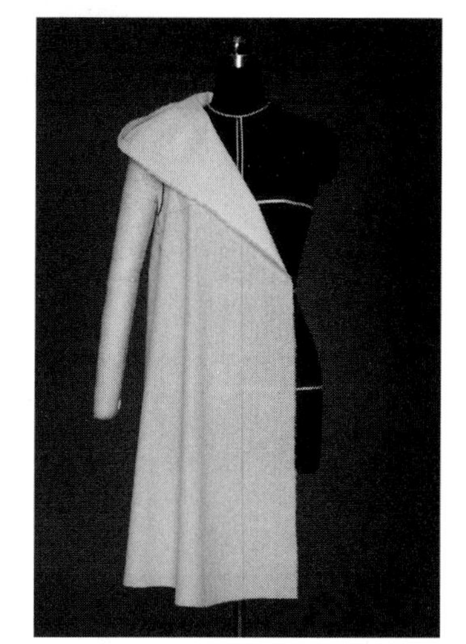

（5）造型效果

图10–18　后身立体造型

4.衣袖立体造型

（1）披袖布：先将袖布部分固定在手臂模型上，即把袖布的袖山顶点与人体模型上的肩端点对合，用大头针固定。然后将袖中线稍向前偏移 1cm，在袖口处用大头针固定，如图 10–19（1）所示。

（2）理顺肩部：把手臂抬高 30° 左右，理顺肩部的布料，粗裁。一方面在肩部分割线处用重叠针法与衣身对合，另一方面将多余的布量推移至肩线处，后袖的处理方法同前从略。最后整理前、后小肩的布量，用对别法固定，预留缝份后剪掉肩部余料，如图 10–19（2）所示。

（3）确定袖肥：预留衣袖的前、后松量，确定前、后袖肥的宽度，用大头针固定，如图 10–19（3）所示。

（4）合袖底缝：为了方便袖缝的操作，可将手臂抬高 45° 左右，然后用大头针将前、后袖缝别合，如图 10–19（4）所示。

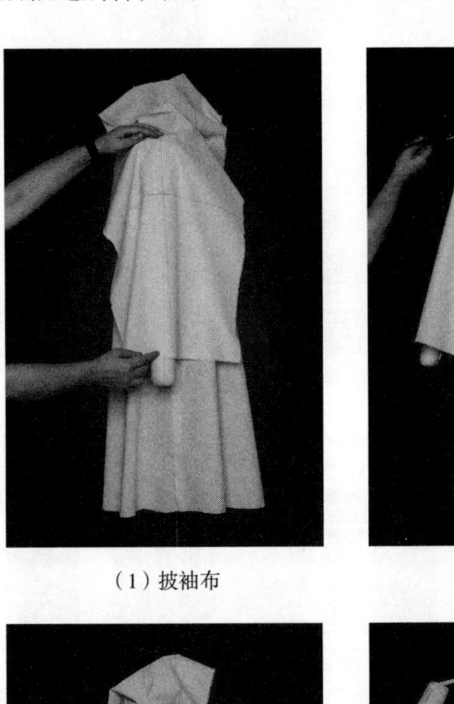

（1）披袖布　　（2）理顺肩部

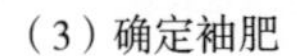

（3）确定袖肥　　（4）合袖底缝

图10–19

（5）观察与调整：将手臂放下，观察、调整衣袖及衣袖接合处的布料使其保持平衡，如图 10–19（5）所示。

（6）细部整理：确定衣袖长短比例，袖口翻折，整理好前门襟，确定大衣的长度。同时用带子标记出口袋位置及大小，要考虑手插入的舒适性，如图 10–19（6）所示。

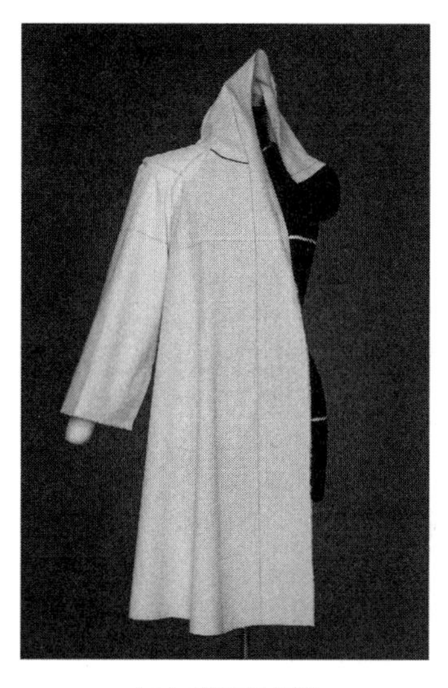

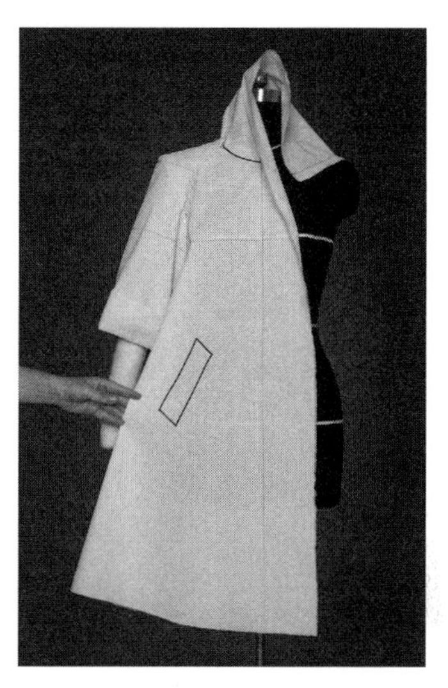

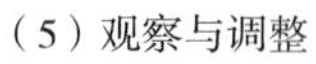

（5）观察与调整　　（6）细部整理

图10–19　衣袖立体造型

5.整体效果及展开

（1）整体效果：分别从正面、侧面、背面观察其整体效果，调整不平服、不合适的部位，直至满意为止，如图 10–20（1）~（3）所示。在腰部系装饰腰带

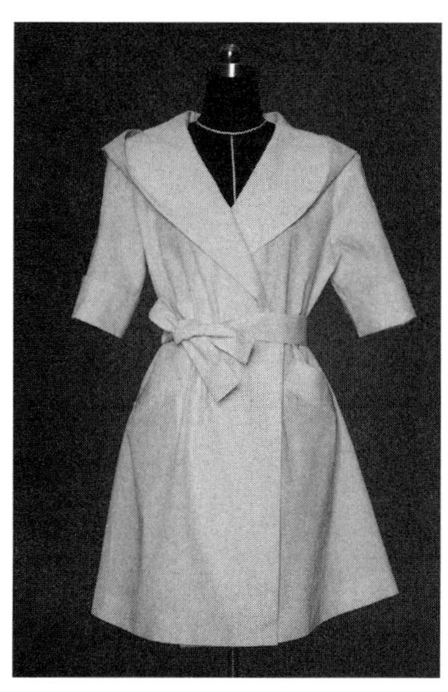

（1）正面效果　　（2）侧面效果

图10–20

的效果，如图 10–20（1）所示。

（2）样板结构：将样衣展成平面，圆顺各曲线，修剪各缝份，做出本款式的样板结构，如图 10–20（4）所示。

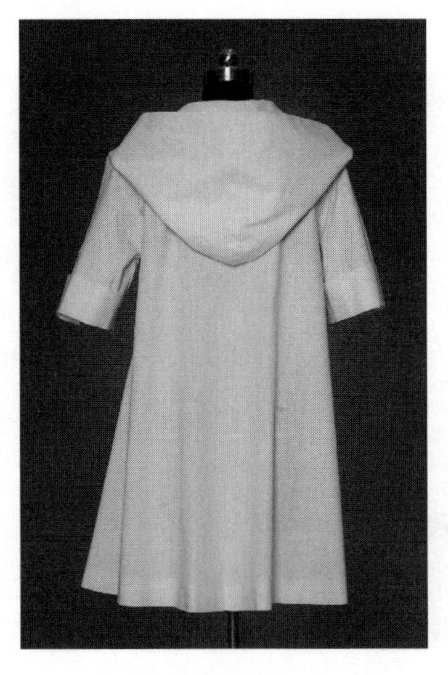

（3）背面效果

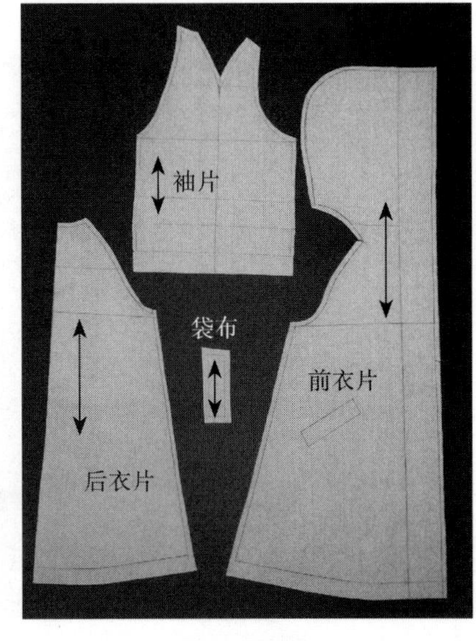

（4）样板结构

图10–20　整体效果及展开

第四节　大衣立体试衣与弊病修正

Three-dimensional Fitting and Correct Defect of Overcoat

试穿大衣时，以自然站立姿势从正面、侧面、背面仔细观察，各部位正确与整体平衡（观察方法参考第八章第四节）。确认服装在性能方面是否达到要求。

一、止口豁弊病与修正

1.弊病特征

扣好纽扣，前门襟下摆止口处呈豁开状，无法合拢，如图 10–21（1）所示。

2.产生原因

由于肩斜角度过大，肩缝线太倾斜，袖窿深太深，胸围线以上部位前长过长而造成的。

3.修正方法1

将衣领、衣袖拆开，折叠前身胸围线以上部位，减短前衣身腰节以上的长度，折叠量的大小以门襟止口线垂直于地面为基准，同时标记出折叠量，如图 10–21（2）所示。将调整后的样衣展成平面，在胸围线上方横向去掉丁字形省缝区域，如图 10–21（3）所示。

4.修正方法2

将衣袖、小肩拆开，从肩端点沿小肩线折叠，即肩斜线角度变小，袖窿周长也做相应调整，同时标记出肩部折叠量，如图 10–21（4）所示。将调整后的样衣展成平面，减小肩线倾斜角度，如图 10–21（5）所示。

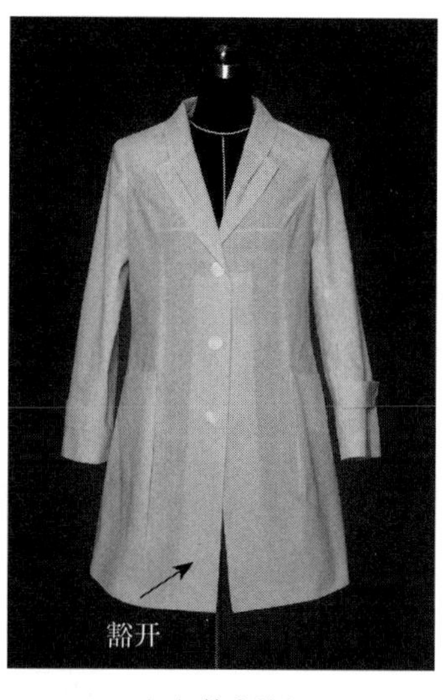

（1）弊病特征

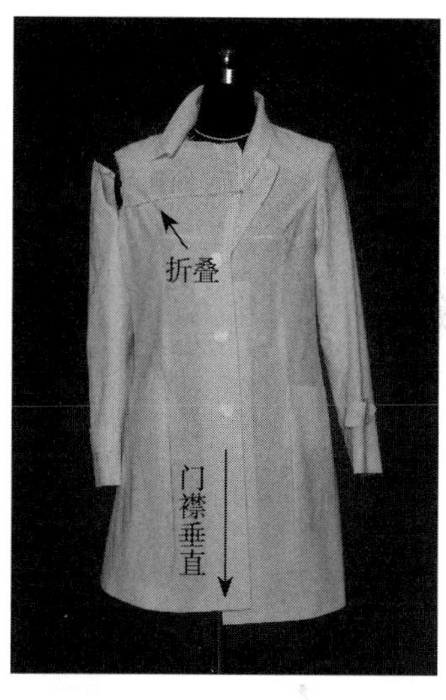

（2）修正方法1

（3）平面展开1

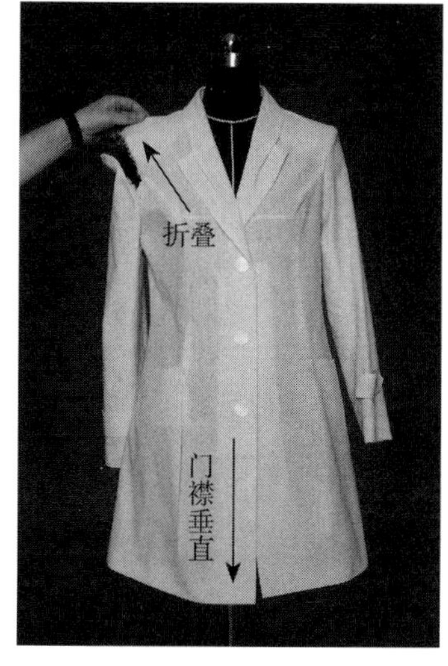

（4）修正方法2

（5）平面展开2

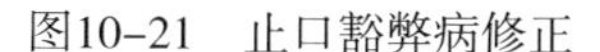
图10–21　止口豁弊病修正

二、止口搅弊病与修正

1.弊病特征

扣好纽扣，前门襟下摆止口处搭叠过多，左右止口相互搅在一起，如图10–22（1）所示。

2.产生原因

与止口豁弊病正好相反，由于肩斜角度过小，致使小肩线平直，袖窿深太浅，胸围线以上部位前长过短而造成的。

3.修正方法1

将衣领、衣袖拆开，用拼接法（搭叠的量小的话可以利用缝份）增加前腰节长，增加量的大小同样以门襟止口线垂直于地面为基准，前领弧线也做相应调整；同时标记出放出量，如图10–22（2）所示。将调整后的样衣展成平面，肩线与领口线同时上提一定的量，如图10–22（3）所示。

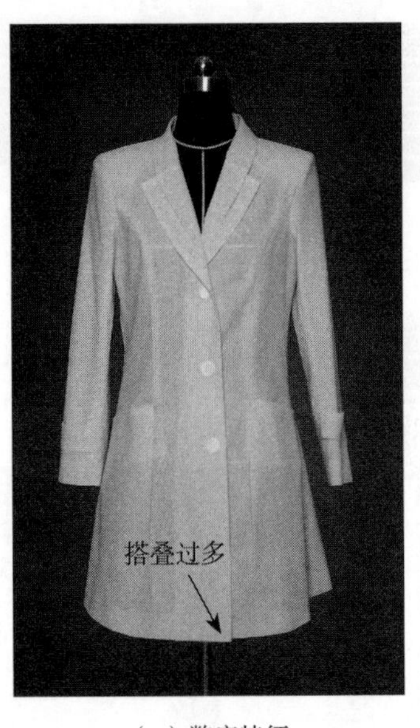

（1）弊病特征

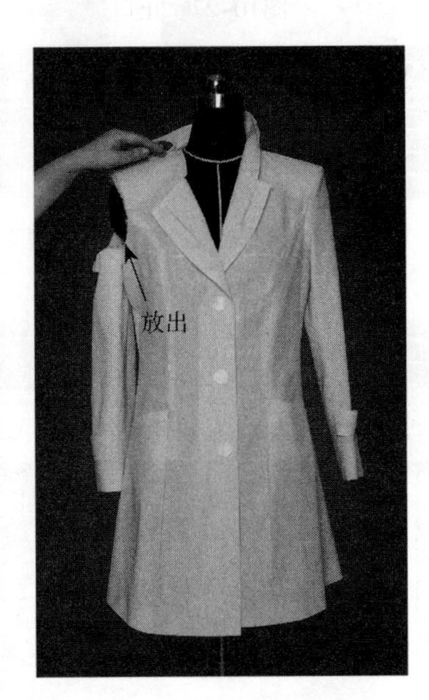

（2）修正方法1

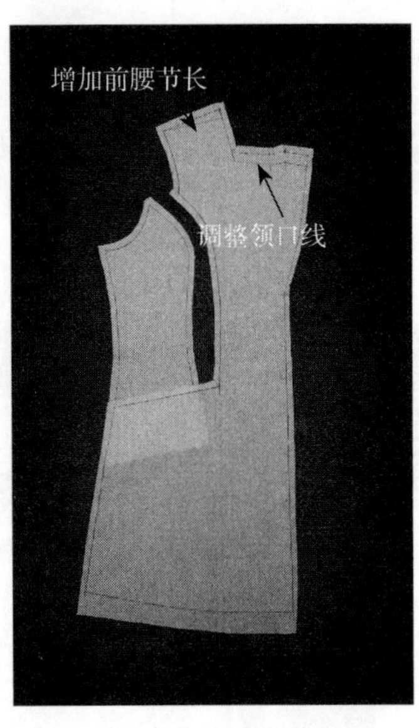

（3）平面展开1

图10–22

4.修正方法2

将小肩线、衣袖拆开，在前、后衣片小肩线处增加肩斜角度，增加量的大小同样以门襟止口线垂直于地面为基准，袖窿向下也做相应调整，也可以采用加厚垫肩的方法来进行补正，如图10–22（4）所示。将调整后的样衣展成平面，肩线与袖窿深同时下移一定的量，如图10–22（5）所示。

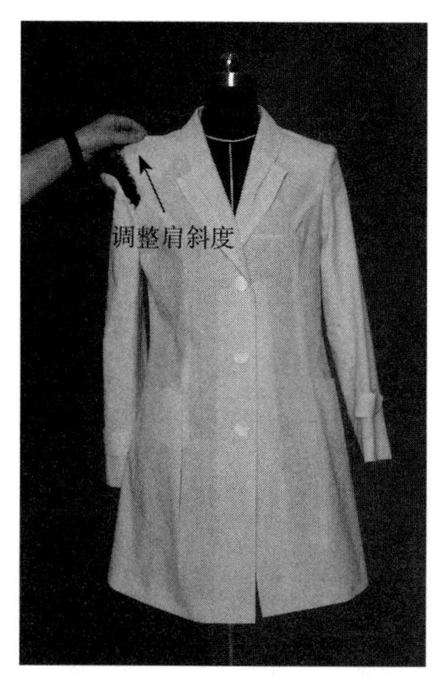

（4）修正方法2

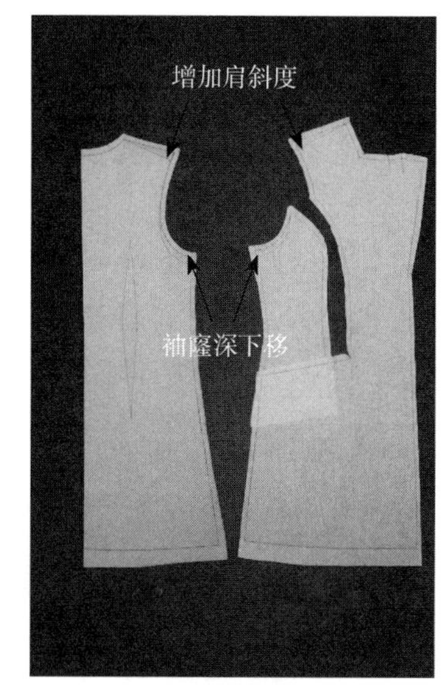

（5）平面展开2

图10–22　止口搅弊病修正

三、背部涟形褶皱弊病与修正

1.弊病特征

从后袖窿向后中线的腰部出现斜涟形褶皱，使后身下摆靠住小腿，如图10–23（1）所示。

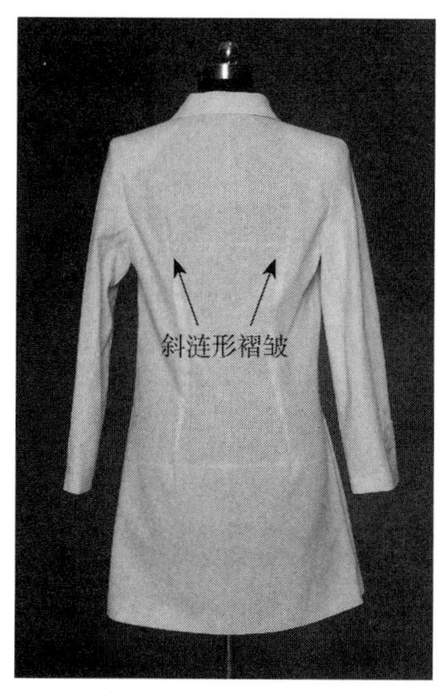

（1）弊病特征

图10–23

2.产生原因

由于后袖窿深太深，后衣片下沉，致使下摆靠住小腿，摆缝向前倾斜，衣片出现斜涟形褶皱。

3.修正方法

将后衣片在背部折叠，改小后袖窿深，折叠量的大小以后衣片不再靠住小腿、腰部平整为基准，如图 10–23（2）所示。将调整后的样衣展成平面，后袖窿深、袖山深均改小一定的量，如图 10–23（3）所示。

（2）修正方法

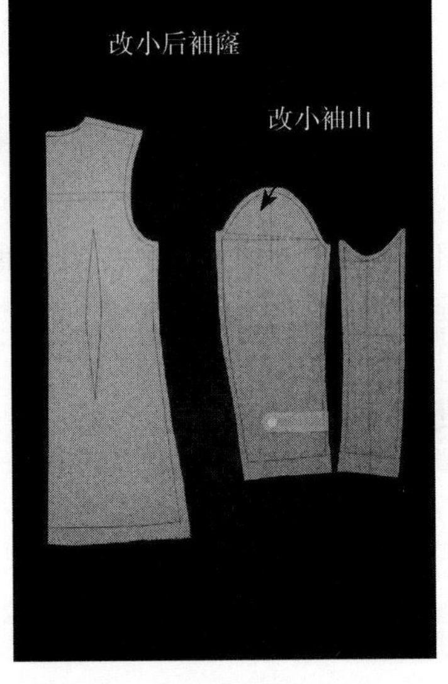

（3）平面展开

图10–23　背部涟形褶皱弊病修正

参考文献
References

[1] 冯泽民，刘海清．中西服装发展史 [M]．北京：中国纺织出版社，2008.

[2] 中泽愈．人体与服装 [M]．袁观洛，译．北京：中国纺织出版社，2000.

[3] 日本文化服装学院．立体裁剪 基础篇 [M]．张祖芳，张道英，沈之欢，等，译．上海：东华大学出版社，2004.

[4] 魏静．立体裁剪技术 [M]．天津：南开大学出版社，1995.

[5] 纪婧，王静芳，田宏，徐子淇．服装立体裁剪 [M]．沈阳：辽宁科学技术出版社，2008.

[6] 魏静．服装立体裁剪与制板 [M]．北京：高等教育出版社，2004.

[7] 罗琴．实用服装立体裁剪 [M]．北京：中国纺织出版社，2009.

[8] 尤珈．意大利立体裁剪 [M]．北京：中国纺织出版社，2006.

[9] 王旭，赵憬．立体裁剪教程 [M]．北京：中国纺织出版社，1997.

[10] 刘瑞璞．服装纸样设计原理与技术 女装篇 [M]．北京：中国纺织出版社，2005.

[11] 张文斌，方方．服装人体工效学 [M]．上海：东华大学出版社，2008.

[12] 神田美年子，等．服装立体构成的理论与实用技术 [M]．李世波，译．北京：纺织工业出版社，1987.

[13] 魏静．服装立体裁剪与制板实训 [M]．北京：高等教育出版社，2008.

[14] 魏静，金晨怡，韩阳．立体裁剪适用性解析 [J]．纺织学报，2010（12）.

[15] 王珉．服装材料审美构成 [M]．北京：中国轻工业出版社，2011.

[16] 黄世明，余云娟．现代成衣设计与实训 [M]．沈阳：辽宁美术出版社，2009.

书　　名	作　　者	定价（元）
【普通高等教育“十二五”部委级规划教材】		
礼服设计与立体造型	魏静　等	39.80
女装结构设计与产品开发	朱秀丽　吴巧英	42.00
现代服装材料学（第2版）	周璐瑛　王越平	36.00
服装表演基础	朱焕良	35.00
发式形象设计	徐莉	48.00
服装画表现技法	李明　胡迅	58.00
服装工业制板与推板技术	吴清萍　黎蓉	39.80
【普通高等教育“十一五”国家级规划教材】		
毛皮与毛皮服装创新设计（第2版）	刁梅	49.80
服装舒适性与功能（第2版）	张渭源	28.00
服装品牌广告设计	贾荣林　王蕴强	35.00
服装工业制板（第2版）	潘波　赵欲晓	32.00
服装材料学·基础篇（附盘）	吴微微	35.00
服装材料学·应用篇（附盘）	吴微微	32.00
服饰配件艺术（第3版）（附盘）	许星	36.00
时装画技法	邹游	49.80
服装展示设计（附盘）	张立	38.00
化妆基础（附盘）	徐家华	58.00
服装概论（附盘）	华梅　周梦	36.00
服饰搭配艺术（附盘）	王渊	32.00
服装面料艺术再造（附盘）	梁惠娥	36.00
服装纸样设计原理与应用·男装编（附盘）	刘瑞璞	39.80
服装纸样设计原理与应用·女装编（附盘）	刘瑞璞	48.00
中西服装发展史（第二版）（附盘）	冯泽民　刘海清	39.80
西方服装史（第二版）（附盘）	华梅　要彬	39.80
中国服装史（附盘）	华梅	32.00
中国服饰文化（第二版）（附盘）	张志春	39.00
服装美学（第二版）（附盘）	华梅	38.00
服装美学教程（附盘）	徐宏力　关志坤	42.00
针织服装设计（附盘）	谭磊	39.80

书　　名	作　　者	定价（元）
成衣工艺学（第三版）（附盘）	张文斌	39.80
服装CAD应用教程（附盘）	陈建伟	39.80
【服装高等教育“十一五”部委级规划教材】		
服装生产经营管理（第4版）	宁俊	42.00
艺术设计创造性思维训练	陈莹　李春晓　梁雪	32.00
服装色彩学（第5版）	黄元庆　等	28.00
服装流行学（第2版）	张星	39.80
服装商品企划学（第二版）	李俊　王云仪	38.00
首饰艺术设计	张晓燕	39.80
针织服装结构设计	谢梅娣　赵俐	28.00
服装表演概论	肖彬　张舰	49.80
服装买手与采购管理	王云仪	32.00
服饰图案设计（第4版）（附盘）	孙世圃	38.00
服装设计师训练教程	王家馨　赵旭堃	38.00
服装工效学（附盘）	张辉	39.80
服装号型标准及其应用（第3版）	戴鸿	29.80
服装流行趋势调查与预测（附盘）	吴晓菁	36.00
服装表演策划与编导（附盘）	朱焕良	35.00
针织服装结构CAD设计（附盘）	张晓倩	39.80
服装人体美术基础（附盘）	罗莹	32.00
内衣设计（附盘）	孙恩乐	34.00
成衣立体构成（附盘）	朱秀丽　郭建南	29.80
中国近现代服装史（附盘）	华梅	39.80
服装生产管理与质量控制（第三版）（附盘）	冯冀　冯以玫	33.00
服装生产管理（第三版）（附盘）	万志琴　宋惠景	42.00
服装生产工艺与设备（第二版）（附盘）	姜蕾	38.00
服装市场营销（第三版）（附盘）	刘小红　刘东	36.00
服装商品企划实务（附盘）	马大力	36.00
服装厂设计（第二版）（附盘）	许树文　李英琳	36.00
服装英语（第三版）（附盘）	郭平建　吕逸华	34.00
服装设计教程（浙江省重点教材）	杨威	32.00

书　　名	作　　者	定价（元）
服装电子商务	张晓倩	32.00
【日本文化女子大学服装讲座】		
服装造型学·理论篇	［日］三吉满智子	48.00
服装造型学·技术篇III（礼服篇）	［日］中屋典子	36.00
服装造型学·技术篇III（特殊材质篇）	［日］中屋典子	30.00
服装造型学·技术篇 I	［日］中屋典子	45.00
服装造型学·技术篇 II	［日］中屋典子	48.00
【国际服装丛书·生产技术】		
美国时装样板设计与制作教程（上）	［法］海伦·约瑟夫–阿姆斯特朗	
	裘海索　译	59.80
服装纸样设计原理与应用	［美］欧内斯廷·科博	48.00
男装样板设计	威尼弗雷德–奥尔德里	24.00
美国经典服装制图与打板	吴巧英　译	22.00
美国经典服装推板技术	［美］珍妮·普赖斯	29.80
美国经典立体裁剪—提高篇	海伦–约瑟夫–阿姆斯特	48.00
图解服装缝制手册	刘恒　译	38.00
【新编服装院校系列教材】		
成衣纸样与服装缝制工艺（第2版）	孙兆全	39.80
【其他】		
男装款式和纸样系列设计与训练手册	刘瑞璞　张宁	35.00
女装款式和纸样系列设计与训练手册	刘瑞璞　王俊霞	42.00
国际化职业装设计与实务	刘瑞璞　常卫民　王永刚	49.80